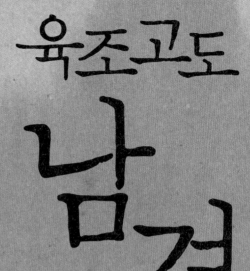

육조고도

남경

비극의 역사 그러나 불멸의 땅

이도학 · 송영대 · 이주연 지음

중국 남조시대
육조고도(六朝古都)의
유적 탐방

주류성

육조고도 남경

비극의 역사 그러나 불멸의 땅

이도학 · 송영대 · 이주연 지음

중국 남조시대
육조고도(六朝古都)의
유적 탐방

주류성

목차

남경

머리말

　　한국전통문화대학교 문화유적학과에서는 오래 전부터 중국에 소재한 고대 유적 답사를 추진해 왔었다. 대표적인 사례가 중국 동북삼성에 소재한 부여와 고구려 및 발해 유적에 대한 답사였다. 이 중 고구려 유적에 대한 답사 성과는 『태왕의 나라 고구려 유적』 (서경문화사, 2011)이라는 책자로 출간된 바 있다. 이후 문화유적학과에서는 시야를 넓혀 중원 지역의 중국 고대 도시에 대한 답사를 추진하였다. 저자는 개인적으로도 이곳을 답사하였지만 또 여러 인연이 작용하여 남중국 지역을 탐방할 수 있는 기회가 자주 있었다.

　　본서에서는 그간의 중원 지역에 대한 답사 가운데 남조시대의 육조고도(六朝古都)를 중심으로 정리해 보았다. 그랬기에 『육조고도 남경, 비극의 역사 그러나 불멸의 땅』 라는 제목을 달아 볼 수 있었다. 남경(南京)과 진강(鎭江)·양주(揚州)·마안산(馬鞍山)·서주(徐州)·연운항(連雲港)·상해(上海) 지역에 소재한 남조시대의 유적에 대한 집중적인 탐방을 수록하였다. 물론 상해시에 남아 있는 대한민국임시정부 청사를 비롯한 한국 근대사 관련 유적을 빠뜨릴 수는 없었다. 그 밖에 명나라의 초도(初都)였던 남경에 소재한 명고궁이나 명효릉, 남경 명대 성벽과 남경 부자묘, 그리고 남경총통부 등을 포함했지만 나머지 대부분은 중국사와 관련한 고대 유적으로 국한시켰다. 이와 더불어 현지 박물관에 대한 소개도 게을리 하지 않았다.

　　본서에서 소개하고 있는 유적들은 저자가 여러 차례 답사한 후에 수록한 것이다. 아마 저자의 단독 저서였다면 현장감 넘치는 개인적인 소견이 짙게 깔린 글이 되었을 게 분명하다. 그렇지만 유적을 객관이면서도 체계적으로 소개한다는 차원에서 작성하였으므로 그러한 주관적인 소회는 생략하였다. 사실 본서에서 소개하고 있는 연운항 시(市)의 석실 고분군에 대한 답사는 본서의 압권이 아닐까 생각해 본다. 고분군을 처음 발견한 이와 함께 현장을 샅샅이 뒤졌다는 심리적 포만감과 더불어 백제의 진출과 관련한 움직일 수 없는 물증이라는 확신이 들었기 때문이었다. 왜 글로벌 백제인가를 장담하는 현장이기도 했었다. 이곳 답사 후 연운항시에서 상해시까지는 고속도로로만 7시간을 달렸다. 함께 탑승했던 문화유적학과 학생들에게는 잊을 수 없는 순간으로 남아 있을 것으로 보인다.

오래 전의 일도 아니고 불과 몇 달 전인 금년 1월에 있었던 일이었다. 그리고 동이(東夷)의 역사 속에 빼 놓을 수 없는 그 유명한 회수(淮水) 가에 섰던 일도 잊을 수 없는 추억이 되었다.

남조 황제나 황족들의 능역에 소재했던 석수(石獸)들을 일일이 찾아다니느라고 약간의 수고도 없지 않았다. 그렇지만 기왕에 출간된 보고서의 허실을 들여다 보는 계기가 되기도 하였기에 도로(徒勞)이기는커녕 의미 있는 작업으로 확신하게 되었다. 사실 여러 해 전 여름에 저자가 몇몇 지인들과 답사하여 찾았던 초령릉 석수의 경우는 GPS가 엉뚱하게 쓰레기장으로 안내하였다. 마침 가지고 온 사진을 행인들에게 보여서 상당히 떨어진 곳에 소재한 석수를 간신히 찾았던 일도 있었다. 이러한 과정을 거쳐서 만들어진 본서가 부디 한국사의 외연을 확장시키고 안목을 넓히는 기제가 되기를 바랄 뿐이다.

본서의 집필은 저자 외에 대학원생인 송영대 군과 이주연 군의 공동 집필로 이루어졌다. 그 많은 분량의 원고와 사진을 검토하고 정리하는 작업은 지난한 일이었다. 그럼에도 두 학생의 헌신적인 노고로 인해 본서가 세상에 모습을 드러내게 된 것이다. 답사의 기획과 집행, 그리고 원고 집필에 있어서 송영대 군의 노고는 가위 절대적이었다. 그리고 현장을 함께 했을 뿐 아니라 꼼꼼하게 문장을 읽고 세심하게 고쳐준 이주연 군, 이 두 명의 학생과 저자의 노력이 합쳐서 본서가 출간된 것이다. 이 세 명의 저자 가운데 어느 한 사람이라도 없었다면 본서는 세상에 빛을 보지 못하게 되었을 것임은 자명하다.

저자들이 그간 쌓은 지식과 경험이 담긴 본서가 많은 이들에게 읽혀서 유익하게 활용되었으면 하는 바람이다. 끝으로 본서를 품격 있게 만들어주신 최병식 사장님과 이준 이사님을 비롯한 출판부의 여러 선생님들께도 감사를 드린다.

甲午年 9월 21일 밤
저자를 대표하여 李道學

답사 대상 지도

남경

남경시 南京市

풍요와 비극이 서린 땅, 육조고도 남경

종산육조제단유적에
서 바라본 남경시

남경(南京)은 전국시대 초위왕(楚威王 : ?~B.C.329)[1] 때 금릉읍(金陵邑)을 둔 것으로 시작한다. '영(寧)'으로 간략하게 부르기도 한다. 본래는 중화민국(中華民國)의 수도였으며, 현재는 중화인민공화국(中華人民共和國) 강소성(江蘇省) 성회(省會)로 부성급(副省級) 도시이다.

남경은 '중국 4대 고도' 중 하나로 '육조고도(六朝古都)'로 칭해진다. 남경은 장강(長江) 하류 연안에 위치하며, 장강 유역의 중요한 산업도시이자 경제 중심도시이다. 또한 중국의 중요한 문화 · 교육의 도시이자, 화동지역(華東地域) 교통의 요지이기도 하다.

오랫동안 여러 나라들의 수도였기 때문에 고도의 이미지가 짙지만, 특이하게도 남경을 수도로 한 국가들은 오래 못가서 멸망하고는 하였다. 이렇게 남경을 수도로 둔 국가들이 단명하였기 때문에, 그 원인을 풍수지리에서 찾는 이도 있다.

도시 현황

남경시의 위치를 살펴보면 북위 31°14′~32°37′이며, 동위 118°22′~119°14′에 해당한다. 행정구역은 총 13개의 구(區)와 현(縣)로 나뉘어져 있으며, 11개의 시할구(市轄區)와 2개의 현으로 구성된다. 그 중에서 강남 8구, 즉 고루(鼓樓)·백하(白下)·현무(玄武)·진회(秦淮)·건업(建鄴)·하관(下關)·우화대(雨花臺)·서하(栖霞)가 중심지역에 해당한다.

시 전체의 면적은 2009년 11월 기준으로 6,600㎢ 정도이며, 그 중에서 시구의 면적은 4,730.74k㎡, 강남 8구의 면적은 782.75㎢ 정도이다. 인구는 2009년 말까지 이루어진 조사에 의하면, 약 6,297,700명 정도였다고 한다. 이 중에서 시구의 인구는 약 5,459,700명 정도이고, 그 중에서 강남 8구의 인구가 약 3,096,100명 정도라고 한다. 남경시에

남경장강대교
(南京長江大橋)

는 51개의 민족이 있으며, 그 중에서 한족이 98.56%로 절대 다수를 차지한다. 그 밖의 다른 민족 중에서는 회족(回族)이 가장 많으며, 백하구 지마영(止馬營)·조천궁(朝天宮) 양쪽 가도(街道)에 주로 살고 있다.

자연 환경

남경은 아열대 계절풍 기후에 속하며, 연 강수량이 1,200㎜ 정도이다. 사계절이 분명하며, 연 평균 기온은 15.4℃이고, 최고 온도는 39.7℃, 최저온도는 -13.1℃이다. 여름은 특히 덥기 때문에, 무한(武漢)·중경(重慶)과 함께 '3대화로(三大火爐)'로 불린다. 남경은 봄·가을이 짧고 여름·겨울이 긴 편이다.

남경은 평면적으로 남북이 길고, 동서가 좁으며, 정남북방향으로 되어있다. 남북의 직선 거리는 150㎞이며, 중부의 동서 간격은 50~70㎞정도이고, 남북 양끝의 동서 너비는 30㎞정도이다. 남쪽에는 낮은 산과 언덕, 하천과 평원 및 강과 인접한 지역으로 되어 있다.

지형은 영진산맥(寧鎮山脈)의 일부분에 속하며, 낮은 산이 시 전체 면적의 64.52%를 차지한다. 남경에 흐르는 장강은 95㎞ 정도가 해당하며, 강남으로는 진회하(秦淮河)가, 강북으로는 저하(滁河)가 흐른다. 남경시 경내에 있는 장강 지류의 하곡평원(河谷平原)이 중요한 농업지역으로 시 전체 면적의 11.4%를 차지한다. 이 외에 평원과 저지대가 24.08%를 차지한다.

남경의 지형은 기복이 있는 편이다. 자금산(紫金山) 중지(中支)의 여맥(餘脈)이 서쪽으로 퍼져나가며, 태평문(太平門) 근처에는 부귀산(富貴山)이 있고, 시내로 들어서면 구

현무호(玄武湖)

화산(九華山)과 북극각산(北極閣山)이 있다. 계속 서쪽으로 가면 장강의 충적물이 쌓여 형성된 하촉황토강지(下蜀黃土崗地)가 있다. 또한 남경을 둘로 구분하는 진회하 수계(水系)와 금천하(金川河) 수계의 천연 분수령(分水嶺)이 형성되었다.

북쪽에는 녹구공원(錄球公園) 부근에 사자산[獅子山 : 노룡산(盧龍山)]이 있으며, 서쪽에는 마안산(馬鞍山), 남쪽에는 석자강[石子崗 : 마노강(瑪瑙崗)·취보산(聚寶山)]이 있다. 주위에는 산이 겹겹이 쌓여있으며, 자금산·우수산(牛首山)·막부산(幕府山)·서하산(栖霞山)·탕산(湯山)·청룡산(靑龍山)·황룡산(黃龍山)·방산(方山)·조당산(祖堂山)·운대산(雲臺山)·노산(老山)·영암산(靈岩山)·모산(茅山) 등이 있다. 이 외에도 부귀산·구화산·북극각산·청량산(淸凉山)·사자산(獅子山)·계롱산(鷄籠山) 등이 있다.

남경시 내의 주요 하천으로는 장강과 진회하가 있다. 장강은 남경 강녕 동정진(銅井鎭) 남쪽에서 시작하여, 강녕 영방향(營防鄕) 동쪽에서 마치고, 경내의 길이는 95㎞에 이른다.

진회하의 전체 길이는 103㎞로, 남경 무정문(武定門) 바깥에서 두 갈래로 나눠진다. 하나는 본류(本流)로 외진회하(外秦淮河)로 불리고, 중화문(中華門)·수서문(水西門)·정회문(定淮門) 바깥으로 흘러 장강으로 합류한다. 또 다른 하나는 내진회하(內秦淮河)로 불리며, 통제문(通濟門) 동수관(東水關)에서 진입하고, 회청교(淮淸橋)에서 다시 남북 두 갈래로 나눠진다.

남쪽 지류는 '십리진회(十里秦淮)'로 불리며 부자묘(夫子廟) 문덕교(文德橋)에서 수서문(水西門) 서수관(西水關)으로 빠져나오며 본류와 합쳐진다. 북쪽 지류는 고운독(古運瀆)으로 내교(內橋)에서 장공교(張公橋)로 나와 배수로를 따라 본류와 합쳐진다. 남경시 북쪽에는 저하가 있으며, 본류의 전체 길이는 110㎞이고, 물길이 구불구불하며, 집수 면적은 7,900㎢ 정도이다. 남쪽에는 순율운하(淳溧運河)와 천생교하(天生橋河)가 있다.

남경 시구(市區)에 있는 주요 호수로는 현무호(玄武湖)·비파호(琵琶湖)·자하호(紫霞湖)와 막수호(莫愁湖) 등이 있다. 도시 남부에는 석구호(石臼湖)와 고성호(固城湖)가 있으며,

호수 면적은 201k㎡와 24.3k㎡ 정도이다.

역사 연혁

남경은 북경(北京)이 수도가 되기 전에 수도로 기능하였다. 역사적으로 보면 한족이 중원에서 쫓겨나거나 밀릴 때, 이곳으로 와서 다시 기반을 닦고 북벌을 나서고는 하였다. 이곳은 장안(長安)·낙양(洛陽)·연경(燕京)과 함께 금릉(金陵)이라는 이름으로 4대 고도라 일컬어진다.

현무호의 옛 열무대
[閱武臺]

춘추전국시대 남경지역은 '오두초미(吳頭楚尾)'로 일컬어지는데, 본래는 오나라가 이곳을 통치하였기 때문이다. 기원전 472년에 월왕(越王) 구천(句踐 : B.C.520~B.C.465)이 오나라를 멸망시켰고, 월나라 재상 범려(范蠡)[2]에게 '월성(越城)'을 진회하 변에 축조하게 하였다. 기원전 306년 초위왕은 석두산(石頭山)에 성을 쌓았고, 금릉읍이라 하였다.

기원전 210년 진시황(秦始皇 : B.C.259~B.C.210)이 금릉을 말릉(秣陵)으로 고쳤다. 한나라 초에 말릉은 초왕(楚王) 한신(韓信 : B.C.231~B.C.196), 오왕(吳王) 유비(劉濞 : B.C.215~B.C.154)[3]의 봉지(封地)가 되었다. 기원전 128년에 한무제(漢武帝 : B.C.156~B.C.87)는 그의 아들인 유전(劉纏)을 말릉후(秣陵侯)로 봉하였다.

211년 손권(孫權 : 182~252)이 경구(京口)에서 말릉으로 천도하였으며, 건업(建業)으로 이름을 바꾸었다. 229년 손권은 오대제(吳大帝)를 칭하였으며, 무창(武昌)에서 건업으로 환도(還都)하였다. 280년 서진(西晋)이 오나라를 멸망시키고, 건업을 건업(建鄴)으로 바꾸었다. 후에 진 민제(晉愍帝) 사마업(司馬鄴 : 300~318)[4]의 휘(諱)를 피하여 건강(建康)으로 이름을 바꾸었다.

317년 사마예(司馬睿 : 276~323)가 즉위하여 진원제(晋元帝)가 되었고, 동진(東晋)이 정식으로 건국되었으며 건강을 도읍으로 삼았다. 420년 유유(劉裕 : 363~422)가 황제를 칭하고 송나라를 세웠으며 건강을 도읍으로 삼았다. 479년 소도성(蕭道成 : 427~482)이 황제를 칭하고 제나라를 세웠으며 건강을 도읍으로 삼았다. 502년 소연(蕭衍 : 464~549)이 황제를 칭하고 양나라를 세웠으며 건강을 도읍으로 삼았다. 557년 진패선(陳霸先 : 503~559)이 황제를 칭하고 진나라를 세웠으며 건강을 도읍으로 삼았다. 오(吳)

·동진·송(宋)·제(齊)·양(梁)·진(陳)을 합쳐서 육조라고 부르며, 이 때문에 남경을 '육조 고도'라고 부른다. 육조 건강성(建康城)은 당시 세계적인 대도시로 인구가 백만에 달했으며, 경제가 발달하였고 문화가 번영하였다고 한다.

589년 수나라가 진나라를 멸망시켰다. 수문제(隋文帝 : 541~604)는 석두성(石頭城)을 장주(蔣州)로 삼았으며, 수양제(隋煬帝 : 569~618)는 단양군(丹陽郡)으로 이름을 바꾸었다. 그 후 수나라와 당나라 두 왕조는 양주(揚州)의 치소를 금릉에서 광릉(廣陵)으로 바꾸고 통치자를 그쪽에 파견시켜 남경의 지위를 한 등급 내렸다. 당나라 초에 두복위(杜伏威 : 598~624)와 보공석(輔公祏 : ?~624)이 의군(義軍)을 일으켜 단양군을 점거하였으며, 이후 당나라에 반항하여 송정권(宋政權)을 세웠다. 당나라가 강남을 평정하고 승주(升州)를 두었다. 오대시대 때 양오(楊吳)가 건립되었으며, 금릉을 보수하고 서도(西都)로 삼았다. 937년 서지고(徐知誥 : 888~943. 李昪)가 남당(南唐)을 세웠으며 금릉을 도읍으로 삼고, 금릉부(金陵府)를 강녕부(江寧府)로 바꾸었다.

975년 북송(北宋)이 남당을 멸망시키고 강녕부를 승주로 바꾸었다. 1018년 송진종(宋眞宗 : 968~1022)이 조정(趙禎 : 1010~1063. 宋仁宗)을 승왕(升王)으로 삼고 황태자가 되기 전에 승주를 강녕부로 바꾸었다. 1127년 송고종(宋高宗 : 1107~1187)이 즉위하여, 강녕부를 건강부(建康府)로 바꾸고 동도(東都)로 삼았다. 금나라 군대가 남하하기도 전에 고종은 남쪽으로 이동하여, 소흥(紹興)을 임시수도로 삼았다. 1138년 송고종이 다시 항주(杭州)로 천도하여 이름을 임안부(臨安府)로 바꾸었다. 건강부와 소흥부는 배도(陪都)가 되었다. 1275년 원나라 군대가 남하하였고, 건강부는 건강으로 바뀌게 되었다. 1329년 건강을 집경(集慶)으로 바꾸었다.

1356년 주원장(朱元璋 : 1328~1398)이 집경을 공격하였다. 집경로(集慶路)를 응천부(應天府)로 바꾸고 근거지로 삼았으며, 스스로 오국공(吳國公)을 칭하였다. 1368년 주원장은 응천(應天)에서 황제를 칭하였으며, "산하는 중화의 땅이 덮었고, 해와 달은 대송의 하늘을 다시 열었다[山河奄有中華地, 日月重開大宋天]"라면서 국호를 명(明)으로 삼고, 명 태조(明太祖)가 되었다. 응천부를 남경으로 바꾸고 수도로 삼았으며, 개봉(開封)을 북경으로 삼고 유도(留都 : 천도 이전의 서울)로 삼았다. 1378년에는 북경을 없애고 남경을 경사(京師)로 삼았다. 1403년 명성조(明成祖 : 1360~1424)는 북평(北平)을 북경으로 바꾸고, 이를 유도로 삼았다. 1420년에 명성조는 북경으로 천도하였으며, 남경을 유도로 삼았다. 1644년에 복왕(福王) 주유숭(朱由崧 : 1607~1646)이 남경에서 즉위하였다.

1645년에 청나라가 남경으로 쳐들어왔다. 남직예(南直隷)를 강남성(江南省)으로, 응천부를 강녕부로 바꾸었다. 1649년 청나라는 양강총독(兩江總督)을 강녕(江寧)에 두었다. 1853년 태평군(太平軍)이 강녕을 함락시킨 후 천경(天京)으로 바꿔 도읍으로 삼았다. 지금의 총통부(總統府) 일대가 태평천국(太平天國) 천왕부(天王府)가 있던 곳이다. 1864년 청나라 군대가 천경을 함락시켜 태평천국을 멸망시켰다.

1912년 쑨원[孫文 : 1866~1925]이 남경에서 중화민국(中華民國) 임시대총통(臨時大總統)이 되었으며, 남경을 중국의 수도로 삼았다. 1927년 장제스[蔣介石 : 1887~1975]의 북벌군(北伐軍)이 남경을 함락하였으며, 머지않아 남경국민부(南京國民府)가 성립되었다. 1937년 9월 19일, 일본군 제3함대 사령관 하세가와 키요시[長谷川淸 : 1883~1970][5]의 명령으로 남경 등에 무차별적인 폭격을 감행하였다. 12월 13일, 일본군은 남경을 점령하였으며, 남경성에서 피비린내나는 대학살을 하였다. 이러한 잔혹한 행위는 6주 동안이나 지속되었다. 총 30만 명에 달하는 사람들이 죽임을 당하였고, 2만 명이 넘는 부녀자들이 강간당하였다. 이를 역사에서는 남경대학살(南京大虐殺)이라고 부른다.

1949년 4월 23일부터 24일에, 중국인민해방군(中國人民解放軍)은 남경을 점령하였고, 남경시인민정부(南京市人民政府)를 성립하였다. 1949년 이후에, 남경은 중앙 직할시(直轄市)가 되었다. 1952년에 강소성에 속하게 되었다. 남경은 성할시(省轄市)가 되고, 강소성 성회가 되어 지금에 이른다.

참고자료

中国南京 http://www.nanjing.gov.cn/

임종욱, 2010, 『중국역대인물사전』 이회문화사.

中国大百科全书出版社, 1999, 『中国大百科全书中国地理』.

1) 전국시대 초나라의 왕. 성은 웅씨(熊氏), 이름은 상(商)이다. 제(齊)나라 왕족 전영(田嬰)이 초나라를 속이자 군사를 일으켜 제나라를 공격하여 제나라 군대를 서주(徐州)에서 격파하였다. 11년 동안 재위하였으며 시호는 위(威)이다.

2) 춘추시대 월나라의 정치가. 자는 대부(大夫)이며, 친구인 문종(文種 : ?~B.C.472)과 월나라로 가 월왕 윤상(允常 : ?~B.C.497)을 섬겼다. 구천이 즉위하자 그의 모사가 된다. 월나라가 오나라에 패배하자 그는 오나라에 화해를 요청하여 구천과 함께 3년 동안 오나라에 머물다가 귀국하게 된다. 귀국 후 월나라를 부흥시키면서 마침내 오나라를 멸망시킨다. 이후 범려는 구천을 오래 섬길 수 없는 군주라 여겨 월나라를 떠났고, 문종에게 토사구팽(兎死拘烹)이라는 글귀를 남겼다고 한다.

3) 한고조(漢高祖) 유방(劉邦 : B.C.256~B.C.195)의 형 유중(劉仲 : ?~B.C.193)의 아들이다. 기원전 195년에 오왕으로 봉해졌으며, 유비는 이곳에서 점차 세력을 키워나갔다. 경제(景帝 : B.C.188~B.C.141) 때 조착(晁錯 : B.C.200~B.C.154)의 건의로 봉국을 빼앗기자 유비는 조착 등 간신들의 척결을 명분으로 제후국들 함께 반란을 일으켰다. 이 반란은 '오초칠국(五超七國)의 난'으로 불렸으며, 주아부(周亞夫 : B.C.199~B.C.143)에 의해 진압되었다. 유비는 동월(東越)로 달아났으나 그곳에서 살해되었다.

4) 서진(西晉)의 마지막 황제. 진무제(晋武帝) 사마염(司馬炎 : 236~290)의 손자이다. 수도 낙양이 전조(前趙)에 함락당한 후 여러 지역을 전전하다 안정태수 가필(賈疋 : ?~312)이 장안을 탈환하자, 사마업을 중심으로 장안에서 황태자로 추대되었다. 진회제(晋懷帝 : 284~313) 사후 황위에 올라 서진의 4대 황제가 되었으나 장안이 전조에 의해 포위되자 항복한다. 이후 전조에 압송되어 회평후(懷平侯)에 봉해졌다가 곧 죽임을 당하였다.

5) 일본 해군 대장으로 후쿠이현[福井縣] 출신이다. 송호회전(淞滬會戰 : 上海事變)이 일어날 당시, 일본 지나방면(支那方面) 함대 사령이었다. 일본 제 18대 대만 총독을 역임하였다.

계명사 鷄鳴寺

황제가 끌려가자 후궁의 연지는 천년을 적셨네

계명사는 계명사로(鷄鳴寺路) 3호(號)에 있으며, 북극각(北極閣)의 동쪽, 계롱산(鷄籠山)[6]의 동쪽 기슭에 위치한다. 남경에서 가장 오래된 사찰 중 하나이다. 고계명사(古鷄鳴寺)라고도 불리며, 본래 이름은 동태사(同泰寺)였다.

계명사에는 삼보불(三寶佛)을 모신 대웅보전(大雄寶殿)을 비롯하여, 산문(山門)·삼대사각(三大士閣)·종고루(鐘鼓樓)·선방(禪房)·소채관(素菜館) 등이 있다. 5만㎡의 면적을 점유하고 있다. 계명사의 산문

계명사 입구

은 동쪽을 향하였고, 왼쪽에 지공탑지(志公塔址)가 있으며, 앞에는 시식대(施食臺)가 있다. 산문 내에는 미륵(彌勒)·위타전(韋陀殿)과 정전(正殿)이 있으며, 뒤에는 관음루(觀音樓)가 있다. 누각의 오른쪽에는 양강총독(兩江總督) 장지동(張之洞 : 1837~1909)[7]이 남당시대 함허각(涵虛閣) 옛 터 위에 세운 활몽루가 있다. 누각 동쪽에는 승려 석수(石壽)와 석하(石霞)가 세운 경양루가 있다. 계명사는 1982년에 남경시문물보호단위로 지정되었다.

사찰의 창건

삼국시대 때 이곳은 오(吳)나라 궁성(宮城)의 후원(後苑)에 해당하였다. 300년[서진(西晉) 영강(永康) 원년]에 일찍이 이곳에 산에 의지해 집을 짓고, 처음으로 도량(道場)을 세웠다. 또한 동진(東晉) 때에는 이곳에 연위서(延尉署)가 소재하였다.

527년[양(梁) 보통(普通) 8년]에 동태사가 창건되었다. 이곳은 양나라 궁성과 담을 두고 서로 마주하였기 때문에 황실에서 절로 출입하기에 편리하였다. 양무제(梁武帝 : 464~549)는 특별히 궁 뒤에 별도로 문을 하나 두어 사원의 남문과 바로 마주보게 하였고, 이를 대통문(大通門)이라 하였다. 또한 조령(詔令)을 내려 527년(보통 8년)을 대통(大通) 원년

남경성벽에서 바라본 계명사 전경

으로 삼았다.

당시 계명사의 규모는 매우 커서 6곳의 대전(大殿), 그리고 10여 곳의 소전(小殿)과 불당(佛堂)으로 이루어졌다. 또한 7층의 대불각(大佛閣), 9층의 부도(浮圖 : 寶塔) 등이 있었다. 이렇게 규모가 웅대하고 번성하였기 때문에, 남조 480곳의 사찰 중에서 첫째로 손꼽혔으며 당시 남방불교의 중심지였다. 양무제는 불교를 워낙 숭상하였기에, 시방금불(十方金佛)과 시방은불(十方銀佛)을 공봉(供奉)하였다. 또한 4번에 걸쳐 이곳 동태사에 사신(捨身)하기도 했다.

역사 연혁

535년[양 대동(大同) 원년]에 뇌화(雷火 : 天火)로 인하여 소실되었다. 후경(候景 : 503~552)의 난 때, 동태사 또한 전화(戰火)에 휩쓸려 훼손되었다. 오대십국시대 922년

천왕전

[양오(楊吳) 의순(義順) 2년]에 이르러, 그 옛 터의 절반에 천불원(千佛院)이 들어섰으며, 남당(南唐) 시절에 정거사(淨居寺)라 불리웠고 함허각(函虛閣)을 세웠으며, 후에 원적사(圓寂寺)로 개칭되었다. 송나라 때에 그 절반이 법보사(法寶寺)가 되었다.

원나라 때에는 계롱산에 보제선사묘(普濟禪師墓)가 있었다. 산 아래에는 죄인

들의 사형을 집행하는 형장(刑場)이 있었고, 형장 부근에는 만인갱(萬人坑)이 있었다. 명나라 1387년[홍무(洪武) 20년] 명태조(明太祖) 주원장(朱元璋 : 1328~549)의 명효릉(明孝陵)을 완성한 이후, 숭산후(崇山侯) 이신(李新)에게 명을 내려 동태사 옛 터에 사원을 중건하는 일을 감독하도록 하였다. 전설에 의하면 마황후(馬皇后) 및 대신들이 늘 이곳 계명사를

비로보전

찾아 향을 올렸다고 한다. 또한 이곳에 진향하(進香河)를 파게 하여 산문(山門)까지 이르게 하였다. 또한 영곡사(靈谷寺) 보공함(寶公函)을 옮겨 산령(山嶺)에 묻었으며, 그 위에 5층의 지공탑(志公塔)을 건립하였다. 탑 유적은 현재 발견되었으며, 탑 근처에는 시식대(施食臺)가 있었다.

명나라 이후 계명사는 다시 쇠락의 길을 걸었다. 청나라 강희연간(康熙年間 : 1662~1722)에 2차에 걸친 대규모의 수리를 하였고, 산문을 다시 만들었다. 강희제(康熙帝 : 1654~1722)가 남순(南巡) 하였을 때, 사원에 들려서 고찰에 '고계명사(古鷄鳴寺)'라는 큰 글자의 편액을 써서 내걸었다. 1751년[건륭(乾隆) 15년] 건륭제(乾隆帝 : 1711~1799)와 태후가 남쪽으로 행차하였을 때 이곳에 들려 빙로각(憑盧閣)을 중건하였고, 누각 안에는 관세음보살(觀世音菩薩)을 공봉하였다. 계명사의 관음은 다른 곳과는 다르게 북쪽을 바라보고 있다. 이렇게 북쪽을 바라보는 이유에 대해, 불감(佛龕) 위에 한 폭의 주련

동불전(銅佛殿)

(柱聯 : 楹聯)을 걸어 다음과 같이 설명하였다. "보살께서 어찌하여 저리 앉는지 묻노라면, 중생을 탄식하여 고개를 돌릴 수 없다하시네(問菩薩爲何倒坐, 嘆衆生不肯回頭)." 계명사에서는 이곳을 또한 관음루(觀音樓)라고도 부른다.

청나라 함풍연간(咸豊年間 : 1851~1861)에 계명사는 전화로 훼손되었다. 동치연간(同治年間 : 1862~1874)에 중수(重修)가

계명사 鷄鳴寺　**23**

약사불탑

이루어졌지만 규모는 명나라 때에 비해 작은 편이었다. 1894년[광서(光緒) 20년]에 여러 사람들과 학생들이 양강 총독 장지동을 기념하고자 하였다. 무술육군자(戊戌六君子) 중 한 사람인 양예(楊銳 : 1857~1898)는 계명사 뒤에 있는 함허각의 옛 터에 누각을 하나 세웠다. 당시 양예가 늘 읊고 다니던 두보(杜甫 : 712~770)의 유명한 시 중에서 "군신이 오히려 병가를 논하고, 장수는 연소를 데우네. 육공편을 낭랑하게 읊으니, 활몽루로 여름이 오네[君臣上論兵, 將帥暖燕蘇. 朗咏六公篇, 夏來豁蒙樓]"[8]가 있다. 여기에서 활몽루(豁蒙樓)라는 이름을 따서 편액으로 걸었다.

1914년[민국(民國) 3년] 승려 석수와 석하가 활몽루의 오른쪽에 건물을 하나 더 세웠다. 그 옛 뜻을 취하여 명칭을 경양루(景陽樓)라 하였다. 명청시대 이래로 계명사는 점점 향화도량(香火道場)이 되었으며, 이는 해방 이후까지 지속되었다.

해방 이후, 인민정부에서는 명승고적으로 보호하였으며 고계명사를 중건하기로 결정하였다. 그리고 명나라 말, 청나라 초의 건축 규모로 회복하기로 했다. 1983년부터 본격적으로 공사가 이루어져, 대웅보전(大雄寶殿)·비로보전(毘盧寶殿)·관음전(觀音殿)을 세웠다. 또한 시식대와 옛 산문을 보수하여, 새로운 산문을 열었다. 1990년 7층8면의 약사불탑(藥師佛塔)을 새로이 건립하였다. 탑의 높이는 44m이며 내부에는 명나라 때의 약사불동상(藥師佛銅像)이 공봉되었다. 대웅보전과 관음루 내에는 태국에서 보낸 석가모니와 관음유금동좌상(觀音鎏金銅坐像)이 봉안되었다. 또한 32존의 관음 소조상(塑造像)이 전각 내에 모셔졌다.

'문혁(文革 : 文化大革命)' 기간(1966~1976)에 계명사는 남경시 무선전선 부속품 9공장이 자리잡았다. 1973년에 공장이 소실되었으며, 관음루·활몽루·경양루 등의 건축물 또한 불에 타서 훼손되었다. 1983년에 관음루·활몽루 등의 전각을 중건하고, 불상을 만들어 기본적으로 청나라 말 때의 사원 규모를 회복하였다.

고연지정

계명사의 동북쪽 산록, 육각정(六角亭) 북쪽에는 직경
80cm의 오래된 우물이 있는데, 이를 연지정(胭脂井), 또
는 욕정(辱井)이라고 부른다. 계명사에서 약간 아래로 내
려오면, 연지정에 다다르게 되고, 이곳의 정자 안쪽에 우
물이 하나 남아있다. 그 우물난간이 작아서 과연 그 속
으로 사람이 어떻게 들어갔을까 싶은 생각이 든다. 그러
나 그 안을 들여다보면 생각보다 굉장히 깊고 넓기 때문
에 사람이 충분히 들어갈 수 있었을 것으로 보인다. 우
물 주변에는 고연지정이라고 써진 비석과 기암괴석이
있으며, 벽면에는 이곳에 얽힌 내력을 적어놓았다.

양강총독 장지동

남조시대 진후주(陳後主) 진숙보(陳叔寶 : 553~604)는 강
남에 안주하여, 사치를 탐하고 궁궐을 화려하게 장식하
는 것을 좋아하였다. 또한 그는 애첩인 장귀비(張貴妃 :
?~589, 張麗華)나 공귀빈(孔貴嬪) 등 여덟 미녀와 10명의 간신과 가까이 지내는 것을 좋
아하였으며, 매일같이 잔치를 벌이며 놀거나 시나 부를 짓는 것을 즐겼다. 또한 취해
서 마구잡이로 행동하였고 음란한 노래를 불러댔다. 밤에서 아침까지 연회를 즐겨 국
사를 도외시하였다.

589년 수문제(隋文帝 : 541~604)는 북방을 통일한 후, 대군(大軍)을 일으켜서 진(陳)나
라로 쳐들어왔다. 수장(守將)이 긴급히 원군을 보내주라고 하였으나, 진숙보는 제대로

고연지정 원경

상황조차 이해하지 못하고 교만해하였
다. 진숙보는 여전히 주색을 탐닉하며,
음악을 연주하며 악부오성가곡(樂府吳聲
歌曲)인 《옥수후정화(玉樹後庭花)》와 《임
춘곡(臨春曲)》을 불렀다.

수나라 장군 한금호(韓擒虎 : 538~592)
는 채석반(采石礬)을 건너, 주작문(朱雀門)
을 뚫고 대성(臺城)으로 들어왔다. 진숙
보가 술에 취해 허둥지둥 거리다가, 장

진후주 진숙보

씨와 공씨 두 비빈(妃嬪)을 데리고, 경양전(景陽殿) 옆의 마른 우물에 몸을 숨겼다. 나중에 수나라 병사들에게 발견되어, 세 사람을 우물 밖으로 끌어올렸다. 두 비빈의 화장한 얼굴과 먹을 바른 눈썹이 눈물 때문에 다 흘러내리고, 연지(胭脂)가 우물 난간에 가득 묻었다. 이게 천으로 닦아도 닦이지 않고 그 흔적이 계속 남아 있었다. 연지정이라는 이름은 여기에서 유래하게 되었다.

진숙보는 납치되어 장안으로 압송되었고, 후에 낙양에서 병사하는 등 비극적인 말로를 맞았다. 그의 귀비인 장여화가 아름답고 용모가 빼어나다는 것을 양광(楊廣 : 569~618, 隋煬帝)이 알고 노리고 있었다. 그래서 진나라가 멸망할 당시, 양광은 장여화를 남겨두라고 명령하였다. 이에 고영(高潁)은 역사의 교훈을 들어 그 명령

고연지정 비석

고연지정

에 불복하면서, "옛날 태공(太公 : B.C.1128~B.C.1015)은 달기(妲己)를 베었는데, 오늘 장여화를 그대로 살려두시렵니까?"라고 말하였다. 결국 장여화는 청계에서 목을 베이게되었다. 전설에 다르면 장여화가 죽고 난 뒤, 그 시신을 상심정(賞心亭)의 천정(天井) 안에 묻었으며, 사람들은 그 주변을 배회하였다고 한다.

참고자료

南京鸡鸣寺 http://www.jimingsi.net/

南京市博物馆·南京市文物管理委员会, 1982, 『南京文物与古迹』 文物出版社.

南京市地方志编纂委员会, 1997, 『南京文物志』 方志出版社.

梁白泉·邵磊, 2009, 『江苏名刹』 江苏人民出版社.

王能伟·王京, 2008, 『鸡鸣寺史话』 南京出版社.

程裕禎·李順興·楊俊萱·張占一, 2001, 『中国名胜古迹辞典』 中国旅行出版社.

6) 계룡산은 동쪽으로는 구화산(九華山), 북쪽으로는 현무호(玄武湖), 서쪽으로는 고루강(鼓樓崗)과 인접해 있으며, 산의 높이는 62m이다. 산세가 둥그렇기 때문에 계룡산이라는 명칭이 붙게 되었다.

7) 장지동의 자는 효달(孝達)이고, 호는 향수(香濤)·향암(香巖)·일공(壹公)·무경거사(無競居士)이다. 만년에는 스스로 호를 포빙(抱氷)이라 하였다. 한족으로 청나라 직예(直隸) 남피(南皮)사람이며, 양무파(洋務派)의 대표적인 인물 중 한 사람이었다. 그는 '중국의 학문을 근본에 두고, 서양의 학문을 이용하자(中學爲體, 西學爲用)'고 주장하였으며, 이는 양무파와 초기 개량파(改良派)의 기본 강령을 그대로 보여준다. 장지동과 증국번(曾國藩)·이홍장(李鴻章)·좌종당(左宗棠)은 청나라 말기 '4대명신(四大名臣)'으로 꼽힌다.

8) 위와는 약간 다르게 다음과 같이 전하기도 한다. "君臣尙論兵, 將帥接燕蘇. 朗咏六公扁, 憂來豁蒙樓."

동진박물관·강녕박물관
東晋博物館·江寧博物館
동진의 문화와 역사를 담다.

동진박물관·강녕박물관

동진박물관(東晋博物館)과 강녕박물관(江寧博物館)은 강녕구의 죽산(竹山) 동쪽 기슭에 자리 잡고 있으며, 외항하(外港河)변에 위치하고 있다. 중심 건축은 7,480㎡, 광장 면적은 약 12,000㎡이다. 박물관은 호숙문화(湖熟文化)[9] 형태의 기초 위에 외형은 중국 전통문화를 상징하는 천원지방(天圓地方)의 형태로 건축하여 인간과 자연의 공존이라는 모티브로 설계되었다.

강녕구위원회(江寧區委員會)와 강녕구정부(江寧區政府)는 그동안 여러 차례에 걸쳐 현 박물관을 건립하고자 하였다. 원래의 강녕박물관은 1993년에 건립되었으며 남경 지역에서 설립된 가장 이른 구현급(區縣級) 박물관이었다. 2007년에 동진 역사문화의 특징을 충분히 보여 줄만한 전시를 하게 되면서 이를 더욱 확대하고자 하였다. 그리하여 강녕구에서 1억 위안이 넘는 자본을 들여 동진박물관과 강녕박물관 신관을 짓게 되었다. 2011년 9월 28일에 두 박물관을 정식으로 개관하였다.

전시 구역

'동진풍류(東晋風流)' 전시구역에는 100여 점에 가까운 예술품과 문물들을 전시해 놓았다. 관람구역을 만들어 두었을 뿐만 아니라 수경정원(水景庭園)을 두어 쉼터를 조성하였다. 미디어실[多媒體功能廳]에서는 4D아이맥스로 비수전투(淝水戰鬪)에 관한 상영을 하고 있다. 하지만 우리가 방문하였던 2012년 1월에는 아직 상영 하지 않았다.

'천추강녕(千秋江寧)'에서는 50만 년 전 남경인(南京人)의 출현부터, 4천 년 전의 호숙문화의 발생을 다루었다. 또한 2,200년 전 시황제가 현을 세운 것부터 육조의 도읍으로 정해진 사항 등에 대해서도 다루었다. 총 8개 관으로, 남경인의 시작[南京人之始]·호토숙, 천하족(湖土熟, 天下足)·강녕강녕(江寧江寧)·육조예술(六朝藝術)·우수산과 우두종[牛首山與牛頭宗]·악비와 진회[岳飛與秦檜]·경기의 땅[京畿之地]·비유람승(非遺覽勝)으로 구성되었다.

강녕구는 강소성에서도 문물이 많은 구(區)로 꼽히며, 매장문화재 또한 풍부한 편이다. 전체 구에는 각급의 문물보호단위가 72곳이 있으며, 그 중에서 전국중점문물보호단위가 9곳, 성급문물보호단위가 8곳이 있고, 이 외에도 새로이 등록된 문물이 177곳이나 된다. 불완전한 통계에 따르면 중화인민공화국이 세워진 이래로, 강녕의 경내에서 출토된 문물의 수량은 만 점에 이른다고 한다.

그 중에서도 목영묘(沐英墓)에서 출토된 '소하월하추한신(蕭何月下追韓信)'이라는 청화매병(青花梅瓶)을 청화자(青花瓷) 중에서 최고로 친다. 또한 영산대묘(靈山大墓)에서 출토된 청자연화존(青瓷蓮花尊)은 현재까지 발견된 육조시대의 청자 중에서 제일로 평가된다. 명나라 황실의 부마(駙馬)였던 송호의 무덤[宋琥墓]에서 출토된 유리홍세한삼우도매병(釉里紅歲寒三友圖梅瓶)은 현재 국보급문물(國寶級文物)로 남경박물원(南京博物院)에 소장되어 있다.

박물관 현황

전시관은 전반적으로 깔끔하고 보기 좋게 되어 있다. 하지만 촬영을 허가하지 않아 제대로 유물 사진을 촬영할 수

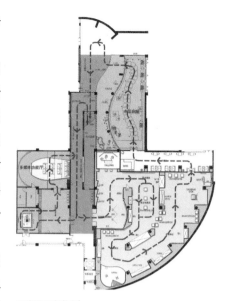

동진풍류 전시구역
(東晉博物館·江宁博物館, 2011,『東晉博物館·江宁博物館』)

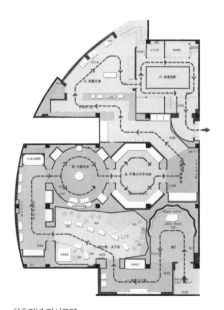

천추강녕 전시구역
(東晉博物館·江宁博物館, 2011,『東晉博物館·江宁博物館』)

없었다. 지하에는 작은 능묘석각들이 자리하고 있었지만 출토지가 적혀있지 않았다.

바깥에는 '호토숙, 천하족'이라는 정원이 있었는데, 이곳에는 이 지역에 있었던 유명한 사람들을 표현하고 설명해 놓았다. 사령운(謝靈運 : 385~433)·도연명(陶淵明 : 365~427)·왕희지(王羲之 : 307~365) 등의 석상이 있었고 모두 다양하고 역동적인 모습을 하고 있었다. 또한 실내에는 왕희지의《난정서(蘭亭序)》가 황금색 바탕에 검은 글씨로 쓰여 있어 발걸음을 멈추게 한다.

왕희지의 난정서

주요 유물

1. 서피황구우상(犀皮黃口羽觴)

손오시대(孫吳時代)의 이배(耳杯: 귀 달린 잔)로, 하방 사석암(下坊沙石巖)에서 출토되었다. 그릇의 길이는 11cm, 바닥 부분의 길이는 6cm, 높이는 3cm, 입 부분의 너비는 7.4cm, 저부의 너비는 3.2cm이다. 그릇 몸체는 '운반서피(雲斑犀皮)'에 속하고, 표면은 반들반들하며, 꽃무늬가 자연스레 남아 있어 마치 구름이 물에 흐르는 듯하다. 보존 상태는 매우 좋아 부식이 거의 없었다. 이 이배는 1986년 마안산(馬鞍山) 주연묘(朱然墓)에서 칠기가 발견된 이후, 손오시대의 고분에서는 두번째로 발견되었다. 칠기 중에서도 희귀한 유물로 매우 높은 문물 가치를 지녔다.

서피황구우상(东晋博物馆·江宁博物馆, 2011,『东晋博物馆·江宁博物馆』)

2. 청자양(靑瓷羊)

동진시대(東晋時代)의 자기(瓷器)이다. 길이는 17.5cm, 높이는 11.8cm이다. 태토는 회백색이고, 청회색의 유약을 발랐다. 양은 웅크리고 앉은 모양새로 목은 꼿꼿이 세웠으며, 큰 뿔은 귀 앞쪽으로 휘감겼고 아래턱에는 수염이 달려 있다. 허리는 마치 꽉 조른듯하며, 엉덩이는 비교적 큰 편이고 꼬리는 짧다. 짧은 네 다리를 배 아래로 구부렸으며, 얇게

새긴 수법으로 양의 눈코입을 표현하였다. 양쪽의 갈빗대
는 간략하게 깃털처럼 그어 놓았고, 머리 위에는 둥근 구멍이
있다. 전체적으로 기형은 풍만한 형태로서 마치 조용하고 편안
하게 앉은 양처럼 보인다.

3. 청자퇴소인물누각혼병(靑瓷堆塑人物樓閣魂瓶)

서진시대(西晉時代)의 자기로 높이는 44.5cm, 동체부 최대 둘
레는 23.5cm, 바닥부분의 둘레는 13.5cm이다. 외면에 두청색(豆靑
色)의 유약을 발랐다.

전체적으로 조각과 병이 상하부로 나뉜 형태이다. 상부(上部)는 3개의 층으로 나누어
볼 수 있다. 상층은 하나의 원락(院落)으로, 담장의 정중앙에는 열린 대문이 대칭되어 있다.
네 모서리에는 각각 1기씩 각루(角樓)가 있고, 원내(院內)의 중앙에는 지붕이 뾰족한 2층의
누각이 있다.

중층에는 네 모서리에 각각 소관(小罐)이 하나씩 있으며 구연부에는 새가 앉아 있
다. 하층에는 달리는 짐승과 불상이 있다.

하부(下部)는 병으로서, 견부와 동체부에는 망격문(網格紋)으로 장식되었으며, 짐
승 머리·불상·짐승을 탄 선인(仙人)·달리는 짐승 등이 부착되어 있다.

이러한 유물은 육조시대에서 주로 확인되는 특이한 형태로, 청자퇴
소인물누각혼병 뿐 아니라 더 많은 유물들이 남아있다. 또한 자기에
표현된 누각은 한나라 때 도기로 많이 만들어지는 장원(莊園) 유물과
도 연결되어진다.

4. 도분(陶盆)

남조시대의 도기(陶器)이다. 입 둘레는 28cm, 바닥 둘레는
23cm, 높이는 9cm이다. 바닥면에는 연화판문(蓮花瓣紋)이 음
각되어 있으며, 중간에는 연자(蓮籽)가 새겨졌고, 가장자리에는
현문(弦紋)이 있다. 바닥 뒷면에는 원락이 있는데, 원락은 대나무
를 엮은 울타리를 둘렀으며, 원문(院門)과 후면에는 긴 행랑을 두었
다. 대나무를 이용해 세운 건물의 모습으로, 용마루의 양쪽 끝이 올라

청자양(東晉博物館
·江宁博物館, 2011,
『東晉博物館·江宁
博物馆』)

청자퇴소인물누각
혼병(東晉博物館·
江宁博物館, 2011,
『東晉博物館·江宁
博物馆』)

가서 안쪽으로 굽어졌다. 후원(後院) 안쪽 대나무밭의 죽순은 간략하고 추상적인 화법(畵法)으로 처리되었다. 이러한 그림은 소수만 남아있는 남조 건축각화(建築刻畵) 중 하나에 속한다. 이 시기의 건축과 예술을 연구하는데 큰 도움을 준다.

도분(東晉博物館·
江宁博物馆, 2011,
『東晉博物館·江宁
博物館』)

참고문헌

東晉博物館·江宁博物馆, 2011, 『東晉博物館·江宁博物館』.

한국사전연구사 편집부, 1988, 『미술대사전(용어편)』, 한국사전연구사.

---

9) 양자강 도작문화(稻作文化) 후기에 파생된 문화로, 강소성 강녕구 호숙진(湖熟鎭)의 유적이 대표적이다. 유적은 강이나 호수를 내려다보는 작은 언덕 위에 자리하고, 벼농사를 하면서 가축을 키우고 물고기를 잡았다. 주로 간석기를 사용했다. 토기 중에서 홍도(紅陶)가 많고, 흑도(黑陶)나 인문도(印文陶)도 있다. 『사기(史記)』에 보이는 형만(荊蠻)과 같은 토착민족의 문화로 추정된다.

서하사 棲霞寺

강남의 대표적인 석굴사원

서하사(棲霞寺)는 남경시(南京市)에서 동북쪽으로 22㎞ 정도 떨어진 서하산(棲霞山) 중봉(中峰)의 서쪽 기슭에 위치한다. 1983년에 국무원에서 한족지역 불교전국중점사원으로 지정하였다.

서하사는 남제(南齊) 489년[영명(永明) 7년]에 창건되었다. 양나라 때 승랑(僧朗)을 이곳에서 삼론교의(三論敎義)를 펼쳤던 강남삼론종(江南三論宗)의 초조(初祖)라고도 부른다. 1982년에 남경시문물보호단위로 지정되었다.

서하사 입구

서하사는 단풍나무로도 유명하기 때문에, 가을이면 남경에서 이곳을 찾는 사람들이 많다고 한다. 서하사 외에도 서하산에는 문화재가 산재해 있기 때문에 둘러보려고 오는 인파가 많다.

역사연혁

남제 489년(영명 7년)에 섭산(攝山 : 지금의 서하산)에서 은거하던 명승소(明僧紹 : ?~483)[10]가 집을 기탁하여 사찰로 삼았으며, 그 이름을 '서하정사(棲霞精舍)'라고 하였다. 명승소의 아들 명중장(明仲璋)과 주지 지도(智度) 및 제·양의 황족과 귀족들이 잇달아 절 뒤의 벼랑에 개착(開鑿)을 하여 '천불애(千佛崖)'를 조성하였다. 수나라 때에는 절에 사리탑(舍利塔)을 건립하였다.

당고조(唐高祖 : 566~635) 때에는 서하사를 공덕사(功德寺)라고 하였으며, 전각과 불

채홍명경호

당 19곳을 더 건립하였다. 당고종(唐高宗 : 628~683)은 일찍이 친히 명정군비(明征君碑)를 짓기까지 했다. 절의 이름을 은군서하사(隱君棲霞寺)로 변경하였다. 당무종(唐武宗 : 814~846) 회창연간(會昌年間 : 841~846)에 폐찰 되었으나, 851년[대중(大中) 5년]에 중건되었다.

남당(南唐)은 사리석탑(舍利石塔)을 세웠으며, 묘인사(妙因寺)로 개칭하였다. 서예가 서현(徐鉉 : 916~991)[11]이 제액을 걸었으며 사찰은 더욱더 번성했다. 송나라 980년[태평흥국(太平興國) 5년]에 보운사(普雲寺)로 개칭하였으며, 1008년[경덕(景德) 5년]에 서하선사(棲霞禪寺)로 명칭을 바꾸었다. 1093년[원우(元祐) 8년]에는 엄인숭보선원(嚴因崇報禪院)이라 개칭하였다. 후에 다시 경덕서하사(景德棲霞寺) 혹은 호혈사(虎穴寺)라고도 했다.

명나라 1392년[홍무(洪武) 25년]에 칙서를 내려 서하사(棲霞寺)라고 한 이래로 그 이름은 지금까지 전해져 내려온다. 청나라 함풍연간(咸豊年間 : 1851~1861)에 병화(兵火)로 인하여 절이 훼손되었다. 1908년[광서(光緖) 34년]에 승려 종앙(宗仰 : 1865~1921)이 의연금을 모아 비로보전(毘盧寶殿)·장경루(藏經樓) 등을 중건하였다.

1930년에 미륵전(彌勒殿)을 세웠다. 1966년에는 사찰을 다른 용도로 사용하였으며, 1979년에는 전각과 불상을 중수하였다.

미륵불전

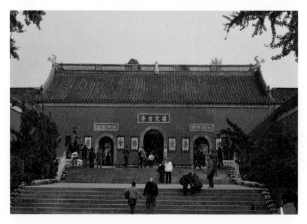

서하사의 구조

1979년에 한차례 보수를 한 후 개방하였다. 서하사의 면적은 40무(畝)이며 절 앞에는 현재 채홍명경호(彩虹明鏡湖)와 월아지(月牙池)가 있으며 왼편에는 명정군비가 있으며 '서하(棲霞)' 2글자가 음각되어있다.

산문(山門)에 들어서면 미륵불전(彌勒

佛殿)이 있으며, 전각 내에는 가슴을 드러내고 환하게 웃고 있는 미륵, 즉 포대화상(布袋和尙 : ?~916)이 모셔져 있다. 등 뒤에는 위타천왕(韋馱天王)이 있으며 고개를 들고 꼿꼿하게 서있는 모습이다. 미륵전을 나서면 절의 중심 전각인 대웅보전(大雄寶殿)이 있으며, 전각 내에는 높이 10m에 달하는 석가모니불을 봉안해 놓았다. 그 뒤에는 비로보전이 있으

미륵불전에 모셔진 포대화상

며 전각 내에는 높이 5m에 달하는 금제비로자나불이 모셔져 있고, 제자 범천(梵天)과 제석(帝釋)이 좌우에 협시로 있으며, 20제천(諸天)이 대전의 양측에 나뉘어져 있다. 불상 뒤에는 해도관음상(海島觀音像)이 서있다.

비로보전을 지나면 방장실(方丈室)·법당(法堂)·염불당(念佛堂)과 장경루가 있다. 장경루에는 한문으로 된 대장경(大藏經) 7,168권을 소장하고 있으며, 각종 경서가 1만 4천여 책이나 된다. 이곳의 불감에 석가모니옥상(釋迦牟尼玉像)을 봉안하였다. 장경루 왼편에는 당감진화상기념당(唐鑑眞和尙紀念堂 : 過海大師紀念堂)이 있다. 당 내에는 감진화상(鑑眞和尙 : 688~763)의 탈사상(脫紗像 : 干漆造像)이 모셔져 있으며, 감진화상 제 6차 동도도(鑑眞和尙第六次東渡圖) 및 감진화상기념집(鑑眞和尙紀念集) 등의 유물들이 전시되어 있다. 이는 모두 일본 불교계에서 기증한 것으로서, 중일불교사의 우호적인 왕래의 역사적 증거라고 할 수 있다.

비로보전

절 안에는 새로 옥불루(玉佛樓)를 지었는데, 정중앙에는 높이 1.5m, 무게 390kg의 옥불상이 모셔져 있다. 조각이 매우 정교한 옥불은 대만의 스님인 싱윈[星雲]이 기증한 것이다. 옥불루 양쪽 벽에는 석가모니 불성도채도(佛成道彩圖)가 그려져 있다.

절 바깥 오른편에 세워진 사리탑은 수문제(隋文帝 : 541~604) 601년[인수(仁

사리탑

壽) 원년]에 지어진 것이다. 8각7층의 구조로 되어 있으며 흰 돌을 이용하여 쌓았고, 높이는 약 15m이다. 탑의 기단에는 네 면에 난간을 조각하였으며, 기단 위에는 수미좌대가 있고, 8면에는 석가모니불의 '팔상성도도(八像成道圖)'가 새겨 졌다. 이는 백상투태(白象投胎)·수하탄생(樹下誕生)·구룡욕태 자(九龍浴太子)·출유서문(出游西門)·유성고수(窬城苦修)·목욕 좌해(沐浴坐解)·성도(成道)·항마(降魔)·열반(涅槃)으로 구성되 었다.

팔상도 위에는 제 1층 탑신이 있고, 다른 층의 탑신에 비해 매우 높은 편이다. 팔각형의 매 각에는 의주(倚柱)가 있으며, 탑신에는 문수(文殊)·보현보살(普賢菩薩) 및 사대천왕상(四大 天王像) 등이 조각되어 있다. 각 층의 위아래 옥개석의 간격은 갈수록 좁아지고, 현재는 5층의 탑신만 남아 있다.

옥개석 아래의 탑신석에는 비천(飛天)·악천(樂天)·공양천인 (供養天人) 등이 새겨져 있다. 이는 돈황오대석굴(敦煌五代石窟)의 비천과 비슷하다. 탑 위쪽의 상륜부는 연화형(蓮花形)으로 되어있다.

이 사리탑은 매우 정교하게 조각되었다. 수당시대 강남지역 석조예술의 대표작으 로서, 고대의 불교·예술·문화 연구에 큰 도움을 주는 탑이다.

천불애

대불각(大佛閣) 뒤, 사리탑 동쪽, 무량전(無量殿) 뒤쪽의 절벽 사이에는 천불애가 있 다. 이곳은 '강남운강(江南雲岡)'으로도 칭해진다. '서하사비(棲霞寺碑)'에 따르면 남조 제나라의 명승소[12]가 죽고 나서, 그의 아들인 명중장과 스님이 먼저 서쪽 봉우리의 양벽에 무량수불 및 관음(觀音)·대세지보살을 모셨다고 한다. 전설에 따르면 이러한 불상을 조성하고 나자, 불감의 위에서 광채가 빛났다고 한다. 이 소문을 들은 제나라 와 양나라의 귀족들은 이곳으로 찾아와 돌에다가 불상을 조각하였다.

한 감(龕)에서 대여섯 존(尊), 혹은 일곱여덟 존을 모셨으며, 천불암(千佛巖)이라 칭하 게 되었다고 한다. 남조시대 때 조성된 불감은 294곳이며, 불상은 515존이라고 한다. 이후 당·송·원·명시대에도 계속 조성이 되어, 불상이 약 7백 존에 달했다. 양나라 임

천왕(臨川王) 소굉(蕭宏 : 473~526)도 이곳의 조성에 여러
모로 관여하였다. 천불암은 운강석굴(雲岡石窟)과 대비되
어 위진남북조시대의 대표적인 석굴로 손꼽힌다.

이 중에서 가장 큰 불상은 삼성전(三聖殿)의 무량수불
(無量壽佛)로서 높이가 10m에 달한다. 좌우에 관음과 대
세지보살입상(大勢至菩薩立像)이 있어, 서방삼성(西方三
聖)으로 조성되었다. 주위의 암벽에는 불상들이 새겨져
있고, 가장 뒤쪽에 있는 석굴에는 망치와 끌을 들고 있
는 석공 조각이 보인다. 이 조각에 대해서 여기의 불상
을 만들었던 석공이 자신의 모습을 새겨 놓은 것으로 보
기도 한다.

승랑(僧朗)

승랑은 삼론종(三論宗)으로 명성을 떨친 고구려의 고
승(高僧)으로 제나라와 양나라에서 활동하였으며 신삼론학파(新三論學派)의 비조(鼻祖)

삼성전의 무량수불

로 일컬어진다. 그는 고구려 장수왕(長壽王 : 394~491) 후기에 요동성(遼東城)에서 태어
났다. 승랑은 도랑(道朗)·대랑법사(大朗法師)·섭산대사(攝山大師)라고도 한다.

30세 때 중국으로 건너가 돈황(燉煌)으로 가서 담경(曇慶)으로부터 삼론학을 공부하
였다. 당시 강북지방에서는 아비달마론(阿毘達磨論)이 성행하고 강남지방에서는 성실
론(成實論)에만 치우치고 있었다. 강남에 머물던 승랑은 성실학파를 비판하고 삼론학
을 퍼뜨려 중국 불교에 큰 변화를 불러일으켰다.

천불애

송대에는 회계산(會稽山)에 있는 강산
사(岡山寺)에 머물다가 종산(鍾山)에 있는
초당사(草堂寺)로 옮겨 주옹(周顒)[13]에게
삼론을 가르쳤다. 훗날 주옹은 『삼종론
(三宗論)』을 짓게 된다.

이후 법사들의 초청으로 지관사(止觀
寺 : 현재의 서하사)로 와서 삼론학을 강의
하였다. 512년(천감 11년)에 양무제(梁武帝

서하사 棲霞寺

: 464~549)는 승랑의 명성을 듣고 승회(僧懷)·혜령(慧令)·승전(僧詮) 등 열 명을 파견하여 배우게 했다. 승랑은 그 후 법도(法度)[14]의 뒤를 이어 서하사 주지를 맡았다.

승랑의 학문은 승전이 계승하였고, 승전을 거쳐 법랑(法朗)[15]·길장(吉藏 : 549~623)[16]에게 전수되었다. 길장은 삼론종을 완성시킨 승려로, 저술에서 자신의 학문이 고구려의 승랑으로부터 유래한 것임을 밝혔다.

승랑은 『화엄의소(華嚴義疏)』 8권을 저술했다고 하지만 현존하지는 않는다. 다만 길장의 저술이나 중국과 일본 등에 현존하는 삼론관계의 문헌들에 그의 논설이 인용되고 있다. 하지만 이러한 승랑의 행적에 대하여 일본이나 중국의 불교학자들은 이견을 제기한다. 이들은 삼론학에 끼친 승랑의 영향을 축소·격하시키고 있다. 길장이 삼론학파의 정통성을 주장하기 위해 사료를 조작하였다고 본 것이다. 이에 한국학자들은 외국학자들의 이견을 비판하며 승랑의 치적을 긍정하는 추세이다.

오늘날의 서하사

서하사는 또한 강소성불교협회 관할이기도 하다. 1982년 11월, 중국불교협회는 이곳에서 승가양성반[僧伽培訓班]을 양성하였다. 신중국 건국 이래 중국 불교계에서 최초로 이곳에 대규모의 양성반을 만들었다. 여기에 184명의 스님들이 참가하였고 연령은 주로 18~40세였다. 이들은 광동·강소·상해·복건 등 17개 성과 직할시·자치구에서 왔다.

1983년 11월, 중국불교협회에서 남경 서하사에 중국불교원 서하산 분원(分院)을 설립하기로 결정하였다. 1984년 9월 서하사 불학원에서 모집한 56명의 학승(學僧)들은 19개성의 43곳의 사찰로 가게 되었다. 이곳에서 수학하는 2년 동안 불교사(佛敎史)·불교삼경(佛敎三經)·백법명문론(百法明門論)·오온론(五蘊論)·유식삼십론요석(唯識三十論要釋)·계율(戒律)·어문(語文)·역사·지리·시사정책·외국어 등의 과정을 배우게 된다. 1986년 7월 제 1차 졸업생을 배출하였다. 그 가운데 일부는 중국불교원에서 한층 심화된 공부를 하고, 그 나머지는 원래의 사찰에 돌아가서 교무(敎務)와 관리를 하게 된다.

참고문헌

栖霞古寺 http://www.njqixiasi.com/

南京市博物馆·南京市文物管理委员会, 1982, 『南京文物与古迹』 文物出版社.

南京市地方志编纂委员会, 1997, 『南京文物志』, 方志出版社.

梁白泉·邵磊, 2009, 『江苏名刹』, 江苏人民出版社.

임종욱, 2010, 『중국역대인명사전』, 이회문화사.

程裕禎·李順興·楊俊萱·張占一, 2001, 『中国名胜古迹辞典』, 中国旅行出版社.

한국정신문화연구원, 1991, 『한국민족문화대백과사전』13.

许廷长·濮小南, 2008, 『栖霞寺史话』, 南京出版社.

10) 남조시기의 승려로, 섭산에서 20년 동안 은거하면서 정림사에서 주지를 지냈다. 명승소가 입적한 후 법도는 명승소가 기거하던 집을 사찰로 만들고 서하정사라고 하였다. 고환(顧歡 : 496~ 547)이 《이하론(夷夏論)》으로 불교를 비판하자 《정이교론(正二敎論)》을 지어 반론을 편 바 있다.

11) 5대 10국 시기의 문인으로 시문에 능하였으며, 훈고학에 정통하였다. 한희재(韓熙載 : 902~ 970)와 이름을 나란히 하여 '한서(韓徐)'라고 불렸으며 동생 서개(徐鍇 : 920~974)와 함께 '이서(二徐)'라고도 일컬어졌다. 저서로는 『기성집(騎省集)』·『계신록(稽神錄)』 등이 있다.

12) 명승소는 자(字)가 승렬(承烈)이며, 평원(平原) 격(鬲)사람이다. 명승소는 위진남북조의 혼란기 때 남쪽으로 내려온 사람으로서, 주로 산에서 수행을 하면서 은거하던 은사(隱士)였다. 조정에서는 그를 등용하고자, 6번이나 권유하였으나 이를 거절하였다고 한다.

13) 남조 송 · 제나라의 관리. 서예와 문장에 뛰어났다. 백가(百家)를 두루 섭렵하였는데 특히 불교에 정통하였다. 저서로는 『사성절운(四聖切韻)』·『삼종론』이 있다.

14) 남제 때의 승려. 남제의 명사 명승소가 은거할 당시 자신의 집에서 지내면서 『무량수경(無量壽經)』을 강설하였다. 명승소의 사망 후 그 자리를 사찰로 만들고 이름을 서하정사라 하였다.

15) 중국 삼론종을 세운 승려. 양도(楊都) 대명사(大明寺)의 보지(寶志 : 418~514)로부터 선법(禪法)을 배우고, 단율사(彖律師)에서 율법을 배웠다. 그 뒤 지관사의 승전으로부터 지도론(智度論)을 비롯한 여러 불경을 배웠다. 이후 건강(建康) 흥황사(興皇寺)에서 삼론종을 전파하여 후진 양성에 힘썼다.

16) 수나라 삼론종 승려. 안식국(安息國)에서 온 안세고(安世高)의 후손이다. 법랑으로부터 『백론(百論)』을 배웠으며 이후 『중론(中論)』과 『백론』·『십이문론(十二文論)』 등의 주석서를 내놓기도 하였다. 저서로는 『삼론현의(三論玄義)』·『유마경의소(維摩經義疏)』·『대승현론(大乘玄論)』 등이 있다.

석두성 石頭城

도깨비의 얼굴이 새겨진 옛 성

석두성

석두성(石頭城)은 석성(石城) 혹은 석수성(石首城)이라고도 부른다. 청량산(淸凉山) 북쪽 기슭 초장문(草場門) 일대에 해당한다.

암석이 험준하고, 기세가 맹호와도 같으며, 장강(長江)의 요충지를 지키고 있기 때문에 '석성호거(石城虎踞)'라고 일컬어진다. 석두성은 남경에서 현존하는 가장 오래된 성 중 하나이다. 1957년에 강소성문물보호단위로 지정되었다.

역사 연혁

동치연간(同治年間 : 1862~1874)의 『산강양현지(上江兩縣志)』 '산고(山考)'에 의하면 "강의 북쪽에서부터 산에 모두 돌이 없는데, 이 산에 이르러서야 돌이 있기 때문에, 이러한 명칭이 붙게 되었다[自江北以來, 山皆無石, 至此山始有石, 故名]"라고 한다. 『건강지(建康志)』에 의하면 "산에는 성이 있는데, 그래서 이름을 석성산(石城山)이라고 한다[山上有城, 又名曰石城山]"라고 했다. 여기에서 말하는 성은, 바로 석두성을 의미하는 것이다. 이러한 석두성의 유래에 대해서는 지금으로부터 약 2천 년 전의 전국시대까지 거슬러 올라간다.

사료에 기재된 바에 의하면 기원전 333년에, 초(楚)나라의 위왕(威王 : ?~329)이 재위 7년째에 월(越)나라를 멸망시켰다. 위왕은 이곳에 금릉읍(金陵邑)을 두었으며, 또한 지금의 청량산에 성을 쌓았다. 기원전 223년에 초나라를 멸망시킨 진나라는 금릉읍을 말릉현(秣陵縣)으로 바꾸었다.

석두성공원

전설에 의하면 삼국시대에 제갈량(諸葛亮 : 181~234)이 적벽대전(赤壁大戰)이 일어나기 전에, 동오에 사신으로 가서 손권(孫權 : 182~252)과 함께 조조(曹操 : 155~220)를 물리칠 계략을 논의하였다고 한다. 제갈량이 말릉현을 지나갈 적에 석두성의 지형지세를 관찰하였다고 한다. 그는 종산(鐘山)을 여러 산들의 머리로 삼아, 창룡(蒼龍)이 똬리를 틀고 동남쪽으로 엎드린 상으로 보았다. 그러한 창룡의 모습이 서쪽에서 끝나는 곳을 석두산(石頭山)으로 간주했다. 또한 맹호가 큰 강의 옆에서 웅거하고 있는 모습으로도 보았다. 그래서 "종산은 용이 똬리를 틀었고, 석두는 호랑이가 기거하니, 진실로 제왕이 머무를 곳이구나[鐘山龍蟠, 石頭虎踞, 眞乃帝王之宅也]"라고 찬탄하였다고 한다. 또한 손권에게 말릉으로 천도할 것을 건의하였다고 했다. 손권은 적벽대전 이후인 212년[건안(建安) 17년]에 석두성을 수축하였다. 이후 말릉(지금의 남경)으로 천도하고는 건업(建業)으로 개칭하였다.

그리하여 청량산에 있던 본래의 성터를 수축하여 석두성을 쌓았다고 한다. 당시 장강은 청량산 아래까지 흘렀다고 하는데, 이 때문에 석두성은 군사적으로 매우 중요한 위치에 있었다. 동오 또한 이러한 이유 때문에 석두성을 중요한 수군기지로 삼았다. 이후 수백 년 동안 석두성은 군사적으로 중요한 곳이었으며, 전쟁의 승부를 가르는 요충지였다고 한다.

석두성 성벽 근경

석두성은 청량산 서쪽에 있는 천연의 절벽을 이용해 흙으로 쌓은 성으로, 산을 에워싸는 형태로 조성되었다. 둘레는 '7리 100보(합쳐서 약 3㎞ 정도)'였다고 하며, 현재 남아있는 성벽은 6리 정도라고 한다. 북쪽으로는 큰 강과 인접하였고,

석두성 성벽 상단 세부
모습

남쪽으로는 진회하구(秦淮河口)와 접하였으며, 남쪽으로는 2개의 문을, 동쪽으로는 1개의 문을 두었고, 남문의 서쪽을 서문으로 삼았다. 성에는 석두고(石頭庫)와 석두창(石頭倉)을 두어 군량미와 병기를 보관하는 용도로 사용하였다. 석두진(石頭津)도 설치하였다고 한다. 성벽의 높은 곳에는 보루와 봉화대를 설치하였다.

동진(東晉) 의희연간(義熙年間 : 405~418)에, 벽돌을 써서 성벽을 축조하였으며, 또한 성의 남쪽에 '입한루(入漢樓)'를 건립하였다. 570년[태건(太建) 2년] 진선제(陳宣帝 : 530~582)가 석두성을 수축하였으며, 군량미를 저장하였다. 하지만 이후 강의 물줄기가 좀 더 서편으로 옮겨졌기 때문에, 석두성은 점점 효용성을 상실하게 되었다. 명나라 초에 경성(京城)을 지을 때 석두성을 성벽의 일부분으로 삼았다.

당나라 이후 물길이 점점 서쪽으로 옮겨지게 되었다. 625년[무덕(武德) 8년] 이후부터 석두성은 점점 그 가치를 상실하였다. 그랬기에 당나라 시인 유우석(劉禹錫 : 772~842)은 '석두성'이라는 시를 짓기도 하였다. 오대시대인 924년[동광(同光) 2년]에 석두성에 처음으로 홍교사(興教寺)라는 절이 지어졌다. 이후 이곳에는 사묘(寺廟)와 서원(書院)이 많이 세워졌다.

석수성 성벽 하단 세부
모습

석두성의 형태 및 주변유적

현재 석두성 유적은 남북 길이가 약 300m인데, 가장 높은 곳은 17m 정도이다. 성의 기초를 살펴보면 일단 절벽 위에 성벽을 세웠다. 자홍색(赭紅色) 사력암(砂礫巖) 계통이고, 대량의 하광석(河光石)을 포함하고 있다. 지질학자들의 연구에 따르면 이곳의 암반층은 대략 1억 년에서 7천만년 전 백악기 말기에 형성되었다고 한다.

청량문(淸凉門)에서 초장문 사이의 성벽 아래쪽에는 타원형의 석벽이 돌출되어 있다. 이곳은 오랫동안 풍화작용이 이루어졌다. 멀리서 보면 마치 눈코입귀가 있는 사람의 얼굴처럼 보인다. 길이 7.8m, 폭 3.2m 정도이며, 이 바위의 모습이 흡사 귀신의 얼굴 같다고 하여 '귀검성(鬼臉城)'이라고도 부른다.

석수성 성벽의 귀신 얼굴

남경의 민간에서는 귀검성과 관련된 전설이 매우 많다. 원래 이 암석은 마치 칼로 도려낸 듯이 매끈한 거울 같았다고 한다. 지금의 귀검성 서쪽에는 맑은 연못이 있었다. 수면에 귀검성의 모습이 거꾸로 비쳤다고 한다. 그러자 남경의 노인이 "귀신의 얼굴이 거울에 비쳤다"라고 했다는 것이다.

청량산에는 주마파(駐馬坡)·남당고정(南唐古井)·청량사(淸凉寺)·숭정서원(崇正書院) 및 소엽루(掃葉樓) 등 여러 명승고적들이 남아 있다. 석두성은 청량산의 뒤쪽에 있으며 남북 전체 길이가 약 3,000m이다.

1990년에 남경시에서는 석두성 옛터에 석두성공원(石頭城公園)을 조성하였다. 공원은 '석성회고(石城懷古)'라는 주제로 석두성의 유구한 역사와 자연 경관을 결합하여 조성했다. 총 면적은 16.94㎢이며, 역사문화 고도의 특색을 갖추고 있다. 북쪽으로는 청량산체육학교[淸凉山體校], 남쪽으로는 청량문, 서쪽으로는 옛 성벽, 동쪽으로는 호거로(虎踞路)에 잇닿아있다.

참고문헌

南京市博物館·南京市文物管理委员会, 1982, 『南京文物与古迹』文物出版社.

南京市地方志编纂委员会, 1997, 『南京文物志』方志出版社.

程裕禎·李順興·楊俊萱·張占一, 2001, 『中国名胜古迹辞典』中国旅行出版社.

손권묘 孫權墓

삼국시대 오나라의 건국황제, 이 곳에 잠들다.

손권묘(孫權墓)는 자금산(紫金山) 아래 명효릉경구(明孝陵景區) 내에 위치한다. 명효릉 입장권을 끊고 들어가야 되며, 명효릉 및 관련 유적들과 군집을 이루고 있다. 손권묘는 장릉(蔣陵) 혹은 오왕분(吳王墳)으로 일컫거나 손권강(孫權崗)이라고도 한다.

손권 석상

손권(孫權 : 182~252)의 자는 중모(仲謀)이며, 오군(吳郡) 부춘[富春 : 지금의 절강성(浙江省) 부양(富陽)] 사람이다. 삼국시대 오(吳)나라의 개국황제이며, 229년부터 252년까지 재위하였다. 중국의 유명한 병법가인 손무(孫武 : B.C.535~?)의 22세 후손으로 전해지며, 장사태수 손견(孫堅 : 155~191)의 아들이다. 어릴 적에 그의 형인 손책(孫策 : 175~200)을 따라 강동(江東)에서 세력을 키워 동남쪽을 안정시켰다. 또한 손책의 뒤를 이어 강동의 주인이 되어 아버지와 형의 기업(基業)을 지켜내었다.

208년[건안(建安) 13년]에 유비(劉備 : 161~223)와 연합하여 조조(曹操 : 155~220)를 적벽(赤壁)에서 공격하였다. 220년(건안 25년)에는 조조와 연합하여 형주(荊州)를 차지하여 오나라의 영토를 대대적으로 넓혔다. 222년에 손권은 왕을 칭하였다. 229년[황룡(黃龍) 원년]에 무창[武昌 : 지금의 호북성(湖北省) 악성(鄂城)]에서 황제를 칭하고, 국호를 오(吳)라고 했다. 그는, 위(魏)·촉(蜀)과 함께 삼국을 정립(鼎立)하였으며, 건업[建業 : 지금의 남경(南京)]으로 천도하였다. 위온(衛溫 : ?~231) 등을 이주[夷洲 : 지금의 대만(臺灣)]로 보내 연계를 강화하였고, 강남의 넓은 땅을 개간하여 동남지역의 개발을 촉진하였다. 사후에는 오대제(吳大帝)로 추존되었다.

유적 현황

손권묘로 진입하려면 명효릉경구 입구에서 좀 더 들어와서 남동쪽에 있는 신도 석각 쪽으로 가야된다. 신도 석각 중에는 코끼리상이 보이고, 그 옆에 샛길이 하나 있는데, 그 방향으로 들어서면 된다. 다시 샛길에서 북동쪽으로 약 150m 정도 걸어가면 작은 다리가 있다. 이 다리로 들어서면 손권 석상이 보인다.

손권묘 표지석

2012년에 방문하였을 때, 태극권을 하는 노인들의 모습이 보였다. 이곳은 공원화되어 일반인들에게 관광지이자 휴식공간으로 사용되고 있다. 손권 석상에서 북서쪽으로 가면 박애각(博愛閣)이 있으며, 그곳까지의 직선거리는 약 200m 정도이다. 1982년에 남경시문물보호단위로 지정되었다. 매년 매화(梅花)가 필 때면 많은 사람들이 이곳을 찾는다고 한다.

손권묘 조성 및 위치

손권의 부인 보부인(步夫人 : ?~238) 돈(墩)은 238년[적오(赤烏) 원년]에 황후(皇后)로 추배(追拜)되었고, 후에 손권묘에 합장되었다. 손권묘는 남경지역에 있는 육조능묘(六朝陵墓) 중에서 가장 이른 시기의 무덤 중 하나이다. 하지만 능묘의 건축적인 면모나, 범위 및 땅에 세워진 전우(殿宇)·지하의 능침(陵寢)·능묘 앞의 신도석각(新道石刻) 등은 그 흔적을 찾을 수 없다. 사서(史書)의 기록 또한 제대로 나와 있지 않다.

명태조[明太祖 : 1328~1398]가 효릉(孝陵)을 세울 때 손권묘를 그대로 보존하였다. 그러나 손권묘 앞에 있던 한 쌍의 기린석각(麒麟石刻)을 옮겨서 이제는 그 위치를 알기가 어렵게 되었다. 민국시대(民國時代)에 언덕 위에 매화를 넓게 심어, 매화산(梅花山)이라는 이름이 붙었다.

손권묘에는 손권의 부인 보씨(步氏)와 후처(後妻)인 반씨(潘氏)가 합장되었다. 선명태자(宣明太子) 손등(孫登 : 209~241) 또한 이 부근에 묻혔다. 현재 손권묘유적에는 비석 1기, 석교(石橋) 1기, 주석패(注釋牌) 1기, 그리고 1기의 석상(石像)이 남아있다. 『삼국지[三

손권 고사 화랑 원경

國志)』에 따르면 "여름 4월, 손권이 71세의 나이로 돌아가셨으며, 시호를 대황제라고 하였다. 가을 7월 장릉에 묻혔다[夏四月, 權薨, 時年七十一, 諡曰大皇帝. 秋七月, 葬蔣陵]"고 기록되어있다.

남경의 전설에 의하면 명나라 초 주원장이 효릉을 만들 때 주변의 무덤들을 모두 다른 곳으로 옮기게 하였다고 한다. 이때 능묘 축조를 주도하던 중군 도독부금사(中軍都督府金事) 이신(李新)이 주원장에게 손권묘를 옮기자고 건의하였다. 그러자 주원장은 "손권 또한 사내 대장부이다. 나에게 남겨 문을 지키도록 하라!"고 하였다. 이로 인하여 명효릉을 만들 당시 손권묘는 파괴되지 않았다고 한다. 손권묘는 느닷없이 후대 황제릉의 문지기가 된 셈이지만, 무덤이 파여지지 않은 대가라고 생각한다면 그나마 다행이라 하겠다.

손권묘는 명효릉에서 정남쪽으로 300m 정도 떨어져 있다. 명효릉의 신도는 손권강을 돌아가는 모습으로 되어있는데, 이는 손권묘를 피해서 신도를 조성하였기 때문이다. 그 때문에 명효릉의 신도는 일직선으로 뻗지 않고 꺾인 모습으로 조성되었다.

1993년 10월에 중산능원(中山陵園) 중 매화산 동쪽 기슭에 새로이 손권고사원(孫權故事園)을 조성하였다. 손권고사원으로 들어서려면 작은 다리를 건너야 한다. 그 앞에

박애각

있는 표지판에는 한글로 여러 장소를 표시해 놓았다. 손권고사원의 중심에는 높이 5.1m의 거대한 손권의 석상이 있다. 전체적으로 선이 굵게 조각되었는데 왼손으로 칼의 손잡이를 잡고 꼿꼿하게 서있다. 눈은 약간 위쪽을 쳐다보는 모습이며 수염은 덥수룩하다. 미간 아래 양쪽 눈두덩이 쪽에는 작은 벌집이 만들어져 있는데, 오른쪽에 2개의 구멍이

뚫려있다. 전체적으로 손권의 굳은 의지가 드러나도록 만들어졌다.

석상의 서남쪽에는 부채꼴로 손권고사(孫權故事) 화랑(畵廊)이 있다. 12폭의 부조석각(浮彫石刻)으로 손권에 관한 이야기를 표현하였다. 이곳에 표현된 이야기들은 주로 우리에게 널리 알려진 것도 있지만, 그렇지 않은 것도 있다. 널리 알려진 것으로는 손권과 유비가 바위를 갈라 자신의 소원을 빌었던 이야기와, 적벽대전 당시 조조와의 항전을 결심하여 탁자를 잘라낸 이야기 등이 있다.

손권묘가 정확히 어디에 있는지에 대해서는 의견이 분분하다. 남경대학 문화와 자연유산연구소[南京大學文化與自然遺産研究所]의 허윈아오[賀雲翱]소장은 남경 매화산 박애각 부근에서 발견된 대형의 인위적인 구조물을 손권묘와 연관지어 추정하고 있다. 박애각은 손권고사원에서 좀 더 위쪽으로 올라가면 나타난다. 이곳에는 관매헌(觀梅軒)이 있으며 1947년 봉능원관리위원회(奉陵園管理委員會) 주임위원(主任委員) 쑨커[孫科]의 지시로 세워졌다.

이곳에서는 옛날의 묘혈 봉문장(封門墻)과 유사한 게 보인다고 한다. 이곳에서 또한 도랑을 파헤쳤는데, 도랑에서는 물이 쉬지 않고 나왔다. 그 뒤에 나팔형의 길 입구[路口]가 나왔는데, 상층은 항토(夯土 : 흙을 다져서 쌓아 올린 것을 의미)로, 하층은 황토(黃土)로 되어 있어 인위적인 구조물로 추측하고 있다. 이러한 사항은 한황실(漢皇室)의 능묘 건축구조 방식과 유사하다고 한다. 이러한 부분만을 가지고 확실하게 손권묘라고 규정지을 수는 없지만, 박애각이 손권묘와 연관될 가능성은 있다.

손권 초상

손권의 생애

손권은 182년[광화(光和) 5년]에 서주(徐州) 하비[下邳 : 지금의 강소성(江蘇省) 비주(邳州)]에서 태어났고, 252년[태원(太元) 2년]에 사망했다.

자주빛 수염에 푸른 눈을 가졌으며, 눈빛은 맑게 빛이 났다. 뺨은 네모지며 입이 커서 보통 사람들과는 사뭇 다른 용모였다. 어릴 적부터 문무를 겸비하여 아버지와 형을 따라 천하의 전쟁터들을 돌아다녔다. 말타기와 활쏘기에 능하였고, 젊을 때에는 항상 말을 타고 호랑이를 쏘았으며, 담력과 모략이 출중하였다. 이 때문에 조조는 일찍이 그에 대해서 찬탄하기를 "자식이라면 마땅히 손중모(孫仲謀) 같아야 한다"라고 하였다.

200년(건안 5년)에 형 손책이 병사(病死)하고 손권이 오후(吳侯)·토역장군(討逆將軍)의 자리를 잇고 회계태수(會稽太守)가 되어 강동을 통치하였다. 203년(건안 8년)에서 208년(건안 13년)까지 3회에 걸쳐 강하태수(江夏太守) 황조(黃祖 : ?~208)를 공격하였다. 손권은 또 이 기간에 대장 감녕(甘寧)을 등용했다.

같은 해, 한승상(漢丞相) 조조가 남정(南征)하였고, 의성정후(宜城亭侯)·좌장군(左將軍)·예주목(豫州牧) 유비는 그에 맞섰으나 대패하였다. 조조가 남군(南郡)의 치소였던 강릉(江陵)을 점령한 후, 손권에게 편지를 보내어 동오(東吳)를 취하겠다는 의사를 밝혔다. 당시 동오 내부에는 주전파(主戰派)와 주화파(主和派)로 나뉘어졌는데, 주전파로는 노숙(魯肅 : 172~217)·주유(周瑜 : 175~210)[17]가 중심이 되었고, 주화파에는 장소(張昭 : 156~236)가 중심이 되었다. 장소는 당시 뛰어난 설복력(說服力)으로 강화를 주장하였으나, 손권은 이미 조조와 일전을 벌이겠다는 뜻을 내심 품고 있었다.

이때 노숙이 강하(江夏)에서 유비의 군사인 제갈량(諸葛亮 : 181~234)을 데려와 유비가 오와 연합하여 조조를 치겠다는 결심을 전하였다. 마침 주유도 긴급히 되돌아와 조조의 약점을 하나하나 설명하고 전쟁에서 이길 수 있음을 강조하였다. 결국 손권을 조조에 맞서 싸우겠다는 결정을 내리게 되었고, 주유와 정보(程普 : ?~210)[18]를 각각 좌도독(左都督)과 우도독(右都督)으로 삼아 조조와 결전을 벌이게 되었다. 주유는 황개(黃蓋 : 154~218)[19]의 계략을 써서 3만의 군대로 적벽에서 조조를 대파하였다. 이를 역사에서는 적벽대전(赤壁大戰)이라고 부른다.

전쟁 이후, 손권과 조조는 수차례 합비(合肥)와 유수(濡須) 일대에서 대치하며 싸웠다. 그 기간 동안 손권과 유비는 연합하면서 여동생을 형주로 시집보내었다. 또한 노숙의 계략에 다라 형주의 남군을 잠시 유비에게 맡겼다. 215년(건안 20년) 5월, 환성(皖城)을 정벌하고 여강태수(廬江太守) 주광(朱光)을 사로잡았다. 같은 해에 유비가 촉을 취하는 것을 성공하자, 손권은 다시 형주를 돌려주라고 요청하였지만 유비는 응하지 않았다. 대노한 손권은 여몽을 장군으로 삼아, 연이어 장사(長沙)·계양(桂陽)·영릉(零陵) 3군을 공격하게 했다. 유비 또한 군사 5만을 일으켜 공안(公安)으로 보내고, 관우(關羽 : ?~220)가 3만의 군사를 이끌고 익양(益陽)에서 노숙과 대치함으로서, 일촉즉발(一觸卽

發)의 위기상황이 벌어졌다. 하지만 이때 조조가 군사를 이끌고 한중으로 와서 유비를 크게 위협하자, 결국 손권과 강화를 맺게 되고 장사·강하·계양을 반환하였다.

219년(건안 24년)에 유비가 형주태수(荊州太守) 관우를 시켜 양번(襄樊)에서 싸우도록 하였다. 이에 손권은 유비의 세력이 점점 커지고 자기의 군세와 비

기암괴석에 새긴 손권묘 표지석

슷해지는 것을 보고 전략을 수정했다. 조조에게 스스로 신하를 칭하고 동맹을 맺었다. 여몽을 도독으로 삼아 유비의 형주를 취하게 하였고, 반장(潘璋 : ?~234)[20]과 주연(朱然 : 182~249)은 관우를 죽였다.

220년[황초(黃初) 원년]에 조비(曹丕 : 187~226)는 황제를 칭하였으며, 대위(大魏)를 건국하였는데 역사에서는 이를 조위(曹魏)라고 부른다. 221년(황초 2년)에 유비도 황제를 칭하였고, 국호를 한(漢)이라 했다. 역사에서는 이를 촉한(蜀漢)이라 부른다. 유비는 곧바로 군사를 일으켜 죄를 묻는다면서 동오를 공격하였다. 손권은 파격적으로 39세의 육손(陸遜 : 183~245)을 대도독(大都督)으로 임명하고 유비를 맞아치게 하였으며, 이릉대전(夷陵大戰)에서 촉군(蜀軍)을 대파하였다.

222년(황초 3년)에 조비가 손권에게 구석(九錫)을 하사하였으며, 오왕(吳王)·대장군(大將軍)으로 봉하였다. 같은 해에 조위가 3갈래 길로 오를 정벌하였다. 그 중에서 동구(洞口)로 출전한 조휴(曹休)의 군대는 승리하고, 남군으로 출전한 조진(曹眞)의 군대는 패배하였으나, 위군(魏軍)은 전체적으로 우세한 상황이었다. 하지만 주환(朱桓 : 177~238)[21]이 조인(曹仁 : 168~223)을 격파함으로써 전세를 역전시켜 위군을 격퇴시켰다.

223년[황무(黃武) 2년]에 유비가 병으로 세상을 떠나자, 촉과 오는 서로 사신을 보내면서 관계를 풀게 되었다. 226년(황무 5년)에 조비가 병으로 세상을 떠나자, 손권은 기회를 틈타 강하를 공격하였지만 점령하지 못하였다.

229년(황룡 원년)에 손권이 무창에서 정식으로 황제로 즉위하게 되었고, 국호를 대오(大吳)라 하였으며 건업(지금의 남경)으로 천도하였다.

234년[가화(嘉禾) 3년]에 손권은 제갈량의 1차 북벌에 호응하여 어가(御駕)를 타고 합

비(合淝)로 친정(親征)하였지만, 양주도독(揚州都督) 만총(滿寵 : ?~242)에게 패배하였다. 황룡 원년 이래로 손권은 여러 차례에 걸쳐 북벌을 하였고 전투도 많이 치렀지만 승리를 거두지는 못하였다.

손권은 황제를 칭한 이래로 대규모의 인원을 바다로 보내어, 이주(夷州 : 지금의 대만)와의 관계를 강화하였다. 또한 농관(農官)을 설치하고 둔전(屯田)을 실행했다. 그리고 산월(山越 : 지금의 절강성·강소성·안휘성·강서성·복건성등 산악 일대의 이민족) 지역에 군현(郡縣)을 설립하여, 강남의 토지 개발을 촉진시켰다.

말년에 손권은 나날이 교만해지고 사치스러워졌으며, 여일(呂壹 : ?~238)을 총애하였고, 조세와 부역을 무겁게 부과하였으며 형벌을 잔혹하게 집행하였다. 후계자를 정할 때[立嗣之爭]에는 수많은 대신들을 비명횡사(非命橫死)시켰다. 손등(孫登 : 209~241)이 일찍 세상을 뜨자, 손권은 먼저 손화(孫和 : 224~253)[22]를 폐하고, 또한 손패(孫霸 : ?~250)에게 사약을 내렸으며, 마지막에는 어린 손량(孫亮 : 243~260)[23]을 태자로 삼았다. 이러한 손권의 태도는 장래 오궁정변(吳宮政變)의 화근을 심는 격이 되었다.

252년에 손권은 병사했는데 향년 71세였다. 시호를 대황제(大皇帝)로 하였기에 역사에서는 동오대제(東吳大帝)라고 한다. 묘호를 태조(太祖)라고 하였으며 24년간 재위하였다. 오왕으로 재위한 것으로 계산하면 32년간 재위했다.

손권은 200년에 오후가 되어 강동을 다스리고 세상을 떠날 때까지, 사실상 총 52년 동안이나 재위하였다. 이는 삼국시대에서 가장 오랫동안 재위한 것이며, 가장 장수했던 제왕이었다.

참고문헌

가와카쓰 요시오, 2004, 『중국의 역사 - 위진남북조』 혜안.

궈지엔·거지엔슝, 2008, 『천추흥망 - 삼국·양진·남북조』 따뜻한손.

박한제, 2003, 『영웅 시대의 빛과 그늘』 사계절.

南京市博物館·南京市文物管理委員会, 1982, 『南京文物与古迹』 文物出版社.

南京市地方志編纂委員会, 1997, 『南京文物志』 方志出版社.

임종욱, 2010, 『중국역대인물사전』 이회문화사.

17) 삼국시대 오나라의 장수. 손책과는 친구 사이였다. 208년 조조가 남하하자 유비와 협력하여 조조의 군대를 적벽에서 격파한다. 승세를 몰아 조인을 공격했다. 유비가 형주에서 세력을 확대할 것을 염려하여 사천(四川)을 공략하려고 했으나 계획이 실행되기 전 병사하였다.

18) 삼국시대 오나라의 장수. 손견을 따라 부장으로 있으면서 황건적(黃巾賊)을 진압하고 동탁(董卓 : ?~192)을 격파했다. 그 뒤를 이은 손책과 손권을 섬기면서 적벽대전 · 남군전투(南郡戰鬪) 등 각종 전투에서 공을 세웠다.

19) 삼국시대 오나라의 장수. 손견과 손책 · 손권을 섬겼다. 208년 적벽대전에서 화공계(火攻計)를 제안하고 조조에게 거짓 항복하여 오나라를 승리로 이끌었다. 뒤에 군수가 되어 무릉만(武陵蠻)의 반란을 진압하였다.

20) 삼국시대 오나라의 장수로 관우가 형주를 빼앗기고 달아날 때 추격하여 사로잡았다. 『삼국지연의(三國志演義)』에서 관우의 아들을 만나 그의 손에 죽은 것으로 나타나지만, 사서에 따르면 이릉대전 이후 12년이 지나서야 죽었다.

21) 삼국시대 오나라의 장수. 222년 위나라의 조인이 유수를 습격하자 5천의 군사로 격파하였다. 228년 조휴(曹休 : ?~228)가 공격해오자 좌도독(左都督)으로 임명되어 육손을 도와 격파했다. 이 전투 이후 여세를 몰아 허도(許都)와 낙양(洛陽)을 취할 것을 건의하지만 받아들여지지 않았다.

22) 손권(孫權)의 셋째 아들. 형 손등이 죽자 태자로 봉해졌으나 참소를 당해 유폐된다. 250년에 그는 태자 자리에서 폐위되었고 대신 손량이 태자에 올랐다. 손량이 왕위에 오른 뒤 그는 손준(孫峻 : 219~256)에 의해 사사되었다. 뒤에 아들 손호(孫皓 : 242~284)가 제위에 오르자 문황제(文皇帝)로 추증되었다.

23) 삼국시대 오나라의 제 2대 황제. 손권 말기 태자자리 문제로 다툼이 일어났고, 결국 어린 손량이 태자가 되어 252년 즉위하였다. 그리고 그의 옹립에 공이 컸던 제갈각(諸葛恪 : 203~253) · 손침(孫綝 : 231~258) 등이 정권을 잡는다. 손량은 권신 손침을 죽이려다 실패하여 폐위되고 회계왕(會稽王)으로 지위가 떨어졌다. 이후 복위운동이 일어났지만 들통나버려 후관후(候官候)로 쫓겨났는데, 도중에 자살하였다.

왕도사안기념관 王導謝安紀念館

남조시대의 대표적인 귀족가문

왕도사안기념관 입구

왕희지 흉상

왕도사안기념관(王導謝安紀念館)은 남경(南京) 부자묘(夫子廟) 진회하(秦淮河) 남안(南岸)의 오의항(烏衣巷) 내에 있다. 이곳은 육조(六朝) 문화예술 및 왕(王)·사(謝) 두 대가문을 전문으로 다룬 기념관이다. 관내(館內)에는 내연당(來燕堂)·감진루(監晋樓) 등의 건축물이 있으며, 육조시대의 유물들이 전시되어 있다.

왕도사안기념관은 진회구인민정부(秦淮區人民政府)에서 1000억 위안[元]을 투자하여 조성했다고 한다. 총 면적은 1,000㎡이며 1997년 5월 10일에 정식으로 대외에 개방하였다.

전시관 내에는 서법병문(書法屛門)·죽림칠현도 전인벽화(竹林七賢圖磚印壁畵)·곡수류상거(曲水流觴渠)·대사전인벽화(對獅磚印壁畵)·행악도전인벽화(行樂圖磚印壁畵)·왕도·사안 가족자료 전시·육조 역사와 문화 예술 전시·낙신부도벽화(洛神賦圖壁畵)·동진

시대 생활 복원 전시·육조시대 조각예
술·동진시대 서법예술·비수대전(淝水大
戰) 반영 화청(畵廳)·진회(秦淮) 역사문화
예술전시실이 있다.

낙신부도 전시실

전시관 현황

왕도사안기념관은 부자묘거리에 있
으며, 주의 깊게 살펴보지 않는다면 쉽
게 찾기 힘든 곳이다. 다양한 볼거리를
조성했지만, 그에 걸맞는 관리를 하지 않아서 전체적으로 부실한 느낌을 준다.

전시실 가운데에는 왕희지(王羲之 : 307~365)의 흉상이 있고, 그 양옆에 안내판과 유
물들이 전시되어 있다. 전체적으로 육조시대의 유물들을 전시해 놓았다. 왕씨가문에
대한 전시와 사씨가문에 대한 전시는 별도로 구분하여 이뤄지고 있다.

육조시대와 관련된 것들을 최대한 전시하려는 노력을 볼 수 있다. 일례로 낙신부
도(洛神賦圖)를 들 수 있다. 낙신부도는 조위(曹魏)의 조식(曹植 : 192-232)이 지은 낙신부
(洛神賦)를 동진(東晋)의 고개지(顧愷之 : 344~406)가 그림으로 표현한 것으로, 별도의 전
시실이 마련되어 있다. 하지만 공간이 협소하고 조명도 부족하여 제대로 관심을 갖지
않는다면 지나쳐버린다.

육조시대의 가구들을 사실에 가깝게 복원하였으며, 주칠(朱漆)을 하여 생동감을
더했다. 또한 비수대전의 모습을 표현한 것은 좋았으나, 전시가 다소 부실하게 되어
있다.

육조시대 가구 복원
전시실

오의항

이곳은 일찍이 동오(東吳) 도성(都城)
건업(建鄴)의 금군(禁軍) 영방(營房)의 소
재지이다. 당시 사병들은 검은색의 복
장을 하였기에, '오의(烏衣)'라는 항명(巷
名)이 유래하게 되었다. 지금도 항(巷) 내
에는 "오의정(烏衣井)"이 남아 있다. 동진

(東晉)시기 오의항은 조정 귀족들의 거주 구역이었다. 항 내에는 화려한 고택들이 빽빽이 들어서 있었다. 육조시대 대표적인 귀족인 왕씨(王氏)와 사씨(謝氏)가문의 대표적인 인물인 왕도(王導)와 사안(謝安)의 고택도 이곳에 있었다.

당대(唐代) 유우석(劉禹錫 : 772-842)은 이곳을 방문하여 오의항(烏衣巷)이라는 유명한 시를 남겼다. 그 시는 다음과 같다.

주작교 언저리에 온갖 들꽃 피었는데,　　　　朱雀橋邊野草花
오의항 어귀에 석양이 비꼈구나.　　　　　　烏衣巷口夕陽斜
그 옛날 왕도와 사안의 집에 드나들던 제비들　舊時王謝堂前燕
이제는 백성들 집에 예사로이 날아드네.　　　飛入尋常百姓家

왕도(王導)

왕도(王導 : 276~339)의 자는 무홍(茂弘)이고, 소자(小字)는 아룡(阿龍)이었다. 낭야(琅琊) 임기[臨沂 : 지금의 산동성(山東省) 임기시(臨沂市) 사람이다. 동진시대의 저명한 정치가이자 서법가로, 진원제(晉元帝)·명제(明帝)와 성제(成帝) 세 황제를 모셨으며, 동진 정권의 기틀을 잡은 사람 중 하나였다.

왕도

왕도의 출신은 위·진(魏晉)의 명문가인 낭야 왕씨(琅琊王氏)로, 일찍이 진원제 사마예(司馬睿 : 276~322)와 친분이 있었으며, 후에 건업으로 이진(移鎭)할 것을 건의하였다. 강남(江南)으로 온 후에, 사마예를 남방 사족(士族)과 연결시키고, 또한 남쪽으로 건너온 북방 사족들을 위로하였다. 동진이 건립된 후에, 표기대장군(驃騎大將軍)·의동삼사(儀同三司)에 올랐다. 화철(華鐵)을 토벌한 공로로 무강후(武岡侯)에 봉해졌다. 또 시중(侍中)·사공(司空)·가절(假節)·녹상서(錄尙書)와 중서감(中書監)에 올랐다. 그 종형(從兄)인 왕돈(王敦 : 266~324)[24]과 안팎으로 있었기에, "왕씨와 사마씨가 같이 천하를 잡았다[王與馬共天下]"라는 구도를 형성하였다.

322년[영창(永昌) 원년]에 왕돈은 모반하여 건강으로 쳐들어왔고, 왕도를 상서령에 임명했다. 왕돈은 또 진원제를 폐위하고 어린이를 옹립하고자 하였다. 그러나 왕도가 이를 거절하였기에 부득이 무창(武昌)으로 퇴각하게 되었다. 머잖아 원제가 우울하고 겁을 내어 붕어(崩御)하였고, 왕도는 조서를 받들어 명제 즉위를 돕고 사도(司徒)가 되었다. 후에 왕돈은 중병에 걸리자, 왕도는 그가 죽었다고 거짓으로 발상(發喪)을 하고 또한 군대를 보내 왕함(王含 : ?~324)[25]을 격파하여 반란을 평정하였다. 이후 왕도는 태보(太保)가 되었다.

325년[태녕(太寧) 3년]에 명제가 세상을 떴다. 그러자 왕도는 외척(外戚) 유량(庾亮 : 289~340)과 함께 정권을 보좌하고자 하였다. 하지만 유량은 왕도의 말을 듣지 않고, 소준(蘇峻 : ?~328)을 서울로 맞아 들였다. 머잖아 "소준의 난"이 발생하였으며, 도간(陶侃 : 259~334)·온교(溫嶠 : 288~329)가 반란을 평정하였다. 왕도는 여러 사람들이 천도를 하자는 주장을 반박하여 국면을 온정시켰다. 339년[함강(咸康) 5년]에 죽었으니, 당시 나이 64세였다. 성제는 조당(朝堂)에서 3일간 애석해 하였고, 사신을 보내 '문헌(文獻)'이라 시호를 내렸다. 그의 장례는 곽광(霍光)과 같은 규모로 이뤄졌으니,[26] 동진을 중흥시킨 명신(名臣) 중 제일이었다.

왕도는 서법(書法)에도 뛰어나 행초(行草)가 으뜸이었다. 종요(鐘繇)·위관(衛瓘)의 법(法)을 학습하고, 스스로 익히고 또 익혀서, 당시 매우 높은 성망(聲望)을 들었다. 초서(草書)로 쓴 『성시첩(省示帖)』과 『개삭첩(改朔帖)』이 세상에 전한다.

사안

사안(謝安)

사안(謝安 : 320~385)의 자는 안석(安石)으로 동진의 명사(名士)이자 재상(宰相)이었으며, 진군(陳郡) 양하[陽夏 : 지금의 하남(河南) 태강(太康)] 사람이다. 사상(謝尙 : 308~357)의 종제(從弟)이기도 하였다.

어릴 적에 청담(淸談)으로 이름이 알려져, 처음에는 관직에 올라 1개월 만에 사직하고, 회계군(會稽郡) 산음현(山陰縣) 동산(東山)의 별서(別墅)에서 은거하였다. 그 기간 동안 사안은 왕희지·손작(孫綽) 등과 함께 산수를 즐겼으며, 사씨 가문의 자제들을 교육시키는 중임을 맡았다. 후에 사씨 가문에서 조정에 있는 인물들이 세상을 떠나자, 동산에서 재기(再起)하였다.

또 환온(桓溫 : 312-373)[27]의 찬탈을 꺾는데 성공하였고, 동진의 총사령관이 되어 전진(前秦)의 침략에 맞섰다. 비수대전에서 8만의 군대로 전진의 100만 대군을 격파하여, 전진이 멸망하는 계기를 마련하였다. 이로써 동진은 수십년에 걸친 평화를 얻게되었다. 사안은 공적이 매우 컸지만 진효무제(晉孝武帝)의 질투를 샀으므로, 광릉(廣陵)으로 이주하여 화를 피했다. 그는 이곳에서 병사(病死)하였고, 시호를 '문정(文靖)'이라 하였다. 태부(太傅)로 추증(追贈)되어, 후세에서는 "사태부(謝太傅)"로 불리웠다.

사안은 다재다능하여, 행서(行書)를 잘썼고, 음악에 통달하였다. 왕·사 가문은 천사도(天師道)의 신도(信徒)로 유(儒)·도(道)·불(佛)·현학(玄學)에 모두 비교적 높은 소양을 지녔다. 그의 치국(治國)도 유교와 도교가 혼합된 것이었다. 고문사족(高門士族)으로 전반적인 국면을 고려할 줄 알았고, 사씨 가문의 이익과 진 황실의 이익을 도모하였기에, 왕돈이나 환온 등과는 선명하게 대조되었다. 그의 성품은 고상하고 온화하였다. 일처리가 공정하고 명확했으며, 사적으로 권력을 휘두르지 않고 교만하지 않았다. 그는 재상의 도량에 선비의 풍모를 지닌 장군이었다.

참고자료

임종욱, 2010, 『중국역대인물사전』, 이회문화사.

田飞·李果, 2012, 『寻城记·南京』, 商务印书馆.

24) 왕도의 종형이자 진무제(晉武帝 : 236~290)의 사위이다. 왕도와 함께 사마예(司馬睿)를 지켰으며, 두도(杜弢 : ?~315)의 반란을 진압하였다. 동진이 들어설 때 정권을 지지하여 정남대장군(征南大將軍)과 형주목(荊州牧)에 올라 병권을 장악하였다. 원제가 왕씨의 세력을 제거하려 하자 322년(영창 원년)에 무창(武昌)의 난을 일으켰다. 324년(태녕 2년)에 왕도 등이 그가 중병에 걸린 것을 이용해 군사를 일으켜 토벌하였다.

25) 왕돈의 형으로, 위장군(衛將軍)과 정동대장군(征東大將軍)이 되어 양주제군사(揚州諸軍事) 등을 감독했다. 왕돈을 따라 거병하여 전봉(錢鳳) 등과 함께 무리를 이끌고 건강을 압박하다가 온교(溫嶠 : 288~329)에게 패했다. 왕돈이 죽자 다시 선양문(宣陽門)까지 진군했다가 전투에서 패했다. 강릉(江陵)으로 달아났지만 종제(從弟)인 형주자사(荊州刺史) 왕서(王舒)에 의해 강에 던져졌다.

26) 곽광이 죽고 난 뒤, 한선제(漢宣帝 : B.C.91~B.C.49)와 상관태후(上官太后 : B.C.88~B.C.37)는 함께 장례를 치렀는데, 소하(蕭何)와 비교될 정도였으며, 황제의 등급에 걸맞은 장례를 무릉(茂陵)에서 치렀다. 그 장례는 옥의(玉衣)·재궁(梓宮)·편방(便房)·황장제주(黃腸題湊) 등의 장례용구를 썼으며, 온량거(轀輬車)와 황옥(黃屋)으로 장례를 치렀다. 왕도 또한 마찬가지로 장사 지낼 때, 온량거와 황옥을 쓰고, 앞뒤로 북을 치고 나팔을 불었으며, 검은 쥔 무인들 100명이 호위하였다. 동진을 중흥시킨 명신 중에서 이와 동등한 대우를 받은 이는 없었다고 한다.

27) 환이(桓彝 : 276~328)의 아들이자 명제의 사위이다. 346년에 군대를 이끌고 촉(蜀)나라를 정벌하고, 다음 해 성한(成漢)을 멸망시켰다. 은호(殷浩 : ?~356)를 물리치고 정권을 장악했다. 전진(前秦)을 공격하고 요양(姚襄 : 331~357)을 치는 등 위세를 떨쳤다. 356년에 낙양(洛陽)을 수복하였고, 이후 환도할 것을 건의했으나 받아들여지지 않았다. 371년 해서공(海西公) 사마혁(司馬奕 : 342~386)을 폐위시키고 간문제(簡文帝 : 503~511)를 세운 뒤 정권을 장악하였다. 몰래 황위를 찬탈하려 했으나 병들어 죽었다.

육조건강도성 六朝建康都城

여섯나라 수도의 기억을 간직하다.

월성을 짓고 있는 범려의 모습

고대 중국의 정치·사회·문화의 중심지는 황하 유역에 있는 지금의 서안(西安)과 낙양(洛陽) 일대였으며 장강(長江) 유역에는 춘추전국시대(春秋戰國時代)에 군소 국가들이 존재했던 것 외[28]에는 도성으로서의 전통이 있다고 보기는 어렵다. 특히 남경(南京)은 그 기원이 후한(後漢) 멸망 이후 삼국시대 오나라 이전으로 올라가지 않는다. 그러나 오대제(吳大帝) 손권(孫權 : 182~252)이 남경 일대에 도읍을 정하면서 장강 일대는 크게 발전하기 시작하였다. 서진(西晉)이 붕괴되고 그 법통을 이은 동진(東晉)과 이후의 남조(南朝) 국가들이 남경 일대에 도읍을 정하면서 남경은 서안과 낙양에 필적하는 고대 도성으로 변모하게 된다.

육조시대 이전의 남경

남경의 역사상 최초로 연대를 명확히 알 수 있는 성은 월성(越城)이다. 월성은 춘추시대 말기 월왕(越王) 구천(句踐 : ?~B.C.465)[29]이 오를 멸망시킨 이듬해인 기원전 472년에 월나라의 대부 범려(范蠡)를 시켜 축조하였다. 기원전 333년에 이르면 초나라가 월나라를 멸망시켰고 초나라 위왕(威王 : ?~B.C 329)이 현재의 남경 청량산 위에 금릉읍성(金陵邑城)을 축조하였다.

진·한대에 군현제를 시행함에 따라 오늘날의 남경시 일대는 말릉현(秣陵縣)에 속하였다. 후한 말기인 211년에 이르러 손권이 오나라의 도성을 경구(京口 : 현재의 진강시)에서 말릉으로 옮기고 이를 '건업(建業)'으로 개칭했다.

오나라의 건업성(建業城)

삼국시대 오나라 229년[황룡(黃龍) 원년] 9월, 오대제 손권은 건업을 수도로 삼았다. 이때부터 남경(南京)은 고도(古都)의 역사가 시작되었다. 손권은 당시 말릉현(秣陵縣) 서북향(西北鄉) 쪽, 즉 지금의 남경시 소재지 쪽으로 선정하였으며, 건업 신성(新城)을 세워, 역대 도성의 기초를 닦았다.

오나라 때의 건업도성(建業都城)은 '강동초창(江東草創)'으로, 대나무를 두르고, 산에 의지하였으며 물에 임하였고, 불규칙하게 조성되었다. 성터는 지금의 남경시 중심의 동북쪽 일대에 해당한다. 성의 둘레는 20리(里)

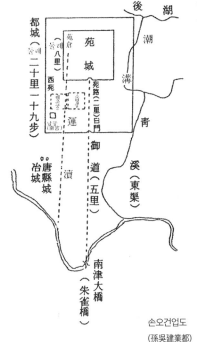

손오건업도
(孫吳建業都)

19보(步)였다고 하며, 이는 지금으로 따지면 8.5㎞ 정도이다. 동쪽으로는 청계(靑溪)에 접하고, 남쪽으로는 회수(淮水)와 5리 정도 거리를 두었으며, 서쪽으로는 운독[運瀆 : 지금의 진향하(進香河)·홍무로(洪武路) 방면]까지였고, 북쪽으로는 계롱산(鷄籠山)에 의지하였다. 성에는 울타리문[籬門]을 설치하였으며, 정남문을 당시에는 백문(白門)이라 불렀다. 즉 동진(東晋) 이후의 선양문(宣陽門)으로서, 지금의 회해로(淮海路)와 연령항(延齡巷)이 교차하는 곳 일대이다.

건업도성 중부 및 북부는 궁원(宮苑)이 소재한 곳이다. 궁원은 처음에는 태초궁(太初宮)이라 하여 궁성 서편에 있었다. 오후주(吳後主) 손호(孫皓 : 242~284)[30]가 태초궁의 동쪽에 새로이 소명궁(昭明宮)을 세우고, 궁성(宮城)을 동쪽으로 이동하였다. 새로 지은 궁은 그 둘레가 500장(丈)이었다고 한다. 정전은 적조전(赤鳥殿)이었다. 궁성 및 황가원(皇家苑)과 금위영(禁衛營)은 원성에 소재하여, 도성의 주요 부분을 이루었다. 후에 동진 때 궁성과 원성을 중건하여 건강궁성(建康宮城)으로 삼았다. 건업성은 이후 동진과 남조(南朝)에서도 도성으로 자리매김하였다.

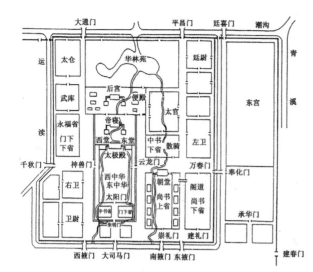

육조건강도성 내
부 구조도(卢海鸣,
2002, 『六朝都城』)

동진·남조의 건강성(建康城)

진나라가 오나라를 멸망시킨지 37년
뒤에 진나라 황실은 남쪽으로 내려오
게 되어 동진이 되었다. 오나라의 옛 도
읍에 건강도성(建康都城)을 세움으로써
다시 오나라 때의 옛 모습을 되찾게 되
었다. 처음에는 그대로 대나무를 둘러
성으로 삼았으며, 처음 건강도성은 대
나무를 두른 형태의 성으로 6개의 문을
두었다. 정남쪽에 선양문, 동남쪽에 개
양문(開陽門)과 청명문(淸明門), 서남쪽에
능양문(陵陽門), 정동쪽에 건춘문(建春門), 정서쪽에 서명문(西明門)을 두었다.

329년[함화(咸和) 4년]에 소준(蘇峻 : ?~328)[31]이 난을 일으켜 대성(臺城)을 불태웠으며
전각들도 소실시켰다. 난이 평정되고, 그 이듬해에 오나라의 후원(後苑)에 새로이 궁
을 지었다. 위진남북조시대에 황제가 거주하였던 금성(禁省 : 궁궐과 그 내부의 관청)을
'대(臺)'라고 하였기에, 건강궁성을 '대성(臺城)'이라 불렀다. 대성 또한 역시 먼저 흙으
로 담을 쌓은 뒤에, 대나무를 둘러놓았고, 나중에 벽돌을 쌓아 축조하였다.

378년[태원(太元) 3년]에 새로이 궁을 지어 확장하여서, 궁성을 이중으로 만들었다. 1
중의 궁성은 둘레가 8리(약 3.5㎞), 해자의 폭이 5장, 깊이가 7척(尺)이었으며 5개의 문
을 두었다. 동쪽은 동액문(東掖門), 동남쪽은 창합문(閶闔門), 남쪽은 궐문(闕門), 서쪽은
서액문(西掖門), 북쪽은 평창문(平昌門)이다. 2중으로 된 궁성의 둘레는 578장(약 1.4㎞)
이며, 6개의 문을 두었다. 남쪽에는 아문(衙門)과 응문(應門), 동쪽은 운룡문(雲龍門), 서
쪽은 신무문(神武門)과 난액문(鸞掖門), 북쪽은 봉장문(鳳莊門)이었다. 궁 뒤편에는 화림
원(華林園)을 조성하였다.

480년[건원(建元) 2년]에 벽돌로써 건강성 성벽을 쌓았다. 남조의 송·제·양·진 4대는
건강도성을 대를 이어 증축하여 더욱더 번화하게 만들었다. 수나라가 진나라를 평정
하고 589년[개황(開皇) 9년]에 칙령을 내려 건강 성읍과 궁실을 모두 허물고 농사를 지
으라고 하였다. 결국 6대의 호화로움을 간직하던 건강도성은 거의 폐허가 되었다.

옛 대성은 현재 현무구(玄武區) 주강로(珠江路) 중간 쯤에 있는 남북 일대지만, 유적

의 흔적을 찾기 어렵다. 대성은 1982년에 남경시문물보
호단위로 지정되었다.

육조도성유적

남경시박물관은 2001년과 2002년 2차례에 걸쳐 남
경시 도시건설 계획에 따라 육조시대 건강 궁성[臺城]
의 위치 및 성의 배치와 관련한 문제들을 파악하기 위
한 조사를 실시하였다. 2002년 3월부터 시작된 2차 조
사는 대행궁 지역 7,000㎡ 범위를 발굴했다. 그 중 현재
의 남경도서관 신관, 신포(新浦) 신세기광장(新世紀廣場)
등의 부지에서 건강도성과 궁성 관련 중요한 유구들이
조사되었다.

신포 신세기광장부지 발굴현장에서는 서쪽으로 25
도 정도 틀어진 남북방향의 육조시대 도로 유적이 발견

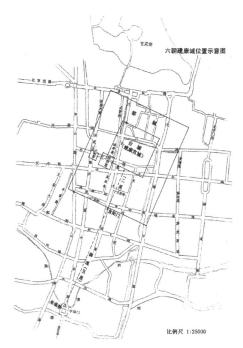

육조건강도성 위
치 표시도(卢海鸣,
2002, 『六朝都城』)

되었다. 이 도로는 중산동로(中山東路)를 거쳐 남경도서관 신관에 이른다. 층층이 다져
진 도로 양쪽에 벽돌로 만들어진 배수구가 갖추어져 있다. 오나라 때부터 남조 전 시
기까지 사용된 이 도로는 증·개축되면서도 방향이 크게 바뀌지는 않았으나 시기에
따라 규모가 달라졌다. 그 중 초기에 건설된 도로가 가장 좁아 폭 15.4m, 배수구의 폭
5m, 깊이는 2m의 규모였다. 도로의 노면 중앙에는 얕은 토구(土溝)가 있어 3부분으로
구분되어진다. 동진시기에 조성된 도로 역시 3부분으로 나누어진다. 신포지역에서

남경도서관 지하의
육조건강도성 유적

조사된 동진시대 도로의 양 측면에서는
노면에 벽돌을 깔아 도로를 조성한 부
분이 조사되었다. 그 노면에는 지금도
선명하게 수레의 흔적이 남아있다. 벽돌
옆에서 발견된 기년(紀年)을 통해서 이
벽돌 도로는 진성제(晋成帝 : 321~339)와
진강제(晋康帝 : 322~344)시기에 만들어
진 것으로 추정된다. 남조시기에 건설된
도로는 이전보다 넓어져서 폭이 23.3m

육조건강도성 도로
유구

에 달하고, 양측 배수구의 폭은 2m, 0.6m의 규모로 건설되었다. 이 도로의 동서 방향은 시기에 따라 약간의 변화가 있는데, 이것은 동진시대에는 오나라의 도로를 기초로 6m 정도 서쪽으로 움직였고, 남조시대에는 동진시대 도로를 기초로 해서 동쪽으로 10m 가량 넓혀졌기 때문이다.

이 도로의 노면은 현재 일부분을 전사하여 남경시박물관에 전시되고 있으며, 발굴조사 유적지인 남경도서관 지하에는 이 도로 유구를 그대로 노출시켜 그 위에 강화유리로 바닥을 조성하여 일반인들이 직접 도로 유적 위에서 유적을 관람할 수 있도록 유적전시관이 조성되어있다.

남경도서관 신관 현장의 서북쪽에서는 남조시대 동서로 향한 토축 성벽이 발견되었다. 이 성벽 바깥에서는 육조시대의 수로가 발견되었다. 그 중 오나라 때의 수로는 너비가 9.75m, 깊이가 약 2m 정도 되며, 수로의 양 옆에는 수로 보호를 위해 나무 말뚝을 박아 놓았다. 남조 때의 수로는 너비가 5.6m, 깊이가 1.1m이며, 부분적으로 보호를 위한 시설로 벽돌을 쌓아둔 것이 발견되었다. 이 동서 방향의 수로와 남북 방향의 도로가 만나는 지점에는 한 개의 목교가 발견되었다. 또한 서남쪽 현장에는 10여개의 벽돌 가옥과 가옥에 딸린 배수로와 우물 등이 발견되기도 하였다.

참고문헌

국립공주박물관, 2008, 『백제문화 해외조사보고서 Ⅵ - 中國 南京地域』.

罗宗真·王志高, 2004, 『六朝文物』南京出版社.

南京市博物館·南京市文物管理委员会, 1982, 『南京文物与古迹』文物出版社.

南京市地方志编纂委员会, 1997, 『南京文物志』方志出版社.

卢海鸣, 2002, 『六朝都城』南京出版社.

劉淑芬 지음, 임대희 옮김, 2007, 『육조시대의 남경』景仁文化社.

28) 오나라 이전 강남지역에는 오[吳 : 현재의 소주(蘇州)]와 회계(會稽)는 춘추시기의 오(吳)와 월(越)의 도성이었다. 오는 남경 개발 이전에는 강남 최대의 도시였다.

29) 삼국시대 오나라 마지막 황제. 즉위 이듬해에 서진(西晋)이 창업하자 일시적으로 수도를 무창(武昌)으로 옮겼다가 다시 환도하였다. 즉위 초기에는 선정을 베풀었으나 측근을 들여앉히고 조세를 가혹하게 징수하는 등 폭정을 일삼 았다. 진무제(晉武帝) 사마염(司馬炎 : 236~290)이 남하하여 오나라를 공격하자, 나와서 항복하였다.

30) 장광군(長廣郡) 액현(掖縣) 사람이며, 자는 자고(子高)이다. 진조(晋朝)의 장령(將領)으로 사족(士族)이었다. 왕돈(王敦 : 266~324)이 반란을 일으키자 이를 제압하기 위해, 북변수비군을 이끌고 와서 평정하였다. 후에 반란을 일 으키나, 온교(溫嶠 : 288~329) · 도간(陶侃 : 259~334)에 의해 평정되고 죽임 당하였다.

31) 춘추시대 월(越)나라의 군주. 아버지 윤상(允常 : ?~B.C.497)이 오(吳)나라 임금 합려(闔閭 : B.C.515~B.C.496)와 싸 워 패했다. 즉위 후 구천은 합려와 싸워 휴리(携李)에서 승리하고, 합려는 부상을 당해 죽었다. 이후 합려의 아들 부 차(夫差 : ?~B.C.473)에게 부초(夫椒)에서 패했다. 구천은 부차에게 신하로 들어갔으나, 이후 20년 동안 와신상담(臥薪嘗膽)을 하였고, 결국 부차가 진(晋)과 싸우는 틈에 오나라 수도로 공격해 오나라를 멸망시켰다

종산육조제단유적 鐘山六朝祭壇遺蹟

유송시대의 제사유적

종산육조제단유적
입구

종산육조제단유적은 남경시(南京市) 동교(東郊) 종산(鐘山) 주봉(主峰) 남쪽 기슭에 위치한 제사유적으로 1999년에 발견되었다. 출토된 유물 등을 통해 볼 때 육조시대의 유적으로 판단되기 때문에 종산육조제단유적으로 부른다. 명효릉 경구에도 그 위치가 표시되어 있지만, 관광객들이 자주 찾는 곳은 아니다.

종산육조제단유적에 대해 남경시문물연구소(南京市文物研究所)와 중산능원관리국문물처(中山陵園管理局文物處)에서 2년에 걸쳐서 발굴조사를 실시한 바 있다. 그 결과 앞뒤로 대형의 제단 건축유적 2곳과 부속 건물지를 발견하였다.

세 유적은 남북으로 1열로 배치되어 있는데 그 길이는 300m이며, 점유 면적은 2만 ㎡ 정도이다. 그 중에서 2호 제단이 가장 북쪽에 있고, 위치도 제일 높으며, 해발 고도는 288.88m에 달한다. 1호 제단은 2호 제단의 정남쪽에 있으며, 해발 고도는 268.24m이고, 두 제단의 평면 거리는 약 20m 정도이다. 부속 건물지는 2호제단 남쪽의 산언덕에 있으며, 그 북쪽에 있는 1호 제단의 남단과 약 50m 정도 거리를 두고 있다.

유적 현황

명효릉 방면에서 종산육조제단유적으로 올라가는 길은 크게 2갈래로 나눌 수 있다. 두 곳 모두 자하호를 지나가는 것으로 자하호의 서쪽에서 가는 방법과 동쪽에서

가는 방법이 있다. 서쪽에서 가는 방법은 명효릉 문무방문(文武方門)에서 동쪽으로 난 샛길로 올라가는 것이다. 자하호 쪽으로 쭉 올라가서 다시 북쪽으로 450m 정도 올라가면 정기정(正氣亭)이 나온다.

정기정

정기정은 자하호 북안에 있는 언덕 위에 위치하며, 1947년에 건립된 정자이다. 이곳은 경치가 좋아 장제스[蔣介石 : 1887~1975]가 매우 좋아하였던 곳으로, 100년 뒤에 장차 안식지가 될 것이라는 의미를 담고 있다. 이 정자는 방형이며, 중첨찬첨정(重檐攢尖頂)을 하고 있고, 남색의 유리기와를 덮었다. 정면에는 장제스가 쓴 '정기정'이라는 편액과 '호기는 멀리 충열탑과 이어지며, 자하호는 보주봉을 뒤덮네[浩氣遠連忠烈塔, 紫霞籠罩寶珠峰]'이라는 주련이 보인다. 정자 뒤의 화강암에는 쑨커[孫科 : 1895~1973]가 지은 '정기정기(正氣亭記)'가 남아있다.

정기정에서 서쪽으로 100m 정도 이동 후 북쪽으로 360m 정도 올라가면 종산육조제단유적이 있다. 올라가는 방면에 석축 구조물들이 보이며, 이들은 부속건물지로 보인다. 자하호 동쪽에서는 830m 정도 쭉 올라가면 된다. 가는 길에 '육조북교단(六朝北郊壇)'이라고 쓰인 목조건물이 보이며, 거기에 나있는 길로 계속 올라가면 된다.

자금산천문대에서 가는 방법도 있는데, 서쪽으로 약 1,200m 정도 가면 1호제단과 2호제단 사이의 '종산건축유적[鐘山建築遺址]'라고 쓰인 안내표지석에 이르게 된다.

종산육조제단유적 안내표지석

제단 및 부속건물지

1호 제단은 남북방향으로 조성되었으며, 북쪽으로는 산에 의지하고, 동·서·남쪽 3면의 5줄의 석장(石墻)을 둘렀으며, 석장 사이에는 잔모래와 자갈, 순수한 황토로 채워 넣었다. 1호 제단의 동·서·남면에는 각각 4단으로 조성되어있으며, 매 단의 안팎으로 석장을 둘러놓았다.

1호제단 석축

구축된 단층(壇層)의 석장 중에서, 두 번째 석장이 가장 크기 때문에 이를 주장(主墻)으로 보고 있다. 동쪽 면에 2번째 단의 단장(壇墻)과 3번째 단의 단장의 배열은, 전자의 경우 잔존하는 최고 높이가 약 3.17m에 달하며, 후자의 경우 잔존하는 최고 높이가 0.8m에 달한다. 2번째 석장은 비교적 큰 석재를 이용하여 무게가 2t에 이르며, 자연적으로 깨진 면을 가공하여 사용하였다. 비교적 간단한 기술로 단장을 쌓았으며, 석재들 사이에는 별다른 재료를 사용하지 않았고, 단지 석재를 교차하여 쌓아 견고하게 하였다. 각 단장은 정남북 방향을 하고 있으며, 여러 층의 단층 및 단장의 높낮이가 일정하지 않다. 가파른 고개에 조성되었거니와, 제단의 동남쪽과 서북쪽의 위쪽 단면(壇面)과 가장 아래쪽의 석장 사이의 높이는 11.45m에 달하기에, 제단 전체적으로는 웅장한 느낌을 준다.

주단(主壇) 안쪽 하부에는 돌덩어리와 잔돌로 채워 넣었으며, 상부에는 비교적 순수한 모래흙과 황토로 채워놓았다. 이렇게 쓰인 흙과 돌의 양은 약 4만㎡ 정도이다.

제단의 표면에는 비교적 순수한 흙으로 4개의 소대(小臺)를 쌓았다. 각 대(臺)는 대략 방형복두형[方形覆斗狀]으로 조성하였으며 4개의 소대 중에서 비교적 큰 것은 주제단의 남부 정중앙에 있으며, 다른 3개는 대의 북쪽에 있고, 일직선의 동서 방향으로 배열되었다. 4개의 소대는 모두 정남북 방향이며, 중축선 상에 대칭하는 구조로 배치되었다.

1호제단 석축 상면

제단의 남쪽 중부에는 산비탈을 따라 한 줄로 정남북 방향의 돌계단[石階道路]이 조성되었으며, 잔존 길이는 약 20m, 폭은 5m 정도이다. 이는 몇 단의 돌계단 사이에 1단의 석판평대(石板平臺)를 깔아 놓는 식의 구조로 되어있다. 돌계단과 평대는 이미 대부분이 훼손되었으며, 3군데 정도만 비교적 양호한 상태로 보존되어 있다. 첫 번째 돌계단은 제단 상부에 있으며 3단의 돌계단과 1단의 평대 구조로 되어 있다. 두 번째 돌계단은 제단 남쪽 비탈 중부에 조성되었으며, 4단의 돌계단과 1단의 평대로 되어 있고, 다만 평대에 깔아 놓은 돌들은 현재 존재하지 않는다. 세 번째 돌계단은 제단 하부에 있으며, 3단의 돌계단만 남아있다. 이러한 돌계단은 1호 제단으로 오르는 유일한 통로였을 것으로 보고 있다.

1호제단 남면 정중앙의 돌계단
(国家文物局, 2002, 『2001 中国重要考古发现』)

2호 제단은 1호 제단의 북면 상부에 있으며, 정남북 방향으로 되어있고 평면은 방형에 가까우며, 총 높이는 7.9m이다. 제단 아랫면에서의 높이는 1호 제단에 비해서 더 크게 나타나며 약 11.5m이다. 동·서·남면은 석재로 담장을 구축하였으며, 안쪽은 크고 작은 돌이나 황토를 이용하여 채웠고, 그 축조 방법은 1호 제단과 동일하다. 주단의 동서 길이는 약 22m이며, 중부에는 대갱(大坑)이 있다.

갱구(坑口)는 약간 원형으로 되어 있으며, 갱 저부에는 인공으로 돌을 쌓은 흔적이 남아 있다. 이러한 대갱의 기능에 대해서 제사를 올릴 때 재물을 폐기하였던 곳으로 보기도 한다. 그렇지만 제사유적이라는 점에서 보면 하늘은 둥글고 땅은 네모 형태라는 천원지방(天圓地方)의 사상에 근거한 구조물로 지목된다.

제단의 동서 양면에는 위로부터 아래까지 5단의 석장을 쌓아 4개의 단층으로 구성되어 있고, 그 구조는 대략 1호 제단과 비슷하다. 다만 단장의 훼손이 심한 편이다.

제단 남쪽의 구조는 복잡하게 되어 있다. 가장 아래쪽 단의 담장 동서 길이는 38.3m이다. 이 단의 담장 위에, 중부에는 평면이 '凹'자형인 구조가 형성되어 있다. 2호 제단 남면 주제단의 바깥 중부에는, 역시 산비탈을 따라서 돌계단이 축조되어 있으며, 잔존 길이는 약 10m이다.

제단의 부속 건물지는 1호제단 남면의 산비탈 위에 있다. 건축 유구는 동서로 2줄의 석장 및 석장 내 서쪽 4개의 갱대(坑臺), 동쪽의 6개의 크기가 서로 다른 평대, 위아래로 5줄의 축대벽(築臺壁 : 擋土石墻, 擁壁) 및 이곳에 구축된 5개의 축대면(築臺面 : 擋土

2호제단 석축

2호제단 대갱(大坑)

부속건물지 석축

臺面과 중부에 있는 여러 층의 대계단[臺階] 등으로 구성되어 있다.

그 중에서 동쪽 단장은 정남북 방향으로 비탈면을 따라 축조되었으며 총 길이는 111m, 폭은 약 1.5m이다. 서쪽 단장은 북에서 동쪽으로 5°정도 기울었으며, 길이와 폭은 동쪽 단장과 같다. 두 단장의 가장자리는 비교적 큰 돌로 쌓아놓았으며, 중간에는 자갈과 작은 돌들로 채워 놓았다.

출토 유물

유적의 문화층에서는 육조시대의 유물들이 출토되었으며, 주요 유물로는 전돌·암키와·수키와·연화문와당·청자편·석조연화문대좌[石雕蓮花紋器座] 등이 있다.

기와와 와당은 비교적 정연하게 분포되어 있으며, 주로 1호 제단과 2호 제단 남쪽 중부의 제단으로 들어서는 돌계단 부근과, 부속 건물지의 갱대 및 평대 위아래에 집중되어 있다.

전돌은 주로 회색이 많으며, 크기는 비교적 큰 편이다. 일반적인 규격은 길이 34cm, 너비 17cm, 두께 4cm 정도이다. 정면과 반대면에는 승문(繩紋)으로 되어 있으며, 단부(端部)에는 방위(方位) 등의 명문을 찍은 흔적 등이 남아있다.

출토된 와당은 모두 연화문으로 장식되어있다. 연화는 8판(瓣)·9판·10판·11판으로 나눌 수 있으며, 구도에서 미세한 차이를 두었다. 와당 주연부[邊輪]의 높이는 비교적 높은 편이고, 막새면[當面]의 직경은 13~15cm 정도이다.

출토된 청자편 및 소량의 장유도편(醬釉陶片) 중에서 대표적인 기물로는 완(碗)·반구호(盤口壺)·발(鉢)·관(罐) 등이 있다.

정림산장에 전시된 석조연화문대좌

유송 북교단유적

유적의 문화층에서 출토된 승문전(繩紋塼)·기와·연화문와당·청자 등은 동진시기에서 남조 초중반의 특징을 보인다. 이를 통해 1호 제단과 2호 제단 및 그 부속 건물지가 동일한 시대임을 알 수 있게 해준다. 『송서(宋書)』·『건강실록(健康實錄)』 등의 문헌기록에는 모두 459년[유송(劉宋) 대명(大明) 3년]에 도성(都城)의 북교단(北郊壇)이 종산에 있었다는 기록이 있으며, 게다가 사서에 직접적으로 유송 북교단유적(北郊壇遺蹟)은 종산 정림사(定林寺) 산꼭대기[山巓]에 있다고 기재되어 있다. 발굴조사를 통해 정림사유적은 종산육조제단유적의 서남쪽 하부의 산골짜기에 있는 것으로 추정해 볼 수 있다.

출토된 문물과 문헌기록을 통해서 볼 때, 이곳은 종산제단유적의 시기는 상한이 남조의 유송시대로 볼 수 있다. 1호 제단과 2호 제단 및 1호 제단에 축조된 4곳의 소형토단[小土壇]은 그 평면이 모두 방형에 가깝게 형성되었고, 이는 중국 고대에서 말하는 '천원지방'의 관념이 반영된 것으로 볼 수 있다. 또한 제사지[祭地]의 형태가 모두 방형으로 되어 있다는 기록을 볼 때, 이곳이 제사지와 연관된 곳이라고 추정해 볼 수 있다. 즉 문헌에서 확인되는 유송 대명연간(大明年間 : 457~464)에 종산에 축조한 북교단은 당시 최고 통치자가 제사를 지내던 장소이며, 종산육조제단유적은 유송 북교단유적으로 볼 수 있다.

1·2호 제단 복원도 (南京博物院, 2009, 『重拘与解读 - 江苏六十年考古成就』)

참고문헌

国家文物局, 2002, 『2001 中国重要考古发现』 文物出版社.

南京博物院, 2009, 『重拘与解读-江苏六十年考古成就』 南京大学出版社.

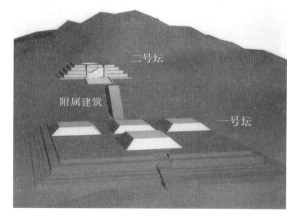

종산정림사 鐘山定林寺

남쪽에는 정림사, 북쪽에는 소림사

정림산장 입구

정림사(定林寺)는 육조시대의 유명한 사찰로 남경(南京) 자금산(紫金山)에 있으며, 위치한 자리에 따라 "상정림사(上定林寺)"와 "하정림사(下定林寺)" 두 곳으로 구분된다.

종산 상정림사는 『건강실록(建康實錄)』에 따르면 "유송(劉宋) 원가(元嘉) 16년 (439)에 선사 축법수[竺法秀 : 담마밀다(曇摩蜜多 : 356~442)][32]에 의해 조영되었으며, 하정림사의 뒤에 위치한다"[33]고 되어 있다. 송대(宋代) 『경정건강지(景定建康志)』의 기록에 따르면 유송 원가 16년에 "상정림사를 두었는데, 서남쪽으로 현(縣)과 18리 정도 떨어져있다"[34]라고 되어 있으며, 또 말하길 "상정림사는 장산(蔣山) 응조정(應潮井) 뒤에 있으며, 유송 원가 16년에 선사 축법수에 의해 조영되었다"[35]라고 하였다.

유적 현황

현재는 명효릉에서 동쪽으로 200m 약간 넘게 떨어진 곳에 정림산장(定林山莊)이 있다. 이곳은 중국 전통의 건축양식으로 지어졌으며, 바깥에는 물길이 흘러가고 내부에는 정원이 꾸며져 있다. 이곳에는 정림사의 유물 및 그 내력에 대해 전시를 하고 있다. 주로 육조시대의 유물들을 전시해 놓았으며, 육조제단유적 등에서 출토된 유물들도 이곳에 전시되어 있다.

안에는 3개의 건물이 모두 전시관으로 꾸며져 있다. 이 중에서 두 전시관은 정림사와 관련되거나 육조시대에 속하는 유물들을 전시해 놓았고, 가장 안쪽에 있는 전시관은 유협(劉勰 : 465~521)[36]의 『문심조룡(文心雕龍)』과 관련된 전시가 마련되어 있다. 이는 정림사에서 유협이 『문심조룡』을 집필하였기 때문이며, 이 때문에 정림산장 내에 유협의 흉상과 동상도 안치되어 있다.

정림산장 내부 모습

정림산장의 북쪽에는 안진경비림(顔眞卿碑林)이 있다. 이곳은 당대(唐代)의 유명한 서예가인 안진경(顔眞卿 : 709~785)[37]의 글씨를 모아놓은 곳이다. 여러 비석들을 똑같은 규격으로 만들고, 거기에 안진경의 글씨를 새겨 놓았다. 또한 양쪽 회랑에도 안진경의 글씨를 새겨서 둘러 놓았다. 가운데로 들어서면 안진경의 흉상을 볼 수 있다.

종산 정림사 연혁

종산 하정림사는 『건강실록』의 유송 원가 원년(424)조의 기록에 따르면 "……또 하정림사를 두었는데, 동쪽으로 현성(縣城)과 15리 정도 떨어져있으며, 승감(僧監)이 조영하였고, 장산릉(蔣山陵) 내에 있다"[38]라고 한다. 『경정건강지』에서는 "하정림사는 장산 보공탑(寶公塔) 서북쪽에 위치하며, 유송 원가 원년(424)에 두었고, 후에는 폐사되었다. 지금은 정림암(定林庵)으로, 왕안석(王安石)이 예전에 독서하던 곳이다"[39]라고 한다.

안진경비림의 비석들

고증에 의하면 남경 종산 하정림사가 처음 건립된 것은 424년(유송 원가 원년)으로, 종산 남록의 완주봉(玩珠峰) 독룡부(獨龍阜)의 북쪽에 있었으며, 지금의 명효릉(明孝陵) 서북쪽 일대에 해당한다. 이 절이 처음 세워졌을 때엔 그 규모가 매우 커, 수많은 승려들이 이 절에 머물렀다고 한다. 다만 사묘(寺廟)가 산골짜

정림산장에 전시된
육조시대 유물

기의 시내에 인접해 있어서, 지세가 낮았기 때문에, 유송 말년 혹은 제량(齊梁) 시기에 폐기되었다고 한다.

『고승전(高僧傳)』「담마밀다전(曇摩蜜多傳)」에는 다음과 같이 기록되어있다. 담마밀다가 "원가 10년(433)에 도성[都城 : 건강(建康)]으로 돌아와, 종산 정림하사(定林下寺)에 오게 되었다. 담마밀다는 천성이 영정(寧靜)하고, 산수를 좋아하였는데, 종산의 진악(鎭岳)은 숭산(嵩山)이나 화산(華山)의 아름다움보다 못하지 않으나, 하사(下寺)의 기구(基構)가 하천 아래쪽에 임해 있음을 항시 한탄하였다. 그래서 높은 곳에 올라, 산세를 점치고서, 원가 12년(435)에 나무를 베고 돌을 다듬어, 상사(上寺)를 영건(營建)하였다."[40] 담마밀다, 즉 축법수는 남조에 입조한 계빈국의 승려로, 선법(禪法)을 심도깊게 연구하여, 『선법요(禪法要)』·『증현차경(曾賢次經)』·『허공장관경(虛空藏觀經)』 등의 경전을 번역하였다.

상정림사의 창건 시기가 비록 하정림사에 비해 15년 정도 늦지만, 창건 이후로 점차 종산의 명찰이자, 강좌(江左)지역 불교 활동의 중심지가 되었다. 양나라 때 선종(禪宗)의 시조(始祖)인 달마(達磨 : ?~528?)는 제 1도량을 하정림사로 삼았었다. 때문에 불교계에서는 "남쪽에는 정림사, 북쪽에선 소림사[南定林, 北少林]"라는 말이 있다.

상정림사와 『문심조룡』

육조 역사상 가장 저명한 문인 유협과 종산 상정림사의 관계는 밀접하다. 그는 일찍이 3번에 걸쳐 상정림사에서 머물렀으며, 그 시간은 총 20년에 이른다. 당시 상정림사는 남조 불교 활동의 중심지로서, 수많은 승려들을 배출하였다. 유협은 고승을 도와 불교 전적을 편정(編定)하는 동시에, 상정림사 내에서 중국 최고의 고전문학 이론 대작인 『문심조룡』을 저술하였다. 유협의 이름은 『문심조룡』이 세상에 알려짐으로서 청사(靑史)에 수록되었으며, 종산 상정림사 또한 유협이 이곳에서 심혈을 기울여서 저술한 『문심조룡』으로 인해, 역사적으로 그 이름을 남길 수 있게 되었다.

송나라의 장돈이(張敦頤)가 지은 『육조사적편류(六朝事蹟編類)』에 따르면 양무제(梁

육조고도 남경, 비극의 역사 그러나 불멸의 땅

武帝) 514년[천감(天監) 13년]에 고승 보지(寶志)가 시적(示寂)한 기록이 있다. 양무제는 이 국사(國師)를 굉장히 존경하여, 이내 "20만 전을 들여, 정림사 앞의 언덕인 독룡부에 지공(志公)을 장사지냈다. 영정공주(永定公主)가 탕목(湯沐)의 자금으로, 그 곳에 5층의 부도(浮圖)를 세웠으며, 14년에는 탑 앞에 선사(善寺)를 개창하였다고 한다."[41] 하정림사가 20만

『문심조룡』을 집필하는 유협 동상

전으로 다른 큰 사찰을 세워, 그 본래 사찰의 범위는 크게 축소되었다. 송대(宋代)에 이르러서는 정림암(定林庵) 혹은 정림원(定林院)으로 일컬어지게 되었다.

송대 이후의 정림사

송나라 신종(神宗) 1076년[희녕(熙寧) 9년]에, 왕안석이 두 번째로 재상을 그만둔 이후, 금릉(金陵)으로 돌아와 부성(府城) 동문과 종산 반도(半道)에 "반산원(半山園)"에서 은거하였다. 왕안석은 종산의 경치를 매우 좋아하여, 늘 나귀를 타고 종산을 돌아다녔는데, 지칠 때면 정림암으로 가서 휴식을 취하곤 하였다. 후에 그는 암자 내에 자기가 휴식할 공간과 글을 쓰고 독서할 서재(書齋)를 세웠으며, "소문재(昭文齋)"라 일컬었다. 왕안석은 정림암을 시로 읊었는데, 시에서는 표현된 정림암의 계곡물이 집을 감고 흐르고, 고죽(苦竹)이 자라는 장면들은 600년 전 담마밀다가 본 정림하사의 계곡물

정림산장 내의 유협 흉상

과 자연 지세와 기본적으로 대략 동일하지만, 몇 가지는 좀 다르게 표현되었는데 그 이유는 담마밀다는 여러 번에 걸쳐 거주지를 옮겼고, 왕안석은 이곳에 계속 머물렀기 때문이다.

약 100년 후에 남송(南宋)의 애국시인 육유(陸游 : 1125~1210)[42]는 종산 정림암의 명성을 사모하여 두 번이나 이 곳을 찾아 왔었다. 소문재의 벽에는 "건도 을

정림산장 내부 정원
모습

유(1165) 7월 4일, 갓을 쓴 육우는 큰 비를 무릅쓰고도 홀로 정림을 찾았다네 [乾道乙酉七月四日, 笠澤陸務觀冒大雨獨游定林.]"라는 제액을 써놓았다. 5년 뒤, 육유는 다시 종산을 찾았는데, 정림암은 이미 불에 소실되었지만, 그가 소문재 벽에 적은 제액은 절의 스님이 미리 절 뒤의 절벽에 새겨 놓았다. 1975년 10월, 육유 제명(題名) 석각이 발견되어, 하정림사 유적의 위치를 고증할 수 있는 중요한 증거자료가 되었다. 1982년 육유의 제명석각(題名石刻)은 강소성문물보호단위로 지정되었다.

명나라 초의 저명한 문학가인 송렴(末濂 : 1310~1381)[43]은 일찍이 이틀에 걸쳐 종산의 고적들을 탐방하였다. 그가 쓴 『유종산기략(游鐘山記略)』에서는 종산 정림하사와 상사 유적을 상세히 탐방한 정황이 서술되어 있다.

첫 번째 날 그는 "취미정, 완주봉을 올랐다. 봉우리는 독룡부이다. 양나라 때 도량(道場)을 열었는데, 보지대사(寶志大士)를 그 아래에 장사지냈으며, 영정공주는 5층의 부도를 지어 이를 덮었다"[44]고 하였다. 보공탑(寶公塔) 뒤에는 목말헌(木末軒)이 있었는데, 명승 누혜약탑(婁慧約塔) 및 삼절비정(三絶碑亭) 등의 고적이 있었다. "또 동쪽으로 꺾어 작은 개울을 건넜는데, 개울 앞에는 하정림원(下定林院)의 터가 있었으며, 서왕(舒王 : 왕안석)은 이곳에서 독서하였었다."[45]

두 번째 날, 송렴은 또 산 위로 기어올라 "꺾어서 동쪽으로 가니, 길이 점점 험해졌다.……두 대(臺)가 있었는데, 너비가 수 십 장(丈)으로, 위에는 백 명이 앉을 정도였으며, 즉 송나라 북교단(北郊壇) 제사터였다.……또 힘을 들여 천천히 올라서니, 풀이 땅을 덮듯이 우거져, 잡나무들이 살 수가 없어, 쉴 수 있었다. 생각건대 자리에 누워 올라가고 싶지 않았다. 옛 정림원 터에 올라, 산초나무를 바라보니 50궁(弓)이 넘는 게 없고, 1,000리(里)에 그치지 않았다. 힘을 다해 수십보를 뛰다가 잠시 멈추고, 기운을 회복해 다시 뛰어, 이와 같이 예닐곱명에 이를 정도였다"[46]라고 하였다. 이에 따르면 당송시대 이래 지리서에서는 정림사의 위치가 잘못 기록되지 않았음을 알 수 있다.

참고자료

杨新华·吳阗, 2003, 『南京寺廟 史話』, 南
京出版社.

彭荷成, 2006, 「刘勰与南京钟山上定林
寺」, 『吉林师范大学学报』 2006年2期.

임동욱, 2010, 『중국역대인명사전』, 이회
문화사.

한보광·임동욱, 2011, 『중국역대불교인명
사전』, 이회문화사.

정림산장 외경

32) 계빈국(罽賓國 : 지금의 카슈미르) 사람으로, 어려서 출가하여 많은 경전을 배웠고, 선법(禪法)에 조예가 깊었다. 교화를 위해서 여러 나라를 다녔다. 구자국(龜茲國) · 돈황(敦煌) · 양주(涼州)에 가서 계의(戒儀)를 주거나 절을 창건하였다. 424년 촉(蜀)에 갔다가 형주(荊州)에 이르러 장사사(長沙寺)에 선관(禪觀)을 지었다. 만년에는 기원사(祇洹寺)에서 『선경(禪經)』과 『선법요(禪法要)』·『보현관(普賢觀)』·『허공장관(虛空藏觀)』 등 여러 부를 번역했다. 434년에 종산(鍾山)의 정림하사(定林下寺)에 들어가서 87세로 입적했다.

33) 『建康實錄』. "宋元嘉十六年禪師竺法秀造, 在下定林寺之後."

34) 『景定建康志』. "置上定林寺, 西南去縣十八里".

35) 『景定建康志』. "上定林寺在蔣山應潮井後, 宋元嘉十六年禪師竺法秀造."

36) 남조 양나라 동완(東莞) 거현(莒縣) 사람으로, 자는 언화(彦和)이다. 어릴 때 고아가 되어 학문에 열중하면서 결혼도 하지 않고 사문(沙門) 승우(僧祐)에 귀의해 함께 10여 년을 생활하면서 경론(經論)에 정통하게 되었다. 일찍이 정림사(定林寺) 장경(藏經)을 정리했다. 불전(佛典)을 비롯하여 각종 서적을 열독하여 많은 교양을 쌓았는데, 그의 심오한 학문적 소양은 『문심조룡(文心雕龍)』에 잘 나타나 있다.

37) 당나라 낭야(琅邪) 임기(臨沂) 사람으로 자는 청신(淸臣)이다. 양국충(楊國忠 : ?~756)의 견제를 받아 평원태수(平原太守)가 되었을 때 안록산(安祿山 : 703?~757)의 반란을 맞았는데, 형 양고경(楊杲卿)과 함께 의병을 거느리고 나가 싸웠다. 나중에 헌부상서(憲部尙書)가 되나, 당시의 권신 노기(盧杞 : ?~758?)에게 잘못 보여 좌천되었다. 784년[흥원(興元) 원년] 덕종(德宗 : 742~805)의 명으로 회서(淮西)의 이희열(李希烈 : ?~786)을 설득하러 갔다가 감금당하고 살해되었다. 당나라 이후 중국의 서도(書道)를 지배했으며, 그의 필체를 안체(顔體)라 부른다.

38) 『建康實錄』. "……又置下定林寺, 東去縣城一十五里, 僧監造, 在蔣山陵里也."

39) 『景定建康志』. "下定林寺在蔣山寶公塔西北, 宋元嘉元年置, 後廢. 今爲定林庵, 王安石舊讀書處."

40) 『高僧傳』「曇摩蜜多傳」. "元嘉十年還都, 止鐘山定林下寺. 密多天性寧靜, 雅愛山水, 以爲鐘山鎭岳, 美嵩華, 常嘆下寺基構, 臨澗低側. 于是乘高相地, 揆卜山勢, 以元嘉十二年斬木刊石, 營建上寺."

41) 『六朝事蹟編類』卷11. "以錢二十萬, 易定林寺前崗獨龍阜, 以葬志公. 永定公主以湯沐之資, 造浮圖五級于其上, 十四年卽塔前建開善寺."

42) 남송 월주(越州) 산음(山陰) 사람으로, 자는 무관(務觀)이고, 호는 방옹(放翁)이다. 기주통판(夔州通判)·사천제치사사참의관(四川制置使司參議官) 등을 역임하였다. 1180년[순희(淳熙) 7년] 강서(江西)에서 관청의 창고에서 곡식을 꺼내 이재민을 구했다가 탄핵되었다. 1202년[가태(嘉泰) 2년]에 효종과 광종의 실록을 편찬했다. 금나라에 대해 철저한 항전을 주장한 격렬한 기질의 소유자였다. 32살부터 85살까지 50년 동안 1만 수에 달하는 시를 남겨 최다작의 시인으로 꼽힌다. 저서에 『검남시고(劍南詩稿)』 85권과 『위남문집(渭南文集)』·『남당서(南唐書)』·『노학암필기(老學庵筆記)』가 있다.

43) 명나라 절강(浙江) 포강(浦江) 사람으로, 자는 경렴(景濂)이고, 호는 잠계(潛溪)다. 원나라 말기에 전란을 피해 용문산(龍門山)에 은거하며 저작에 종사하면서 호를 현진자(玄眞子)라 했다. 이후 명나라에서 『원사(元史)』 편찬을 책임졌고, 일력(日曆) 등을 정리했다. 1380년[홍무(洪武) 13년]에 송신(宋愼)이 호유용(胡惟庸 : ?~1380)의 당파로 연좌되어 죽자 황제가 그도 처형하려 했지만 황후와 태자의 요청으로 전가족이 무주(茂州)로 유배를 갔다가 기주(夔州)에서 죽었다. 명나라의 대표적인 개국공신으로, 학자들은 태사공(太史公)이라 불렀다.

44) 『游鐘山記略』. "翠微亭, 登玩珠峰. 峰, 獨龍阜也, 梁開善道場, 寶志大士葬其下, 永定公主造浮圖五層覆之."

45) 『游鐘山記略』. "又東折, 渡小澗, 澗前下定林院基, 舒王嘗讀書于此."

46) 『游鐘山記略』. "折而東, 路益險……有二臺, 闊數十丈, 上可坐百人, 卽宋北郊壇祀處……又力行登慢坡. 草叢布如氈, 不生雜樹, 可憩. 思欲藉裀褥, 臥不去. 坡, 古定林院基, 望山椒無五十弓, 不啻千里遠. 竭力躍數十步, 輒止, 氣定又復躍, 如是者六七, 竟至焉."

송무제 초령릉석각 宋武帝初寧陵石刻

남북조시대를 연 유송의 개국황제

송무제(宋武帝) 유유(劉裕 : 363~422)의 능묘인 초령릉(初寧陵)은 남경(南京) 동교(東郊) 기린문(麒麟門) 바깥 기린포(麒麟鋪)에 있다. 유유는 422년[영초(永初) 3년]에 사망하였고, 단양(丹陽) 건강현(建康縣) 장산(蔣山) 초령릉에 장사지냈다. 능묘는 남쪽에서 약간 서쪽으로 틀어진 방향이고 이미 평평해졌다. 능묘 앞의 석각으로는 석수(石獸) 1쌍만이 남아 있다. 동쪽 천록(天祿), 서쪽이 기린(麒麟)이다. 석수는 엄숙한 모습으로 조영되었다. 초령릉석각은 남조에서 가장 오래된 제왕 능묘 석각에 해당한다.

초령릉석각 천록 측면(叶兆言 · 卢海鸣 · 韩文宁, 2012, 『老照片 · 南京旧影』)

1949년 조사에서 발견되어 1956년 9월에 보수가 이루어졌다. 1988년에 전국중점문물보호단위로 지정되었다. 초령릉석각에 대해 『남조능묘석각(南朝陵墓石刻)』에서 야오첸[姚遷 : 1926~1984]과 구빙[古兵]은 이들을 천록(天祿)과 기린(麒麟)으로 파악하였다. 반면에 『남경의 육조석각[南京的六朝石刻]』에서 량바이첸[梁白泉 : 1929~]은 두 석각 모두 기린으로 파악하였으며, 뿔의 개수로 구분하여 독각기린(獨角麒麟)과 쌍각기린(雙角麒麟)으로 불렀다. 이 글에서는 『남조능묘석각』에서 파악한 대로 살펴보도록 하겠다.

초령릉석각은 기서로(麒西路)에서 쭉 동쪽으로 가다가 사거리에서 연서선(燕西線)

송무제 초령릉 석각

으로 좌회전하여 들어가야 된다. 415m 정도 간 뒤, 갈림길에서 오른쪽의 용기선(龍其線)을 따라 다시 520m 정도 가면 초령릉석각에 도착한다.

석각의 형태

두 석수는 본래 54.5m 정도 서로 떨어져 있었다. 1956년 9월에 보수를 할 때 옮겨져서 현재는 서로 23.40m 정도 떨어져 있으나 방향은 변하지 않았다.

동쪽에 있는 석수는 천록으로 본래는 연못가에 쓰러져 있었다. 머리 부분이 훼손되었으며, 네 다리도 모두 결실되었고 꼬리도 없다. 몸 길이 2.90m, 높이 2.90m, 목 높이 1.35m, 몸 둘레 3.13m이다. 보수할 때 왼쪽 앞 부분으로 23.4m 정도 옮겨놓았고, 네 다리 각 부분에는 네모난 돌을 받쳐놓았다.

석수의 모습은 눈을 부릅뜨고 입을 벌렸으며, 머리를 치켜들고 가슴을 앞으로 내밀었다. 두 뿔은 이미 없어졌지만, 수염은 남아있다. 어깨 양쪽에는 날개가 있고, 앞쪽은 어린문(魚鱗紋 : 물고기 비늘 무늬)으로 장식하였고, 뒤쪽은 4줄기의 깃으로 장식하였다. 뒤에는 긴 깃이 달렸으며, 날개는 매우 아름답게 표현해놓았다. 전체적으로 가늘고 긴 모습이며 말려서 구부려진 모습[卷曲]이 마치 구운문(句雲紋 : 구름이 둥글게 말려진 무늬)처럼 표현되었다. 이는 매우 부귀한 장식의 의미를 지니고 있다. 발가락은 5개로 표현되었다.

서쪽에 있는 석수는 기린으로 네 발이 모두 훼손된 모습이다. 원래는 민가의 담장 구석에 있었다. 다리 하나는 완전한 형태로 남아있지만 다른 세 다리는 훼손된 상태이며, 꼬리와 엉덩이부분도 모두 훼손된 상태이다. 보수 할 때 서쪽으로 2.63m 정도, 뒤로 2.23m 정도 옮겨놓았다. 몸 길이 3.18m, 잔존 높이 2.78m, 목 높이 1.15m, 몸 둘레 3.21m, 무게 12t이다.

그 형태는 천록과 대칭되며, 머리를 약간 뒤쪽으로 드리웠다. 뿔이 하나이며, 뿔의 뾰족한 부분은 이미 잘려졌다. 긴 수염이 가슴까지 드리워졌다. 어깨에 두 날개가 표현되었으며, 앞부분은 어린문으로, 뒷부분은 6줄기의 깃으로 장식하였다는 점에서

송무제 유유

천록과 비슷하다. 몸 전체를 구운문으로 장식하였고, 발가락은 5개로 표현되었다.

유유의 생애

유유의 자는 덕여(德興)이고, 어릴 때 이름은 기노(寄奴)이며, 한고조(漢高祖) 유방(劉邦 : B.C.256~B.C.195)의 동생인 초왕(楚王) 유교(劉交 : ?~B.C.179)[47]의 자손으로 일컬어진다. 팽성[彭城 : 지금의 강소(江蘇) 서주(徐州)] 수여리(綏興里) 사람이며, 몰락한 사족(士族) 출신으로 증조부 유혼(劉混)이 동진(東晋) 초에 난을 피해, 진나라 황실을 따라 남쪽으로 옮겨왔으며, 진릉군(晋陵郡) 단도현(丹徒縣) 경구[京口 : 지금의 진강(鎭江)]에서 자리 잡았다.

유유의 집안은 원래 제왕의 후손으로서, 대대로 높은 관직을 역임하던 명문가 출신이었다. 하지만 아버지 유교(劉翹)를 일찍 여의어 가난하게 지냈고, 어릴 적부터 짚신을 팔면서 생활하였다. 그럼에도 유유는 어릴 적부터 큰 뜻을 품고 있었는데 젊은 시절에 종군(從軍)하여, 동진 북부군(北府軍)의 하급군관이 되었다.

399년[융안(隆安) 3년]에 손은(孫恩 : ?~402)과 노순(盧循 : ?~411)이 회계(會稽)에서 동진에 대항하는 반란군을 일으키자, 동진 조정에서는 장군 유뇌지(劉牢之 : ?~402)를 보내어 진압하도록 하였고, 유뇌지의 요청을 받은 유유도 참전하게 되었다. 유유는 뛰어난 계략과 용맹함으로 선전하였으며, 여러 차례 승리를 거두어 전공을 세웠다. 이러한 그의 공로가 인정받아 건무장군(建武將軍)·하비태수(下邳太守)·팽성내사(彭城內史)로 임명되었다. 이로써 유유는 자신의 가문을 다시 일으키게 되었다.

404년[원흥(元興) 3년] 2월 초하루, 유유는 고향인 경구에서 군사를 일으켜 제위를 찬탈하고 스스로 초제(楚帝)에 올랐던 환현(桓玄 : 369~405)[48]을 공격하였다. 405년[의희(義熙) 원년]에 환현을 토벌하였고 환현의 초나라는 반년 만에 무너져버리게 되었다. 유유는 진안제(晋安帝) 사마덕종(司馬德宗 : 382~419)을 복위(復位)시켰으며, 이러한 공로를 인정받아 시중(侍中)·거기장군(車騎將軍)·중외제군사(中外諸軍事)·서청이주자사(徐靑二州刺史)·연주자사(兗州刺史)·녹상서사(錄尙書事)로 임명되었다. 유유는 이때부터 동진의 조정을 장악하였다.

유유가 동진정권을 장악한 후, 409년(의희 5년)에 군대를 이끌고 광고(廣固 : 지금의 산동성 익도현)의 남연(南燕)정권을 멸망시켰고, 또한 회군하여 노순을 격파하였다. 412년(의희 8년)에 서쪽에 있는 사천(四川)의 초종(譙縱 : ?~413)[49]을 공격하고, 파촉(巴蜀)을 수복하였다. 405년에서 415년 동안 유유는 남방 각지에서 할거하고 있는 세력들을 멸망시키고 남방을 통일하였다. 이로서 동진은 남조사에서 기존에는 없었던 대통일을 이루게 된다. 416년(의희 12년)에 후진(後秦)의 문환제(文桓帝 : 366~416, 姚興)가 병사하고, 요홍(姚泓 : 388~417)이 그 뒤를 이었는데 형제들끼리 서로 싸움이 일어나, 관중(關中)에 대란(大亂)을 불러일으켰다. 419년[원희(元熙) 원년]에 장안(長安)을 공격하여 후진을 멸망시키고, 송왕(宋王)으로 책봉되었다. 유유는 뛰어난 통솔력으로 역사에 길이 남을 군사령관이었고, 당시 사람들의 주목을 끄는데도 성공하였다.

420년(원희 2년)에 유유는 진공제(晋恭帝) 사마덕문(司馬德文 : 386~421)[50]의 선양(禪讓)을 받고 황제로 즉위하였으며, 국호를 '송(宋)'이라 하고, 연호를 영초(永初)로 하였다. 동진이 멸망함으로 인하여 중국은 본격적으로 남북조시대에 접어들게 된다. 유송(劉宋) 초기에는 유유가 동진 말에 북방의 청(青)·연(兗)·사 3주를 수복하였기에, 황하 이남의 광대한 지역을 점유하고 있었다. 그러한 유유의 노력으로 유송은 육조 중에서 가장 강역이 넓고, 국력도 강력하였으며, 경제도 발달하고 문화도 융성하였던 왕조로 평가된다. 유유는 호족의 토지겸병을 억제하였고, 유민들을 안착시켰으며 부세를 경감하는 등의 혁신적인 정치를 펼쳐 강남 경제의 기초를 마련하였다. 유유는 재위 3년째인 422년(영초 3년) 5월에 건강에서 60세로 사망하였다. 묘호를 고조(高祖), 시호를 무제(武帝)로 하였고, 7월에 초령릉에 묻혔다.

참고문헌

가와카쓰 요시오 지음·임대희 옮김, 2004, 『중국의 역사-위진남북조』, 혜안.

江苏省地方编纂委员会, 1998, 『江苏省志·文物志』, 江苏古籍出版社.

국립공주박물관, 2008, 『백제문화 해외조사보고서 Ⅵ-中國 南京地域』.

罗宗真·王志高, 2004, 『六朝文物』, 南京出版社.

南京市地方志编纂委员会, 1997, 『南京文物志』, 方志出版社.

박한제, 2003, 『강남의 낭만과 비극』, 사계절.

叶兆言·卢海鸣·韩文宁, 2012, 『老照片·南京旧影』, 南京出版社.

姚遷·古兵, 1981,『南朝陵墓石刻』, 文物出版社.

朱偰, 2006,『健康兰陵六朝陵墓图考』, 中华书局.

许耀华·王志高·王泉, 2004,『六朝石刻话風流』, 文物出版社.

47) 초원왕(楚元王). 한고조 유방의 이복동생으로, 유방을 따라 거병하여 공을 세웠다. 고조가 즉위하자 초왕으로 봉해 졌다. 저서로는 『시경(詩經)』을 해설한 『원왕시(元王詩)』가 있었다고 하지만 지금은 전하지 않는다.

48) 동진(東晋) 말의 군벌로 반란을 일으켰다. 군벌들이 서로 뭉쳐 반란을 일으켰었으나, 조정의 이간책으로 인해 군벌 들이 토벌 되었다. 이에 환현은 건강을 습격하여 진안제를 폐위시키고 황위에 올라 나라 이름을 초(楚)라 했다. 그 러나 유유에게 곧 토벌당하여 익주로 도망치다가 그곳에서 피살되었다.

49) 동진 말의 군벌로 익주에서 세력을 형성하고 성도왕(成都王)을 칭하였다. 그러나 유유에게 토벌되어 달아나다가 스스로 목을 매 자살하였다.

50) 동진의 마지막 황제로 유유가 진안제를 죽이자 황위에 오르게 되었다. 재위기간동안 유유가 정권을 장악하였으며 이듬해에 유유에게 선위함으로써 동진은 멸망한다. 뒤에 유유에게 살해되었다.

양오평충후 소경묘석각

梁吳平忠侯蕭景墓石刻

우두커니 비켜선 돌사자 한 마리

동쪽 벽사 정면

양오평충후 소경묘석각은 남경시(南京市) 서하구(栖霞區) 서하진(栖霞鎭) 시월촌[十月村 : 원래는 태평촌(太平村)]에 위치한다. 묘는 남향이며 이미 평평해졌다.

현재 서쪽의 석수(石獸) 1마리와 동쪽의 석주(石柱) 1기가 21m 정도 떨어져서 배치되어 있다.

양무제(梁武帝 : 464~549)의 사촌동생인 소경(蕭景 : 477~523)의 무덤으로 전해진다. 소경은 502년[천감(天監) 원년]에 오평현후(吳平縣侯)에 봉해졌으며 523년[보통(普通) 4년]에 죽었고, 시호는 충(忠)이다. 1988년에 전국중점문물보호단위로 지정되었다.

유적은 서하대도(栖霞大道)를 타고 가다 선신동로(仙新東路)를 약간 지나쳐 중간에 샛길로 빠지면 된다. 여기에서 130m 정도 걸어가면 오른쪽에 석주가, 왼쪽에는 벽사(辟邪)가 있는 것을 볼 수 있다.

석각 형태

소경묘 앞에 남아있는 석각은 2종 3점으로 그 중에서 벽사 2마리가 동서로 서로 마주보고 있으며, 약 21m 정도 거리를 두고 있다. 그 중에서 서쪽의 벽사는 잔해만 남아 있으며, 원래는 못 옆에 있는 길의 구덩이 아래에 묻혀 있었고, 현재는 못을 메워놓았다. 1956년에 발견되었지만 풍화작용이 심하여 복원할 수 없어 원래 자리에 다시 묻어놓았다. 그렇기 때문에 현재는 서쪽 벽사를 보고자 하더라도 볼 수 없다.

동쪽 벽사 측면

동쪽 벽사는 가슴을 앞으로 내밀고 허리를 추켜올렸다. 머리를 쳐들고 고개를 남쪽으로 돌렸으며 몸은 서쪽을 향해 서 있다. 입을 크게 벌리고 혀를 길게 내밀었으며 혀끝은 살짝 말아져 있는 모습이다. 머리에는 갈기가 있으며 뿔은 없고, 머리 위쪽에 약간 파인 부분이 있고 이는 등까지 내려온다. 두 날개는 입체감이 없이 간략하게 표현되었으며 얇

동쪽 벽사 날개 세부 모습

게 구운문(句雲紋)으로 장식하였고, 날개가 달린 앞다리는 둥글게 말아진 장식으로 꾸미고 있다. 앞가슴에는 긴 털이 둥글게 말려 있으며, 이는 제나라 석각에서 보이는 수염의 표현과 비슷하게 보이지만, 음각으로 단순하게 표현되었다는 점에서 차이가 난다. 꼬리는 길게 땅으로 내려져있고, 발가락은 5개로 나타나며, 성기가 표현되었다.

벽사는 몸 길이 3.80m, 높이 3.50m, 목 높이 1.70m, 몸 둘레 3.98m이다. 몸체는 다소 비대하고 몸에 비해 다리가 짧아 역동성이 없게 느껴진다. 벽사의 허리 아랫부분은 원래 땅에 묻혀 있었기에, 허리 부분이 끊어졌었고 두께 3cm로 봉합하였다. 좌반신(左半身)은 허리에서 뒤의 엉덩이까지 결실되었으며, 왼쪽 눈 아래에 금이 가있으며, 왼쪽 앞

동쪽 벽사 발가락 세부 모습

다리도 끊어져있다. 1956년에 시문물보관위원회(市文物保管委員會)에서 벽사를 좀 더 땅위로 올리고 보수하였다.

신도의 석주는 현재 서쪽에만 남아있다. 남조 능묘 석각 중에서 보존 상태가 가장 좋은 것 중 하나로 손꼽힌다. 1957년에 남경시문물회에서 이곳에 대한 보수공사를 진

동쪽 벽사 가슴 세부 모습

서쪽 석주 측면

행하였다. 석주의 전체 높이는 6.50m이며, 둘레는 2.48m이다. 주두(柱頭)에는 복련(覆蓮)의 원개(圓蓋)를 두었으며, 원개 위에는 작은 소벽사(小辟邪) 한 마리가 올려져있다. 이 소벽사(小辟邪)의 높이는 0.81m, 길이 0.84m, 앉은 높이 0.51m이다. 석주의 높이는 4.20m이며, 표면은 와릉문(瓦楞紋)으로 장식되었고 24개로 능(楞)이 표현되었다.

서쪽 석주의 석두와 석액

방형의 석액(石額)에 '양 고 시중 중무장군 개부의동삼사 오평충후 소공지신도(梁故侍中中撫將軍開府儀同三司吳平忠侯蕭公之神道)'라고 거꾸로 적혀있으며, 이를 통해서 피장자가 소경임을 알 수 있다. 이렇게 거꾸로 적혀져 있는 형태는 남조에서 2가지 사례가 보고되는데, 그 중에서 다른 한 사례가 단양(丹陽) 양문제(梁文帝) 소순지(蕭順之 : 444~494)의 건릉(建陵)이다.

이러한 서법(書法)을 '반좌서(反左書)'라고 하며, 양나라의 서법가인 유원위(庾元威)가 『논서(論書)』에서 소개한 바 있다. 『논서』에 의하면 대동연간(大同年間 : 534~546)에 동궁학사(東宮學士) 공경통(孔敬通)이 만든 것이라고 한다. 하지만 소경묘와 건릉이 좀 더 이른 시기이기 때문에, 실질적으로는 양나라 초기에 발생하여 대동연간(534~546)에 성행했다고 보는 게 옳다.

석액의 측면에는 어깨를 드러낸 옷을 입고, 맨발과 맨손으로 연꽃을 쥐고 있는 '예불동자(禮佛童子)' 도안이 선각(線刻)되었다. 석액의 아래에는 웃통을 벗고 배를 드러냈으며, 머리를 풀어 헤치고 무거운 걸 떠받드는 모습으로 표현된 도깨비 형상의 역사(力士) 3명이 표현되었다. 이는 모두 불교와 연관되었다고 볼 수 있다. 다시 그 아래에는 1줄의 승변문(繩辮紋)과 1줄의 교룡문(蛟龍紋)이 장식되었다.

서쪽 석주 기좌 세부 모습

민국시대에 촬영된
동쪽 벽사 측면
(朱偰, 2006, 『健康
兰陵六朝陵墓图考』)

주좌의 높이는 0.98m로 위가 둥글고 아래가 네모한 형태로 되어 있다. 위에는 구슬을 머금은 두 이무기가 장식되었으며, 아래는 방형의 기좌(基座)인데, 기좌의 네 측면에는 입을 벌리고 혀를 내민 신괴문(神怪紋)으로 장식되었다.

소경의 생애

양오평충후(梁吳忠侯) 소경의 자는 자소(子昭)이다. 502년(천감 원년)에 오평현후로 봉해졌으며, 518년(천감 17년)에 안우장군(安右將軍)이 되어 양주(揚州)를 감독하였고, 520년(천감 19년)에 안서장군(安西將軍)·영주자사(郢州刺史)가 되었다. 523년(보통 4년)에 죽었으며, 시중(侍中)·중무장군(中撫將軍)·개부의동삼사(開府儀同三司)로 추증되었으며, 시호는 충(忠)이다.

참고문헌

국립공주박물관, 2008, 『백제문화 해외조사보고서 VI - 中國 南京地域』.

江苏省地方编纂委员会, 1998, 『江苏省志·文物志』, 江苏古籍出版社.

罗宗真·王志高, 2004, 『六朝文物』, 南京出版社.

南京市地方志编纂委员会, 1997, 『南京文物志』, 方志出版社.

梁白泉, 1998, 『南京的六朝石刻』, 南京出版社.

姚遷·古兵, 1981, 『南朝陵墓石刻』, 文物出版社.

刘敦桢, 1980, 『中国古代建筑史』, 中国建筑工业出版社.

朱偰, 2006, 『健康兰陵六朝陵墓图考』, 中华书局.

许耀华·王志高·王泉, 2004, 『六朝石刻话風流』, 文物出版社.

양시흥충무왕 소담묘석각
梁始興忠武王蕭憺墓石刻

돌사자 두마리를 가슴에 품다

소담묘석각 전경

동쪽 벽사 측면

소담묘석각은 소회묘석각의 같은 공원 내에 위치한다. 공원 중간에 나있는 길을 좌우로 해서 석각이 각각 배치된 모습이다. 둘은 약 60m 정도의 거리를 두고 서로 떨어져있다.

남경시(南京市) 서하구(栖霞區) 서하진(栖霞鎭) 감가항(甘家巷) 화림촌(花林村)에 위치한다. 서남쪽의 요화문(堯化門)과는 4㎞ 정도 떨어져있다. 묘주는 양무제의 동생인 소담(蕭憺 : 478~522)으로 보고 있다.

소담은 479년[남제(南齊) 건원(建元) 원년]에 태어났으며, 502년[양(梁) 천감(天監) 원년]에 시흥군왕(始興郡王)으로 봉해졌다. 522년[양 보통(普通) 3년]에 죽었고, 시호는 충무(忠武)이다. 능묘는 남향에서 약간 동쪽으로 틀어졌으며, 능묘와 석각은 서쪽으로 수십m 정도 떨어져 있다. 현재 석수 2기와 비석 1기, 그리고 귀부 1기가 남아있다.

동쪽 벽사 정면

석각의 형태

동서 방향으로 20m 정도 떨어진 석수 2마리가 있으며, 작은 석수 2마리도 남아 있는데, 이를 통해 원래는 석주가 있었던 것으로 보인다. 동쪽 벽사(辟邪)는 현재까지도 비교적 완전한 형태로 남아있지만, 서쪽 벽사는 거의 훼손된 상태이다. 비석과 귀부는 동쪽 벽사에서 북서쪽으로 21m 정도 떨어져 있다.

1. 석수

서쪽 벽사는 왼쪽 뒷다리 윗부분만 남아있으며, 길이 1.70m, 높이 1.01m이다. 다리 위쪽에 문양이 희미하게 남아있다.

동쪽 벽사는 몸 길이 3.78m, 높이 2.92m, 너비 1.60m, 몸 둘레 4.14m이며 수컷이다. 얼굴과 윗가슴 부분이 파손되었고, 다리도 부서진 모습이다. 고개를 쳐들고 가슴을 꼿꼿이 세웠으며, 혀를 아래턱까지 길게 내밀었다. 수염은 앞가슴까지 '八'자 형태를 그리며 아래로 길게 흘러내렸으며 양쪽 끝이 말려 올라간 형태이다.

양 날개가 간략하게 표현되었으며 날개 앞부분에는 낭화(浪花)로 장식하였고 뒤쪽에는 5개의 깃이 이루어졌다. 몸은 권운문(卷雲紋 : 구름이 둥글게 말려진 무늬)으로 장식하였으며, 등골이 약간 위로 올라왔으며, 선이 힘차게 표현되었다. 긴 꼬리는 땅으로 내려왔으며, 네 다리의 발가락은 모두 5개로 표현되었고, 성기가 확인된다. 앞발로 둥근 물체를 움켜쥐고 있는 모습을 하고 있다.

동쪽 벽사가 훼손된 상태에 대해서, 이 지역 농민들에게는 다음과 같은 전설이 전해진다. 소담묘 신도 우측의 대벽사(大辟邪) 배 아래에 있던 소벽사를, 대벽사가 끌어내어 먹고 놀리려고 했다고

서쪽 벽사 왼쪽 뒷다리 잔편

동쪽 벽사 턱아래 수염 세부 모습

동쪽 벽사 날개 세부 모습

동쪽 벽사 배 아래 우측의 소벽사

한다. 그래서 나중에 사람들이 그 머리를 부숴버렸다고 한다.

동쪽 벽사의 배 아래쪽에는 소벽사(小辟邪) 2마리가 남아 있다. 1997년 10월 18일에 행해진 측량에 의하면, 하나는 길이가 1.25m, 높이는 1.14m라고 한다. 그리고 다른 하나는 길이 1.14m, 높이 1.05m라고 한다. 이 두 소벽사의 형태는 신도 석수와 비슷한 모습으로, 얼굴에는 눈코입귀를 모두 갖추었으며, 입을 벌리고 혀를 내민 모습이다. 어깨에는 날개가 달렸으며, 두 다리를 앞으로 편 모습이고, 머리를 들고 가슴을 내밀었다. 배와 뒷다리 사이를 뚫진 않았으며, 또한 방형의 기좌(基座)와 일체화된 모습이고, 조각은 간략하지만 힘이 있는 모습이다. 두 소벽사는 등을 인공으로 평평하게 하였으며, 동쪽 벽사 아래에 두어, 초석처럼 지탱하는 모습이다.

이 소벽사의 원래 위치와 용도에 대해, 본래 기좌가 방형이 아니라 원형이며, 신도 석주(神道石柱)의 주두(柱頭)로 쓰였다고 보는 견해가 있다. 하지만 주두로 썼다고 보기엔 크기가 큰 편이기에, 주두라고 쉽게 단정 짓긴 힘들다. 이에 대해 량바이첸[梁白泉 : 1929~]은 『남경의 육조석각[南京的六朝石刻]』에서 진묘수(鎭墓獸)로 보는 견해를 내놓았다.

동쪽 벽사 가슴 아래 정면의 소벽사   동쪽 벽사 후면과 측면

1955년 4월과 5월에 강소성문물관리위원회는 무진현(武進縣) 분우지구(奔牛地區)의 파괴된 육조무덤에서 석제 진묘수 두 마리를 발견하였었다. 이 두 진묘수는 남경과 단양(丹陽)에서 발견되는 육조시대 능묘석각과 비슷한 모습이었다. 그 중에서 하나는 길이 27.3cm, 높이 23.4cm였고, 다른 하나는 길이 30.3cm, 높이 23.7cm였다. 고개를 들고 입을 벌렸으며, 쭈그린 모습으로 약간의 풍화로 결실된 부분이 있었다. 이 두 마리의 석제 진묘수와 소담묘 동쪽 벽사 배 아래쪽의 소벽사의 형태는 서로 비슷하며, 이 때문에 비슷한 용도였을 것으로 추정해 볼 수 있다.

서쪽 귀부 측면   **2. 비석**

현재 서쪽의 비석은 유실되고 귀부만 남아 있으며, 동쪽의 비석은 비교적 완벽한 형태로 보존된 상태이다. 이들은 『강소금석기(江蘇金石記)』에 의하면 522년(보통 3년) 11월 8일에 세워졌다고 한다.

서쪽 귀부는 높이가 1.16m, 너비 1.60m로, 동쪽 비석과는 10.20m 정도 떨어져있다. 얕은 구덩이 안쪽에 있으

며, 동쪽 비석의 귀부와 형태가 거의 비슷하지만 머리
일부가 깨진 상태이다.

동쪽 비석은 남조능묘 비석 중에서 글씨가 가장 잘
남아있는 비석으로 손꼽힌다. 1920년대에 남경고물보
존소의 주임인 양루밍[楊鹿鳴]이 비석 앞부분을 살펴보
곤, 오래된 문화유산을 보존해야겠다는 생각에 스스로
석공들을 이끌고 보수를 하였다. 원래는 비정이 있었는
데, 항일전쟁(抗日戰爭) 때 일본군의 침략으로 남경이 점
령된 후 해체되었다고 한다. 1955년 강소성문물관리위
원회와 남경시문물보관위원회는 비석을 논에서 끌어
올렸으며, 또한 청룡산에서 돌덩어리 4개를 사서 석좌
로 삼고, 다시 비석에 대한 보수공사를 하였다. 1957년
에 다시 비정(碑亭)을 세워 보호하였다.

동쪽 비석 비정

동쪽 비석은 이수(螭首)·비신(碑身)·귀부(龜趺)의 3
부분으로 나누어진다. 비석의 전체 높이는 5.61m이며 규형(圭形)이다. 비신은 높이
4.45m, 너비 1.60m, 두께 0.33m이다. 귀부는 너비 1.60m, 높이 1.15m이다. 이수는 교
룡문(交龍紋)을 양각하여 장식한 둥근 모습이다. 비액(碑額) 아래에는 직경 10cm의 둥
근 구멍을 뚫었고, 비액에는 "양 고 시중 사도 표기장군 시흥충무왕지비(梁故侍中司徒
驃騎將軍始興忠武王之碑)"라는 17자(字)가 적혀 있으며, 총 5행(行)이고, 매 행마다 4자씩
쓰여졌으며, 마지막 행은 1자만 적혀있다.

동쪽 비석 이수와 비
액 세부모습

비문은 세월로 인하여 마모된 부분이
많으며, 비액 및 비문은 모두 해서(楷書)
로 쓰였고, 비 옆쪽은 8격(格)으로 나누
어졌다. 총 36행이며, 매 행마다 86자가
적혔고, 총 3,096자를 써놓았다. 비문은
약간 탈락되었지만 아직 2,800여자 정
도를 판독 할 수 있다. 『석각고공록(石刻
考工錄)』에 의하면, 유명한 문인인 동해
(東海)의 서면(徐勉：466-535)이 글을 짓

고, 오흥(吳興)의 패의연(貝義淵)이 글씨를 썼으며, 단양의 방현명(房賢明)이 글씨를 새겼다고 한다.

동쪽 비석 귀부 정면

소담의 생애

소담의 자는 승달(僧達)이고, 양문제(梁文帝) 소순지(蕭順之 : 444~494)의 11번째 아들이다. 어릴 적에 생모인 오태비(吳太妃)를 잃었다.

502년(천감 원년)에 형주자사(荊州刺史)가 되었으며 시흥군왕에 봉해졌다. 519년(천감 18년)에 시중(侍中) 중무장군(中撫將軍) 개부의동삼사(開府儀同三司) 영군장군(領軍將軍)이 되었다.

522년(보통 3년) 11월에 죽었으며, 시중 사도(司徒) 표기장군(驃騎將軍)으로 추증되었고, 시호는 '충무(忠武)'이다. 역사에서는 시흥충무왕(始興忠武王)으로 불린다.

참고문헌

국립공주박물관, 2008, 『백제문화 해외조사보고서 VI - 中國 南京地域』.

江苏省地方编纂委员会, 1998, 『江苏省志·文物志』, 江苏古籍出版社.

罗宗真·王志高, 2004, 『六朝文物』, 南京出版社.

梁白泉, 1998, 『南京的六朝石刻』, 南京出版社.

姚遷·古兵, 1981, 『南朝陵墓石刻』, 文物出版社.

朱偰, 2006, 『健康兰陵六朝陵墓图考』, 中华书局.

민국시대에 촬영된 소담묘석각 전경
(朱偰, 2006, 『健康兰陵六朝陵墓图考』)

양파양충렬왕 소회묘석각

梁鄱陽忠烈王蕭恢墓石刻

둘이 마주한 채 1500년을 버텼네.

소회묘석각 전경

서쪽 벽사 측면

소회묘석각은 남경시(南京市) 서하구(栖霞區) 서하진(栖霞鎭) 감가항(甘家巷) 서쪽에 위치하며 소담묘석각에서 동쪽으로 60m 정도 떨어진 곳에 있다. 묘는 남향이고 이미 평평해졌다.

묘도에는 석수 2마리가 19.6m의 거리를 두고 동서 방향으로 서로 마주보고 있다. 이 무덤의 주인은 양무제(梁武帝 : 464~549)의 동생인 소회(蕭恢 : 476~526)로 추정되고 있다. 소회는 502년[양(梁) 천감(天監) 원년]에 파양군왕(鄱陽郡王)으로 봉해졌으며, 526년[양 보통(普通) 7년]에 사망하였다. 시호는 충렬(忠烈)이다.

이곳 근처에서 오평충후(吳平忠侯) 소경(蕭景 : 477~523)과 시흥충무왕(始興忠武王) 소담(蕭憺 : 478~522) 등의 무덤들이 조성되어 있는 것을 보아, 양무제 형제들의 묘역으로 추정한다. 1988년에 전국중점문물보호단위로 지정되었다.

소경묘에서 나와 다시 서하대도(栖霞大道)를 타고 약 400m 정도 동쪽으로 간 다음

동쪽 벽사 정면

서쪽 벽사 날개 세부모습

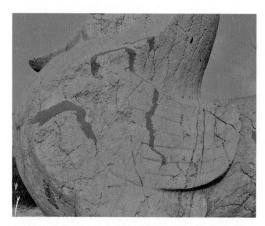

동쪽 벽사 날개 세부
모습

에, 삼거리에서 동북쪽으로 난 강룡선(崗龍線)을
타고 약 200m 정도 가면 공원이 나온다. 이 공원
의 서쪽에는 소담묘석각이, 동쪽에는 소회묘석각
이 있다.

석각의 형태

동쪽 벽사(辟邪)는 몸 길이 3.35, 높이 3.15m, 목
높이 1.35m, 몸 둘레 4.0m이다. 서쪽 벽사는 몸 길
이 3.46, 높이 3.17m, 목 높이 1.34m이다. 두 벽사
의 모습은 꽤 비슷한 편으로, 고개를 치켜들었으며 머리에는 갈기가 있다. 또한 뿔이
없으며 목이 짧은 모습이다. 입을 크게 벌리고 혀가 턱 아래까지 길게 내려왔으며, 가
슴을 내밀었고 수염의 끝이 고사리처럼 끝이 말린 채 앞가슴까지 흘러내려오면서 대
칭한 모습이다.

동쪽 벽사의 날개는 6깃이고, 서쪽 벽사의 날개는 5가닥의 깃으로 되어 있다. 비늘
과 장식이 희미하게 보이고, 가슴에 구운문(句雲紋)이 표현하였다. 한 다리를 앞으로
내밀었고, 긴 꼬리를 땅으로 내려뜨린 모습이다. 부근의 소경묘나 소담묘의 석수와
비슷한 모습을 보여준다. 또한 두 벽사 모두 성기가 표현되었다.

동쪽 벽사는 원래 머리에서 꼬리까지 세로로 두 동강 나있었고, 4다리 또한 부서졌었다. 1955년에 이곳에 있는 석각을 보수할 당시에 시멘트를 이용하여 부서진 부분을 14cm 두께로 붙였으며, 배 아래에 철을 대어 고정시켰다. 1922년 여름에 화학접합제를 이용하여 부서진 부분을 채워놓고 테를 둘렀다. 서쪽의 벽사는 머리 부분이 훼손되었고, 몸체는 풍화작용으로 얼룩덜룩하였었다. 원래는 배 아래쪽 부분까지 흙에 묻어두었는데, 1984년에 다시 흙 위로 꺼내어 세워놓았다.

서쪽 벽사 정면

소회의 생애

양파양충렬왕(梁鄱陽忠烈王) 소회의 자는 홍달(弘達)이고, 양문제(梁文帝) 소순지(蕭順之 : 444~494)의 9번째 아들이다. 502년(천감 원년)에 파양군왕으로 봉해졌으며, 영주자사(郢州刺史)에 도독(都督)이 더해졌다.

524년(보통 5년)에 표기대장군(驃騎大將軍)이 되었다. 526년(보통 7년)에 형주(荊州)에서 51세의 일기로 사망하였으며, 시중(侍中) 사도(司徒)로 추증되었고, 시호는 충렬이다.

민국시대에 촬영된 소회묘석각 전경 (朱偰, 2006, 『健康兰陵六朝陵墓图考』)

참고문헌

국립공주박물관, 2008, 『백제문화 해외조사보고서 VI - 中國 南京地域』.

江苏省地方编纂委员会, 1998, 『江苏省志·文物志』 江苏古籍出版社.

罗宗真·王志高, 2004, 『六朝文物』 南京出版社.

南京市地方志编纂委员会, 1997, 『南京文物志』 方志出版社.

梁白泉, 1998, 『南京的六朝石刻』 南京出版社.

姚遷·古兵, 1981, 『南朝陵墓石刻』 文物出版社.

朱偰, 2006, 『健康兰陵六朝陵墓图考』 中华书局.

양안성강왕 소수묘석각

梁安成康王蕭秀墓石刻

소학교 교문을 지키는 8개의 석각

소수묘석각이 소재한 감가항소학교 정문

신도 동쪽의 석각군

소수묘석각은 남경시(南京市) 서하구(栖霞區) 감가항소학교(甘家巷小學校) 내에 위치한다. 능묘는 남쪽을 바라보고 있으며 1974년에 발굴조사가 이루어졌다.

석주(石柱)의 석액(石額)에는 '양 고 산기상시 사공 안성강왕지신도(梁故散騎常侍司空安成康王之神道)'라 새겨있다. 이를 통해 양문제(梁文帝 : 444~494)의 일곱 번째 아들이자 양무제(梁武帝 : 464~549)의 동생으로, 502년[양(梁) 천감(天監) 원년]에 안성강왕(安成康王)으로 봉해졌고, 518년(천감 17년)에 사망하였던 소수(蕭秀 : 475~518)의 능묘석각임을 알 수 있다. 이곳에서 1㎞ 정도 떨어진 곳에 있는 감가항 6호묘를 소수의 무덤으로 본다.

소수묘석각(蕭秀墓石刻)은 소회묘석각(蕭恢墓石刻)과 소담묘석각(蕭憺墓石刻)에서 동북 방향으로 500m정도 가면 볼 수 있다.

현재 소수묘석각은 소학교의 교문으로 사용되고 있다. 교문에 별도로 가건물을 지어놓고 그 속에 석각을 두었으며, 학생들이 등하교 할 때마다 볼 수 있게 해놓았다. 또한 이곳을 지키는 인력을 배치해 놓아 철문을 막아두고 출입을 통제하고 있다. 이 때문에 이곳을 방문하려면, 가급적 사전에 연락을 하여 방문 요청을 하고 공문을 보내야 내부를 원활하게 둘러 볼 수 있다.

신도 서쪽의 석각군

석각의 형태

소수묘 앞에는 현재 3종 8종의 석각이 남아있으며, 바깥쪽에서부터 벽사(辟邪)·앞쪽 비석[前碑]·신도주(神道柱)·뒤쪽 비석[後碑]이 각각 1쌍씩 마주보고 있다.

1. 석수

벽사 2마리는 모두 수컷으로 18m의 거리를 두고 마주보고 있다. 동쪽 벽사는 몸길이 3.35m, 높이 2.95m, 목 높이 1.3m, 몸 둘레 3.60m이다. 서쪽 벽사는 몸 길이 3.07m, 높이 3.02m, 목 높이 1.45m, 몸 둘레 3.07m이다. 또한 두 벽사의 기좌(基座) 높이는 약 10cm 정도이다.

석수는 전체적으로 살찐 모습이며, 입을 크게 벌리고 혀를 길게 내밀었으며, 머리를 위로 치켜들고 신도 바깥쪽으로 고개를 살짝 돌린 형태이다. 날개는 3개의 깃털로 표현되었고 비늘을 간략하게 표현하였으며, 체모 등은 보이지 않는다. 몸에 있는 긴 털은 넝쿨처럼 구부러졌으며 발가락은 5개이다. 단양 일대에 분포한 석수에 비해서 자세의 역동성이 많이 떨어지는 편이며, 표현들도 거의 생략되거나 단순화된 모습을 보인다. 전체적으로 보존 상태는 양호한 편이다.

서쪽 벽사 측면

2. 앞쪽 비석

앞쪽 비석은 1쌍의 귀부(龜趺)만 남아있다.

앞쪽의 서쪽 귀부 정면

앞쪽의 동쪽 귀부 측면

서쪽 귀부의 머리 부분은 파손된 상태이며, 전체 길이 2.70m, 너비 1.49m, 높이 1m 정도이다.

동쪽 귀부는 길이 3.54m, 너비 1.43m, 높이 1.02m이다. 동쪽 귀부는 원래 머리가 잘라져 땅에 떨어져 있었는데, 1953년 남경시문물보관위원회에서 철근과 시멘트를 사용해 복원하였다.

1953년에 동쪽 귀부 근처에서 남송시대의 비석이 넘어져 있었으며, 왼쪽 일부가 훼손된 상태였고, 높이 4.35m, 두께 0.32m 정도였다. 비문은 희미하여 알아보기 힘들었다고 한다. 이 비석은 현재 어디 있는지 알 수 없다.

서쪽 석주 측면

3. 석주

신도 석주는 동서로 양쪽에 2기가 배치되었다. 동쪽 석주는 주좌(柱座)만 남은 상태로, 위가 둥글고 아래는 방형이다. 높이는 0.70m이며, 위에는 구슬을 문 두 이무기로, 아래는 방형의 기좌로 되어있다. 변의 길이는 1.45m이며, 네 측면을 신수문(神獸紋)으로 장식하였다.

서쪽 석주는 비교적 완전한 형태로, 주두(柱頭)의 원개(圓蓋) 및 소벽사(小辟邪)는 사라진 모습이며,

동쪽 석주 측면

주신(柱身)과 주좌의 보존 상태는 양호한 편으로 전체 높이는 4.70m이다. 주신의 표면은 와릉문(瓦楞紋)으로 장식되었으며 20줄로 음각되어 있고 높이는 3.86m이다. 주액(柱額)에는 '양 고 산기상시 사공 안성강왕지신도'라는 15자(字)가 남아있지만, 희미해져서 쉽게 판독하기 힘들다. 주액 아래에는 한 줄의 승변문(繩辮紋)과 한 줄의 교룡문(交龍紋)으로 장식되어 있다. 주좌의 높이는 0.84m이며, 위에는 고리 형태로 원형의 구슬을 문 두 이무기로 장식되었고, 아래에는 장방형의 기좌가 있다. 길이 1.45m, 너비 1.40m로 조형과 장식은 동쪽 석주와 비슷하다.

4. 뒤쪽 비석

뒤쪽 비석은 2기가 동서로 대치된 상태로 남아있으며 보존 상태도 좋은 편이다. 하지만 전체적으로 훼손된 부분들이 많으며, 균열이 심한 편이다. 두 비석은 규형(圭形)으로 되어 있으며, 이수(螭首)는 둥근 모양이고, 비신 위쪽 가운데에 구멍이 뚫려 있다. 이수 등면에는 서로 얽힌 모습의 두 용이 높게 부조되어 양쪽을 나누고 있다. 두 비신 측면에는 원

뒤쪽의 동쪽 비석 측면

뒤쪽의 서쪽 비석 정면

래 부조가 되어 있었지만, 지금은 잘 보이지 않는다. 비신은 갈라지고 떨어진 부분이 많아 알아보기가 힘드나, 석액은 알아볼 수 있다. 석액에는 정서(正書)로 '양 고 산기상시 사공 안성강왕지비(梁故散騎常侍司空安成康王之碑)'의 14자가 적혀있으며, 총 5행(行)으로 매 행은 3자, 마지막 행은 2자로 되어 있다.

서쪽 비석은 높이 4.10m, 너비 1.44m, 두께 0.32m이고, 귀부는 길이 3.07m, 너비 1.46m, 높이 1.02m이다. 비의 뒷면(碑陰：背面)은 정서로 21행이 쓰였으며, 매 행에서 가장 많이 써진 글씨는 64자를 넘는다. 글씨는 잘 보이지 않지만 '이주종지(吏周宗之)'·'이소도선(吏邵道宣)' 등의 관리 이름이 간간이 보인다. 전해지는 바에 따르면 이 비석은 팽성(彭城)의 유효작(劉孝綽：481~539)[51]이 글을 짓고, 오흥(吳興)의 패의연(貝義淵)이 글씨를 썼다고 한다. 이 비석은 1953년에 좀 더 견고하게 보수해놓았다.

동쪽 비석은 높이 4.15m, 너비 1.46m, 두께 0.31m이고, 귀부는 길이 3.37m, 너비 1.50m, 높이 1.01m이다. 비는 정서로 이름

민국시대에 촬영된
소수묘석각 전경
(朱偰, 2006, 『健康
兰陵六朝陵墓図考』)

이 6행으로 새겨져있으며, 알아보기는
힘들다.

소수의 생애

소수는 남량(南梁)의 종실(宗室)이며
문학가이다. 자는 언달(彦達)이고 남난릉
[南蘭陵 : 지금의 상주(常州) 서북쪽]사람이
다. 무제의 일곱 번째 동생이다. 약관(弱
冠)의 나이에 제나라의 저작좌랑(著作佐
郎)이 되었으며, 후에는 군법조행참군(軍法曹行參軍), 태자사인(太子舍人)이 되었다.

소연(蕭衍)이 군사를 일으켜 건강(建康 : 지금의 남경)에 들어오자 보국장군(輔國將軍)
이 되었으며, 또한 진희왕관군장사(晋熙王冠軍長史)와 남동해태수(南東海太守)가 되었
고, 경구[京口 : 지금의 진강(鎭江)]에 주둔하였다. 건강이 평정되자, 이내 사지절도독(使
持節都督) 남서주(南西州)와 연주(兗州)의 2주 제군사(諸軍事)와 남서주자사(南西州刺史)
가 되었다.

양나라 천감연간(天監年間 : 502-519) 초에, 정석각군(征虜將軍)으로 임명되고 안성군
왕(安成郡王)으로 봉해졌으며, 영석두수사(領石頭戍事)에 산기상시(散騎常侍)가 더해졌
다. 이후에 계속 벼슬이 더해졌으며 종래에는 진북장군(鎭北將軍)·영만교위(寧蠻校尉)·
옹주자사(雍州刺史)가 되었는데, 부임 도중에 병사(病死)하였다. 사후 소수는 시중(侍中)
과 사공(司空)으로 추증되었으며, 시호는 '강(康)'이다.

소수는 성품이 인자하였고 기쁨과 슬픔을 쉽게 드러내지 않았다. 인재를 중요시 여
겨서, 당대에 걸출하기로 소문났던 동해(東海)의 왕승유(王僧孺 : 465-522)[52], 오군(吳郡)
의 육수(陸倕 : 470~506),[53] 팽성의 유효작, 하동(河東)의 배자야(裴子野 : 469-530)[54]와
주로 교류하였다. 또한 학술에도 관심이 많아 기록을 수집하였고, 이를 바탕으로 학
사 유효표(劉孝標 : 462-521)[55]에게 『유원(類苑)』을 찬술하게 하였다. 그는 문장이 뛰어
나 『안성왕집(安成王集)』 30권을 내었으나 지금은 전해지지 않는다.

감가항 육조고분군

감가항 육조고분군[甘家巷六朝墓葬群]은 영서공로(寧栖公路)의 북쪽에 있으며, 서하

산(棲霞山)에서 동쪽으로 약 3㎞ 정도 떨어져있다. 이 구역에는 수많은 고분들이 분포하며, 남조 소량시대(蕭梁時代 : 梁, 南梁)의 황실고분군[皇室墓地] 중 한 곳으로 보고 있다. 또한 시흥충무왕(始興忠武王) 소담(蕭憺 : 478-522)·안성강왕 소수 등의 고분이 있는 것으로 보고 있다.

1974년 10월에서 1975년 1월까지 남경박물원과 남경시박물관이 합동으로 발굴하였으며, 크고 작은 육조 고분 38기가 출토되었다. 2기의 파괴된 고분을 제외하고, 동오묘(東吳墓) 7기, 서진묘(西晉墓) 6기, 동진묘(東晉墓) 17기, 남조묘(南朝墓) 6기가 있는 것으로 파악되었다. 38기의 고분 중에서 2기의 전후실전묘(前後室塼墓)를 제외하고, 나머지는 단실(單室) 궁륭정(穹隆頂) 혹은 권정(券頂)이다. 그 중에서 비교적 큰 고분은 M4·M6과 M30이 있으며, 이들은 타원형 단실 궁륭정 전실묘(橢圓形單室穹隆頂塼室墓)이며, 모두 석묘문(石墓門)과 석문공(石門拱)이 있으며, 문액(門額)에는 인자공(人字拱)이 부조되었다.

묘 앞에는 매우 긴 배수구(排水溝)가 있으며, 그 크기와 형식은 남경 부귀산(富貴山)·서선교(西善橋)·유방촌(油坊村)·단양(丹陽)·호교(胡橋) 등지에서 발굴된 육조시대의 대형묘와 크게 다르지 않다. 또한 이곳의 발굴 결과 M4·M6·M30의 사이나 주변에서는 동시대의 다른 고분이 발견되지 않았다. 그래서 육조시대 귀족의 고분에 대한 다양한 규율(規律)로 미루어 볼 때, 소량 안성강왕 소수가족묘일 가능성이 크다고 본다.

감가항육조고분에서 7기의 고분에서는 유물이 출토되지 않았으며, 그 외 31기의 고분에서 278점의 유물이 출토되었다. 그 내역을 살펴보면 청자기(靑瓷器) 107점, 도기(陶器) 38점, 활석기(滑石器) 45점, 석기(石器) 20점, 동기(銅器) 39점, 금은기(金銀器) 28점, 연기(鉛器) 1점이 출토되었다. 이중에서 가장 많은 수량을 차지하는 게 청자기로, 그 기형으로는 반구호(盤口壺)·계수호(鷄首壺)·관(罐)·향훈(香薰)·호자(虎子)·수주(水注)·벼루[硯]·맹(孟)·발(鉢)·완(碗)·반(盤)·잔(盞)이 있다.

이러한 고분들은 대부분 도굴되어 파괴된 상태이기에, 정확하게 부장품의 수량이나 성격을 확언 할 수는 없다. 하지만 이곳에서 출토된 청자는 그 당시에 가장 보편적으로 사용되었던 일상 생활 용기로 생각해 볼 수 있다.

이 외에도 대형 남조무덤에서는 활석으로 조각 된 장식품이 출토되었는데, 이를테면 구슬[珠]·패(牌)·조상(雕像) 등이 있다. 이러한 유물들은 같이 출토되었고, 표면에 구멍을 뚫어놓았기에 걸어놓거나 패용(佩用)하였던 물건으로 추정해 볼 수 있다. 그 중에서 돌구슬 1점에는 금박을 입혔으며, 석조상에는 반인반수상(半人半獸像 : 獸首人身像)을 부조해 놓았다.

소량시대에는 불교가 성행하였으며, 양무제(梁武帝) 소연(蕭衍 : 464~549)의 경우 4번에 걸쳐 출가하기도 하였다. 그의 가족묘에서 출토된 장식품들 또한 이러한 불교신앙과 관련되는 것으로 볼 수 있다. 출토된 유물들은 현재 남경시박물원과 남경시박물관에 있다.

참고문헌

국립공주박물관, 2008, 『백제문화 해외조사보고서 VI – 中國 南京地域』.

罗宗真·王志高, 2004, 『六朝文物』南京出版社.

梁白泉, 1998, 『南京的六朝石刻』南京出版社.

姚遷·古兵, 1981, 『南朝陵墓石刻』文物出版社.

임종욱, 2010, 『중국역대인명사전』 이회문화사.

朱偰, 2006, 『健康兰陵六朝陵墓图考』中华书局.

许耀华·王志高·王泉, 2004, 『六朝石刻话風流』文物出版社.

51) 남조 양나라의 문인으로 어려서부터 시문에 매우 뛰어났다. 문집 14권이 있었으나 현존하지 않는다. 명나라 때 집성된 『유비서집(劉秘書集)』이 남아있다.

52) 남조 양나라의 문인. 심약(瀋約 : 441~513)·임박(任昉 : 460~508)과 함께 당시 3대 장서가 가운데 한사람이다. 원래 문집 30권이 있었으나 현존하지 않으며, 명나라 때 편집한 『왕좌승집(王左丞集)』이 있다.

53) 남조 양나라의 문인이며, 시문에 매우 뛰어났다. 심약·사조(謝朓 : 464~499)·임방 등과 함께 경릉왕(景陵王) 소자량(蕭子良 : 460~494)의 사저를 왕래하던 '경릉팔우(景陵八友)' 중 한사람이었다. 저서로는 문집 20권이 있었으나 현존하지 않으며 명나라 대 집성한 『육태상집(陸太常集)』이 남아있다.

54) 남조 양나라의 문인. 저서로는 『집주상복(集注喪服)』·『송략(宋略)』·『배씨가전(裴氏家傳)』 등이 있었다고 하나 현존하지 않는다.

55) 남조 양나라의 문인으로 병려문에 능하였고, 사회의 모순들을 세련된 필치로 폭로했다. 저서로는 『광절교론(廣絶交論)』등이 있고, 명나라 때 편집된 『유호조집(劉戶曹集)』이 전해진다.

양계양간왕 소융묘석각

梁桂陽簡王蕭融墓石刻

1500년 만에 제 이름을 찾다.

남경신천지직업학교와 남경남양기공학교 입구

동북쪽 벽사와 소벽사 측면

소융묘석각(蕭融墓石刻)은 서하구(栖霞區) 장가고(張家庫) 서남쪽 남경연유창중학교 [南京煉油廠中學] 내에 있다. 현재 남아있는 신도(神道) 석각(石刻)은 2종 3점으로, 벽사(辟邪) 1쌍과 소벽사(小辟邪) 1점이 남아있다.

1980년 9월 남경연유창(南京煉油廠)에서 건물지 공사를 하던 중 한 고분이 발견되었다, 이 고분은 장가고 남조실명묘석각(張家庫南朝失名墓石刻)에서 서북 방향으로 약 1,000m 정도 떨어진 곳에 위치하였다. 남경시박물관(南京市博物館)에서 발굴조사를 실시하였고, 그 결과 이곳에서 출토된 묘지(墓誌)를 통해 남조 양무제(梁武帝) 소연(蕭衍 : 464~549)의 동생인 계양왕(桂陽王) 소융(蕭融 : 472~501)과 그 왕비인 왕모소(王慕韶) 부부의 합장묘임이 밝혀졌다. 이로 인하여 장가고 남조실명묘석각이 양계양왕 소융묘의 신도 석각임이 밝혀지게 되었다. 1988년에 전국중점문물보호단위로 지정되었다.

동북쪽 벽사 정면

유적 현황

2012년 소융묘석각에 방문하였을 때 남경신천지직업학교(南京新天地職業學校)와 남경남양기공학교(南京南洋技工學校)라는 간판이 걸린 학교로 들어갔었다. 이곳과 소융묘석각과는 펜스가 하나 쳐져서 막혀 있었는데, 관리자가 와서 문을 열어주어 내부로 들어갈 수 있었다. 공원으로 조성되어 그 안에서는 태극권을 하는 할머니들도 보였다. 석각에 대해서는 관리가 약간 소홀한 모습을 보였다. 이를테면 이불을 빨래한 뒤, 이를 널기 위해 안내표지석에 덮어 두기도 하였고, 서남쪽 벽사 몸통에 빨랫줄을 묶어두어 이불을 널어놓기도 하였다. 또한 서남쪽 벽사 콧구멍에 빨간 점토를 쑤셔 넣어 우스꽝스러운 모습으로 두기도 하였다.

석각의 형태

1. 석수

현재 동북쪽의 벽사는 보존 상태가 좋은 편이며, 머리는 약간 남쪽을 향하였다. 길이 3.30m, 가슴 너비 1.45m, 몸 둘레 3.94m이며, 성기가 표현되지 않아 암컷으로 본다.

서남쪽 벽사 정면

서남쪽의 벽사는 원래 훼손 상태가 심하다. 몸체의 남쪽 절반이 마치 칼에 쪼개진 듯 4분의 1이 떨어져나갔으며, 북쪽의 절반 역시 훼손되어 있었다. 뒷다리 위쪽이 크게 훼손되었다. 이마 위쪽 부분에도 금이 갔으며, 가슴 앞에도 종횡(縱橫)으로 금이 있었지만 현재는 복원을 해 놓았다. 길이 3.84m, 가슴 너비 1.10m, 몸 둘레 4.07m이다. 성기가 표현되어 수컷으로 보인다.

석수의 모습이 뿔이 없고 목이 짧으

서남쪽 벽사 날개 세부 모습   서남쪽 벽사 발가락 세부 모습

며, 고개를 치켜들고 혀를 내밀었으며, 수염은 없
다는 점에서 다른 남조능묘 석수들과 다른 모습
을 보인다. 양쪽 날개와 앞가슴, 그리고 정수리와
등에는 중간에 홈이 파져있으며, 가슴을 앞으로
내밀고 허리를 치켜들었다. 가슴을 길게 빼고 앞
으로 걸어가는 자세이며 정교하게 조각되었다.
어깨에는 날개가 달렸으며, 날개 앞부분은 어린
문(魚鱗紋)으로 장식하고, 뒷부분에는 5줄기의 깃
털로 구성하였다. 네 다리에 발가락이 5개씩 달렸

다. 또한 이런 석수의 저좌(底座)에는 홈이 파져 있었는데, 이는 당시에 다른 구조물과   동북쪽 벽사 저좌의 홈
결구하기 위한 것으로 보였다.

　1983년에 원래 위치에서 좀 더 위쪽으로 올렸다. 현재 이 두 벽사는 남경지역에 있
는 벽사 중에서 가장 이른 시기의 것이라고 한다.

2. 석주 소벽사

　현재 동북쪽 벽사의 바로 앞에는 석주(石柱)의 주두(柱頭)를 장식하였던 소벽사가 남
아있다. 소벽사는 반을 뒤집어 놓은 형태[覆盤狀]의 원개(圓蓋) 위에 올려 졌고, 이 원개
의 직경은 0.93m이다.

소벽사는 비교적 완전한 형태로 남아있지만, 머리 부분은 심하게 훼손되어 본래 모습을 알기 힘든 상태이다. 소벽사의 잔존 높이는 0.60m, 몸 둘레는 0.86m이다. 양쪽 앞다리를 앞으로 뻗었으며, 뒷다리는 서로 연결된다. 꼬리는 원개 위로 늘어뜨렸으며, 신도 석각의 벽사와 도상이 비슷하다.

주두 소벽사 정면

소융묘 발굴조사

1980년 9월에 발견된 남경 연유창 소융부부묘(蕭融夫婦墓)는 일찍이 훼손되었으며, 앞부분 절반 이상의 구조가 거의 파괴된 상태였다. 그 잔해를 측량해 본 결과, 무덤 전체의 길이는 약 9.80m, 너비 3.15m, 잔존 높이 1.78m로 밝혀졌다. 묘의 벽체는 삼순일정의 방식으로 쌓아올려졌으며, 모든 부분은 서로 다른 형식의 화문전(花紋塼)이 정연하게 쌓아올려졌다. 벽면의 형식은 화문도안(花紋圖案)을 연속하여 조합하였으며, 남조 전실묘(塼室墓)의 특수한 건축 양식을 그대로 보여준다.

일찍이 도굴되어 유물들이 거의 남아있지 않았지만, 운 좋게도 묘지 2점은 액운(厄運)을 면하였다. 사실 무덤에서 묘지가 발견되기 이전까지는 남제(南齊) '시중 상서령 승상 파동헌무공 소영주(侍中尙書令丞相巴東獻武公蕭穎冑)' 고분의 소재지로 추측하였었다. 하지만 이 무덤의 발견을 통해 동남쪽으로 1km 거리에 떨어진 석각이 소융묘의 석각임을 알게 되었다.

남경시박물관에서 촬영한 소융묘 출토 묘지명

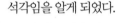

소융의 묘지는 돌로 만들었으며, 길이 60cm, 너비 60cm, 두께 9cm이다. 한쪽 면에 글씨를 새겼고, 총 20행(行)에, 각 행마다 최대 28자(字)를 새겼으며, 전체 글씨 중에서 18자만 결락되었다.

소융 묘지의 명문(銘文) 내용은 크게 2부분으로 나뉘며, 앞부분은 '계양왕 묘지명 서(桂陽王墓志銘序)'라 적혀있고, 소

융의 일생[生平]·졸생(卒生)·묘지(墓地) 등에 대해 써져있다. 뒷부분에는 '양 고 산기상시 무군대장군 계양왕 소융 익간왕 묘지명(梁故散騎常侍撫軍大將軍桂陽王蕭融諡簡王墓志銘)'이라 적혀 있으며, 공(功)을 송덕(頌德)하는 사(辭)로, 총 30구(句)이고, 매 구는 4자로 구성되었다.

왕모소묘지 탁본 일부(南京市博物馆, 2006, 『南京文物考古新发现-南京历史文化新探』)

이 묘지는 전지후명(前誌後銘)의 격식을 따랐으며, 이러한 격식은 수당시대에도 그대로 사용되었다. 소융의 묘지는 양나라 이부낭중(吏部郞中) 임방(任昉 : 459~507)이 지은 것이며 해서(楷書)로 썼고, 남조의 서예작품 중에서도 수작으로 꼽힌다. 임방은 저명한 인물로, 송·제·양나라 3대에 걸쳐 살았다. 『양서(梁書)』와 『남사(南史)』 모두 그의 전(傳)이 실렸으며, 그와 『양서』의 저자인 심약(瀋約 : 441~513)은 명성이 자자하여, 당시 '임필심시(任筆瀋詩)'로 일컬어졌다.

또한 그의 부인인 왕모소의 묘지도 출토되었다. 왕모소의 묘지는 길이 49cm, 너비 64cm, 두께 7.5cm이다. 한쪽 면에 글씨를 새겼으며, 총 31행에, 각 행마다 최대 23자를 새겼고, 10자 정도가 결락되었다. 이 묘지 역시 보존 상태가 양호한 편이다.

왕모소는 계양간왕 소융의 부인으로, 동진 승상 왕도(王導 : 276~339)의 7세 손녀이다. 묘지에는 '양 고 계양국태비 묘지명(梁故桂陽國太妃墓志銘)'이라 쓰여있다. 내용은 크게 3부분으로 나누어 볼 수 있다. 제 1부분은 묘주의 명휘(名諱)·적관(籍貫)·전략(傳略)·졸생·장지(葬地) 등이 적혀있다. 제 2부분은 왕씨(王氏)를 찬미(贊美)하는 명사(銘辭)로, 지자(誌者)와 양무제(梁武帝 : 464~549)의 찬명(贊銘)을 포함하여 써졌으며, 매 구는 4자로 되어 있고, 총 35구로 구성되었다. 제 3부분은 사왕(嗣王) 소상(蕭象) 및 그의 비(妃) 장씨(張氏)에 대한 내용이다. 이러한 형식이나 내용 등은 소융 묘지와 흡사한 면이 많다.

민국시대에 촬영된 소융묘석각 전경(朱偍, 2006, 『健康兰陵六朝陵墓图考』)

왕모소의 묘지는 왕도의 7세 손이자, 양나라의 시중·상서좌부사(尙書左仆射)·국자제주(國子祭酒) 왕간(王暕)이 글을 지었다. 북조(北朝)의 서예 풍격과는 다르며, 남조 해서체의 대표적인 수작으로 꼽힌다.

이러한 방형의 묘지들은 양나라 능묘에서 출토된 것 중에서 보존 상태가 가장 양호한 유물로 손꼽힌다. 또한 제실(帝室)과 호문귀족(豪門貴族)의 혼인 관계에 대한 내용이 적혀있으며, 이를 통하여 혼인에 반영되었던 육조시기 문벌제도(門閥制度)에 대해 연구할 수 있는 귀중한 자료로 평가된다.

소융의 생애

묘지에 기록된 바에 의하면, 계양왕 소융의 자는 선달(宣達)이라고 한다. 난릉군(蘭陵郡) 난릉현(蘭陵縣) 도향(都鄕) 중도리(中都里) 사람이다. 양문제(梁文帝) 소순지(蕭順之 : 444~494)의 5번째 아들이며, 472년[유송(劉宋) 태예(泰豫) 원년]에 태어났다. 남제(南齊) 영명연간(永明年間 : 483~493) 이후에 예장왕(豫章王)을 따라 참군(參軍)·전관군(轉冠軍)·거기삼부참군(車騎三府參軍)·거기강하왕주박(車騎江夏王主薄) 등의 직책을 역임하였다. 501년[남제 영원(永元) 3년]에 사망하였으며, 이듬해에 황문시랑(黃門侍郞)으로 추증되었다.

양무제 소연이 즉위한 후, 502년[양(梁) 천감(天監) 원년]에 소융을 산기상시(散騎常侍)·무군대장군(撫軍大將軍)·계양군왕(桂陽郡王)으로 추증하였으며 시호를 '간(簡)'이라 하였다. 514년(천감 13년) 10월에 그의 부인 왕모소가 죽자, 11월에 소융묘에 합장하게 되었다.

참고문헌

江苏省地方编纂委员会, 1998, 『江苏省志·文物志』 江苏古籍出版社.

罗宗真·王志高, 2004, 『六朝文物』 南京出版社.

南京市博物馆, 2006, 『南京文物考古新发现-南京历史文化新探』 江苏人民出版社.

南京市地方志编纂委员会, 1997, 『南京文物志』 方志出版社.

梁白泉, 1998, 『南京的六朝石刻』 南京出版社.

姚遷·古兵, 1981, 『南朝陵墓石刻』 文物出版社.

朱偰, 2006, 『健康兰陵六朝陵墓图考』 中华书局.

양임천정혜왕 소굉묘석각
梁臨川靖惠王蕭宏墓石刻
돈에 눈이 먼 잘생긴 탐관오리

소굉묘석각 원경

소굉묘석각 표지석

소굉묘는 지금의 남경시(南京市) 서하구(栖霞區) 요화진(堯化鎭) 선학문(仙鶴門) 바깥의 장고촌(張庫村)에 있다. 소굉(蕭宏 : 473~526)은 502년[양(梁) 천감(天監) 원년]에 임천군왕(臨川群王)으로 봉해졌으며, 526년[양 보통(普通) 7년]에 사망하였고, 시호를 정혜(靖惠)로 하였다. 능묘는 북쪽을 바라보며 이미 평평해졌다. 묘 앞에는 석각이 있는데, 벽사(辟邪) 2기, 석주[石柱 : 神道石柱] 2기, 비석(碑石) 2기로 동서 방향으로 배치되었다. 1988년에 전국중점문물보호단위로 지정되었다.

소굉묘석각은 현재 남경외국어학교(南京外國語學校) 선림분교(仙林分校) 응천학원(應天學院) 뒤편에 위치하고 있다. 군이 학교 내로 들어오지 않고 학교를 지나 사거리에서 우회전하여 학측로(學則路)로 진입해 약 730m 정도 가면 샛길이 나온다. 이곳으로 100m 정도 들어가면 연못이 나오는데, 이곳에 소굉묘석각이 위치한다.

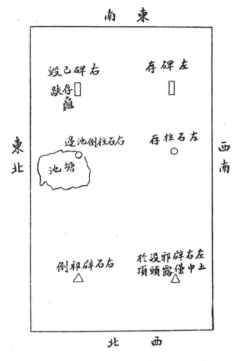

소굉묘 석각 배치도
(中央古物保管委
员会 编辑委员会,
2010,『六朝陵墓调
查报告』)

유적 현황

2012년도에 양임천정혜왕(梁臨川靖惠王) 소굉묘(蕭宏墓)를 방문하였으나, 시간이 이미 많이 지나 날이 어두워지고 있었다. 따라서 제대로 된 유적 확인을 하지 못한 채, 플래시를 켜면서 사진 촬영을 하는 정도로 만족해야 되었다.

당시에는 이곳의 큰 연못 중앙에 길을 하나 두어 연못을 양분하였고, 석각들은 그 양편에 위치하였다. 남쪽에는 석주 2기와 비석 2기가 있으며, 북쪽으로는 벽사 1기가 보인다.

2014년도에 방문하였을 때는, 당시 설치된 철골이 다 치워졌지만 아직도 공사가 진행 중인 상황이었다. 2012년에 본 연못은 사라진 상황이었고 여러 군데에 공사 기자재가 널려 있었다. 유리벽으로 석각을 둘러싸서 보호하고 있었다. 만안릉(萬安陵)의 보호각과 유사한 모습을 보이는데, 오히려 석각을 보는데 방해가 되었다. 보호각은 총 3곳을 두었는데, 석주와 비석을 한 쌍으로 묶어 2곳을 두었고, 북쪽의 벽사 1기에도 보호각을 설치하였다.

석각의 형태

1. 벽사

1956년에 보수 공사를 하였는데 서쪽의 벽사는 이미 훼손되어 몇 개의 잔편이 수풀에 남아 있으며, 동쪽의 벽사만 잔존하고 있다. 동쪽의 벽사는 원래는 못 안에 약 1.5m 정도 깊이로 파묻혀져 있었는데 1950년대에 위로 끌어올렸다.

동쪽 벽사는 수컷으로 몸집과 골격이 크게 조성되었으며, 기세가 웅혼(雄渾)하고 간결하게 표현되었다. 고개를 치켜들고 가슴을 내밀었으며, 입을 벌리고 혀를 내밀었으며, 그 형태가 재빠르고 사나워 보인다. 두 날개는 둥글게 표현되었으며, 날개면에는 3가닥의 긴 깃[長翎]이 있다. 꼬리는 땅까지 내려오고, 꼬릿단에는 솜털이 4가닥으로 표현되었다. 또한 성기가 표현되어 수컷임을 알 수 있다.

1997년에 측량 조사를 실시하여 몸 길이 3.30m, 높이 2.86m, 너비 1.42m, 목 높이 1.35m, 몸 둘레 3.35m, 받침 높이[底座高] 0.23m로 측정하였다. 복부(腹部)에서 받침까지 약 0.44m 정도 떨어져있다. 오른쪽 앞다리의 둘레 길이는 1.07m, 오른쪽 뒷다리의 둘레 길이는 1.00m 이다. 왼쪽 앞다리의 둘레 길이는 1.08m, 왼쪽 뒷다리의 둘레 길이는 1.12m이다. 위아래로 벌린 입의 높이는 27cm이고, 혀의 길이는 42cm, 너비는 30~34cm 정도이다. 그리고 무게는 약 15t로 측정되었다.

2. 석주

동쪽 석주는 가운데가 갈라져 둘로 나뉘어졌다. 주좌(柱座)의 높이는 1.10m이고 위가 둥글고 아래는 방형이다. 구슬을 물고 있는 두 이무기가 표현되었다. 높이는 0.48m이고 다리와 날개가 표현되었으며, 머리를 서로 접하고 있으며 꼬리도 서로 얽혀있다. 아래에는 방형의 기좌(基座)로서 변의 길이는 1.85m이다. 두 이무기의 중앙에는 직경 1.09m의 원형 평대(平臺)가 있고, 평대의 중간에는 네모난 구멍이 있다. 변의 길이는 0.58m, 깊이는 0.46m이며, 이곳에 주신(柱身)의 순두(榫頭)를 삽입한다. 주두의 연화개(蓮花蓋)는 직경 2m에 달한다.

서쪽 석주는 동쪽 석주와 약 18.25m 정도 떨어져 있으며 주두원개(柱頭圓蓋) 및 소벽사(小辟邪)는 이미 사라진 상태이다. 전체 높이 5.52m, 주신 높이 4.97m, 기둥 둘레 3.08m이다. 석주의 표면은 와릉문(瓦楞紋)으로 되어 있으며 단면이 타원형이고, 능[棱]의 개수는 28줄로 남조의 신도 석주 중에서도 가장 많은 편에 속하며, 각 능의 거리는 약 11cm 정도이다. 주액(柱額)이 아직 남아 있으며, 여기에는 "양 고 가황월 시중 대장군 양주목 임

동쪽 벽사 정면

서쪽 석주 후측면

동쪽 석주 후측면

천정혜왕지신도(梁故假黃鉞侍中大將軍揚州牧臨川靖惠王之神道)"라고 써있다.

주액의 양쪽 도안은 서로 같으며, 장방격(長方格) 내에 위쪽은 용, 아래쪽은 봉황의 도안이 그려졌고, 중간에는 연꽃이 피어있는 형태가 나타난다. 장방격 주위에는 가지가 얽혀있는 화초(花草)와 연화문(蓮花紋)이 장식되었다. 주액 위로 웃통을 벗은 2명의 역사(力士) 도안이 보이며, 위로 주개(柱蓋)를 받들고 있다. 주액 아래에도 역시 웃통을 벗은 3명의 역사 도안이 보이며, 위로 주액을 받들고 있다. 이러한 도안은 소경묘(蕭景墓) 신도석주에 있는 것과 서로 비슷하다. 다시 그 아래에는 1줄의 승변문(繩辮紋 : 밧줄로 감은 듯한 무늬)과 1줄의 교룡문(交龍紋 : 용이 서로 얽힌 무늬)이 부조되어 있다.

주좌의 높이는 1.06m로 위는 둥글고 아래는 방형이고, 위에는 두 이무기로 장식되어 있고 높이는 0.55m이다. 아래에는 방형의 기좌이며, 변의 길이 1.80m, 높이 0.53m이며, 기좌의 네 면에는 신괴(神怪) 도안으로 장식되었지만 현재는 마모되어 쉽게 알아보기 힘들다.

3. 비석

동쪽 비석 귀부

비석은 동쪽 비석의 경우 무너진 상태이며, 서쪽 비석은 완전한 형태로 남아 있다. 1997년 10월에 시행한 측량 조사에 의하면 서쪽 비석은 북쪽의 신도석주와 약 4.2m 정도 떨어져 있고, 높이 4.33m, 너비 1.58m, 두께 33.5cm로 나타난다. 이수(螭首)는 둥글고, 비액(碑額)에는 구멍이 하나 뚫려 있으며, 그 옆에는 연꽃무늬·용무늬[龍紋]·봉황무늬[鳳紋] 등이 장식되었다.

비석의 글씨는 오랜 풍화작용으로 인

하여 잘 보이지 않는다. 비척(碑脊)의 양쪽에는 각각 두 용이 얽혀 있는 모습으로 높게 부조되었다. 비신(碑身)의 양쪽 측면에는 위에서 아래로 신괴·주작(朱雀)·봉황(鳳凰)·청룡(靑龍)·기이한 짐승[異獸] 등의 8가지 도안이 부조되어 있다. 그리고 격(格)을 나눈 곳에는 인동전지문(忍冬纏枝紋)으로 장식하였다.

비석 아래의 귀부(龜趺)의 길이는 3.60m, 너비는 1.62m이며, 측면은 연화문으로 장식하였다. 18.25m 떨어진 곳에 귀부가 하나 있으며, 길이 3.63m, 너비 1.56m 높이 1.05m이다. 귀부의 등쪽 정중앙에는 방형의 순공이 있으며 길이 0.75m, 너비 1.56m이다. 이 순공에 비신을 삽입하였던 것으로 본다.

서쪽 비석 정면

소굉묘 발굴조사

소굉묘는 신도석각에서 남쪽으로 약 1㎞ 정도 떨어진 마군진(馬群鎭) 백룡산(白龍山) 북쪽의 산허리 쯤에 위치한다. 1997년 봄과 여름에 걸쳐 남경시박물관(南京市博物館)과 서하구문관회(栖霞區文管會)에서 공동발굴조사를 진행하였다. 묘는 평면이 凸자형으로, 전체 길이 13.4m에 봉문장(封門墻)·용도(甬道)·묘실(墓室)·배수구 등으로 구성되었다. 묘실의 네 벽은 바깥쪽으로 휘어졌으며, 안쪽 길이 7.7m, 안쪽 너비 3.7m, 높이는 5.25m이다.

일찍이 도굴되어 출토된 유물은 적은 편이다. 동경(銅鏡)·철경(鐵鏡)·철제 관못[鐵棺釘]·도빙궤(陶凭几)·도반(陶盤)·도용(陶俑)·유금동정(鎏金銅釘)·청자잔(靑瓷盞)·청자수호(靑瓷睡壺)·석묘문(石墓門) 등이 출토되었고, 또한 사람의 치아가 4매 정도 출토되었다. 이 중에서도 석묘문 위에는 인자공(人字拱)이 부조되었다.

석묘문은 목조 구조를 본떠 만들어졌으며, 문액(門額)과 2기의 문기둥[門柱], 2기의 문선(門扇)과 문감(門墈)으로 구성된다. 문액은 반원형의 형태로 되어 있으며 저부 길이 1.77m, 너비 0.98m, 두께 0.15~0.16m이며, 문액에는 인자공이 부조되었다. 문기둥의 높이는 1.85m, 너비는 0.30m로, 두 문기둥 바깥 쪽의 중간에는 각 1개씩 빗장을 끼우는 구멍이 있으며 호형(弧形)으로 되어 있다.

소굉묘 발굴조사 모습
(梁白泉, 1998, 『南京的六朝石刻』)

석묘문 실측도(단위 : cm)
(梁白泉, 1998, 『南京的六朝石刻』)

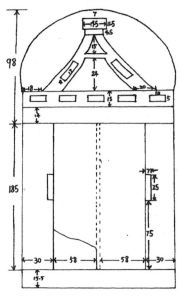

문선의 높이는 1.85m이며, 너비는 0.58m로 위에는 구멍과 철환(鐵環)이 있으며 현재는 모두 파괴되었다. 문감은 길이 1.77, 높이 0.15m이다. 문액과 문기둥의 사이, 문기둥·문선과 문괴의 사이에는 모두 장부를 끼워 맞추어 결구하여 서로 연결하였다. 소굉묘 석묘문에 있는 인자공의 장식은 대형 육조시대 고분의 중요한 특징 중 하나로 손꼽힌다. 그런 점에서 소굉묘는 중국 건축사의 연구에 있어서 중요한 가치를 지닌다고 평가된다.

소굉의 생애

소굉은 중국 남조시대 양나라의 황족이다. 자는 선달(宣達)이며, 남난릉[南蘭陵 : 지금의 강소(江蘇) 상주(常州) 서북쪽] 사람이다. 양무제(梁武帝 : 464~549)의 6번째 동생으로, 양무제가 건강(建康 : 지금의 남경)을 함락 시켰을 때, 중호군(中護軍)으로서 경사(京師)를 방어하였다. 502년(천감 원년)에 임천왕으로 봉해졌으며, 양주자사(揚州刺史)가 되었다. 기록에 의하면 외모가 빼어난 미남자였고 키가 8척에 달했다고 하며, 북위에서는 소낭(蕭娘)이라고 불렀다고 한다. 후세에는 이 말이 미모가 아름다운 여자를 가리키는 말로 바뀌게 되었다.

505년(천감 4년)에 북위(北魏)와 양나라 간에 전쟁이 일어나자, 소굉은 황제의 명을 받들어 도독(都督)이 되어 남·북연(南北兗)·북서(北徐)·청(靑)·기(冀)·예(豫)·사(司)·곽(霍)의 8주(州) 북토제군사(北討諸軍事)가 되었다. 그가 이끄는 양나라 군대는 병기를 새로이 마련하고, 엄정한 군용(軍容)을 갖추고 있었다. 하지만 군사를 제대로 부리지도 못하고 전쟁에 임하는 패기조차도 보여주지 못하였다. 낙구[洛口 : 지금의 안휘(安徽) 회원(懷遠) 부근]에 군사를 주둔시켰는데 이곳에서 움츠리고 나서질 않았다.

이에 북위 군대에서는 그러한 소굉을 비웃으면서 여자 옷을 보내어 도발을 하였다. 이럼에도 불구하고 소굉은 공격하기는커녕 철군을 주장하였다. 결국 저녁에 폭풍우가 발생하자, 화들짝 놀라 군사들을 버리고 도망쳤으며, 이로 인하여 양나라의 수십만 대군이 패배하게 되는 원인을 초래하였다.

하지만 이후에 책임을 물어 실각되지 않고 오히려 승진을 거듭하여 태위(太尉)·표기대장군(驃騎大將軍) 등을 역임하였으며, 20여 년 동안 양주자사로 있었다. 소굉은 재물을 매우 좋아하여, 백성들을 가혹하게 수탈하였다.

하루는 양무제가 소굉이 창고에 무기들을 모은다는 말에 반신반의하면서 그에게 연회를 베풀라고 한 다음, 그의 집을 찾아갔다. 연회를 즐기고선 집구경을 한다는 명목으로 창고들을 둘러보았는데, 창고가 100칸(間)이나 되었고, 3억 전(錢)을 모았으며, 비단과 진기한 물건은 헤아릴 수 없었다. 이게 백성들을 수탈한 재물이라는 것은 알았지만 딱히 정치에 대한 야심이 없다는 점을 간파하고선 오히려 "여섯째야, 네가 사는 모습이 참으로 봐줄만 하구나!"라며 칭찬해주었다.

이에 대해 예장왕(豫章王) 소종(蕭綜 : 480?~528)[56]은 『전우론(錢愚論)』을 써서 그를 풍자하였다. 이를 읽은 양무제는 소굉을 따로 불러 질책하였고, 소종에게는 이렇게 말했다고 한다. "천하에 글의 주제로 삼을 만한 사람이 많거늘, 어찌 이런 주제를 글로 쓴 것인가?" 이 글은 바로 폐기되었지만 세간에는 널리 알려져 화제가 되었다.

소굉은 526년(보통 7년) 4월에 세상을 뜨게 되었다. 그가 병석에 눕자 양무제는 일곱 번이나 그를 찾아와서 문병하였다. 세상을 뜨게 되자 조서를 내려 시중·대장군·양주목 등을 추가로 제수하고, 정혜라는 시호를 내려 건강 북쪽 백룡산(白龍山 : 지금의 남경 장고촌)에 후하

양임천정혜왕 소굉묘석각 梁臨川靖惠王蕭宏墓石刻 **115**

게 장사를 지내주었다.

참고자료

『星湖僿說』

江苏省地方编纂委员会, 1998, 『江苏省志·文物志』, 江苏古籍出版社.

罗宗真·王志高, 2004, 『六朝文物』, 南京出版社.

南京市地方志编纂委员会, 1997, 『南京文物志』, 方志出版社.

梁白泉, 1998, 『南京的六朝石刻』, 南京出版社.

姚遷·古兵, 1981, 『南朝陵墓石刻』, 文物出版社.

朱偰, 2006, 『健康兰陵六朝陵墓图考』, 中华书局.

中央古物保管委员会编辑委员会, 2010, 『六朝陵墓调查报告』, 南京出版社.

许耀华·王志高·王泉, 2004, 『六朝石刻话風流』, 文物出版社.

서쪽 비석 측면 사진 및 탁본
(左 : 许耀华·王志高·王泉, 2004, 『六朝石刻话風流』)
(右 : 中央古物保管委员会编辑委员会, 2010, 『六朝陵墓调查报告』)

56) 자는 세겸(世謙)으로 양무제의 2번째 아들로 남난릉사람이다. 504년에 예장군왕(豫章郡王)으로 봉해졌으며, 식읍은 2천호였다. 본래 동혼후(東昏侯) 소보권(蕭寶卷 : 483~501)의 아들이었다고 한다. 소종은 산 사람의 피를 죽은 사람의 뼈에 떨어뜨려 피가 뼛속에 배면 부자(父子)간이라는 말을 듣고, 동혼후의 무덤을 파서 시험해 보았다, 이를 시험하곤 사실인 것을 알자, 525년에 양나라를 배신하고 북위로 도망갔다. 528년에 소보인(蕭寶寅 : 486~530)이 북위의 장안(長安)에서 반란을 일으킬 때 도망가다가, 북위사람들에게 피살되었다.

진무제 만안릉석각 陳武帝萬安陵石刻

부관분시의 비극을 맞은 진나라의 개국황제

진무제 만안릉석각은 강소성(江蘇省) 남경시(南京市) 강녕구(江寧區) 상방진(上坊鎭) 백마공원(白馬公園) 내에 있다. 주로 진무제 진패선(陳霸先 : 503~559)의 만안릉(萬安陵)의 석각으로 비정하고 있지만, 그렇게 보지 않는 견해도 있다.

진패선은 557년에 진(陳)을 세워 황위에 올라 연호를 영정(永定)으로 하였다. 하지만 재위한지 3년 만에 사망하였다.

북쪽 천록 원경

시호는 무황제(武皇帝)이며, 묘호는 고조(高祖)이고 만안릉에 묻혔다. 능묘는 동남쪽을 바라보며 이미 평평해졌다. 기록을 통해 볼 때 능묘가 일찍이 파괴되었다는 사실을 알 수 있다. 『진서(陳書)』에 의하면 본래 석주도 있었다고 하나, 현재는 남아있지 않는다.

만안릉에 대한 다양한 견해

1935년에 발간된 『육조능묘조사보고서(六朝陵墓調査報告書)』에서 주시주[朱希祖 : 1879~1944]는 이 석각에 대해, 송·제·양 3대는 황릉 앞의 석수가 모두 뿔이 하나이거나 둘임에 비해, 이 석각의 경우 뿔이 없고 갈기가 있는 숫사자의 모습이기에 만안릉으로 볼 수 없다는 견해를 펼쳤다. 다만 이 곳의 석각에 대해서는 둘 다 기린(麒麟)으로 파악하였다.

반면 일본 도쿄대 교수인 소부카와 히로시[曾布川寬]은 앞다리를 내민 역동적인 모

북쪽 천록 측면

습을 주목하였다. 그리고 양나라 때의 석수가 지니는 정적인 모습과 비교하여, 이 석각을 제나라 말 양나라 초의 능묘로 추정하였다.

1936년에 나온 『건강난릉육조능묘도고(健康兰陵六朝陵墓图考)』에서 주세[朱偰 : 1907~1978]도 두 석각을 모두 기린으로 파악하였다. 이에 반해 1981년에 출간된 『남조능묘석각(南朝陵墓石刻)』에서 야오첸[姚遷 : 1926~1984]과 구빙[古兵]은 두 석각을 천록(天禄)과 기린으로 파악하였다. 1998년에 출간된 『남경의 육조석각[南京的六朝石刻]』에서 량바이첸[梁白泉 : 1929-]은 두 석각 모두 기린으로 파악하였다.

하지만 형태로 보았을 때, 주로 단양 일대에서 확인되는 기린과 천록에서는 뿔이 보이는데, 이곳의 석각에서는 뿔이 보이지 않고 갈기가 있다는 점 등 도상적으로 차이가 크다. 이렇게 갈기가 달린 석각은 석사(石獅), 혹은 벽사(辟邪)로 불리고 있으며, 주로 남경 일대에서 이러한 석각들이 확인된다. 하지만 현재 만안릉으로 전해지고 있다는 점에서, 본문에서는 천록과 기린으로 보고 내용을 전개하였다.

석각의 형태

현재 이 석각은 공원 내에 위치해 찾기 쉬운 편이며, 길가에 안내표지석이 있어 약간만 걸어 들어가면 석각을 볼 수 있다. 두 석각은 남북 방향으로 47m 정도 거리를 두고 떨어져서 마주보고 있다.

남쪽 기린 원경

두 석각은 모두 보호각을 씌우고 둘레에는 유리판으로 막아두었다. 하지만 유리판에 대한 관리가 허술한지 유리 안쪽이 먼지와 모래로 인하여 뿌옇게 끼어 있어서 석각을 제대로 관찰하기 힘들었다. 풍화작용 때문에 마모가 되는 부분들은 어쩔 수 없다고 보지만 과도한 보호가 오히려 역효과를 불러일으킨다는 느낌을 주었다.

남쪽 기린 정면

남쪽 기린 측면

　남쪽 기린은 몸 길이 2.72m, 높이 2.28m, 목 높이 1.05m, 몸 둘레 2.56m이다. 북쪽 천록은 몸 길이 2.50m, 높이 2.57m, 목 높이 1.33m, 몸 둘레 2.43m이다.

　기본적인 모습은 다른 무덤의 석수와 비슷한 편으로, 둘 다 뿔이 없는 모습이다. 입을 크게 벌려 혀가 턱 밑까지 내려오며, 턱 아래의 수염이 가슴을 덮고 있다. 몸통의 갈기와 체모 등의 세부 표현은 거의 생략되어 매끈한 모습으로 표현되었다. 날개는 마치 흔적처럼 형태만 남아 있고, 세부적인 장식이나 표현은 생략되었다. 긴 꼬리는 땅으로 내려와 반원형으로 말려졌다. 둘 다 성기가 표현되었으며, 남쪽의 기린이 보존상태가 더 좋은 편이다.

진패선의 생애

　진패선은 태호(太湖)의 남쪽, 오흥군(吳興郡) 장성현[長城縣 : 현재의 절강성(浙江省) 장흥(長興)]의 미천한 집안에서 태어났다. 천한 신분이었기 때문에 어릴 때부터 창고지기나 심부름꾼을 하였다. 그는 소영(蕭映 : 459~489)이라는 후작을 섬겼는데, 그에게 능력을 인정받아 군인이 되었고, 공을 세우면서 차츰 그 세력을 키우게 되었다. 549년[태청(太淸) 3년]에 소영을 암살하고 군단장이 된 원경중(元景仲)을 공격하여 자살하게 하였다. 대신 소발(蕭勃)을 군단장으로 내세웠으며 실권을 장악하게 되었다.

　당시 양나라는 후경(侯景 : 503~552)[57]의 난으로 인하여 혼란에 빠진 상황이었다. 진패선은 북방 태유령(太庾嶺)산맥의 남쪽 기슭에 위치한 시흥(始興) 지방으로 진출하여

자신의 세력을 키웠다. 이후 후경을 토벌하기 위하여 군사를 움직였으며 이 과정에서 소역(蕭繹 : 508~554)[58]의 부장인 왕승변(王僧辯 : ?~555)[59]과 동맹을 맺게 되었다. 둘은 552년에 후경을 토벌하고 건강을 탈환하였으며, 소역은 강릉에서 황위에 올라 원제(元帝)가 되었다. 그러나 둘이 건강에 주둔하고 있을 때, 서위(西魏)의 대군이 강릉을 공격하여 원제를 죽이고 양나라의 귀족들을 대부분 북방으로 납치하였다.

진패선과 왕승변 중에서 실질적으로 더 강한 힘을 가지고 있었던 사람은 왕승변이었다. 둘은 원제의 아홉 번째 아들은 소방지(蕭方智 : 543~558)를 황위에 올렸으며, 이를 경제(敬帝)라고 한다. 하지만 북제(北齊)가 포로로 데려간 원제의 조카 소연명(蕭淵明 : ?~556)을 황위에 올리라고 협박하고 군사를 보냈다.

진무제 진패선(南京博物院, 2009, 『重拘与解读 - 江苏六十年考古成就』)

왕승변은 이에 굴복하였으나 진패선은 크게 반발하였다. 이후 진패선은 기회를 틈타 야습을 하여 왕승변을 살해하고 북제군에 항전하였다. 결국 진패선은 그러한 북제군을 물리치고, 경제로부터 선양을 받아 557년에 황제에 오르게 되어 국호를 진(陳)이라 칭하였다. 하지만 진패선은 재위한지 3년만인 559년(영정 3년)에 사망하였다.

민국시대에 촬영된 만안릉 남쪽 기린 측면
(朱偰, 2006, 『健康兰陵六朝陵墓图考』)

민국시대에 촬영된 만안릉 북쪽 천록 측면
(朱偰, 2006, 『健康兰陵六朝陵墓图考』)

하지만 왕승변의 복수는 그의 아들에 의해 이루어졌다. 『북사(北史)』 효행전(孝行傳)에 따르면 진나라가 망하자, 왕승변의 둘째아들인 왕반(王頒)[60]은 아버지의 옛 부하들을 모아, 야밤에 무제릉(武帝陵)으로 갔다. 그리고선 관에서 시신을 꺼내 시신을 불태우는 부관분시(剖棺焚尸)를 행하였다.

참고문헌

가와카쓰 요시오 지음·임대희 옮김, 2004, 『중국의 역사 - 위진남북조』, 혜안.

국립공주박물관, 2008, 『백제문화 해외조사보고서 Ⅵ - 中國 南京地域』.

江苏省地方编纂委员会, 1998, 『江苏省志·文物志』, 江苏古籍出版社.

罗宗真·王志高, 2004, 『六朝文物』, 南京出版社.

南京博物院, 2009, 『重拘与解读 - 江苏六十年考古成就』, 南京大学出版社.

梁白泉, 1998, 『南京的六朝石刻』, 南京出版社.

姚遷·古兵, 1981, 『南朝陵墓石刻』, 文物出版社.

임종욱, 2010, 『중국역대인명사전』, 이회문화사.

朱偰, 2006, 『健康兰陵六朝陵墓图考』, 中华书局.

中央古物保管委员会编辑委员会, 2010, 『六朝陵墓调查报告』, 南京出版社.

57) 본래 북위(北魏)의 수비병(守備兵)이었으나 항복하여 동위(東魏)의 실권자였던 고환(高歡 : 496~547)을 섬겨 대장이 되었다. 고환이 죽은 뒤 양무제(梁武帝 : 464~549)에게 항복하였다. 그러나 양과 동위의 관계가 호전되자 반란을 일으켜 무제를 사로잡아 굶겨 죽였다. 이후 양간문제(梁簡文帝 : 503~551)를 옹립하였다가 폐위시키고 예장왕(豫章王) 소동(蕭棟 : ?~552)을 옹립하였다. 그 뒤 선양을 받아 황제의 자리에 오르고 국호를 한(漢)이라 하였으나, 소역이 보낸 왕승변에게 토벌당해 사망하였다.

58) 남조 양나라의 4대 황제. 왕승변에게 명해 후경을 진압하도록 하였다. 이후 황폐화된 건강을 버리고 강릉에서 즉위하였다. 그러나 즉위 직전, 동생 소기(蕭紀 : 508~553)가 촉(蜀)에서 황제를 칭하여 서로 대립하였다. 서위(西魏)는 그 혼란을 틈타 촉을 점령하고 554년 강릉을 공략하였으며, 결국 양원제는 여기에서 잡혀 죽임 당했다.

59) 자는 군재(君才), 태원 기[太原祁 : 지금의 산서(山西) 기현(祁縣)] 사람이다. 처음에는 상동왕(湘東王) 소역의 중병참군(中兵參軍)이었으며, 후에는 표기대장군(驃騎大將軍)·상서령(尚書令) 등의 직책을 역임하였다. 양나라 551년 [대보(大寶) 2년]에 소역의 대도독이 되어 북위의 대장 후경을 공격하여 승리하였다. 이듬해에 양주자사(揚州刺史) 진패선과 수륙으로 연합하여 석두성(石頭城)을 공격하고 후경을 대패시켰다. 이후 북제의 협박해 굴복해 소연명을 제위에 올렸으나, 진패선의 반대에 부딪히고 죽임을 당하게 되었다.

60) 양나라 태위(太尉) 왕승변의 둘째아들이다. 왕승변이 진무제 진패선의 계략으로 죽임을 당하자, 왕반은 몹시 슬퍼하면서 복수의 뜻을 세웠다. 그는 북주(北周) 명제(明帝 : 534~560)에게 가서 좌시상사(左侍上士)가 되었고, 그 후 한중태수(漢中太守)·의동삼사(儀同三司) 등의 관직을 역임하였다. 수문제(隋文帝) 양견(楊堅 : 541~604) 아래에서 군대를 이끌고 만족(蠻族)을 평정하였다. 수나라가 진나라를 정벌할 때, 왕반은 자청하여 군대를 몰아, 선두에서 군대를 지휘하여 야밤에 장강을 넘었다.

진문제 영녕릉석각 陳文帝永寧陵石刻

강남의 안정과 평화를 가져온 진문제

영녕릉석각 전경

서쪽 기린 측면

　진문제(陳文帝) 진천(陳蒨 : 522~566)의 영녕릉(永寧陵)은 지금의 남경(南京) 감가항(甘家巷) 동남쪽 사자충(獅子沖)에 위치한다. 진천의 자는 자화(子華)이고, 진무제(陳武帝) 진패선(陳霸先 : 503~559)의 조카이다. 559년[영정(永定) 3년] 6월에 무제의 뒤를 이어 황위에 올랐다. 재위 7년째인 566년[천강(天康) 원년]에 사망하였다. 시호는 문황제(文皇帝)이고, 묘호는 세조(世祖)이며, 6월에 영녕릉에서 장사를 지냈다.

　묘향은 남쪽에서 동쪽으로 30° 정도 치우쳐졌으며 이미 평평해졌다. 능묘에서 정남쪽으로 약 200m 정도 되는 곳에 석수 2기가 동서로 25.84m의 간격을 두고 떨어져 있다. 이 석수에 대해 『남조능묘석각(南朝陵墓石刻)』에서 야오쳰[姚遷 : 1926~1984]과 구빙[古兵]은 천록(天祿)과 기린(麒麟)으로 파악하였다. 반면에 『남경의 육조석각[南京的六朝石刻]』에서 량바이첸[梁白泉 : 1929~]은 두 석각 모두 기린으로 파악하였으며, 뿔의 개

수로 구분하여 독각기린(獨角麒麟)과 쌍각기린(雙角麒麟)으로 불렀다. 여기에서는 일단 『남조능묘석각』에서 파악한 대로 살펴보도록 하겠다.

석각은 1935년에 이곳을 조사하면서 발견되었으며, 1977년 12월에 수리를 할 때, 두 석수를 흙에서 더 드러내고 지대를 높였으며, 부서진 부분을 복원해놓았다. 1988년에 전국중점문물보호단위로

동쪽 천록 측면

지정되었다. 이 영녕릉석각은 무늬가 화려하고 조각 솜씨가 뛰어나기 때문에 남조능묘의 석각 중에서도 수작으로 꼽힌다.

영녕릉석각 실측도
(梁白泉, 1998, 『南京的六朝石刻』)

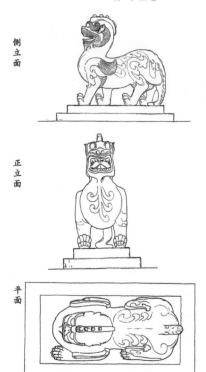

유적 현황

영녕릉석각은 소수묘석각(蕭秀墓石刻) 등이 몰려있는 감가항(甘家巷)도로를 빠져나와 육거리에서 우회전하여 서하대도(栖霞大道)쪽으로 빠지면 된다. 서하대도에서 88m 정도 북동쪽으로 진입한 다음, 다시 고가도로 아래에 나있는 샛길로 우회전하여 들어가면 된다. 샛길로 250m 정도 들어가면 우의로(友誼路)로 진입하게 되며, 여기에서 우회전하여 쭉 들어가면 된다. 우의로에서 커브길을 지나 계속 들어가면 남경시신창저운수공사(南京視信倉儲運輸公司)가 나온다. 그 왼편에 있는 일차선(日茶線)으로 들어서면 영안묘원(永安墓園)이라는 공동묘지가 나온다. 이 영안묘원 맞은편에 영녕릉석각이 있으며, 주차장에서 논길로 약 200m 정도 걸어가면 도착하게 된다.

이 무덤은 주로 진문제 영녕릉으로 보고 있지만, 1936년에 나온 『건강난릉육조능묘도고(健康蘭陵六朝陵墓圖考)』에서 주세[朱偰 : 1907~1978]는 이 석각을 송문제(宋文帝) 유의륭(劉義隆 : 407~453)의 장녕릉(長寧陵) 석각으로 소개하였다.

석각의 형태

1997년 10월 2일, 남경박물원과 동남대학(東南大學) 건축계, 남경시지방지판공실(南京市地方志辦公室)의 전문가들은 서쪽 기린에 대해 조사·측량·실측을 실시하였다.

서쪽 기린은 전체적으로 완전한 형태로 남아있으며, 몸 길이 3.19, 높이 3.02m, 몸 둘레 2.80~3.06m, 목 높이 1.5m로 측정되었다. 또한 배 아래 가장 낮은 부분과 저좌(底座)간의 거리는 0.54m, 저좌의 높이는 0.27m로 측정되었다. 머리를 들고 가슴을 내밀었으며, 전방을 향해 똑바로 바라보았다. 머리 위에는 뿔이 하나 있으며, 뿔에는 3개의 원주(圓柱)가 있다. 두 눈은 마치 둥근 구슬처럼 튀어나온 모습이다.

귀는 마치 대나무를 깎아 놓은 것처럼 생겼고, 이마에는 나선문(螺旋紋 : 소라껍데기처럼 비틀린 무늬)을 조각해 놓았다. 콧구멍은 둥글고 깊으며 직경은 9.5cm이다. 입을 벌렸지만 혀를 내밀지는 않았고, 혀 끝을 위로 살짝 올렸다. 입 위아래의 너비는 34.5cm이고, 깊이는 45cm이다. 입 안의 혀 길이는 12cm이며, 턱 아래 수염은 5갈래로 나뉘어져 나부끼는 모습이다.

어깨에는 두 날개가 있으며, 비늘과 7줄기의 깃으로 이루어졌다. 두 날개는 깃이 살짝 위로 올라간 모습이며, 마치 날개를 치고 날아가고자 하는 것처럼 보인다.

네 다리는 강하게 버티고 있는 모습이다. 왼쪽다리는 앞으로 구부렸으며, 앞으로 돌출된 가슴과의 거리는 약 28cm이다. 왼쪽 앞다리의 둘레 길이는 1.28m, 왼쪽 뒷다리의 둘레 길이는 1.22m이고, 오른쪽 앞다리의 둘레 길이는 1.24m, 오른쪽 뒷다리의 둘레 길이는 1.20m이다.

서쪽 기린 정면 세부 모습

서쪽 기린 후면 세부 모습

진문제 영녕릉석각 陳文帝永寧陵石刻　　**125**

동쪽 천록 발가락 세부 모습

5개의 발가락은 약간 위로 올린 모양이다. 왼쪽 앞발가락과 왼쪽 뒷발가락의 너비와 높이는 모두 42cm이며, 오른쪽 앞발가락의 너비는 44cm, 높이는 36cm이고, 오른쪽 뒷발가락의 너비는 37cm, 높이 34cm이다. 등에서부터 꼬리까지 둥근 장식이 내려오는 모습이며, 그 양쪽으로는 권운문(卷雲紋)을 대칭하여 장식하였다. 또한 몸에는 혜초(蕙草) 같은 부조로 장식하였다. 또한 성기를 표현해 놓았는데, 서쪽 기린의 성기는 붉은 칠을 해놓았다. 이는 최근에 누군가가 일부러 칠해 놓은 것처럼 보였다.

동쪽 천록은 전체적인 특징이 서쪽 기린과 거의 비슷하지만, 머리 위의 뿔이 2개라는 점이 다르다. 목 및 허리 부분이 끊어져있어, 복원해 놓았으며 전체적으로 완전한 모습을 갖추고 있다. 몸길이 3.11m, 높이 3.00m, 목높이 1.5m, 몸둘레 3.00m이다.

진천의 생애

진문제 진천은 522년[보통(普通) 3년]에 태어났고, 진나라의 두 번째 황제로서 559년(영정 3년) 8월 17일부터 566년(천강 원년) 5월 31일까지 재위하였다. 재위 기간은 7년이며 연호는 천가(天嘉)이다.

서쪽 기린 날개 세부 모습

자는 자화이고 진무제의 조카이며, 시흥소열왕(始興昭烈王) 진도담(陳道譚)[61]의 큰아들이다. 어릴 때부터 외모가 수려하고 역사에 관심이 많았으며 예법을 준수하였다. 고조(高祖 : 陳武帝)는 그를 매우 아끼어, 늘 "이 아이는 우리 가문의 영수(英秀)이다."라고 하였다. 양나라 시절에는 오흥태수(吳興太守)가 되었다.

양경제(梁敬帝 : 543~558) 555년[소태(紹泰) 원년]에는 주문육(周文育 : 509~559)[62]을 보좌하여 두감(杜龕 : ?~556)[63]과 장표

(張彪)[64]를 평정하고, 회계태수(會稽太守)를 수여받았다. 진무세가 즉위하자 임천왕(臨川王)이 되었다. 후에 군대를 이끌고 남환(南皖)에 주둔하였다. 559년(영정 3년)에 무제가 죽자, 선황후(宣皇后)와 중서사인(中書舍人) 채경력(蔡景歷 : 519~578) 등의 계략으로 비밀리에 발표를 하지 않고, 황제로 즉위하였다.

진문제는 재위 기간 동안 각지의 실력자들을 제압하면서 진나라를 강남의 중심으로 세웠다. 당시 평정된 이들로는 상주(湘州)의 왕림(王琳)·임천(臨川)의 주적(周迪 : ?~565)·예장(豫章)의 웅담랑(熊曇朗)·동양(東陽)의 유이(留異 : ?~564)·건안(建安)의 진보응(陳寶應 : ?~564) 등이 있다. 그는 재위 기간 동안 관리들을 행실을 지적하고, 농상(農桑)을 중시하였으며, 수리시설을 정비하는 등 강남의 경제를 일정부분 회복하려고 노력하였다. 이 때문에 그의 치세 동안 강남이 그동안의 혼란에서 벗어나 안정되었다. 566년(천강 원년)에 죽었으며, 향년 44세였다. 시호는 문제이고, 묘호는 세조라 하였다.

진문제 진천

참고문헌

가와카쓰 요시오 지음 · 임대희 옮김, 2004, 『중국의 역사 – 위진남북조』, 혜안.

국립공주박물관, 2008, 『백제문화 해외조사보고서 Ⅵ – 中國 南京地域』.

江苏省地方编纂委员会, 1998, 『江苏省志·文物志』, 江苏古籍出版社.

罗宗真·王志高, 2004, 『六朝文物』, 南京出版社.

南京市地方志编纂委员会, 1997, 『南京文物志』, 方志出版社.

梁白泉, 1998, 『南京的六朝石刻』, 南京出版社.

姚遷·古兵, 1981, 『南朝陵墓石刻』, 文物出版社.

임종욱, 2010, 『중국역대인명사전』, 이회문화사.

진문제 영녕릉석각 陳文帝永寧陵石刻

朱偰, 2006,『健康兰陵六朝陵墓图考』中华书局.

许耀华·王志高·王泉, 2004,『六朝石刻话風流』文物出版社.

민국시대에 촬영된 서쪽 기린 측면(朱偰, 2006,『健康兰陵六朝陵墓图考』)

61) 남조 진나라의 시흥소열왕으로, 진무제의 형으로 양나라 때 동궁직각장군(東宮直閣將軍)이었다. 후경의 난 때, 노수(弩手) 2천명을 거느리고 대성(臺城)으로 구원을 갔으나, 적들의 화살을 맞고 죽게 되었다. 시중(侍中) · 사지절(使持節) · 도독남연주제군사(都督南兗州諸軍事) · 남연주자사(南兗州刺史) 등으로 추승되고 장성현공(長城縣公)으로 봉해졌으며, 시호는 소열(昭烈)이다.

62) 자는 경덕(景德)으로 원래 이름은 항맹노(項猛奴)로 남북조시대 진나라의 명장이다. 본래는 신안(新安)사람이었지만 후에 의흥(義興)의 주회(周薈)에게 입양되었다. 주회를 따라 백수만(白水蠻)의 난을 평정하였는데, 그 무예가 삼군(三軍)의 으뜸이었다. 주회가 죽은 뒤 전쟁에서 공을 세워 남해령(南海令)에 봉해졌다. 광주(廣州)를 공격할 때, 진패선의 포로가 되었고, 이후 그에게 귀순하였다.

63) 남조 양나라 때 장군으로 왕승변(王僧辯 : ?~555)의 사위이기도 하였다. 왕승변 등과 함께 후경(侯景 : 503~552)의 난을 진압하였다. 555년 진패선이 왕승변을 습격해 죽이자 오흥(吳興)에서 항거하였다가 항복한 부장의 손에 피살당하였다.

64) 남조 양나라 때 장군으로 왕승변 휘하의 장수였다. 왕승변이 진패선에게 살해되자 병사를 일으켜 포위하였다. 그러나 진천이 와서 진패선을 구원하고 장표의 가족들을 사로잡았다. 후에 가족들을 데리고 약야산에 들어가지만, 진천이 보낸 군사들에게 피살당하였다.

강녕상방손오묘 江寧上坊孫吳墓

1800년 만에 잠에서 깨어난

2005년 12월 남경시(南京市) 남교(南郊) 강녕구과학원(江寧區科學園)은 상방진(上坊鎭) 중하촌(中下村)의 공사현장에서 대형의 손오시대(孫吳時代 : 東吳時代) 전실묘(塼室墓)를 발견하였다.

국가문물국의 비준에 따라 남경시박물관(南京市博物館)과 강녕구박물관(江寧區博物館)이 공동으로 고고대를 조직하여 이곳의 유적에 대한 구제발굴을 실

발굴조사 후 정리된 묘실 모습(国家文物局, 2007, 『2006 中国重要考古发现』)

시하였다. 그리고 2006년 8월 상순에 발굴을 끝마쳤다. 이 고분은 독특한 구조로 되어 있으며, 출토된 문물 또한 풍부하고 정밀하기에 육조시대(六朝時代) 고분고고학에서 있어서 중대한 발견으로 평가된다.

고분 구조

강녕상방손오묘(江寧上坊孫吳墓)는 강녕구(江寧區) 상방진 중하촌 손오분(孫吳墳) 토강(土崗) 남록에 있으며, 토갱수혈전실(土坑竪穴塼室)구조로 되어 있고 방향은 165°이다. 고분은 봉토(封土)·묘갱(墓坑)·경사진 묘도[斜坡墓道]·배수구(排水溝)와 묘실(墓室) 등의 부분으로 조성되었다. 발굴 전에 봉토와 전실(前室)의 정부(頂部)는 이미 훼손된 상태였다.

묘갱 길이는 21.5m, 너비는 14.4m였고, 묘갱 내에는 항타(夯打)를 한 흙으로 채워져 있었다. 그 상부에는 자갈을 3층으로 덮어 도굴을 방지하였고, 층 두께는 12~32cm 정

석관좌가 놓인 후실 모습(国家文物局, 2007, 『2006 中国重要考古发现』)

도이다. 묘도의 저부는 경사진 형태로 나타나며 경사도는 26°이다. 갱벽은 약간 안쪽으로 기울어졌으며, 벽면은 가지런하고 반듯하게 지어졌다. 묘도 내에는 흙을 항타하여 채워 넣었으며, 항층(夯層)의 두께는 18~22cm정도이고 작은 자갈들도 포함되었다. 봉문장(封門墻)과는 0.85m 정도 거리를 두었으며, 2중의 자갈대[碎石帶]를 채워 넣었는데, 서로 0.2m 정도 거리를 두었고, 층의 두께는 0.8~0.12m 정도이다.

배수구는 전실 안쪽의 용도구(甬道口)를 따라 바닥에 깔린 전돌 아래에 조성하였으며, 돌문[石門]·봉문장·경사진 묘도를 따라 남쪽을 향해 일직선으로 관통한다.

묘실의 길이는 20.16m이며, 너비는 10.71m이다. 봉문장·돌문·긴 용도·전실·과도(過道) 및 후실(後室)로 조성되었다. 전실과 후실의 양면에는 모두 서로 대칭되는 이실(耳室)이 있으며, 후실 뒷벽의 아랫부분에는 2개의 대벽감(大壁龕)이 있다. 봉문장은 크고 두꺼우며, 용도구의 외부와 바짝 달라붙어있고, 높이 3.44m, 폭 3.94m, 두께 1.88m이다. 그 안쪽에는 돌문·동측 문난간·문기둥[門柱]·부분적인 문미[門楣]는 양호한 상태로 남아 있으며, 돌문선[石門扇] 및 서문기둥 등은 이미 도굴로 인해 교란된 상태이다.

용도는 아치형천정[券頂]으로 되어 있으며, 길이 5m, 안쪽 너비 2.45m, 안쪽 높이 2.28m이다. 전실은 방형이고, 중부는 약간 불룩하며, 남북 길이 4.48m, 동서 너비 4.48m, 잔존 높이 5m이다. 전실의 동이실(東耳室)은 길이 2.49m, 안쪽 너비 1.73m, 안쪽 높이 1.81m이다. 전실의 서이실(西耳室)은 길이 2.50m, 안쪽 너비 1.74m, 안쪽 높이 1.86m이다. 전실과 후실 사이에는 과도가 있으며 아치형천정으로 되어 있고, 길이 1.77m, 너비 1.94m, 안쪽 너비 2.06m이다.

후실은 평면이 장방형이며, 중부는 약간 바깥쪽으로 불룩하게 나와 있고, 남북 길이 6.03m, 동서 너비 4.56m, 잔존 높이 4.04m이다. 후실 동이실은 길이 2.49m, 안쪽 너비 1.80m, 안쪽 높이는 1.91m이다. 후실의 서이실은 길이 2.48m, 안쪽 너비 1.77m, 안쪽 높이 1.91m이다. 후실 뒷벽 아래쪽에는 2개의 대벽감이 있으며, 크기는 서로 비숫하고 모두 아치형천정으로 되어 있다. 동서로 서로 가깝게 배치되었으며, 폭 0.73m, 깊이 0.85m, 높이 0.78m이다.

고분 전실과 후실은 궁륭형천정[穹窿頂]으로 되어 있으며, 용도와 과도 및 4개의 이실은 아치형 천정으로 되어 있다. 묘벽(墓壁)은 '삼순일정(三順一丁)'의 구조로 아래쪽에 전돌을 쌓았으며, 그 위쪽으로는 반듯하게 층층이 쌓아올려

짐승머리모양의 둥근 돌조각(南京市博物館, 2006, 『南京文物考古新发现-南京历史文化新探』)

아치형으로 만들었다. 네 모서리는 아치형으로 쌓아올려서 궁륭형천정으로 만들어, 중앙의 양쪽이 약간 경사진 '人'자형 구조로 형성하게 하였다. 전실 천정부에서는 거대한 천정덮개돌[覆頂石]이 보이며, 안쪽 면에는 정밀한 신수문(神獸紋)을 새겨놓았다. 전실과 후실의 네 모서리 중앙에는 짐승머리모양의 둥근 돌조각[石獸首形圓雕]를 끼워 넣었으며, 위쪽의 벽면에는 그을린 흔적이 남아있기 때문에, 등잔[燈具]을 놓아두었던 등대(燈臺)로 추측해 볼 수 있다. 후실 뒤쪽에는 6개의 석관좌(石棺座)가 3줄로 놓여있으며, 양쪽에는 호랑이머리 형태[虎首形]로 조각되어 있다. 석관좌의 위쪽에는 목관(木棺)을 두었으며, 관판(棺板)은 이미 부식되어 남아있지 않다. 묘실 바닥에는 전돌을 2층으로 깔아놓았으며, 묘전돌[墓塼]은 압인문으로 꾸며졌다.

이 외에 고분의 동남쪽으로 약 30m 정도 떨어진 곳에, 묘지와 서로 연관이 있는 건축 유적이 발견되었지만 이미 대부분이 파괴된 상태이다. 지층 내에서는 소량의 홍소

토과립(紅燒土顆粒) 및 전돌과 기와 조각들이 발견되었다. 또한 회갱(灰坑) 3기가 조사되었고, 이곳에서 대량의 전돌과 기와 조각들이 출토되었다. 기와 중에서는 정밀한 도안의 인면문와당(人面紋瓦當)도 있는 등 유형이 다양하기에, 남경 육조시대 고분고고학에 있어서 매우 중요한 가치를 지닌다.

호랑이 머리모양 석관좌

출토 유물

이 고분은 일찍이 도굴을 당했었고, 후실 천정부가 무너졌다. 그렇지만 금·은·동·철·칠목(漆木)·자기·도기 등의 기물이 약 170점 정도가 출토되었으며, 이 외에도 동전이 약 600매 정도가 출토되었다. 그 중에서도 청자가 다수를 차지하며, 남경지역 육조고분에서 출토된 자기류 중에서 가장 많은 수를 차지하고, 또한 가장 많은 기종이 출토되었다. 자기는 정밀하게 제작되었으며, 대다수가 청유(靑釉) 혹은 청황유(靑黃釉)를 발랐다.

생활 용기로는 주로 관(罐)·반구호(盤口壺)·잔(盞)·발(鉢)·완(碗)·반(盤)·과합(果盒)·이배(耳杯)·훈람(熏籃)·세(洗)·타호(唾壺)·초두(鐎斗)·그릇뚜껑[器蓋] 등이 있다. 그 중에서도 전문관(錢紋罐) 2점의 기형이 매우 큰 편이며, 견부에는 쌍원권십자전문(雙圓圈十字錢紋)이 압인되어 있다. 생활 용기를 명기(明器 : 冥器)로 만든 것으로는 주로 방아[碓]·키[簸箕]·빗자루[掃箒]·공이[杵]·체[篩]·말[斗]·용기[量]·숫돌[磨]·부뚜막[竈]·주형기(柱形器)·벽사형삽기(辟邪形揷器) 등이 있다. 문방용구(文房用具) 중에서 명기로 만든 것으로는 모필(毛筆)·서도(書刀)가 있으며 모두 그림을 섬세하게 새겨놓았다. 그 중에서 퇴소관(堆塑罐)의 경우 전체 높이가 50cm이며, 관체(罐體)와 누각(樓閣)의 두 부분으로 나누어진다. 관의 견부와 동체부에는 거북이·짐승을 탄 선인[騎獸仙人]·도마뱀[蜥蜴] 등이 있다. 누각은 다층(多層)으로 위에는 문궐(門闕)·곰[熊]·날아다니는 새[飛鳥]·과를 쥔 인물[持戈人物]·맥(貘)·원숭이[猴] 등을 붙여 장식하였다.

가축 등의 명기로는 주로 말·소·돼지·양·닭 및 우리[籠圈] 등이 있다. 우거(牛車)는 총 4대가 출토되었으며, 수레와 소에는 모두 청유를 발랐고, 수레바퀴와 수레축[車軸]은 유약을 바르지 않았다. 수레바퀴와

우거(国家文物局, 2007, 『2006 中国重要考古发现』)

수레축의 양단에는 '일(日)'·'월(月)'·'합(合)'·'영(令)' 등의 글자를 새겨놓았다.

　인물용(人物俑)은 20여 점으로, 서 있는 시종 모습[立侍俑]·악기를 연주하는 모습[伎樂俑]·무릎 꿇고 앉은 모습[跪坐俑]·무릎 꿇고 절하는 모습[跪拜俑] 등이 있다. 이러한 자용(瓷俑)들의 두발이나 복식은 다양하고 서로 같은 모습을 한 것은 없다. 머리를 높게 틀어 올리거나[梳高髻], 작은 평관[小平冠]을 쓰거나, 소매가 넓은 장포[大袖長袍]를 걸치거나, 반소매의 짧은 적삼[半袖短杉]을 입거나, 허리띠[腰帶]를 새겨 놓은 형태 등으로 표현되었다. 그 중에서 악기를 연주하는 자용의 경우 현악기를 타거나, 북을 두드리거나, 관악기를 부는 모습이 생동감이 넘치게 표현되었다. 또한 주목할 만한 유물이 한 점 있다. 옷깃을 바로잡고 단정히 탑(榻) 위에 앉아 두 손을 가슴 앞으로 모으고, 자상하고 선한 얼굴을 하고 있으며, 탑 앞에는 긴 탁자를 둔 인물용으로, 그 모습이 신분이 높은 사람처럼 보인다.

빗자루도기(国家文物局, 2007, 『2006 中国重要考古发现』)

　금기(金器)로는 고리[環]·구슬[珠]·심엽형조각[心形葉片]·박편(箔片)·명전(冥錢) 등이 있고, 그 중에서 금가락지[金指環] 1점의 경우 측면에 정밀한 용무늬를 새겨놓았으며, 직경은 1.5cm 정도이다. 은기(銀器)로는 대구(帶釦)가 있으며, 동기로는 노기(弩器)·반·초두 등이 있고, 철기(鐵器)로는 관못[棺釘]·식건(飾件 : 금속의 장식물) 등이 있다. 칠기(漆器)는 대부분 부식되었으며, 기형을 알 수 있는 것으로는 그릇뚜껑·염합(奩盒) 등이 있다. 모두 나무로 만들었고 [木胎] 표면에 옻칠을 하였으며, 그 위에는 영희(嬰戲)·서수(瑞獸)·운기(雲氣) 등의 도안을 그려 넣었다. 동전으로는 반량(半兩)·

오수(五銖)·화천(貨泉)·태평백전(太平百錢)·직백오수(直百五銖)·대천당천(大泉當千) 등이
있다.

발견 의의

고분의 형식이나 출토된 동전 및 청자 등으로 살펴볼 때, 이 무덤의 시대는 손오시
대로 볼 수 있다. 또한 고분의 규모와 등급으로 보아 묘주의 신분이 당시의 높은 위치
에 있었던 귀족으로 보며, 혹은 손오의 종실(宗室)로도 본다.

남경은 손오의 도성인 건업이었으며, 지금까지 100여 곳이 넘는 손오시대의 고분
이 발견되었다. 이 무덤은 그 중에서도 규모가 가장 크며, 구조도 가장 복잡한 편에 속
한다. 전실의 천정부의 커다란 덮개돌. 전실과 후실의 네 모서리에 있는 짐승머리모
양의 석등대, 후실의 대형 호랑이머리모양의 석관좌 등은 모두 이 시기의 같은 고분
에서는 처음으로 보이는 것이다. 또한 출토된 대량의 청자들은 유약의 색이 밝고 매
끈하며, 공예 수준이 높고, 주형기·모필·서도·빗자루 같은 명기들이 적잖이 보인다.
또한 문자기호를 써놓은 우거 등은 육조시대의 고분에서는 지금까지 보지 못했던 사
례라고 할 수 있다.

특별히 자용의 경우엔 동시기 단일 고분에서는 가장 많이 출토되었으며, 정밀하게
만들어졌기 때문에 육조시대의 예술품으로 가치가 높다. 종합하여 말하자면, 강녕상
방손오묘는 중국의 최근 육조시대 고고학에 있어서 중대한 성과를 거두었고, 당시의
상장제도(喪葬制度)·생활습속(生活習俗)·제자공예(制瓷工藝) 등을 아는데 중요한 실물
자료를 제공해 주는 것으로 평가된다.

참고문헌

国家文物局, 2007, 『2006 中国重要考古发现』, 文物出版社.

국립공주박물관, 2008, 『백제문화 해외조사보고서 VI - 中國 南京地域』.

南京博物院, 2009, 『重拘与解读 - 江苏六十年考古成就』, 南京大学出版社.

南京市博物馆, 2006, 『南京文物考古新发现-南京历史文化新探』, 江苏人民出版社.

김태식, 2009, 「南京 上坊 孫吳墓 구조 분석」『韓國의 考古學』11, 주류성출판사.

유석재·이오봉, 2009, 「'삼국지 시대'까지 거슬러 올라간 백제의 국제 네트워크」『韓國의 考
古學』11, 주류성출판사.

대보은사 大報恩寺

중세시대 세계 7대 불가사의

복원공사 중인 대보은사

대보은사 공사장 안내판

대보은사(大報恩寺)는 중국 역사에서 가장 오래된 사찰 중 하나로, 명청시대 중국 불교의 중심이었다. 중세시대 세계 7대 불가사의 중 하나로 일컬어진다. 영곡사(靈谷寺)·천계사(天界寺)와 함께 금릉(金陵) 3대 사찰로 손꼽힌다. 그 원래 터에는 240년[동오(東吳) 적오(赤烏) 3년]의 장간사(長干寺) 및 아육왕탑(阿育王塔)이 세워졌으며, 역사에서는 "강남 불사의 시원[江南佛寺之始]"로 일컬어졌다. 1412년[영락(永樂) 10년]에 중건되었으며, 황궁(皇宮)의 표준에 맞게 영건(營建)되었다. 대보은사 유리보탑(琉璃寶塔)은 중국에서 가장 특징적인 건축물로, 속칭 "천하제일탑(天下第一塔)"으로 일컬어졌다. 2013년 국무원에서 공포한 제7차 중국중점문물보호단위로 지정되었다.

2014년 1월에 방문하였을 때 이곳은 복원 공사가 한창 이뤄지고 있었다. 공사현장 내부에는 들어갈 수 없었으며, 콘크리트 구조물로 유리보탑을 복원하고 있는 모습이 멀리에서도 확인되었다. 안내판에는 향후 어떤 식으로 대보은사가 조성될 것인지를 보여주는 조감도가 그려져 있다.

1843년에 러시아인이 그린 대보은사도 (叶皓, 2011, 『南京重读』南京出版社)

역사 연혁

대보은사는 남경 중화문(中華門) 바깥의 우화로(雨花路) 동쪽의 진회하(秦淮河)변의 장간리(長干里)에 위치한다. 전설에 따르면 명나라 영락제(永樂帝: 1360~1424)가 비참하게 죽은 생모(生母) 공비(碩妃)[65]를 위해 세웠다고 한다. 1412년에서 1431년의 기간 동안 큰 규모로 지었으며, 마치 궁전과도 같은 건축군이었다고 한다. 대보은사의 시공은 매우 고구(考究)하여, 황궁의 표준에 따라 지어졌다. 기초에 우선 큰 말뚝을 박아 불태운 뒤에, 목탄으로 변하게 해서 다시 쇠바퀴를 굴려 지면을 다진 후, 목탄 위에 붉은 모래 1층을 깔아서 습기를 제어하고 방충을 하였다. 절 안에는 전각(殿閣)이 20기가 넘게 있었으며, 화랑(畵廊)이 118곳, 경방(經房)이 38칸이다. 19년에 걸쳐, 은 20만냥와 10만이 님는 인원을 동원하였다.

대전(大殿) 뒤의 대보은사 유리탑은 1412년에 시공되어, 1428년[선덕(宣德) 3년]에 준공되었다. 9층8면으로 높이가 78.2m에 달한다고 하여, 수십 리(里) 바깥의 장강(長江) 위를 조망 할 수 있었다고 한다. 탑신(塔身)은 백자(白磁)로 바깥을 장식했고, 공문(拱門)은 유리문권(琉璃門券)이라고 한다. 아래층에는 회랑(回廊)을 둘렀는데, 송대(宋代)의 부계주잡(副階周匝)에 해당한다. 탑실(塔室)은 방형이며, 탑처마[塔檐]·두공(斗拱)·평좌(平坐)·난간(欄干)에는 사자·흰 코끼리·비양(飛羊) 등 불교를 소재로 한 오색유리전(五色琉璃磚)을 장식하였다. 찰정(刹頂)에는 금

남경시박물관에 전시된 대보은사 유물

은보주(金銀寶珠)를 끼워넣었다. 각 들보 아래에는 풍령(風鈴) 152개를 달아, 낮밤으로 소리를 내어 수 리에 걸쳐 소리가 들렸다고 한다. 해가 뜨기 전까지 장명탑등(長明塔燈) 140잔(盞)에 불을 켜서, 매일 64근(斤)의 기름이 소모되었다. 탑 안의 벽에는 불감(佛龕)이 가득했다. 이 탑은 금릉 48경(景) 중 하나였다. 명청시대

1872년 대보은사 유리보탑 보정(叶兆言 · 卢海鸣 · 韩文宁, 2012, 『老照片 · 南京 旧影』)

(明淸時代)에 유럽 상인들과 여행객·선교사들이 남경에 와서 "남경자탑(南京瓷塔)"으로 불렀다.

1856년 태평천국(太平天國)의 난이 발생하자, 석달개(石達開)[66] 부대가 제고점(制高点)을 점거해, 성내(城內)로 발포(發砲)할 것을 염려하였다. 그리하여 북왕(北王) 위창휘(韋昌輝 : 1823~1856)의 명령으로 폭파시켜, 청동색(靑銅色) 탑찰(塔刹)과 8m 높이의 비석(碑石)만 잔존하였다. 하지만 이마저도 탑찰의 경우 1930년대 이후 실종되었다고 한다. 전해지는 바에 따르면 이 탑을 지을 때 한 양식의 유리를 구울 때 3점을 만들어, 하나는 탑을 세우는데 쓰고, 둘은 땅에 묻어 교체용으로 두었다고 한다. 1958년 안향묘(眼香廟)·부용산(芙蓉山)·굴강촌(窟崗村) 일대에서 대량의 유리 부재가 출토되었고, 그 위에는 묵서(墨書)로 자호(字號)를 표기하였다. 부재는 현재 중국국가박물관(中國國家博物館)·남경박물원(南京博物院)과 남경시박물관(南京市博物館)에 나눠 보관하고 있다.

2004년 이후 남경시 정부는 복원 사업 기획을 시작하여, 2007년에는 대보은사 유적공원을 정식으로 조성하였다. 2008년 8월 7일 남경 대보은사 철함(鐵函) 중 아육왕탑의 발견으로 세계를 놀라게 하였다. 2008년 11월 22일 오후, 유금칠보아육왕탑(鎏金

석가모니 정골사리
(叶皓, 2011, 『南京重读』 南京出版社)

七寶阿育王塔)이 모습을 드러냈고, 철함 내의 "청출(淸出)"·"탑왕(塔王)"이 다시 세상에 드러났다. 2010년 6월 12일, 남경 대보은사 칠보아육왕탑 금관(金棺)·은곽(銀槨)을 열어, 불정진골(佛頂眞骨)이 세상에 드러나게 되었다. 불정골사리(佛頂骨舍利)는 서하사(栖霞寺) 법당(法堂)에 1개월 동안 봉안되어, 중생들의 참배를 받았다. 향후 고고발굴의 진행이 이뤄져 대보은사 유리탑을 복원할 것이며, 공사가 끝난 후에 불정골사리를 유리탑 내에 봉안할 예정이다.

대보은사 유리보탑

대보은사는 남경에서 역사가 가장 오래된 불교 시찰 중 하나로, 천년의 시간 동안 무너지고 세워지는 것을 반복하였으며, 사찰의 이름 또한 계속 바뀌었다. 동오 적오 연간(赤烏年間 : 238~250년)에 손권(孫權 : 182~252)이 건초사(建初寺) 및 아육왕탑을 세워, 강남 탑사(塔寺)의 시원이 되었다. 고증을 통해 아육왕탑은 약 동한(東漢) 헌제(獻帝)의 흥평연간(興平年間 : 194~195년)에 세워진 것이 밝혀졌으며, 남경에서 가장 오래된 불탑이다.

남경박물원에 전시된 대보은사 홍문 윗부분

진(晋) 태강연간(太康年間 : 280~289년)에 다시 세워져, 이름을 장간사라 하였다. 남조(南朝) 진(陳)은 보은사(報恩寺)라 하였고, 송나라 때엔 천희사(天禧寺)라 바꾸고, 성감탑(聖感塔)을 세웠다. 원나라 때엔 자은정충교사(慈恩旌忠教寺)로 바꿨으며, 명나라 1408년(영락 6년)에 불에 탔다.

1412년에 명성조(明成祖) 영락제는 명태조(明太祖 : 1328~1398)와 마황후(馬皇后)를 기념해, 공부(工部)에 명하여 대보은사 및 9층 유리보탑을 중건하게 하였다.

하지만 실제로는 그 생모인 공비를 기념한 것이라고 한다. 이 때문에 비용을 아끼지 않았다고 하고, 궁궐의 제도를 따랐으며, 천하에서 부역 공장(工匠) 10만 여 명을 동원했다고 한다. 비용으로는 전량은(錢粮銀) 250만냥, 금전(金錢) 100만냥이 들었으며, 19년의 시간이 걸렸다. 명나라 초 남경의 3대 불사 중 하나였다고 한다.

대보은사 유리보탑은 높이 80m에 9층8면이고, 둘레 길이가 100m였다. 이 공사는 20년 가까이 걸렸고, 공인과 군공(軍工) 10만명이 동원되었으며, 248.5만냥의 은이 소요되었다. 전해지는 말에 따르면 탑을 세운 후, 9층 안팎에는 모두 구등(篝燈) 146잔이 있었으며, 매 잔마다 심지가 1촌(寸) 정도였다고 한다.

명대(明代) 초에서 청대(淸代) 전기에 걸쳐, 대보은사 유리보탑은 남경에서 가장 특수한 표지적인 건축물로서, "천하제일탑"으로 불리웠으며, 당시 중국으로 오는 외국인들이 금릉에 들릴 때 필수적으로 오는 장소이기도 하였다.

강남 대보은사 유리보탑 전도(韓品峥·杨新华·韓文宁, 2010, 『古都南京』)

대보은사 유리보탑은 남경의 땅 위에서 400년 동안 세워진 이후, 1856년 태평천국 전쟁 때 파괴되었다. 지금처럼 명대 영락제와 선덕제(宣德帝 : 1399~1435)가 앞뒤에 세운 대보은사비(大報恩寺碑)만 남게 되었다. 역사 기록에 따르면 이 탑은 유리기와를 구워 만들었는데, 유리 재료와 백자전(白瓷磚)은 모두 1식(式)3빈(份)으로, 탑을 세우는데 1빈을 쓰고, 그 나머지 2빈은 번호를 매겨 지하에 묻었다고 한다. 혹시나 훼손된다면 공부에 보고하여 이를 써서 보수하도록 했다. 1958년 부근에서 묵서의 자호(字號)가 표기된 유리기와 유물이 출토되었으며, 현재는 중국역사박물관·남경박물원과 남경시박물관에서 나눠 보관하고 있다.

대보은사 유리탑은 로마 콜로세움·피사의 사탑·중국 만리장성 등과 함께 중세시대 세계 7대 불가사의로 꼽히며, 서방인들이 중국 문화의 대표적인 건축으로 꼽는 것 중 하나이다. 하지만 20세기 전반에 들어서야, 중국인들은 이러한 평가를 알게 되었다.

대보은사 유리보탑을 유럽에 처음으로 알린 사람은 네델란드의 여행가인 얀 니호프(Jan Nieuhof : 1618~1672)였다. 1654년 네델란드 동인도회사가 사절단을 보내 중국을 방문하였는데, 이들을 따라온 소묘 화가가 이 불가사의한 건축물을 보고 그 모습을 사실적으로 그렸으며, 이는 현재까지도 보존되고 있다. 당시 이 직을 맡은 사람이 바로 얀 니호프이다. 얀 니호프는 대보은사 및 그 유리탑은 평이하고 소박하게 묘사하였으며 그 그림의 가치는 매우 높다.

참고자료

南京博物馆, 2009, 『重拘与解读-江苏六十年考古成就』 南京大学出版社.

杨新华·吴阗, 2003, 『南京寺庙 史话』 南京出版社.

叶兆言·卢海鸣·韩文宁, 2012, 『老照片·南京旧影』 南京出版社.

叶皓, 2011, 『南京重读』 南京出版社.

韩品峥·杨新华·韩文宁, 2010, 『古都南京』 杭州出版社.

임종욱, 2010, 『중국역대인명사전』 이회문화사.

65) 공씨(碩氏)로 명태조(明太祖) 주원장(朱元璋)의 비(妃)이며, 전설에 따르면 명성조(明成祖) 주체(朱棣)의 생모라고 한다. 그녀가 달이 다 차지 않았음에도 불구하고 주체를 낳자. 주원장은 그녀가 사통한 것으로 의심하였다. 그리고 선 크게 화를 내면서 공비에게 "철군지형(鐵裙之刑)"을 내려 죽였다. 철군지형이란 철로 만든 치마를 입힌 후 뜨거운 불 위에 있게 하여 죽이는 형벌이다.

66) 광서(廣西) 귀현(貴縣) 출신으로, 태평천국의 명장이다. 근대 중국의 유명한 정치가이자 장군으로, 처음에는 "좌군주장익왕(左軍主將翼王)"으로 봉해졌다. 천경사변(天京事變) 이후 "성신전통군주장익왕(聖神電通軍主將翼王)"으로 봉해졌으며, 군민(軍民)에 의해 "의왕(義王)"으로 추앙받았다. 홍수전(洪秀全 : 1841~1864)의 견제를 받고 남방을 전전하다가, 1863년 6월 대도하(大渡河)에서 청군(淸軍)에 붙잡혀 능지처참(陵遲處斬)되었다.

명고궁 明故宮

과거 명나라의 황궁, 현대는 시민의 저자거리

명고궁 입구

명고궁에 들어선 시장 모습

　명태조(明太祖) 주원장(朱元璋 : 1328~1398)이 세운 황궁이다. 지금의 중산문(中山門) 안쪽에서 일선교(逸仙橋)의 중산동로(中山東路) 양쪽에 있으며, 광화문(光華門) 내의 어도가(御道街)와 새로 뚫은 명고궁로(明故宮路)·북안문로(北安門路) 일대에 해당한다. 이곳은 1956년에 강소성문물보호단위로 지정되었다.

유적 현황

　현재 명고궁은 명고궁공원이라는 이름으로 관리되고 있다. 이곳에는 예전 건물들의 기단과 주춧돌을 그대로 남겨두어 옛 모습을 유추할 수 있게 해놓았다. 전체적으로 깔끔하게 공원을 정비해 놓긴 하였으나, 우리가 방문했던 2012년에는 자못 의아한 장면을 보게 되었다. 공원 한편에 크게 시장을 열어 놓았고, 사람들이 그곳에서 물

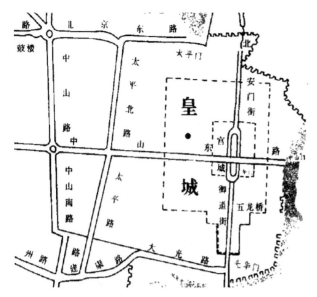

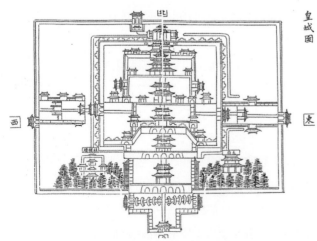

건을 사고파는 것이었다. 한때는 황제의 궁궐로서 기능하였던 곳이, 이제는 시민들의 저자거리로 변한 모습이 상전벽해와 같이 느껴졌다.

유적의 연혁 및 구조

원나라 1366년[지정(至正) 16년], 명나라가 아직 정식으로 건립하지 않았을 때, 먼저 건강성(建康城)을 넓혀, 구성(舊城) 동문 바깥쪽에 신성(新城)을 증축하였다. 또한 종산지양(鐘山之陽)의 복지(卜地)에 새로운 궁궐을 건립하였다.

명고궁의 현재 위치(張浦生·霍华, 1997,「1995年南京明故宮出土文物研究」)

명조황성도(明朝皇城圖)(朱明·杨国庆, 2008,『南京城墙史话』)

같은 해 12월에 궁실도(宮室圖)를 확정하였고, 이후 봉천문(奉天門)·봉천전(奉天殿)·화개전(華蓋殿)·근신전(謹身殿)·문루(文樓)·무루(武樓)·건청궁(乾淸宮)·곤령궁(坤寧宮) 및 동서 6궁 등의 궁전문궐(宮殿門闕)을 건립하였다. 주위에는 황성(皇城)을 비롯하여 오문(午門)·동화문(東華門)·서화문(西華門)과 현무문(玄武門)을 세웠다. 1368년[홍무(洪武) 원년] 정월 초나흘에 주원장은 새로 건립된 황궁의 봉천전에서 명나라의 개국황제로 즉위하였다.

이렇게 지어진 황궁은 시간이 긴박하였고, 구조가 간소하였으며, 건축자재의 질도 높은 수준이 아니었다. 1375년(홍무 8년)에 9월에 이르러 대내궁전의 중건이 이루어졌으며, 1377년(홍무 10년) 10월에 완공되었다. 비록 중축선 상의 배치는 대강 예전대로지만, 기초를 보강하고 더 좋은 건축자재를 사용하였고, 규모를 이전보다 더 웅장하게 하였다. 원래 세워진 황성[皇城 : 후인들은 궁성(宮城)이라 칭함]의 바깥쪽으로, 또다시 황성을 한 번 더 둘렀으며, 승천문(承天門)과 동(東)·서(西)·북안문(北安門)을 두었다. 승천문 안쪽에 단문(端門)을 세우고, 양쪽으로 태묘(太廟)와 사직단(社稷壇)을 두었다. 이후에도 연달아 오문 안쪽과 승천문 바깥쪽에 금수교[金水橋 : 내(內)·외오룡교(外五龍橋)]를 세웠다. 그리고 승천문 바깥쪽에 장안좌(長安左)·우문(右門), 홍무문(洪武門)과 천보랑(千步廊)을 세웠다. 5부(五府)와 6부(六部)의 크고 작은 경아서(卿衙署) 대부분은 승천문 바깥쪽에 건립되었다. 내부(內府) 화원(花園)은 궁우문(宮右門) 바깥쪽, 서육궁(西六宮) 앞에 세워졌다.

건문연간(建文年間 : 1399~1402)과 영락연간(永樂年間 : 1403~1423)에 약간의 개축이 이루어졌는데, 1421년

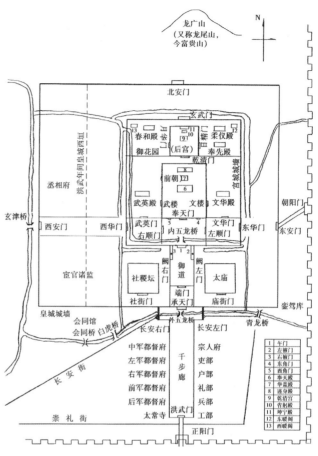

명초남경황궁복원도(明初南京皇宮復原圖) (杨国庆, 2001, 『南京明代城墙』)

(영락 19년) 북으로 천도한 이후로는 유도(留都 : 천도 이전의 옛 도읍)의 개축은 매우 적은 편이었다. 목조구조로 된 건축물은 쉽게 파손되기 때문에, 1425년[홍희(洪熙) 원년] 인종(仁宗)은 환도(還都)를 결정하여, 일찍이 정화(鄭和)[67] 등에게 대대적인 수리를 지휘하도록 명령하였다. 이후 이러한 대대적인 보수로 재정이 부족해져, 명나라 중후기에 이르러선 국력이 나날이 약해졌다. 1534년[가정(嘉靖) 13년]에는 태묘가 불타버렸고, 궁전 또한 피해가 극심하여, 다시 보수하지 않기로 결정하였다. 이로부터 황궁이 날로 쇠락하게 되었지만, 태조(太祖)와 성조(成祖 : 1360~1424)가 재계(齋戒)하고 두 임금의 어용을 봉안한 무영전(武英殿)만 보수하였다. 1644년[숭정(崇禎) 17년] 3월 명나라가 멸망한 이후, 남명홍광제(南明弘光帝 : 1607~1646)는 이 무영전에 올라, 명나라 당시 봉천전은 이미 대전(大典)으로 기능할 수 없다고 말하였다. 이미 후궁(後宮)도 파괴되었기에

명고궁공원

그는 별도로 흥령궁(興寧宮)을 지었다.

청나라 순치연간(順治年間 : 1644~1661)에 전명황궁성(前明皇宮城) 일대를 팔기병(八旗兵)이 주둔하는 만성(滿城)으로 삼았다. 1684년[강희(康熙) 23년] 청 성조(聖祖) 강희제(康熙帝 : 1654~1722)의 첫 번째 남순(南巡) 때, 명고궁에 이르러 그 허물어져 황폐해진 폐허를 보고 보수하게 하였다. 태평천국(太平天國) 시기에는 천왕부(天王府)를 지을 때, 일찍이 이곳에서 전돌과 석재 등의 재료를 뜯어가기도 하였다. 1928년~1929년 중산동로를 뚫어 명고궁을 관통하여 지나갔다. 또한 일제강점기에 명고궁 비행장이 확대되어, 서화문(西華門)을 헐어버리고, 사직단·영성문(欞星門)·석방(石坊) 등의 유적들을 파괴해버렸다.

신중국 건립 이후, 1950년 7월에 명고궁의 조사와 보호가 진행되었다. 당시 남은 흔적으로는 오문·동화문·서안문(西安門 : 속칭 서화문)·삼문돈대(三門墩臺)·내외금수교·태묘와 사직단 주춧돌, 봉천문 수미좌(須彌座)와 주춧돌, 봉천전 토대기(土臺基) 및 그 양

명조관서도(明朝官署圖)(朱明·杨国庆, 2008, 『南京城墙史话』)

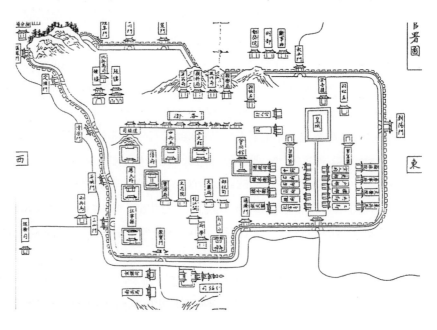

쪽 회랑[廊廡] 주춧돌, 화원 가산(假山) 아래 석권동(石券洞), 서안문 바깥 현진교(玄津橋)가 있었다.

같은 해 8월, 중산동로 북쪽의 유적 위에 운동장을 세우기 위한 공사를 시작하자 350점이 넘는 주춧돌이 발견되었다. 그 중에서도 봉천전 주춧돌이 가장 커서 너비 2.7㎡, 두께 1.8m에 이른다. 1985년 운동장건립을 백지화시키고, 고궁로(故宮路)를 뚫어, 원래의 황궁 중축선상에 명고궁유적공원을 만들었다. 원래의 회랑 및 그 바깥쪽의 문화(文華)·무영·봉선 등의 전각과 동서6궁 등의 자리에는 '문화대혁명'기간(1966~1976)과 1980년 전후에 높은 빌딩이 들어섰다.

명고궁에 남아있는 주춧돌

유적 배치 및 현황

1. 오문(午門)

오문은 속칭 오조문(午朝門)이라고도 한다. 원래는 평면상으로 '凹'자형이었으며, 민국(民國) 초기에 2번에 훼손되었으며, 동(東)·서액문(西掖門)과 중간의 세 문은 남쪽을 향해 앞으로 나와 있다.

돈대(墩臺) 위에는 정루(正樓)와 동서방향으로 방정(方亭) 기초가 남아있다. 마도(馬道)는 일찍이 훼손되었고, 현재 성을 오를 수 있는 계단이 남아있다. 근래 들어 어느 정도 보수가 이루어졌지만, 원형대로 복원되진 않았다.

오문 성루 상석 주춧돌(杨国庆, 2001, 『南京明代城墙』)

2. 금수교(金水橋)

금수교는 오문 안쪽의 금수하(金水河)에 놓여있는 5곳의 다리로, 원형 그대로 남아있으며, 난간(欄干)은 이미 결실되었다. 승천문(承天門) 바깥 금수하[현재는 명어하(明御河)라 불림] 위에 5곳의 교면(橋

面)이 있으며, 1937년 어도가(御道街)를 수축할 때 그 각도가 변하였으며, 동시에 시멘트로 된 난간을 새로이 조성하였다.

3. 태묘(太廟)

태묘의 주춧돌은 어도가 동쪽 남경항공학원(南京航空學院) 내에 있으며, 줄곧 원장사무실[院長辦公樓] 앞에 보존되어 있다.

근신전

4. 봉천문(奉天門)

봉천문은 중산동로 남쪽에 있다. 수미좌(須彌座) 대기(臺基) 북면 동쪽의 일부분과 동남각에 현재 이수(螭首)가 남아있다. 기둥의 너비는 2.1㎡ 정도이며, 위치가 약간 이동되었다.

5. 동화문

동화문(東華門)은 중산동로 남쪽 경공기계공장[輕工機械廠] 내에 있다. 3동(洞)의 문이 남아있으며, 돈대는 잘 남아 있으며, 돈대 위쪽에는 아직도 주춧돌이 남아있다.

6. 서안문

봉천전

서안문은 일선교(逸仙橋) 동남쪽의 금성기계공장[金城機械廠] 내에 있다. 이곳도 역시 문이 3동으로, 돈대 남북 양쪽이 약간 훼손되었다. 문 앞의 현진교(玄津橋)도 아직 남아있다.

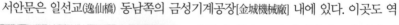

7. 내부화원(內附花園)

내부화원은 중산동로 북쪽의 공병대[工隊] 내에 있다. 현재 1곳의 석조건축이 남아 있다. 남북으로 문이 있으며, 들어가는 문은 동쪽으로 틀어진 석축의 아치이며, 그

동쪽에 역시 출입문이 있다. 전체 길이 6.9m, 높이 2.5m이다. 돌을 쪼아 볼록하고 오목하게 하여 평평하지 않게 조성하였다. 그동안 '소장대(梳妝臺)'로 잘못 알려져 있었으며, 실제 화원 가산 아래에 권동(券洞)이 있다.

8. 근신전(謹身殿)

황제가 상조(上朝)하기 전에 조복(朝服)을 갈아입는 곳이다. '근신(謹身)'이라는 의미는 더욱더 자신을 수양하라는 뜻이다.

9. 화개전(華蓋殿)

춘절(春節)·동지(冬至)와 주원장의 생일 때 이곳에서 모두 참배(參拜)하였다고 한다. 옛날에는 천황대제(天皇大帝)가 있는 구성(九星)을 '화개(華蓋)'라고 하였다고 한다.

10. 봉천전(奉天殿)

속칭 '금란전(金鑾殿)'이라고도 하며, 주원장이 중대한 전례를 봉행하거나 문무백관(文武百官)의 조하(朝賀)를 받았던 곳이다. '봉천(奉天)'의 의미는 하늘의 명을 받들어 천하를 통치한다는 뜻이다.

참고문헌

南京市博物館·南京市文物管理委员会, 1982, 『南京文物与古迹』 文物出版社.

南京市地方志编纂委员会, 1997, 『南京文物志』 方志出版社.

杨国庆, 2001, 『南京明代城墙』 南京出版社.

张浦生·霍华, 1997, 「1995年南京明故宫出土文物研究」 『东南文化』 1997年 第1期.

朱明·杨国庆, 2008, 『南京城墙史话』 南京出版社.

67) 중국 명나라의 회족(回族) 출신의 환관 겸 항해가이다. 영락제(永樂帝 : 1360~1424) 등극에 공을 세워 정씨 성을 하사받았다. 28년 동안 7차에 걸쳐 동남아시아부터 아프리카에 이르기까지 30여 국을 원정하였다. 7차 항해를 마치고 귀국하는 도중 죽었다.

명효릉 明孝陵

유네스코 세계문화유산으로 지정된 명태조 황릉

명효릉 입구

남경(南京) 동교(東郊) 중산문(中山門) 바깥쪽, 자금산(紫金山) 남쪽 기슭의 완주봉(玩珠峰) 아래에 명나라의 개국황제(開國皇帝)인 주원장(朱元璋 : 1328~1398)과 마황후(馬皇后 : 1327~1382)의 합장묘가 있다. 능묘는 마황후의 시호인 효자황후(孝慈皇后)에서 '효(孝)'자를 취해서 효릉(孝陵)이라 명명되었다.

1380년[명(明) 홍무(洪武) 13년] 주원장이 이곳을 지궁(地宮)의 자리로 하였다. 효릉은 1381년(홍무 14년)에 처음으로 공사가 시작되었으며, 이듬해인 1382년(홍무 15년)에 잠시 일단락되었다가, 같은 해 9월에 효자황후 마씨(馬氏)가 죽자 이곳을 사용하게 되었다. 그리고 16년이 지난 1383년(홍무 31년)에 주원장이 죽자, 효릉의 지궁에 마황후와 합장되었다.

1381년(홍무 14년)에 착공하여 1405년[영락(永樂) 3년]에 '대명효릉신공성덕비(大明孝陵神功聖德碑)'가 완성됨으로서 25년 동안 축조가 마무리되었다. 신해혁명(辛亥革命)으로 만주족 왕조였던 청나라를 무너뜨린 직후인 1912년 2월 15일에 쑨원[孫文 : 1866~1925]이 임시정부 관원과 함께 한족(漢族)의 마지막 왕조였던 명 나라 개국황제 주원장의 능인 효릉을 참배한 바 있다. 이곳은 1961년에 전국중점문물보호단위로 지정되었다. 그리고 2003년에는 유네스코 세계문화유산에 등록되었다.

현재 이곳은 자금산의 대표적인 유적 중 하나로 손꼽힌다. 중산릉(中山陵)·영곡사(靈谷寺) 등과도 근거리에 위치하지만, 일부러 입장권을 따로 끊게 만들고, 중간의 도로에 일반 차량이 다닐 수 없게 해놓았다. 이 때문에 명효릉을 관람하고 중산릉으로 이동하려면 관광지 내의 차량을 이용하거나, 아니면 우회하여 다른 방향으로 이동해야하는 불편함이 있다.

효릉의 구조 및 신도(神道)

효릉 전체의 길이는 하마방(河馬坊)에서 보성(寶城)까지 2.62㎞에 달하며, 사방을 두른 담장의 길이는 22.5㎞나 된다. 또한 능묘에는 소나무 10만 그루를 심었으며 사슴 1천 마리를 길렀다. 안에는 신궁감(神宮監)을 두어 관리를 하고 제사를 지내도록 하였다. 바깥에는 효릉위(孝陵衛)를 두어 효릉을 보위(保衛)토록 하였다.

효릉은 마방(馬坊)·대금문(大金門)·신비도정(神碑道亭)·영성문(欞星門)·어하교(御河橋)·효릉문(孝陵門)·구복전(具服殿)·

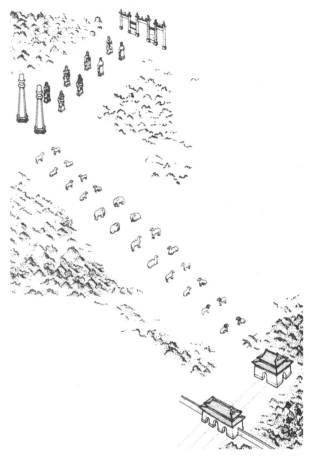

명효릉 신도 복원도
(王前华·廖锦汉, 2003, 『明孝陵史话』)

효릉전(孝陵殿)·명루(明樓) 등으로 구성되었다. 청나라 1853년[청(淸) 함풍(咸豊) 3년]에 목조건축물들이 전화(電火)로 소실되어, 현재는 석각과 건축기초만이 남아있다. 현재 남아있는 유적은 크게 신도와 능침 주체건축 두 부분으로 나누어 볼 수 있다.

신도는 하마방에서 효릉정문(孝陵正門)까지이며, 신열산비(神烈山碑)·대금문·사방성(四方城)·신도석각(神道石刻)과 어하교를 포함한다. 신도는 명효릉에 오면 가장 먼저 들리게 되는 곳으로 이곳은 손권묘(孫權墓)를 피해서 조성되었다. 현재 조성되어 있는 명효릉입구에서 가게 되면, 신도가 꺾이는 부분으로 바로 진입하게 되기 때문에, 본래의 입구인 하마방으로 가기 위해서는 동쪽으로 쭉 내려가야 된다.

하마방은 2칸의 기둥으로 된 석패방(石牌坊)으로, 너비는 4.94m이고 높이는 7.85m이다. 방액(坊額)에는 '제사관원하마(諸司官員下馬)'라는 6글자가 새겨져 있다. 하마방

명효릉 신도와 말 입상

신도석각 기린 입상

에서 동쪽으로 36.6m 떨어진 곳에 있는 신열산비는 1531년[가정(嘉靖) 10년]에 세워졌고, 정면에는 '신열산(神烈山)'이라는 3글자가 음문쌍구(陰文雙鉤)로 얕게 새겨졌다. 다시 동쪽으로 17m 정도 떨어진 곳에는 1641년[명 숭정(崇禎) 14년]에 세워진 금약비(禁約碑)가 있는데, 비문에는 효릉의 훼손을 금지하는 사항 및 능묘의 배알에 관련된 금약(禁約) 9조목을 새겨 놓았다.

만약 명호릉경구로 답사를 와서 하마방을 찾아보고자 한다면 다른 곳으로 이동해야 할 것이다. 하마방과 명효릉은 상당히 거리가 떨어져 있기 때문에 현재는 연결되어 있지 않으며, 따로 하마방유적공원[下馬坊遺址公園]이 조성되어 있다. 이곳에는 효릉위(孝陵衛)라 적혀진 목제 패방이 따로 세워져 있다. 명효릉에 대해 제대로 답사를 하고자 한다면, 이곳에 대한 일정은 따로 세워야 가능하다.

대금문은 하마방의 서북쪽으로 755m 정도 떨어진 곳에 있으며, 효릉의 첫 번째 길의 정남대문(正南大門)이다. 전돌로 쌓아 세웠으며, 서쪽의 폭은 26.66m이고 너비는 8.09m이다. 원래는 황색의 유리기와를 올렸지만 이미 훼손되었고, 현재 권문동(券門洞) 3곳이 있는데, 중문(中門)이 비교적 높은 5.05m이고, 좌우에 있는 양쪽 문의 높이는 4.25m이다. 이곳은 명효릉박물관(明孝陵博物館)의 북쪽에 위치하고 있으며, 명효릉 입구와도 거리가 있다. 따라서 대금문부터 명효릉을 답사하고자 한다면 명효릉박물관을 먼저 방문한 다음, 그대로 신도를 따라 명효릉 쪽으로 걸어가면 된다.

신공성덕비는 대금문에서 정북쪽으로 70m 정도 떨어진 곳에 있으며, 명성조(明祖) 영락제(永樂帝 : 1360~1424)가 명태조를 위하여 찬술(撰述)한 기공비(記功碑)이다. 비의 총 높이는 8.84m이며, 비문은 해서(楷書)로 음각되었으며 총 2,747자이다.

남경 동교 기린문(麒麟門) 바깥의 양산(陽山)에는 아직도 거대한 비재(碑材)가 남아있는데, 테두리가 남아있는 비신(碑身)과 액(額)·비좌(碑座)가 각 1개씩 남아있다. 고증에 따르면 이러한 양산의 비재는 명나라 영락연간(永樂年間 : 1403~1424)에 원래 신공성덕비에 쓰려던 석재였던 것으로 보고 있다. 후에 그 크기가 너무 커서, 옮길 방법이 없어서 그대로 방치된 것으로 보고 있다. 이 비재는 현재 강소성급보호문물(江蘇省級保護文物)로 지정되었다. 신공성덕비에는 원래 비정(碑亭)이 있었는데, 윗부분이 훼손되어, 속칭 사방성으로 불린다. 사방성은 벽돌로 쌓아 올려 만들어졌으며, 네 벽에 권문동을 두어 사방에서 비석을 바라볼 수 있게 되어 있다.

사방성의 서북쪽에 있는 어하교를 지나면, 6종 12쌍으로 총 24점이 있는 신도석각(神道石刻)을 맞닥뜨리게 된다. 사자(獅子)·해치(獬豸)·낙타(駱駝)·코끼리[大象]·기린(麒麟)·말이 순서대로 배치되어 있다. 매 종마다 2쌍이 있고 이 중에서 한 쌍은 서 있고, 다른 한 쌍은 앉아있는 모습으로 되어있다. 명효릉 입구에서 진입하게 될 경우, 동쪽으로 진입하면 이러한 석각들을 반대 순서대로 볼 수 있다. 모두 규모가 큰 석재를 잘 다듬어서 만들었으며, 이곳을 방문하는 외국인들을 배려하여 여러 언어로 설명을 써 놓은 게 눈에 띈다. 중국어·영어·일본어 순서대로 써져 있으며 가장 아래에 한국어도 쓰여 있다.

이중에서도 주목을 끄는 석상은 바로 기린 석상이다. 당시 명나라 사람들에게 있어 기린은 현재 우리가 알고 있는 모습과는 다른 신수(神獸)였다. 눈이 크고 온 몸에 비늘이 있으며 말과 같은 발굽을 하고 있는데, 그 표정이 천진난만하게 보인다. 오늘날 우리가 알고 있는 기린은 머리에 작은 뿔이 있고 목과 다리가 긴 동물임에 반하여 당시에는 문헌에 나오는 동물을 상상에 의존하여 조각하였다. 재미있는 점은 명나라 때에 현재 우리가 아는 기린이 등장하게 되었다는 점이다. 명나라 영락제 당시, 명나라에

신도석각 석망주

서 출발한 보선(寶船)은 중동과 동아프리카까지 진출하였었는데, 그 과정에서 기린을 조공 받았다. 이렇게 얻게 된 기린이 중국 내로 들어오게 되었고, 이를 통해서 당시 명나라 사람들에게 영락제의 권위가 높여지게 되는 계기가 되었다고 한다. 이는 기린이 황제의 인덕으로 인하여 나타나는 동물로 알려져 있었기 때문이다.

석수가 끝나는 지점에서 신도의 방향은 정북쪽으로 꺾여 영성문까지 이어진다. 길이는 250m이고 석망주(石望柱)와 석인(石人)을 두었는데, 남북으로 열을 지었으며 동서로 대치된다. 앞에는 구름과 용으로 장식된 석망주 1쌍이 있는데, 서로의 거리는 3.4m이며, 높이는 3.8m이다. 그 뒤로는 무장(武將) 2쌍이 있는데, 높이는 3.18m이다. 마지막으로 문신(文臣) 2쌍이 있는데, 높이가 3.18m이다. 명효릉에 있는 석각들의 보존 상태는 비교적 양호한 편이며, 세밀한 조각 수법에 정밀한 문양을 넣었다.

석각에서 북쪽으로 18m 정도 떨어진 곳에 영성문이 있는데, 남서쪽으로 20°정도 기울어졌으며, 문은 이미 사라졌고, 현재 주춧돌 6기만 남아있다. 동북쪽으로 275m 떨어진 곳에는 어하교가 있다. 이 다리는 돌로 만들어졌으며, 원래는 5기였는데 현재는 3기만 남아있다. 다리의 기초와 하천 양쪽의 제방은 모두 명나라 때의 석조 구조물이다.

능침 주체건축(陵寢主體建築)

두 번째 부분은 능침 주체건축으로, 정문에서 숭구(崇丘)까지이며 비전(碑殿)·향전(享殿)·대석교(大石橋)·방성(方城)·보성·명루(明樓) 등을 포함하며 담장으로 둘러져있다.

효릉정문은 어하교에서 북쪽으로 200m 정도 떨어져있으며 원래의 문무방문(文武方門)은 5칸이었고, 3개는 크고 2개는 작은 형태였다고 한다. 현재의 문무방문은 청나라 동치연간(同治年間 : 1862~1874) 이후에 다시 세워진 것으로서, 감청석(嵌靑石)으로 된 문액(門額)이 걸렸으며 '명효릉'이라는 3글자가 해서로 음각되어 있다. 들어오는 문은 개활지가 되었으며, 2개의 우물이 있는데 하나는 폐기되었고, 다른 하나는 양호한 상태이며, 정정(井亭)은 주춧돌만 남아있다.

문무방문

문무방문의 앞에는 비석이 하나 세워져 있다. 이른바 특별고시비(特別告示碑)라고 하며, 양강양무총국 도대(兩江洋務總局道臺)와 강녕부(江寧府) 지부(知府)가 1909년[청 선통(宣統) 원년]에 세운 비석으로, 일본어·독일어·이탈리아어·영어·프랑스어·러시아어의 6개국 문자를 이용해 명효릉을 보호하자는 고시(告示)를 새겨 놓았다.

명효릉 내의 어비(御碑) 및 부근의 고적들이 해나 지나면서 파괴되고 심하게 훼손된다는 것을 감안하여 단방총독(端方總督)이 명령을 내려 난간을 둘러 세워 보호하였다. 현재 비석은 테두리를 나무로 하고 유리를 씌워 보호하고 있다. 이러한 특별고시비는 문무방문 앞쪽뿐만 아니라 비전 앞에도 세워졌다.

정문에서 북쪽으로 34.15m 떨어진 곳에 효릉문이 있는데 일찍이 훼손되었고, 현재는 수미좌대기(須彌座臺基)와 주춧돌만 남아있다. 현재 그 위에는 비전이 세워져 있으며, 5기의 비석이 있다.

가운데에는 1699년[청 강희(康熙) 38년] 강희제(康熙帝 : 1654~1722)가 남순(南巡)하여 명효릉을 배알했을 때 세운 비석이 남아있는데, '치융당송(治隆唐宋)'이라는 4글자가 음각되어 있다. 양쪽에는 4개의 비석이 있는데, 건륭제(乾隆帝 : 1711~1799)가 지은 시와 강희제가 명효릉을 배알한 기사가 적혀 있다.

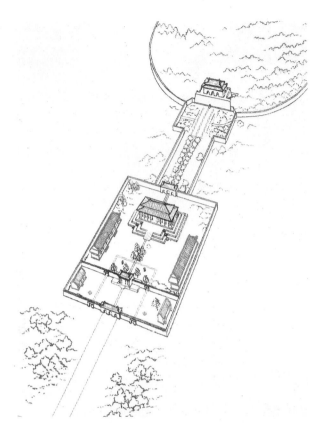

명효릉 능침건축 복원도(王前华·廖锦汉, 2003, 『明孝陵史话』)

치융당송비를 받치고 있는 귀부는 현재 반질반질한 모습이다. 이곳을 오는 사람들마다 한 번 씩 만져서 그런 것으로 보이며, 주변의 비석들도 자세히 보면 긁혀진 자국들이 많다. 유적 자체가 훼손되는 것 때문에 중국과 서양열강이 같이 유적을 보호하자는 비석을 남겨두었지만, 이곳을 찾은 사람들에게는 단지 구경거리 중 하나일 뿐, 준수 사항이 아닌 듯하다.

효릉문 뒤에는 신백로(神帛爐) 2기와, 좌우에는 30칸의 행랑이 있었고, 어주(御廚)가 2군데 있었다. 그 왼쪽에는 재생정(宰牲亭), 오른쪽에는 구복전(具服殿)이 있었으나 지금은 모두 사라지고 주춧돌만 남아있다.

다시 그 뒤쪽으로는 효릉전이 있었으나 지금은 이미 사라졌고, 현재는 3층의 수미좌대기가 있는데, 총 높이는 3.03m이며 대기(臺基) 위에는 대형의 주춧돌 56기가 남아있다. 대기의 네 모서리에는 돌로 조각된 이수(螭首)가 있으며 대전 앞뒤로 3줄의 길이 나있으며, 현재는 운룡산수(雲龍山水)가 부조(浮彫)된 대계석(大階石) 6매가 남아있다. 전기(殿基)는 길이 57.3m, 너비 26.6m이며, 당시 건축의 웅장한 면모를 엿볼 수 있다.

현재 남아있는 건축으로는 1865년[청 동치(同治) 4년]과 1873년(동치 12년)에 2번에 걸쳐 중건된 작은 3칸의 향전이 있다. 내부에는 명태조의 지본화상(紙本畫像)이 걸려있고, 관련 책자나 기념품 등을 판매하고 있다. 향전의 규모가 수미좌대기에 비해 협소한 편이다보니 어울린다는 생각이 들지 않는다. 세월의 흐름 때문에 어쩔 수 없는 것이겠지만, 그러한 무상함을 가장 잘 보여주는 곳이 이곳이 아닐까 싶다. 향전 뒤로 133.3m 떨어진 곳에는 대석교가 있는데, 길이 57.3m, 너비 26.6m에 달한다.

수미좌대기와 보성의 사이에는 내홍문(內紅門)이 있다. 향전의 정북쪽에 위치하며,

이곳은 묘주의 혼령이 기거하는 능침(陵寢)으로 통하는 문이다. 속칭 음양문(陰陽門)이라고도 하며, 또한 내홍문이라고도 불린다. 이는 능궁건축(陵宮建築)에 있어서 전후 2구(區)를 나누며, 이른바 '전조후침(前朝後寢)'을 반영한 것이다. 내홍문은 원래 3동(洞)이며, 문정(門頂)은 황색의 유리기와를 덮었다. 2006년 중산능원관리국(中山陵園管理局)에서 보호를 하여, 본래의 역사적인 모습을 회복하였다.

다리에서 7.8m 정도 떨어진 곳에는 효릉에 있는 건축물 중에서 마지막 부분이라고 할 수 있는 보성이 있다. 보성은 큰 돌을 써서 축조하였으며, 동서 길이 75.26m, 앞부분 높이 16.25m, 뒷부분 높이 8.13m, 남북 너비 30.94m이다. 저

치융당송비

부는 수미좌(須彌座)로 되어 있으며, 허리 부분에는 수대문(綬帶紋)과 방승문(方勝紋)으로 장식되어 있다. 보성 양쪽 금강장(金剛墻)은 가지가 얽힌 화초로 세밀하게 장식된 전돌로 꾸며져 있다. 보성의 중간에는 공문(拱門)이 있고, 중간에 둥근 아치형의 길이 뚫려 있다. 34단의 계단으로 위로 올라가게 되어 있으며, 양쪽 아랫부분에는 수미좌의 형태로 되어있다.

전체적으로 웅장한 모습에 감탄을 금치 못하게 한다. 하지만 안타까운 것은 자세히 보면 조각들이 제대로 남아 있는 게 아닌 석회질이 녹아 훼손된 상태가 확인된다는 점이다. 세밀하게 조각되어 있지만 환경 오염과 후손들의 관리 부족으로 상처를 입고 있는 셈이다.

길을 따라가면 정북쪽에 보정남장(寶頂南墻)이 있는데, 돌을 이용해 13층으로 쌓았다. 정면에는 해서로 '이 산은 명태조의 무덤이다.[此山明太祖之墓]'라 써있다. 보성의 성벽과 가까운 곳은 좌우에 올려져있는 명루로 나눌 수 있다.

효릉전 대기 위에 세워진 향전

낙서와 긁힌 자국이 보이는 비석

효릉전 대기

명루는 겹처마에 황색의 기와를 올렸으나 이미 훼손되었고, 현재는 네 벽을 전돌로 쌓은 담장만 남아 있다. 동서 너비 39.45m, 남북 길이 18.47m이며, 남쪽에는 3개의 공문이 있으며, 다른 세 면에는 공문이 1개씩 있다. 보성의 동서 양쪽은 담장을 둘러 연결해 놓았으며, 담장의 네 모서리는 꽃무늬를 새겨놓은 전돌로 꾸며놓았다.

보성 뒤에는 직경 325~400m에 달하는 숭구가 있고, 이를 보정(寶頂)이라고도 부르며, 주원장과 마황후의 합장묘이다. 이 안쪽에 효릉 지궁(地宮)이 있으며, 그 왼편에는 동릉, 즉 의문태자(懿文太子) 주표(朱標 : 1355~1392)의 무덤이 있다. 자금산의 북쪽에는 서달(徐達 : 1332~1385)[68]·이문충(李文忠 : 1339~1384) 등 명나라 초기 공신들의 무덤이 있어, 명효릉을 위시한 고분군을 이룬다.

내홍문

보성

보정남장의 명문

보정

주원장의 생애와 명나라 건국

주원장은 명나라의 개국황제이다. 원래 이름은 주중팔(朱重八) 혹은 주팔팔(朱八八)이었다고 하며, 후에 이름을 주국서(朱國瑞)라고 하였다. 한족이며 1328년 10월 21일[원(元) 천력(天曆) 원년 9월 18일] 정미시(丁未時)에 호주(濠州) 종리[鐘离 : 지금의 안휘성(安徽省) 봉양(鳳陽) 태평향(太平鄕)의 빈곤한 가정에서 태어났다.

그는 어릴 적부터 곤궁하게 살았고 부모와 형제는 역병에 걸려 일찍이 돌아가셨기 때문에 황각사[皇覺寺 : 지금의 봉양성(鳳陽城) 서문 바깥쪽에 위치]의 사미승으로 들어갔다. 이곳에서 그는 청소부·창고지기·첨유공(添油工)을 하며 자랐다. 하지만 절에 들어

명태조 주원장

효자황후 마씨

간 지 2달도 못되어 흉년이 들었고, 이 때문에 여러 스님들이 쫓겨나게 되는데, 주중팔 역시 이곳을 떠나 탁발승이 되었다.

1348년[원(元) 지정(至正) 8년]에 다시 황각사에 들어가게 되었는데, 그의 친구인 탕화(湯和 : 1326~1395)[69]가 그에게 서신을 보내어 기의군에 참여하자고 말했기 때문이었다. 그리고는 이름을 '주원장(朱元璋)'으로 고치게 되는데 주(誅 : 朱)는 원나라를 멸망시키는 장(璋 : 고대 옥기의 일종)이라는 뜻이기 때문이었다.

25살 때 곽자흥(郭子興 : ?~1355)[70]이 이끄는 홍건적(紅巾賊)에 참여하여 원나라의 폭정에 항거하였는데, 군사를 이끌고 정벌에 나서면 늘 공을 세웠다. 그래서 곽자흥은 자신의 양녀(養女)인 마씨를 그에게 시집보냈는데, 이 사람이 바로 '마대각(馬大脚)' 마황후[71]이다. 곽자흥이 죽은 뒤 군대를 통솔하게 되었으며, 소명왕(小明王) 한림아(韓林兒 : ?~1366)[72]를 좌부원수(左副元帥)로 삼았다.

전공을 계속 세워 승진을 거듭하여, 원나라 1356년(지정 16년)에 오국공(吳國公)으로 봉해졌으며, 1364년(지정 24년)에는 스스로 오왕(吳王)이라 칭하였다.

1367년(지정 27년) 10월 갑자일(甲子日), 오왕 주원장은 중서우승상(中書右丞相) 서달(徐達 : 1332~1384)을 정로대장군(征虜大將軍)으로 임명하고, 평장(平章) 상우춘(常遇春 : 1330~1369)[73]을 부장군으로 임명하여 25만의 군사를 거느리고 중원(中原)으로 북진(北進)하도록 하였다. 북벌 중에 북방의 관민들에게 다음과 같은 강령(綱領)을 포고하였는데 "오랑캐들을 몰아내어 중화를 회복하고, 기강을 확립하여 백성들을 구제하자[驅逐胡虜, 恢復中華, 立綱陳紀, 救濟斯民]"라는 내용이었다. 이에 동조한 북방의 사람들은 같이 일어나서 원나라에 반기를 들었다. 결국 주원장은 군사적 우위와 민심을 얻어 최후의 승자가 될 수 있었다. 서달은 병사를 이끌고 먼저 산동(山東)을 치고, 다시 서진(西進)하여 변량을 공격하였다. 주원장은 변량에 도달하여 군사를 주둔시키고 지휘하였다.

1368년(지정 28년)에 각 지역의 농민기의군(農民起義軍)을 격파하고 원나라의 잔여 세력을 평정한 후에, 남경에서 황제를 칭하고 국호를 대명(大明)이라 하였다. 연호를 홍무(洪武)로 정하였으며, 이 때문에 주원장의 치세를 '홍무지치(洪武之治)'라고 부른다. 7월에는 각지에 있는 대장들에게 운하를 따라 천진(天津)으로 가게 하였으며 27일에 통주(通州)를 점령하였다. 그러나 원순제(元順帝) 토곤 테무르[妥懽 帖睦爾 : 1320~1370][74)]는 후비(后妃)와 태자, 그리고 대신들을 이끌고 건덕문(健德門)을 열러 대도(大都)를 빠져나가고, 거용관(居庸關)을 거쳐 상도(上都)로 피신하였다. 8월 2일, 명나라 군대는 대도로 진입하였으며, 이때부터 만리장성 이남의 통치권을 거머쥐게 되었다.

참고문헌

南京市博物館·南京市文物管理委员会, 1982, 『南京文物与古迹』 文物出版社.

南京市地方志编纂委员会, 1997, 『南京文物志』 方志出版社.

王前华·廖锦汉, 2003, 『明孝陵史话』 南京出版社.

임종욱, 2010, 『중국역대인물사전』 이회문화사.

程裕禎·李順興·楊俊萱·張占一, 2001, 『中国名胜古迹辞典』 中国旅行出版社.

인명사전편찬위원회, 2002, 『인명사전』 민중서관.

68) 명나라의 개국공신으로, 주원장이 손덕애(孫德崖)에게 잡히자 그를 구출한 뒤 큰 신임을 받는다. 이후 주원장의 부하로서 상우춘과 함께 세력을 넓히는 데에 일조한다. 원나라에 대한 북벌에서는 총지휘를 맡았다.

69) 명나라의 개국공신으로, 자는 정신(鼎臣)이며, 호주(濠州) 조일(鐘离)사람이다. 1352년에 곽자흥의 기의군에 참여하였다. 주원장을 따라 장강을 도하하고 집경(集慶 : 남경)을 점령하였으며, 수많은 전투에 참여하였다. 이후 서달을 따라 군대를 이끌고 산서(山西) · 감숙(甘肅) · 영하(寧夏) 등지를 정벌하였다. 1378년에 신국공(信國公)으로 봉해졌으며, 1389년에 고향으로 돌아갔다. 1395년 8월에 세상을 떠나게 되었다. 동구왕(東甌王)으로 추봉되었으며, 시호는 양무(襄武)이다.

70) 원 말기 홍건적의 지도자. 강회(江淮) 지역 홍건적의 수령이었다. 호주를 장악한 뒤 원수를 자칭하였으며, 이 때 주원장이 그의 부하로 들어와 공을 세운다. 곽자흥은 이에 양녀인 마씨를 시집보낸다. 홍건적 사이에서 내분이 그치지 않자 근심하다 화주(和州)에서 병으로 죽는다.

71) 안휘성(安徽省) 숙주(宿州) 출신으로 본명은 마수영(馬秀英)이다. 마수영의 부친은 무인이었으나 신분은 미천했지만, 그녀는 뛰어난 능력으로 주원장을 도와 명나라 개국에 일조하였다. 부친이 객사하자 곽자흥의 수양딸이 되었고, 후에 곽자흥의 주선으로 주원장과 결혼하게 되었다. 마수영은 교양과 학식을 갖춘 여성이었으며 교육을 받지 못한 주원장에게 영향을 주었다. 이후 황후가 되었으며, 백성을 보살피고 탁월한 정치력을 지닌 여성으로 이야기된다.

72) 원 말기 홍건적의 지도자. 1355년 홍건적들은 과거 송나라의 부흥을 천명한 한림아를 소명왕으로 옹립하였다. 국호를 송이라 하고 호주에 수도를 정한다. 원과 싸우다 패한 뒤 주원장에게 찾아가는 도중에 양자강에서 배가 전복되어 죽었다.

73) 명나라 건국공신으로 1355년에 주원장에게 귀순하였다. 서달과 함께 각지의 군웅을 격파하고 북방정벌에 나서 원나라의 수도를 함락시킨 뒤 순제를 북쪽으로 몰아내는 등 큰 공을 세웠다.

74) 원나라 15대 황제로, 원명종(元明宗 : 1300~1329)의 아들이다. 원영종(元寧宗 : 1326~1332)의 뒤를 이어 즉위했지만 환락에 빠져 정치를 돌보지 않았으므로 재정이 문란하고 물가가 높았으며, 천재(天災)가 닥쳐와 각지에 도적들이 생겼다. 1363년에 서달이 대군으로 쳐들어왔으므로 도망쳤으나, 응창(應昌)에서 죽고 말았다. 이에 원나라는 칭기즈칸으로부터 15대 163년, 쿠빌라이칸으로부터는 10대 109년만에 멸망하였다.

남경부자묘 南京夫子廟

남경의 인사동, 십리진회

부자묘(夫子廟)는 규모가 큰 고건축군으로, 몇 차례의 흥폐(興廢)를 거듭했다. 공자(孔子)를 모시고 제자를 지내는 곳으로 중국 4대 문묘(文廟) 중 하나이다. 진회하(秦淮河)변에 있는 고도(古都) 남경(南京)의 특징을 보여주는 곳으로서, 중국과 외국의 여행객들이 자주 오는 관광지이기도 하다. 부자묘는 명청시대 남경의 문교(文敎) 중심일 뿐만 아니라, 동

천하문추 패방

시에 또한 동남쪽의 각 성(省)의 중심에 해당하는 문교 건축군이기도 한다.

부자묘가 처음 세워진 것은 송나라 때이며, 진회하 북안(北岸)의 공원가(貢院街)에 세워졌다. 사당 앞의 진회하에 맞대어 벽돌로 조벽(照壁)을 조성하였는데, 전체 길이 110m, 높이 20m로, 중국 조벽 중에서 최고로 일컬어진다. 북안의 사당 앞에는 취성정(聚星亭)과 사락정(思樂亭)이 있다. 중축선 상에 따라 영성문(欞星門)·대성문(大成門)·대성전(大成殿)·명덕당(明德堂)·존경각(尊經閣) 등의 건축이 세워졌고, 그 외에 사당 동쪽에는 괴성각(魁星閣)이 있다. 점유 면적은 약 26,300㎡이다.

부자묘 거리

남경은 역사적으로 11번에 걸쳐 수도가 되었으며, 육조시대(六朝時代) 부자묘 지역은 상당히 번화하였다. 명대(明代)에 부자묘는 국자감(國子監) 과거(科擧) 고사장으로 고생(考生)들이 운집하였다. 역사의 변천에 따라, 10리(里)의 진회하가 밤낮으로 번

부자묘 거리

영하던 모습은 이미 사라진지 오래다. 1984년 이래로 국가여유국(國家旅游局)과 남경시 인민정부는 진회풍광대(秦淮風光帶)를 개발하여 복원과 정비를 하였다. 명말청초(明末淸初) 강남(江南)의 상업 거리 풍모를 회복하여, 진회하는 또 다시 중국의 유명한 관광지가 되었다. 진회하 풍경대 복원을 통해, 부자묘를 중심으로, 섬원(瞻園)·부자묘·백로주(白鷺洲)·중화문(中華門) 및 도엽도(桃葉渡)에서 진회교(鎭淮橋)에 이르기까지, 진회하의 수상 유람선과 강에 접한 누각의 경관이 펼쳐진다. 그리고 고적(古蹟)·원림(園林)·화방(畵舫)·시가(市街)·누각(樓閣)과 민속거(民俗居)가 배치되어, 진회하의 저녁을 다채롭게 꾸미고 있다.

1990년 신회풍광대는 중국 여유 명승시 40곳 중 하나로 꼽히게 되었으며, 2000년에는 4A급 경구(景區)에 선정되었다. 매년 음력 정월 초하루부터 18일까지, 이곳에서 매우 번화로운 등회(燈會)가 거행된다. 1985년 남경시정부는 부자묘 고건축군을 복원하였다. 그리고 부자묘 일대를 개건하여, 수많은 상점·식당·간이 식당들을 명청시대 분위기로 조성하였고, 또한 강변의 공원가 일대에 고색고향(古色古香)의 여행 문화 상가를 조성하였다. 부자묘는 옛 모습을 회복하였고, 또한 새로운 모습으로 드러나게 되었다. 부자묘 건축군은 공묘(孔廟)·학궁(學宮)·강남공원(江南貢院)으로 이뤄졌으며, 진회풍광구에서도 중심에 해당한다.

역사 연혁

부자묘는 진회하 북안에 위치하며, 원래는 공자를 모시고 제사를 지내던 곳이다. 처음 세워진 것은 송대(宋代) 1034년[경우(景祐) 원년]으로, 동진궁(東晉宮) 옛 터에 세워졌다. 원대(元代)에는 집경로학(集慶路學), 명대에는 응천부학(應天府學)이었다. 청대에는 부학(府學)을 성 북쪽의 명 국자감 옛터로 옮기고, 이곳을 강녕(江寧)·상원(上元) 두 현(縣)의 현학(縣學)으로 삼았다. 함풍연간(咸豐年間 : 1851~1861)에 병화(兵火)에 휩쓸렸으며, 1869년[동치(同治) 8년]에 중건되었다. 항일전쟁(抗日戰爭) 당시 일본군에 의해 불에

부자묘 앞의 반지와
조벽

태워졌다.

　옛날에는 입학(立學)하려면 반드시 공자를 받들어야 했기에, 각지에 공묘(孔廟)가 있

었으며, 국가 사전(祀典) 중 하나에 속했다. 그리하여 공묘의 특징은 사당에 학교가 있

다는 것으로 국학(國學)이나 부(府) 또는 주(州)의 현학(縣學)과 일정한 관련이 있었다.

사당의 위치 혹은 학궁의 앞부분은 한쪽으로 치우쳐졌다. 남경 부자묘는 전묘후학(前

廟後學)의 구조로 되어 있다. 공묘·학궁과 동쪽의 공원(貢院)이라는 3대 문교 고건축군

으로 조성되었다.

부자묘유적 표지석

　예전의 공묘는 일정한 배치 형식이

있었다. 일반적으로 앞에는 조벽·영성

문과 동서 패방(牌坊)으로 사당 앞에 광

장을 형성하였으며, 영성문 앞에는 반원

형의 연못[水池]이 있으며 "반지(泮池)"로

불리고, 부자묘의 큰 영벽은 진회하의

남안에 위치하며, 1575년[명 만력(萬曆) 3

년]에 세워진 것으로, 전체 길이는 110m

영성문

이며 중국 조벽 중에서 최고로 손꼽힌다. 반지는 공묘의 특징적인 형식으로, 그 기원은 주례(周禮)에 있다. 부자묘는 진회하에 반지를 팠기에, 천연의 하천을 이용하여 반지를 만든 유일한 예로 일컬어진다. 물가 북쪽에는 석란(石欄)이 있고, "천하문추(天下文樞)"라는 패방이 있다.

거리 동서에는 예전에는 "도관고금(道冠古今)"·"덕배천지(德配天地)"라는 두 패방이 있었는데, 중화민국(中華民國) 이후에 철거되었다. 광장 좌우에는 본래 "취성(聚星)"·"사락(思樂)"이라는 두 정자가 있었다. 취성정(聚星亭)은 겹처마[重檐]에 육각(六角)으로, 1983년에 부자묘에 복원했다. 사락정(思樂亭)은 지금은 시 동쪽의 작은 광장으로 옮겨 세워 놓았다. 영성문은 3기의 석패방(石牌坊)으로 조성되었는데, 석방의 사이 담장에는 모란도안[牧丹圖案]의 부조(浮彫)가 새겨졌으며, 중간 석방(石坊)에는 가로로 "영성문(欞星門)"이라는 3글자가 전자(篆字)로 조각되었다.

부자묘 내 고루

그 뒤에는 공묘의 정문인 대성문이 있다. 명청시대의 대성문은 5칸으로, 양쪽에 이방(耳房)이 있으며, 집사인(執事人) 등이 쉬는 용도로 제공되었다. 가운데는 3문으로, 문 안에는 극(戟)이 진열되었으며, 동쪽에는 북[鼓]을, 서쪽에는 경쇠[磬]를 두었다. 매번 음력 초하루와 보름에 조성(朝聖)과 춘추제전(春秋祭典)을 받들었다. 부현관원(府縣官員)은 대성문(중문)으로 들어갔고, 선비와 집사인 등은 곁문[旁門]으로 나뉘어 들어갔다. 이 문과 대전(大殿)은 모두 일본군에 의해 불에 태워졌다.

1986년 새로이 세워진 대성문은 너비가 3칸으로, 문 안의 정중앙에는 한백옥병풍(漢白玉屛風)이 있으며, 여기에는 "중수부자묘기(重修夫子廟記)"가 새겨졌고, 4기의 옛 비석이 세워졌으며, 그 중에서 484년[제(齊)] 영명

(永明) 2년]의 "공자문례도비(孔子問禮圖碑)"는 남경시 인민정부 원내에서 이곳으로 옮겨온 중요한 비석이다. 1984년 남경시 인민정부는 부자묘 고건축군을 중심으로 "십리진회(十里秦淮)"라는 주제로 풍광대(風光帶)를 세우기로 결정하였다. 이후 1.8㎞에 걸쳐 진회하 양쪽에 고적들과 관광지들을 복원 및 건설하여 관광단지로 개발하였다.

주요 유적

1. 조벽(照壁)

진회하 남안의 조벽은, 1575년에 세운 것으로 전체 길이는 110m로 전국 조벽 중 최고로 손꼽힌다. 전국 각지의 공묘와는 다르게, 진회하의 자연 하류를 반지로 삼았다.

2. 석란(石欄) · 영성문

못의 북안에 있는 석란은 1514년[명 정덕(正德) 9년]에 세운 것이다. 사당의 첫 번째 문은 영성문으로, 돌로 결구된 6기둥으로 만든 3문이다. 조형이 뛰어나며, 그 사이에 모란 부조 도안을 장식하였다.

대성문

3. 대성문(大成門)

영성문에 진입하면, 대성문을 맞닥뜨리게 된다. 공자는 중국 고대 문화를 집대성한 작업을 하였기에, 이 문의 이름을 "대성(大成)"이라 하였다. 문 앞에는 사자가 웅크리고 앉아 있다. 문 안의 양쪽에는 4기의 옛 비석이 나뉘어 배열되어 있는데,《공자문례도비》는 일설에 따르면 남조(南朝)시대인 484년의 유물이라고 한다.《집경공자묘비(集慶孔子廟碑)》는 1330년[원 지순(至順) 원년]에 새긴 것이며,《봉지성부인비(封至聖夫人碑)》는 1331년(원 지순 2년)에 새긴 것이고,《봉사씨비(封四氏碑)》도 1331년에 조성한 것이다.

4. 중심 묘원(廟院)

원 내에는 은행나무 8그루가 심어져 있고, 옛 등이 대칭되어 있다. 중간에 난 길은 돌을 깐 용도로 대성전 앞의 단지(丹墀)를 향해 곧게 뻗어 있다. 이 단지는 공자에게 제사를 거행 할 때 악무(樂舞)를 하는 곳으로, 정중앙에는 청동으로 된 공자 조각상이 있다. 높이 4.18m, 무게 2,500kg으로, 전국에서 가장 큰 공자 청동상이다. 양쪽 돌계단에는 높이가 1.8m인 공자의 제자 안회(顔回 : B.C.521~B.C.480)·자로(子路 : B.C.543~B.C.480) 등 12현인(賢人)의 흰 조각상이 좌우로 나뉘어 시립(侍立)하였다. 대성전은 겹처마에 비교(飛翹)이고, 두공(斗拱)이 엇갈리며, 용이 구슬을 물고 있는 모습이 조각되었다. 해람색(海藍色)의 바탕에 금색의 큰 글씨로 "대성전(大成殿)"이라고 적힌 세로로 된 편액이 대성전에 걸려 있다.

대성전 앞 중심묘원

5. 대성전(大成殿)

대성전은 부자묘의 주전(主殿)으로 높이 16.22m, 가로 28.1m, 세로 21.7m이다. 전내(殿內)의 정중앙에는 전국에서 가장 큰 공자 화상(畫像) 1폭이 걸려 있는데, 높이 6.5m, 폭 3.15m이다. 전내에는 2500년 전의 편종(編鐘)·편경(編磬) 등 15종의 고대 제례 악기를 모방하여 두었다. 이곳에서는 정기적으로 고곡(古曲)·

아악(雅樂)을 연주한다. 명나라 사람들이 공자에게 지내는 대형의 명대 제공악무(祭孔樂舞)를 연출하여, 관중들에게 춘추전국시대의 종소리나 비파소리 등 2천년 전의 옛 악기 소리를 들려준다. 대전의 사면에는 공자의 업적도(業績圖)가 벽화로 그려졌으며 신의 모습을 갖추고 있다.

묘원(廟院)의 두 비랑(碑廊)이 둘러싸고 있는데, 벽에는 30개의 쟈오포츄[趙朴初]·린산즈[林散之]·션펑[沈鵬]·우종치[武中奇] 등 저명한 서법가(書法家)들이 쓴 묵보(墨寶) 진적(眞蹟) 비각이 새겨져 있다. 대성전 안에는 또한 기타 역사 문물과 예술품 전시를 기획하고 전시한다.

명원루(明遠樓)는 공원 내 누우(樓宇) 중 하나로, 공원의 중간에 위치한다. 원래 과거에 응시한 선비를 감시하고, 원락 내의 역원공(役員工)이 있는지 없는지는 관제하는 시설이다. "명원(明遠)"은 "삼가는 것은 멀리까지 좇고, 명덕은 원래대로 귀부하라[愼終追遠, 明德歸原]"라는 의미이다. 공원의 대문은 횡액(橫額)에 "명원루"라는 금자(金字) 3글자가 적혀 있으며, 외벽에는 《금릉공원유적비(金陵貢院遺迹碑)》가 끼워져 있으며, 공원의 흥폐 역사를 기술해 놓았다.

대성전 내 공자 화상

참고자료

叶兆言·卢海鸣·韩文宁, 2012, 『老照片·南京旧影』南京出版社.

田飞·李果, 2012, 『寻城记·南京』, 商务印书馆.

편종 및 전통악기 복원 모습

영곡사 靈谷寺

명나라 불교 3대 사원 중 하나

영곡사 입구

영곡사(靈谷寺)는 남경시(南京市) 중산릉(中山陵)에서 동쪽으로 1.5㎞ 정도 떨어진 곳에 있으며 자금산(紫金山)의 남록(南麓) 독룡부(獨龍阜)에 위치한다.

원래 이름은 장산사(蔣山寺)였다. 영곡사가 처음 세워진 것은 양나라 514년[천감(天監) 13년]이다. 이 사원은 양무제(梁武帝 : 464~549)가 안장(安葬)하였던 명승인 보방(寶訪)이 건립하였다.

영곡사는 명나라 불교 3대 사원(寺院) 중 하나였다고 하며, 육조시대 이래로부터 불교의 성지로 여겨졌다. 양무제 때에는 주변에 크고 작은 선원들이 70여 곳에 달했다고 한다.

역사 연혁

『고승전(高僧傳)』권10의 기록에 따르면 보지(寶志 : 418-514, 保志)라고 하는 승려가 있었는데, 속세에서는 주(朱)씨였으며, 금성[金城 : 감숙(甘肅) 난주(蘭州)]사람이라고 한다. 출가 후에는 선학(禪學)을 배웠으며 불학(佛學)에 조예가 깊었다고 한다. 전설에 의하면 남조 송나라 453년[태초(太初) 원년] 이후에, 언행이 기이하였고, 항상 몸에 오래된 거울·가위·부채 등의 물건들을 지니고 다녔으며, 산발하고 맨발로 걸어 다녔다고 한다. 제무제(齊武帝 : 440~493)·양무제 및 왕과 제후들은 물론 선비들도 그를 신승(神僧)으로 여겼으며, 매우 추앙받았다고 한다.

양나라 514년(천감 13년)에 보지가 원
숙[圓宿：入寂]하자, 양무제는 보지를 안
장한 종산(鐘山) 서남쪽 독룡부, 즉 지금
의 명효릉이 있는 곳에 5층의 지공탑(志
公塔)을 세웠다. 이곳에 점차 사묘(寺廟)
가 들어서고 나중에는 개선정사(開善精
寺)가 되었다. 당시 불교는 매우 흥성하
여, 종산 일대의 사찰들이 70여 곳이나
되었고, 그 중에서도 개선정사는 가장

영곡사 대웅보전

규모가 컸기 때문에 종산 제일의 선림(禪林)으로 불리었다. 대문에서 대전까지는 5리
(里)에 달했다고 하며, 절 안에는 방생지(放生池)·금강전(金剛殿)·천왕전(天王殿)·무량전
(無量殿)·오방전(五方殿)·비로전(毘盧殿)·관음전(觀音殿) 등의 전각이 있었다고 한다. 또
한 절 뒤에는 보방공탑(寶訪公塔)이 있었다고 전한다.

당나라 건부연간(乾符年間：874~879)에 보공원(寶公院)이라 개칭하였으며, 북송(北宋)
개보연간(開寶年間：968~975)에는 개선도량(開善道場)으로 바꾸었다. 979년[태평흥국(太
平興國) 4년]에 송태종(宋太宗：939~997)이 '태평흥국선사(太平興國禪寺)'라는 제액(題額)
을 내려주었다.

명나라 초에 장산사로 개명하였다. 1381년[홍무(洪武) 14년]에 명태조(明太祖：
1328~1398)가 효릉(孝陵)을 세우고, 장산사·지공탑 및 정림사(定林寺)·송희사(宋熙寺) 등
을 모두 종산의 동남쪽, 즉 지금의 위치로 옮겼다. 사찰이 모두 건설된 후에 명태조는

조당(祖堂)

'영곡선사(靈谷禪寺)'라는 제액을 내려주
었으며, 앞선 모든 절을 합쳐 영곡사라
하였다. 여기에서 영곡사라는 명칭은 지
형이 '왼쪽에는 산, 오른쪽에는 준령[左
群山右峻嶺]' 사이의 골짜기에 있다는 점
에서 유래하였다고 한다.

명나라 때의 영곡사는 규모가 매우
커 『강녕부지(江寧府志)』에 따르면 "그
전각과 회랑의 규모가 대내(大內：궁궐)

현장원(玄奘院)

를 방불케 하였다."라고 전하고, 산문(山門)에서 범궁(梵宮)까지 그 길이가 2.5㎞에 달했다고 한다. 당시에 전각들은 구름과 같이 많았고 건물 규모도 컸으며, 천명의 스님이 거주 할 수 있었다고 한다. 절 안에는 소나무들이 많이 있어서 '영곡심송(靈谷深松)'이라는 이름으로 금릉 40경[金陵四十景] 중 하나였다고 한다.

청나라 1707년[강희(康熙) 46년]에 강희제(康熙帝 : 1654~1722)가 남순(南巡)하였을 때, 종산에 들려 친히 '영곡선림(靈谷禪林)'이라는 편액을 썼다. 청나라 함풍연간(咸豊年間 : 1851~1861)에 영곡사가 전화(戰火)에 휩쓸렸으며, 현재는 남아있는 고건축물은 명나라 때 건립된 무량전과 청나라 1876년[동치(同治) 6년]에 세워진 용신전(龍神殿) 뿐이다.

배치 및 구조

현재 영곡사에는 민국혁명군진(民國革命軍陣) 망장사공묘(亡將士公墓)가 있었다. 그러나 건국 이후 그 이름을 영곡공원(靈谷公園)이라 하였으며, 주로 영곡사로 불리고 있다. 영곡사의 주요 건물로는 홍산문(紅山門)·진망장사패방(陳亡將士牌坊)·무량전·송풍각(松風閣)·영곡탑(靈谷塔)·보공탑(寶公塔)과 삼절비(三絶碑)·비파가(琵琶街) 등으로 조성되어 있다. 이 외에도 만공지(萬工池 : 방생지)·무량전·매화오(梅花塢)·보공탑·팔공덕수(八功德水) 등이 있다.

영곡사는 3곳의 원락(院落)으로 구성된다. 동원(東院)은 원래 관음전(觀音殿)이 있었던 곳으로서 현재는 현장법사기념당(玄奘法師紀念堂)이 있다. 서원(西院)에는 대웅보전(大雄寶殿)이 있으며, 후원(後院)에는 장경루(藏經樓)·법당(法堂) 등이 있고, 원액으로 '심송각원(深松覺苑)'이 적혀있다.

절 앞에는 조벽(照壁)이 하나 있으며, 그 위에는 '보지선사응화진신도장(寶志禪師應化眞身道場)'이라는 글이 써있다. 대문(大門)의 문미(門楣)에는 '영곡사'라는 3글자가 적혀있다. 동쪽 담장에는 '영곡사용신묘기비(靈谷寺龍神廟記碑)'가 새겨져 있으며, 서쪽에는 '기우비(祈雨碑)'가 새겨져있다. 황색의 조벽은 절의 문과 서로 대면하고 있다. 절의 동쪽에는 높이 5m의 비석이 있으며, '영곡심송(靈谷深松)'이라는 4글자가 새겨져 있다.

다시 동쪽으로 향하면 작은 다리가 있는데, 5개의 기둥으로 이뤄진 고건축물로서 '유상청(流觴廳)'이라고 부르고 현재는 식당으로 사용하고 있다.

유상청에서 동남쪽으로 100m가 채 안 되는 곳에 덩옌다묘[鄧演達墓]가 있

대통각당(大通覺堂)

다. 묘문(墓門)의 정중앙에는 원형화단(圓形花壇)이 자리 잡고 있다. 양쪽에는 지붕이 없는 회랑을 둘러 놓았다. 묘 앞에는 설송(雪松)·용백(龍柏)나무를 심었으며, 땅에는 잔디를 깔았다. 동·서·북 3면에는 돌담을 둘렀다. 묘 앞에는 화강암으로 만든 묘비(墓碑)가 있으며, 여기에는 '덩옌다[鄧演達 : 1895~1931][75] 열사의 무덤[鄧演達烈士之墓]'이라 적혀있다. 무덤은 원형이며 평대(平臺) 위에 축조되었고, 높이 4.5m, 직경 9.5m이며 성급 문물보호단위로 지정되었다.

현장법사 정골사리
(頂骨舍利)

전각 앞에는 5개의 문이 서로 이어진 형태로 만들어진 망장사패방(亡將士牌坊)이 있으며, 중간에는 '대인대의(大仁大義)'라는 글씨가 새겨져 있으며, 반대편에는 '구국구민(救國救民)'이라는 글이 쓰여 있다. 패방 앞에는 한백옥(漢白玉)으로 만든 비휴(貔貅) 한 쌍을 두었다.

무량전 뒤쪽으로는 진망장사 제 1공묘(第一公墓)가 있으며, 이 묘에서 동서로 300m 정도 떨어진 곳에 제 2공묘와 제 3공묘가 있다. 여기에는 북벌과 항일전쟁에 참여하였던 1029명의 군인들이 묻혀 있다.

호형(弧形)의 무덤 담장 뒤쪽에는 높이 10m, 너비 41.7m의 송풍각이 있다. 9개의 기둥에 2층의 구조로 되어 있으며 바깥쪽에 회랑을 둘렀고, 주위에는 붉은 기둥으로 에워쌌다. 2층은 중간이 비어있는 형태이며, 지붕에는 녹색의 유리 기와를 덮었고, 처마는 남색이다.

덩옌다

송풍각 뒤쪽 용도(甬道)의 정중앙에는 보정(寶鼎) 1기를 두었다. 위에는 '명정수훈(名鼎垂勛)'이라는 4글자를 새겨놓았다.

여기에서 북쪽으로 100m 떨어진 곳에 영곡사를 대표하는 영곡탑이 자리 잡고 있다. 탑의 높이는 66m로 8각9층의 탑이며, 저부의 직경은 14m, 정상부의 직경은 9m나 된다. 화강암과 철근콘크리트를 이용하여 만든 탑이다. 1933년에 세워졌으며, 당시에는 진망장사기념탑(陣亡將士紀念塔)이라 불렀고, 속칭 구층탑(九層塔)이라 불린다. 탑 내에는 나선형의 계단이 중심 석주를 따라 위로 올라가는 구조로 되어 있으며, 총 252단이다. 매 층에는 남색의 유리 기와를 썼으며, 탑 바깥에는 회랑을 두고 돌로 된 난간을 설치하여 경치를 조망 할 수 있게 하였다.

무량전

무량전이라는 이름은 무량수불(無量壽佛)을 이곳에 모신 데에서 유래하였다. 전돌을 쌓아 만든 구조이며, 들보와 기둥[梁柱]을 세우지 않았기에 무량전(無梁殿)이라고도 부른다. 1381년(홍무 14년)에 축조된 전각으로 600여 년의 역사를 자랑한다.

무량전은 평면이 장방형이며, 전면은 53.80m의 5칸(間)이고, 측면은 37.85m의 3칸이며, 높이는 약 22m이다. 바닥부터 천장까지 모두 전돌을 이용하여 쌓아 올렸으며, 권동궁륭정(券洞穹隆頂)으로 만들었다. 겹처마에 헐산옥정(歇山屋頂)이며, 위에는 회색의 유리기와를 올렸고 정문(正吻)·각수(角獸)와 선인(仙人) 등으로 장식하였다. 용마루[正脊] 위에는 3개의 백색 유리 라마탑(喇嘛塔)을 장식하였다. 정중앙의 것이 가장 크고, 전각 내의 조정(藻井)과 서로 이어진다. 두공(斗拱)은 중화민국 시절에 콘크리트를 이용하여 다시 제작하였다.

전각 앞면에는 3개의 문과 2개의 창을 두었다. 뒷면에는 3개의 문을 두었고, 양쪽으로는 창을 4개씩 두었다. 아치[拱券]형식을 채용하였으며, 바깥쪽에 수마전(水磨塼)을 써서 호문(壺門) 형태로 만들었다.

전각 내에는 정면이 5칸이며, 매 칸마다 1권(卷)이 있고, 매 줄[排]마다 5권이 있기에 4줄에 총 20권이 있는 셈이다. 측면은 3칸이며 각각 종열식(縱列式)의 대통권(大筒券)이 3열(列)로 있고, 그 중에서 중간의 권동(券洞)이 가장 크며, 기둥 사이의 간격[跨度]은 11.25m이고 높이[淨高]는 14m이다. 앞뒤 아치간의 거리는 각각 5m이고, 높이는 약 7.4m이

무량전

다. 아치 아래에는 두꺼운 담장이 있으며, 매우 견고한 구조로 되어 있다.

명나라 정통연간(正統年間 : 1436~1449)에 이곳에 경전을 보관하였고, 가운데에는 3존대불(三尊大佛)을 모셨으며, 양쪽에는 24제천상(諸天像)을 두었다. 청나라 강희연간(1662~1722)·가경연간(1796~1820)·도광연간(1821~1850)에 수리가 이루어졌다. 태평천국 때에는 청나라군이 강남대영(江南大營)을 이곳에 설치하였다.

1928년 민국정부(民國政府)가 전각 뒤쪽에 민국혁명군진 망장사공묘와 9층의 기념탑을 세웠다. 그리고 전각의 앞에 대문과 석방(石坊)을 세웠으며, 무량전을 묘 앞의 향전(享殿)으로 삼고, 그 이름을 '정기당(正氣堂)'이라 하였다.

불감(佛龕) 등을 진제기(陳祭器)로 삼았으며, 네 벽에 "민국 혁명군진 망장사 제명비(民國革命軍陣亡將士題名碑)" 110기를 두었다. 그리고 여기에 북벌에 참여하였다가 죽은 군인들의 이름을 새겨 놓았다. 전각의 정중앙에는 '국민 혁명열사의 영위비[國民革命烈士之靈位碑]'가 있으며 높이는 5.3m, 너비는 1.59m이다. 왼편에는 '국부유훈비(國父遺訓碑)'가 있으며, 높이는 3.33m, 폭은 3.17m이다. 오른편에는 '민국국가비(民國國歌碑)'가 있으며 높이와 폭은 전자와 동일하다. 3개의 비는 모두 해서(楷書)로 음각되어 있으며, 비 앞에는 0.94m 높이의 전돌로 만든 제단(祭壇)이 있다.

무량전 앞 귀부

무량전 내부

무량전은 강소성에 있는 5기의 무량전 중에서 가장 오래전에 만들어졌고, 또한 규모도 가장 크다. 1956년에 강소성문물보호단위로 지정되었다.

참고문헌

南京市博物馆·南京市文物管理委员会, 1982, 『南京文物与古迹』 文物出版社.

南京市地方志编纂委员会, 1997,『南京文物志』 方志出版社.

梁白泉·邵磊, 2009, 『江苏名刹』 江苏人民出版社.

杨新华·吴阗, 2003,『南京寺庙史话』 南京出版社.

程裕禎·李順興·楊俊萱·張占一, 2001, 『中国名胜古迹辞典』 中国旅行出版社.

국민 혁명열사의 영위비

75) 자는 택생(擇生)이며 혜양현(惠陽縣) 영호향[永湖鄉 : 지금의 혜성구(惠城區) 삼동진(三棟鎭)] 사람이다. 신해혁명(辛亥革命)에도 참여하였으며, 보정군관학교(保定軍官學校)를 졸업하고 소련과 독일에서 군사학을 배웠다. 국민당에서 공산당과의 제휴를 주장하였으나 받아들여지지 않았으며, 국공합작(國共合作) 붕괴 이후 제명당하였다. 후에 중화혁명당(中華革命黨)을 결성하였으며, 1931년에 국민당 정부에게 체포되어 총살되었다.

남경 명대 성벽 南京明代城壁

명나라의 초기 도읍, 태평천국의 도성

남경(南京)은 삼국시대 오나라의 손권(孫權 : 182~252)이 수도를 건업(建業)으로 정하면서 건립하였으며 그 이후 육조시대의 도성으로 사용되었다가 수나라에 의해 불태워지게 되었다. 그 이후 남당시대에 다시 사용되었으며, 명나라 초기 도성으로도 활용되었다. 남경성벽은 이때 처음 만들어졌다. 이후 태평천국운동 당시에 중심지로 활용되었으나 현대에 들어서 경제 개발로 인하여 절반 정도가 파괴되었고 몇몇 성문들과 일부 구간만 남아 있다.

남경명대성벽 북벽

남당도성유적(南唐都城遺蹟)

양오[楊吳 : 남오(南吳)] 937년[천조(天祚) 3년] 서지고[徐知誥 : 888~943, 남당열조(南唐烈祖) 이변(李昪)][76]는 양오의 황제인 양부(楊溥)[77]를 폐위시켰다. 그리고 스스로 황위에 올랐으며 국호를 당(唐)이라고 하였는데, 역사에서는 이를 남당(南唐 : 937~975)이라고 한다. 금릉부(金陵府)를 도읍으로 삼았으며, 후에 강녕부(江寧府)로 개칭하였다.

강녕부성(江寧府城)은 양오 914년[천우(天佑) 11년]에 처음 세워졌다. 앞으로는 우화대(雨花臺), 뒤로는 계롱산, 뒤에는 종산(鐘山), 서쪽으로는 석두성(石頭城)에 잇닿으며, 방형(方形)의 구조로 되어있었다. 이전

서지고 초상

에 훼손되었던 육조 건강성과 비교하면 좀 더 남쪽으로 옮겨진 모습으로서, 북쪽의 절반 부분은 건강고성(建康故城)과 겹치며, 남부의 진회(秦淮)를 성 내로 들였는데, 지금의 남경 주성(主城) 구역의 남쪽에서 서쪽 부분에 해당한다.

강녕부성의 성 둘레는 25리 44보(14.020㎞)이며, 성벽 위쪽의 너비는 2장 5척(7.75m), 아래쪽의 너비는 3장 5척(10.885m), 성벽의 높이는 2장 5척(7.75m)였다고 한다. 성에는 개륙문(開陸門)이 5군데가 있었는데, 동문(東門)·남문[南門 : 지금의 중화문(中華門)]·서문[西門 : 지금의 석성문(石城門)]·북문(北門)과 용광문(龍光門)이 있었다. 수문(水門)은 3군데로서, 상수문(上水門)·하수문(下水門)·책채문(柵寨門)이 있었다.

도성 내의 중부에는 자성(子城)이 있었는데, 즉 궁성이다. 서지고는 금릉부 관아[金陵府衙]를 다시 세웠으며, 그의 뒤를 이은 중주(中主) 이경(李璟 : 916~961)[78]과 후주(後主) 이욱(李煜 : 937~978)[79]이 재화를 낭비해가며 전각과 누각 및 건물들을 마구 지어 올렸다. 궁성의 둘레는 4리 265보(2618.88m), 높이는 2장 5척(7.68m), 성벽 아래의 너비는 1장 5척(4.61m)이다.

동·서·남 3문이 있다. 홍교[虹橋 : 지금의 내교(內橋)]는 궁성 남문과 바로 대면하며, 남궁 성벽에서 동쪽으로는 동홍교[東虹橋 : 지금의 승평교(升平橋)], 서쪽에는 서홍교[西虹橋 : 지금의 대시교(大市橋)], 북쪽에는 소홍교[小虹橋 : 지금의 홍무로 북구(北口)]가 있었다. 궁성벽의 동·서·북 3면을 용하(龍河)가 둘렀고, 동쪽으로는 청계, 서쪽으로는 운독까지였고, 남쪽에는 진회의 물가에 돌을 쌓아올려 호안(護岸)을 조성하였다.

궁성 내에는 앞뒤로 연영전(延英殿)·옹화전(雍和殿)·소덕전(昭德殿)·목청전(穆淸殿)·요광전(瑤光殿)·유의전(柔儀殿)·청휘전(淸暉殿) 및 징심당(澄心堂)·기하각(綺霞閣)·홍라정(紅羅亭)·음향정(飮香亭)·소금산(小金山)·마아지(摩訶池) 등이 지어졌다. 남쪽에서 궁문을 나서서 홍교에 이르는 도성의 남문을 어도(御道)라 하였고, 성 전체 남북의 중축선 상에 있었으며, 각 부서가 어도의 양쪽에 있었다.

송나라 강녕부성·건강부성(建康府城) 및 원나라 집경로성(集慶路城)은 모두 남당 도성의 기초에서 지어진 것으로, 여기에서 증축이 이루어졌다. 남송은 남당 궁성의 옛 터에 건강행궁(建康行宮)을 지었다. 명나라 초에 남경성을 중건할 때, 남당 구도(舊都)가 소재했던 곳에서 크게 바꾸지 않았다. 성의 서쪽과 남쪽 양면의 성벽을 더욱 높이고 보강하였으며 성문을 더 만들었다. 동쪽과 북쪽 양면은 성을 더욱더 증축하고 이전의 성벽을 철거하였다.

육조고도 남경, 비극의 역사 그러나 불멸의 땅

1985년 건업구(建鄴區)에서 아파트를 건립할 때, 중산남로(中山南路) 장부원소구(張府園小區) 공사현장 근처에서 남당 궁성에 흐르던 용하유적(龍河遺蹟)이 발견되었으나 아쉽게도 훼손되었다. 다만 호안석(護岸石)이 아직도 남아 있어, 문헌기록을 증명해 주고 있다.

명남경성(明南京城)

명남경성은 명나라 초기의 도성으로서, 응천부성(應天府城)이라고도 불렸다. 원나라 1356년[지정(至正) 16년]에 주원장(朱元璋 : 1328~1398)이 집경로(集慶路)를 점령하고 강남행중서성(江南行中書省)을 두었으며, 집경로를 응천부(應天府)로 바꾸었다. 1357년(지정 17년) 7월에 주원장은 모사 주승(朱升 : 1299~1370)[80]의 '고축장(高築墻)'건의를 받아들였다.

그리고 1366년(지정 26년) 가을 8월에 응천부성을 개축하였고, 명나라 1386년[홍무(洪武) 19년] 겨울 12월에 완공하였다. 즉 총 21년 동안이나 축조가 이루어졌던 것이다. 명나라 도성은 외곽(外郭)·경성(京城)·황성(皇城)·궁성이라는 4중의 성벽으로 구성되었다.

1. 외곽성(外郭城)

명나라 1390년(홍무 23년) 4월, 경성 바깥을 두르고 있는 강농(崗壟)에 외곽성을 구축하였으며, 험준한 곳을 제외하고 벽돌을 쌓아 성벽과 성문을 쌓았으며, 나머지 부분들은 토축으로 쌓아올렸다. 이 때문에 이곳을 '토성두(土城頭)'라고 부르기도 하였다. 둘레는 180리에 달했다고 하나, 실제로는 120리였고, 벽돌로 쌓아 올린 구간은 40리 정도였다.

성문은 18곳을 두었는데, 동쪽에는 요방문(姚坊門)·선학문(仙鶴門)·기린문(麒麟門)·창파문(滄波門)·고교문(高橋門)이 있었다. 남쪽에는 상방문(上坊門)·내강문(來崗門)·봉대문(鳳臺門)·대안덕문(大安德門)·소안덕문(小安德門)·대순상문(大馴象門)·소순상문(小馴像門)이 있었다. 서쪽에는 강동문(江東門)·책란문(柵欄門)이 있었고, 북쪽에는 외금천문(外金川門)·상원문(上元門)·불령문(佛寧門)·관음문(觀音門)이 있었다. 현재는 거의 훼손되어 이름만 남아있다. 역사 기록에 따르면 외곽성의 문에 대해 여러 가지 의견이 있는데, 14개설·16개설·19개설 등이 있고, 성문의 명칭은 대동소이하다.

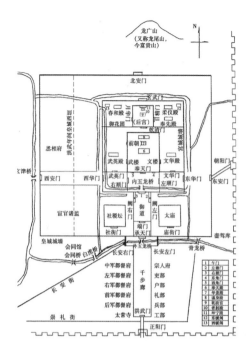

명나라 황성·도
성 복원도(叶兆言
·卢海鸣·韩文宁,
2012, 『老照片·南京
旧影』)

2. 경성(京城)

예로부터 쓰이던 방형의 구조를 그대로 채용하여 축조하였다. 남조 건강성과 남당 금릉성(金陵城) 성벽의 서쪽과 남쪽을 더욱더 확장하고 높이 쌓아올렸다. 또한 진회하의 동쪽과 서쪽으로 더 넓혀서, 남당 도성 바깥을 북쪽으로 삼아 노룡산[盧龍山 : 지금의 사자산(獅子山)]·계룡산[鷄籠山 : 지금의 북극각(北極閣)]·복주산[覆舟山 : 지금의 소구화산(小九華山)]·용광산[龍廣山 : 지금의 부귀산(富貴山)]·마안산(馬鞍山) 등과 접하였다.

강농의 줄기에 의지하고, 진회하의 안쪽에 자리 잡았으며, 전체 길이는 33.676km이다. 성의 높이는 14~21m 사이이고, 위쪽 너비는 4~9m, 아래쪽 너비는 14.5m이다. 성벽 위에 있는 성가퀴[堞口 : 여장(女墻)]는 총 13,616개, 와포(窩鋪)[81]는 200개 정도였다. 성문에는 모두 적루(敵樓)가 있었으며, 문마다 나무문[木門]과 1,000근에 달하는 갑문(閘門)이 있었다.

군사적으로 중요한 위치의 성문에는 옹성(甕城)을 두었다. 취보문(聚寶門)·통제문(通濟門)·삼산문(三山門)의 3문에는 각각 길이 3군데였으며, 석성문에는 2군데, 신책문(神策門)에는 1군데였다. 이 중에서 통제문의 면적이 가장 넓었다.

취보문은 가장 화려하였으며, 동서 너비 118.57m, 남북 길이 129m, 면적 16,512㎡, 성 높이 21.45m에, 3개의 옹성이 있었으며 4곳의 성문이 있었다. 이 중에서 첫 번째 성문의 길이는 75m였고 위에는 적루가 있었으며, 27개의 장병동(藏兵洞)을 두었다. 동서에 성으로 올라갈 수 있는 길을 만들어 두었고, 모든 길에는 천근갑(千斤閘)을 두었고, 그 위에는 갑루(閘樓)를 설치하였다. 남쪽에는 폭이 120m에 달하는 진회하를 해자로 삼았으며, 안쪽에는 폭이 28m에 달하는 진회하를 안쪽해자[內塹]로 삼았다.

성에는 총 13개의 문이 있으며, 남당 도성의 남문·용광서문(龍光西門)·수서문(水西門)을 취보문[지금의 중화문(中華門)]·삼산문(지금의 수서문)·석성문으로 명칭을 바꾸었다. 이 외에도 새로이 10개의 문을 만들었는데, 조양문(朝陽門)·정양문(正陽門)·통제문·청량문(淸凉門)·정회문(定淮門)·의봉문(儀鳳門)·종부문(鐘阜門)·금천문(金川門)·신책문[지금의 화평문(和平門)]·태평문(太平門)이 이에 해당한다.

남경성은 현재 명나라 때의 취보문·신책문·청량문·석성문과 중수한 조양문만 남아있다.

3. 취보문(聚寶門 : 중화문)

취보산[聚寶山 : 지금의 우화대(雨花臺)]에서 그 명칭이 유래하게 되었다. 1931년에 다시 명칭을 중화문이라 하였다. 남당 강녕부성과 남송 건강부성 남문의 기초에 세워졌다.

문은 북에서 남쪽으로 향하며, 북서쪽으로 9°정도 기울어졌다. 앞에는 장간교(長干橋)가 있으며 120m 너비의 외진회하(外秦淮河)가 해자로 흘렀다. 뒤에는 진회교(鎮淮橋)가 있으며, 너비 28의 내진회하(內秦淮河)가 안쪽 해자로 흘렀다. 이 성문은 동서 길이 128m, 남북 너비 129m, 면적 16,512㎡이다. 3곳의 옹성과 4곳의 성문이 있고, 21군데의 장병동[장군동(藏軍洞)이라고도 함], 두 줄의 성으로 오르는 길과 한 줄의 파도(坡道)로 이루어졌다.

이 문은 돌을 쌓아올려 성벽을 축조하였으며 성의 벽돌은 권동과 치첩[雉堞 : 성타(城堞), 즉 성가퀴]을 쌓을 때 사용하였다. 성의 높이는 21.45m이며, 현재는 흙이 1m 정도 쌓여서 20.45m 정도이다.

첫 번째로 들어오는 성문은 3층으로 건설되었다. 1층은 성벽으로서, 중간에 성문길[城門通道]이 있으며 길이 52.6m, 높이 11.05m이다. 2층은 누기(樓基)로서, 길이 47.2m, 너비 65.15m, 높이 9.1m로 벽돌과 돌로 쌓았다. 3층은 나무로 세운 적루[성루(城樓)라고도 함.]로서, 헐산정(歇山頂)에 3중의 처마로 되어 있으나, 현재는 남아있지 않다.

첫 번째 문에서 북쪽으로 16.14m 정도 떨어진 곳에는 첫 번째 옹성이 있으며, 요형(凹形)으로 성벽과 서로 연결되어있다. 성벽의 전체 길이 104.7m, 전체 높이 8.4m, 아래쪽 폭 8.2m, 위쪽 폭 7.65m이다. 두 번째 옹성은 첫 번째 길에서 15.8m 정도 떨어져 있으며, 세 번째 길과 두 번째 길은 서로 19.3m 정도 거리를 두었고, 형태는 첫 번째 길과 동일하다.

세 번째 옹성의 문동 위에는 기좌(基座)가 축조되어 있고 남북 방향이며, 높이 1.24m, 길이 20m, 7.65m이다. 동서에는 각각 너비 2.35m, 길이 2.5m의 7단으로 된 계단을 설치해 놓았다. 그 위에는 원래 갑루가 있었으나 현재는 존재하지 않는다.

모든 성문에는 나무문과 천근갑(갑문이라고도 함)이 있다. 나무문의 두께는 32~35cm

중화문

이며, 안쪽으로 열게 되어 있고 현재는 존재하지 않는다. 다만 나무문 위의 방공(枋孔)과 문 아래의 전공(栓孔)만 남아 있다. 갑문은 나무문과 3m 정도 떨어져 있으며, 갑조(閘槽)는 아직도 존재한다. 첫 번째 갑문은 이를 이루고 있던 나무기둥 구멍 등이 지금도 남아있다.

장병동의 구조를 살펴보면, 첫 번째 성문의 왼쪽과 오른쪽에 각각 3곳이 있었으며, 성문 위의 누기에는 총 7곳이 있었다. 모두 남쪽에서 북쪽으로 나있으며 성기(城基)의 중간의 것이 가장 크고 310㎡에 달한다. 동서로 올라가는 길[馳道] 아래에는 각각 서쪽에서 동쪽과 동쪽에서 서쪽에 장병동이 각각 7곳 정도가 있다. 27곳의 장병동은 평상시에는 수성병기[守城器機]와 군용물자를 보관하는데 사용하고, 전시에는 군사를 숨기는 용노도 사용하였는데, 3,000명의 병사를 수용 할 수 있었다고 한다.

4. 신책문(神策門 : 화평문)

청나라 1658년[순치(順治) 15년]에 정성공(鄭成功 : 1624~1662)[82]이 북벌하다가 금릉(金陵)의 신책문 아래에서 패배한 일이 있었다. 이로 인하여 청나라 조정에서는 이곳의 이름을 '득승문(得勝門)'으로 바꾸었다. 1931년에는 명칭을 화평문으로 바꾸었다.

화평문은 현존하는 남경성 성문 중에서 가장 완전한 형태의 성문이다. 이곳에는 청나라 말에 축조한 성루와 나무로 만든 성문이 남아있다.

중화문 측면의 말길

화평문은 3가지 특징을 지니고 있다. 그 중 첫 번째는 보존 상태가 완벽하다는 것이다. 두 번째는 성문이 안쪽에 있고, 옹성이 바깥에 있다는 것이다. 그리고 세 번째는 옹성문이 성문과 대칭하지 않는다는 것으로, 옹성문은 옹성의 동북쪽에 있으며, 이러한 사례는 다른 데에서 찾기 힘들다.

화평문은 규모는 비교적 작은 편이며, 성문에서 한 줄의 옹성으로 조성되었고, 점유면적은 중화문의 10분의 1밖에 안 된다. 성루는 3칸의 헐산정에 겹처마로 지어졌으며, 재료는 민가와 비슷한 것으로 지어졌다. 옹성은 북방의 성지(城池)와 유사하며, 성의 바깥쪽에 있다. 남경의 교통 중심지가 아니었기 때문에, 명·

청·민국시대에는 사용되지 않았었다. 일본이 남경을 점령하였던 기간에는 화평문 옹성을 기름고[汽油庫]로 사용하였다. 건국 이후, 남경군(南京軍)에서도 계속 기름고로 사용하여 외부에 개방을 하지 않았었다. 하지만 이곳을 통하여 주원장이 남경성을 축조하였을 당시의 방식을 알 수 있게 해준다.

5. 청량문(淸凉門)

한중문(漢中門) 바깥의 서로시장(西蘆柴場)에 있으며, 명·청·민국시대부터 지금까지 폐쇄하고 성문으로 쓰고 있지 않다.

성문은 성루를 제외하고 보존 상태가 완벽한 편이며, 성문과 옹성으로 구성되었다. 규모는 화평문보다 더 작은 편이다. 옹성은 성 내부에 있으며 타원형이다.

6. 석성문(石城門)

한중문의 좌측에 있으며 석두성과 대치하고 있기에, 명나라 때의 석성문임을 알 수 있다. 또한 남당시대에 수서문이라 불렀던 삼산문이기도 하며, 한서문(旱西門)이라고도 부른다. 이곳은 명나라 남경성의 정서쪽에 있었기에, 대서문(大西門)이라고도 부른다. 한(旱)과 한(漢)이 발음이 같기 때문에, 이곳을 일컬어 한

민국시대의 수서문
일대(叶兆言 · 卢海
鸣 · 韩文宁, 2012,
『老照片 · 南京旧影』)

서문(漢西門)이라고도 한다.

한서문은 명나라 13문 중에서, 그 규
모가 중화문·수서문·통제문보다 약간
작은 편이다. 수서문과 통제문은 3줄의
옹성으로 조성되어 있고, 규모는 중화문
의 다음이라고 할 수 있지만 현재는 남
아있지 않다. 한서문은 2줄의 옹성과 3
개의 성문으로 구성되었으며, 3문은 일
직선상으로 배치되어 있는 방식이 중화
문에서 쓰인 방식과 동일하다. 하지만 아깝게도 문화대혁명(文化大革命)때, 남경시기
구총역[南京市機具總站]에서 점용하면서 옹성의 북벽과 첫 번째 길의 옹성 동벽을 헐
어버렸다.

취보문·신책문·청량문·석성문 등 포함한 남경성벽은 1988년에 전국중점문물보호
단위로 지정되었다.

7. 황성(皇城)·궁성(宮城)

외황성(外皇城)과 내황성(內皇城)은 경성 동쪽 모서리 쪽에 있다. 원나라 1366년[지정
(至正) 26년]에 처음 세워졌으며, 이듬해에 완공되었다. 남북 길이 2.5㎞, 동서 너비 2㎞,
둘레 9㎞ 정도이다. 황궁 내에는 앞에는 조정이, 뒤에는 침소[前朝後寢]가 있으며, 전각
은 매우 커서 북경고궁(北京故宮)에 참고가 되었다.

태평천국과 중화민국이 남경을 수도로 정한 이후에도, 그 성벽은 명남경성의 기초
에서 크게 벗어나지 않았다.

태평천국 천경성(太平天國天京城)

청나라 1853년[함풍(咸豊) 3년] 3월에, 태평군(太平軍)이 남경을 점령한 후, 천경(天京)
으로 명칭을 바꾸었으며 태평천국(太平天國)의 수도로 삼았다.

천경성벽은 명남경성의 옛 제도를 그대로 따랐다. 방비를 더욱더 강화하기 위해,
태평군은 원래의 기초에 성벽을 더욱더 높였으며 성문을 보수하였다. 또한 해자를 더
욱더 깊게 팠으며 도처에 군영과 보루를 두었다. 또한 성의 남쪽에서 서편에 새로이

소남문(小南門)을 뚫었으며, 지금의 중화문과 수서문의 사이에 해당한다.

자금산에 큰 돌을 써서 군사용도의 보루 2기를 만들고, 서봉(西峰)의 것을 '천보성(天堡城)'라 하였다. 동서길이 60m 정도, 북쪽 너비가 약 40m 정도였으며, 서·남·북쪽에 성문을 두었으며, 안쪽 보루는 상하 2층의 구조였다. 하지만 현재는 성터만 남아 있을 뿐이다. 동록의 '용발자(龍脖子)'에 세운 것을 '지보성(地堡城)'이라 하였으며, 3기의 보루를 두었고, 바깥쪽에 3개의 해자를 둘렀다. 중심 보루는 명나라 상우춘(常遇春 : 1330~1369)의 무덤 앞에 있었으나, 현재는 그 흔적만 남아있다.

천조궁전(天朝宮殿)은 청나라 양강총독서(兩江總督署)의 기초에 세워졌다. 1853년(함풍 3년)에 화재로 소실되었다. 이듬해에 원래 자리에 궁전을 중건하였으며, 동쪽으로는 지금의 장강후가(長江後街) 황가당(黃家塘), 서쪽으로는 지금의 장강서가(長江西街), 남쪽으로는 이제항(利濟巷)과 과항(科巷), 북쪽으로는 양오성호[楊吳城濠 : 북문교하(北門橋河)]에 이르렀다. 형태는 장방형으로 둘레는 약 10리에 달했으며, 규모는 커서 '궁원구중(宮垣九重)'으로 일컬어졌다.

천조궁전은 외성과 내성으로 나누어지며, 외성은 태양성(太陽城), 내성은 금룡성(金龍城)이라 부른다. 대문은 남쪽으로 나있으며, 천조문(天朝門) 혹은 진신영광문(眞身榮光門)이라고 부른다. 문 앞에 있는 어구(御溝 : 궁궐 배수로 겸 개천)의 깊이와 너비는 각각 2장(丈)에 달했으며, 그 뒤에는 3곳의 다리가 놓여있었고, 다리 앞에는 대조벽(大照壁)을 두었는데 높이가 수장, 너비가 10여장이었다. 조벽 부근에는 '천대(天臺)'라는 탑이 있었으며, 그 좌우에는 목패루(木牌樓)가 하나 세워졌었다. 2문의 이름은 '성천문(聖天門)'으로, 문 안의 동서 양쪽에는 안팎이 3층인 조방[朝房 : 조신(朝臣)들이 조회를 기다리고 모여 있던 곳]이 세워졌다.

충의문(忠義門)을 지나면 영광전(榮光殿)이 있었으며, 속칭 금룡전(金龍殿)이라고도 하였고 가장 화려하게 꾸며졌었다. 전각의 뒤에는 후궁(后宮)이 있었으며, 가장 뒤쪽에는 화원(花園)이 있었고, 그 이름을 후림원(后林園)이라 하였다. 동쪽과 서쪽에는 못이 하나씩 있었으며, 안쪽에는 석방(石舫 : 돌로 만든 배 모양의 건

남경성벽의 명문성돌

축물)을 두었다.

1864년[동치(同治) 3년] 7월에 천경이 함락되었으며, 천조궁은 청나라 군대에 의해 모두 약탈되었다. 그리고 그러한 죄악을 덮어씌우기 위해 궁전을 불태워버렸고, 지금은 서화원(西花園) 석방 등의 문물만 남아있다. 현존하는 고건축은 청나라 1870년(동치 9년)에, 천조궁전 옛터에 정택(正宅)과 청루(廳樓) 등을 포함한 양강총독서 1189칸을 준공한 것이다.

민국 남경성벽[民國南京城垣]

1912년[민국(民國) 원년]에 손중산(孫中山 : 1866~1925, 孫文)이 임시대총통(臨時大總統)에 오르고 남경을 수도로 정하였다. 남북의화(南北議和)의 성공 이후, 정부를 북경(北京)에 설치하였으며, 도독부(都督府)를 소주(蘇州)에서 남경으로 옮겼다. 1917년 7월에 독군공서(督軍公署)와 성장공서(省長公署)를 남경에 두었다.

1927년에 국민정부가 남경을 수도로 정하였고, 성 외곽 이내 지역과 읍강문(挹江門) 바깥 하관상부구(下關商埠區)를 남경시로 확정하였다.

민국시대의 남경성벽은 기본적으로 명나라와 청나라 시대의 제도를 따랐다. 청나라 1908년[광서(光緒) 34년]에 연 초장문(草場門)과 1910년[선통(宣統) 2년]에 연 풍윤문(豊潤門) 외에, 경제 발전과 교통의 편리를 위해 민국시대에 6개의 문을 새로이 개통하였다. 1921년에는 해릉문(海陵門), 1922년에는 우화문(雨花門), 1929년에는 무정교(武定橋) 동쪽에 무정문(武定門), 1931년에 석성문 북쪽에 한중문과 신민문(新民門), 1933년에는 중앙문(中央門)을 개통하였다.

1929년에는 조양문을 개축하여 중산문(中山門)으로 명칭을 바꾸었다. 1931년에는 7곳의 성문 이름을 바꾸었다. 취보문을 중화문으로, 정양문을 광화문(光華門)으로, 태평문을 자유문(自由門)으로, 신책문을 화평문으로, 의봉문을 흥중문(興中門)으로, 풍윤문을 현무문(玄武門)으로, 해릉문을 읍강문으로 바꾸고 보수하였다. 그 외의 성문들은 옛 이름을 그대로 유지하였다.

현대의 남경고성벽

중화인민공화국 성립 초기에 남경성벽은 민국시대의 상태로 보존되었다.

1952년 현무문과 태평문 사이, 계명사 뒷편 동쪽에 새로이 해방문(解放門)을 내었다

또한 '후호소문(後湖小門)'을 개통하여 현무호(玄武湖)와 통하게 하였다.

1954년 9월 13일, 시인민위원회(市人民委員會)에서는 남경고성벽을 "역사문물가치가 있는 곳은 보호하여 관광지로 남겨두고, 그 외에는 모두 철거하자"라고 결정하였다. 이러한 결정은 교통과 경제 발전의 이익에 초점을 맞춘 것이었다. 같은 해에 성벽 철거공사에 착수하였으며, 성벽의 전체 길이가 33.676㎞라는 걸 측정하는 등 조사도 진행하였다. 그 후에 대규모로 성벽을 철거했다. 1958년에 이르러 절반 정도는 훼손하고 절반은 남겨두었으며, 성문 또한 대부분 철거되었다.

1982년에 남경시에서 문물에 대한 전면 조사를 하면서 측정해보니, 완벽한 상태로 남아있는 성벽 구간이 19.802㎞이고, 훼손된 채로 남아있는 부분이 15.491㎞였다. 현존하는 명나라 때의 성문으로는 취보문·석성문·조양문·신책문·청량문이 있으며 나머지는 모두 사라져서 이름만 남아 있다. 그리고 청나라 말에서 민국 시기에 새로이 건립되었던 풍윤문·해릉문도 아직까지 남아있다.

1988년 남경성벽은 전국중점문물보호단위로 지정되었다.

남경시명성벽사박물관[南京市明城垣史博物館]

1998년 5월 24일에 남경시명성벽사박물관이 정식으로 개관하였으며, 남경시성벽관리처[南京市城墙管理處]와 공동으로 남경성벽에 대한 보호를 하고 있다. 박물관은 남경성벽의 대성 쪽에 있으며, 남경성벽과 그 유물에 대한 전시·소장·연구를 전문으로 하는 역사박물관이다.

명성벽사박물관은 명나라 때의 명문 성돌 및 이와 관련된 여러 종류의 유물 자료 및 문헌 자료를 소장하였다. 특히 성돌은 600여점이 넘으며, 명나라 궁정에서 사용되었던 금전(金塼)도 있다. 그리고 명고궁의 기초 말뚝[基礎木樁]과 고대 전쟁에서 사용되었던 누석(礌石) 등의 문물도 소장하고 있다. 박물관에서는 '남경성벽'을 기본전시로 구성하였고, 남경성벽의 역사 연혁과 축조 특징 및 중국과 세계 도시발전 역사에 있어서의 지

민국시대의 중화문 모습(叶兆言 · 卢海鸣 · 韩文宁, 2012, 『老照片 · 南京旧影』)

남경성벽과 현무호

위와 가치에 대해 다루었다.

관람객들이 가장 크게 흥미를 가지고 보는 소장품으로는 두껍고 크며 구불구불한 나무뿌리가 있다. 이는 1994년 태평문 쪽을 수리할 때 우연히 발견된 것이다. 이 나무뿌리는 성벽 틈에서 해마다 조금씩 자랐고 튼튼하게 자랐었는데, 나무껍질에 성돌의 명문인 '갑수금전(甲首金田)'등의 글자가 그대로 새겨졌다는 점에서 놀라움을 금치 못하게 한다.

다른 진귀한 소장품으로는 '홍무원년(洪武元年)'이라고 새겨진 성돌이 있으며, 이는 남경성벽이 언제 세워졌는지를 확실하게 보여주는 증거라고 할 수 있다. 또한 몇몇 난해한 문제에 대한 실마리를 제공하는데, '원(元)'자를 피휘(避諱)하여 '원(原)'이나 '선(宣)'자를 쓴 예 등을 보여준다. 하지만 이 성돌이 왜 조양문에서 발견되었는지는 알 수 없다.

또한 벽돌흙으로 만든 웃고 있는 소인의 두상[博士笑面小人頭像]도 전시되어 있다. 이는 1957년에 성을 철거할 때 발견된 것으로서, '회녕현(懷寧縣)'이라는 글자가 새겨

남경성벽 외관

져 있었다. 이 유물은 웃고 있는 것 같기도, 그렇지 않은 것 같기도 해서 기괴한 느낌을 주는데, 왜 성돌과 함께 출토되었는지는 알 수 없다.

남경시명성벽사박물관으로 가는 방법은 2가지가 있다. 하나는 현무호에서 성벽 쪽으로 나있는 계단을 따라 올라가서 명성장대성경구(明城墙臺城景區)라고 쓰인 곳으로 들어가는 방법이다. 남경시명성벽사박물관은 남경성벽 안에 박물관이 있는 것으로, 이곳이 입구에 해당한다.

또 다른 방법은 계명사를 둘러보고 나서, 자항교(慈航橋)라는 다리를 건너가는 방법이다. 이곳을 통해 가면 북벽으로 가게 되며, 북벽을 둘러보다가 남경시명성벽사박물관으로 들어서는 입구로 가면 된다.

남경시명성벽사박물관 내부

현무호에서 들어서
는 남경시명성벽사
박물관 입구

참고자료

南罗宗真·王志高, 2004, 『六朝文物』, 南京出版社.

南京市博物馆·南京市文物管理委员会, 1982, 『南京文物与古迹』, 文物出版社.

南京市地方志编纂委员会, 1997, 『南京文物志』, 方志出版社.

卢海鸣, 2002, 『六朝都城』, 南京出版社.

叶兆言·卢海鸣·韩文宁, 2012, 『老照片·南京旧影』, 南京出版社.

劉淑芬 지음, 임대희 옮김, 2007, 『육조시대의 남경』, 景仁文化社.

임종욱, 2010, 『중국역대인물사전』, 이회문화사.

程裕禎·李順興·楊俊萱·張占一, 2001, 『中国名胜古迹辞典』, 中国旅行出版社.

김구진, 2001, 「여진 사회의 Tatan(窩鋪)제도에 대한 연구」, 『人文私學』9, 弘益大學校 人文私學研究所.

周裕興, 2003, 「南京 六朝都城의 研究」, 『百濟研究』38.

賀雲翔, 2011, 「六朝 都城의 佛敎寺院과 塔 研究」, 『湖西考古學』24.

76) 5대 10국 시대 남당(南唐)의 건국자. 본명은 서지고, 묘호는 열조(烈祖)이다. 양오를 건국한 양행밀(楊行密 : 852~905)의 부장 서온(徐溫 : 862~927)의 양자로 들어갔다. 서온이 양오의 실권을 장악하면서 권력을 얻게 되었으며 서온 사후 양오의 실권을 장악하였다. 937년 황제로 즉위한 그는 스스로 당현종(唐玄宗 : 685~762)의 여섯째아들 낙윤(落胤)의 후손이라 칭하며 이변이라는 이름을 쓴다.

77) 양오 태조 양행밀의 4번째 아들이다. 920년 양융연(楊隆演)이 세상을 뜨자, 양부가 그 뒤를 이어 왕위에 올랐으며, 921년에 연호를 순의(順義)라 하였다. 927년에 황제로 즉위하였으며, 건정(乾貞)으로 연호를 바꾸었다. 양융연과 양부가 집권하고 있을 당시, 군사권은 모두 서온과 서지고가 쥐고 있었다. 937년 서지고에게 선양을 함으로서 양오는 멸망하게 되었다. 938년에 세상을 떴으며, 시호는 예황제(睿皇帝)이다.

78) 남당의 중주이자 사인(詞人)이다. 처음에 이름을 요(瑤)라 했다가 나중에 경(璟)으로 다시 바꾸었다. 서주(徐州) 사람으로, 남당의 선주 이승(李昇 : 888~943)의 맏아들이다. 943년에 남당의 황제로 즉위했다. 956년 후주(後周) 세종(世宗 : 921~959)의 남정(南征)으로 남당군이 대패하였다. 그러자 2년 뒤 사신을 보내 장강 이북의 땅을 분할하여, 후주에 신하를 칭하고 황제 칭호를 버리고 남당국주(南唐國主)라 칭했다. 그 후 남당이 내외적으로 곤란을 당하고 국력이 날로 약해지자 그 또한 병사했다.

79) 남당의 후주로, 자는 중광(重光)이고, 호는 종은(鍾隱)이다. 중주 이경의 여섯번째 아들이다. 태자 이기(李冀)부터 다섯 아들이 모두 죽어 그가 오왕(吳王)에 봉해졌다. 961년에 태자가 되었다. 즉위하자 송나라의 정삭(正朔)을 받들면서 강남국주(江南國主)라 불렀다. 위기에 효율적으로 대응하지 못하고, 결국 송태종(宋太宗 : 936~997)에게 살해당했다. 음률(音律)에 정통하고 사(詞)의 작자로 이름이 높았다. 저서에 『남당이주사(南唐二主詞)』가 있다.

80) 명태조 주원장의 모사. 주원장이 휘주를 점령했을 때 해야 할 일을 묻자 "담장을 높이 쌓고 널리 식량을 저장하며 왕을 칭하는 것을 늦추라"고 하였다. 명나라가 들어서자 한림학사(翰林學士)에 임명되었다. 저서로는 『주역방주도(周易旁注圖)』·『상서방주(尚書旁注)』·『시방주(時旁注)』등이 있다.

81) 와포란 임시로 비바람을 피하기 위해 설치한 막사나 목책을 말한다. 숲속에서 수렵생활을 하던 여진족, 즉 우디캐[兀狄哈]에게 있어서 와포(Tatan)란 1차적으로 몽골의 파오 같은 둥근 텐트를 의미하며, 2차적으로는 이동 부락이자 씨족을 통솔하는 기초 집단이라 볼 수 있다. 본문에서는 성의 방어에서 사용되는 천막을 뜻한다. 김구진, 2001, 「여진 사회의 Tatan(窩鋪)제도에 대한 연구」『人文私學』9, 弘益大學校 人文私學研究所.

82) 명나라 부흥운동의 중심인물. 남명의 복왕(福王 : 1607~1646)으로부터 주(朱)씨 성과 '성공'이란 이름을 하사받았다. 명나라가 멸망하자 주원장의 후손인 당왕 융무제(隆武帝 : 1602~1646)를 옹립하였다. 이후 항청복명(抗淸復明)운동을 지속적으로 전개한다.

남경박물원 南京博物院

강남의 역사와 문화를 집대성 하다.

남경박물원

남경박물원(南京博物院)은 중국에서 가장 이른 시기에 세워진 박물관 중 하나이다. 그 전신은 1933년에 차이위안페이[蔡元培 : 1868~1940][83] 등이 창설한 국립중앙박물관주비처(國立中央博物館籌備處)이다. 1950년에 다시 남경박물원으로 명칭을 바꾸었다. 자금산(紫金山) 남쪽 기슭에 있고, 남경성(南京城) 동쪽 중산문(中山門) 안의 중산동로(中山東路) 321호에 세웠으며 약 13만㎡의 규모로 계획되었다.

구관(舊館)은 2개의 전시관, 즉 역사진열관(歷史陳列館)과 예술진열관(藝術陳列館)으로 구성되었다. 점유 면적은 70,000㎡이고, 이 중에서 건축 면적은 35,000㎡이다. 궁전 건축을 본따서 건물을 세웠으며, 황색 기와에 기둥을 붉게 칠하였다.

최근에 신관(新館)을 조성하여 박물관 서쪽과 북쪽에 건물들을 확장하였다. 이곳은 2013년 11월 6일에 개방하였다. 박물관은 이전보다 그 규모가 매우 커졌으며, 크게 역사관·기획전시관·예술관·디지털관·민국관·무형유산관[肥遺館] 등으로 구분된다.

박물관 현황

역사관은 구관 뒤에 크게 조성되어 있으며, 7개의 전시관으로 구성된다. 역사관은 1전시실부터 6전시실에 해당한다. 강소고대문명(江蘇古代文明)이라는 이름으로 중원(中原)과는 구별되는 독자적인 문명이 있었음을 강조하였다. 전시관 제목과 소제목 등에는 한글도 병용해 놓았다. 수많은 유물들을 전시해 놓았지만, 그 중에서도 눈길을 끈 것은 문물표본실(文物標本室)이다. 이곳에는 시대별로 유물들을 수장고에 모아 놓은 것처럼 전시를 해 놓았는데, 각 시대마다 세부적으로 발전 단계를 나누어서 점진적으로 볼 수 있게 하였다. 즉 이 표본실을 주의 깊게 관찰하면, 당시 토기가 어떤 형태로 발전해 나

신석기시대 토기 문물표본실

가는지를 알 수 있게 한 셈이다. 전시실에는 토기에 넣어진 채로 발견된 서주시대 계란도 전시되어 있는데, 이는 남경박물원이 개방하면서 중국에 보도된 저명한 유물이다.

육조시대의 유물도 풍부하게 전시되어 있으며, 국내에서도 발견된 것과 비슷한 육조시대의 청자들도 이곳에 그대로 진열되었다. 안내판 등에는 육조시대와 관련된 여러 사항들을 적어 놓아 이해를 도모하였고, 화려한 귀족 문화를 느낄 수 있게 구성되었다. 특히 죽림칠현(竹林七賢)이 양각된 전돌 벽화는 매우 유명한 유물로, 육조시대의 이상적인 귀족들의 생활상을 표현한 것이다.

특별관은 7전시실에서 18전시실을 포함한다. 역사관에서 특별관으로 가기 전에 지하로 내려가면 디지털관·민국관·무형유산관으로 갈 수 있다. 이 중에서도 민국관은 중화민국시대의 거리를 복원해 놓았다. 특별관을 지나 잠시 외부로 나갔다가 새로 지

서주시대 토기와 계란

은 건물로 들어서면 바로 예술관으로 가게 되며, 이곳은 19전시실부터 27전시실을 포함한다. 남경박물원은 매우 방대한 규모로 조성되었으며, 제대로 감상하려면 하루 종일 투자해야한다.

건립 연혁

1933년에 중국 근대의 민족혁명가이자 교육자인 차이위안페이의 발의로 국

민정부에서 국립중앙박물원주비처를 창립하였으며, 차이위안페이가 제 1대 이사회 이사장이 되었다. 1936년에 착공하여 인문·공예·자연의 3관으로 구성하고자 하였으며, 후에는 항일전쟁(抗日戰爭)이 발발해 공사가 중단되었다. 1950년대 초반에 이르러 중앙정부에서 정비하고 중건하여 인문관을 건립하였고, 이게 현재의 역사진열관에 해당된다.

남경박물원 신관 예술관 입구

신중국(新中國)이 성립된 이후 그대로 명칭을 국립중앙박물원이라 하였고 문화부(文化部)의 관할에 속하였다. 1950년 3월에 다시 명칭을 국립남경박물원(國立南京博物院)이라 하였고, 처음에는 문화부 문물사업관리국(文物事業管理局)에 속하였으나 나중에는 화동행정위원회(華東行政委員會) 문화부에 속하게 되었다. 1954년에는 다시 강소성문화국(江蘇省文化局)에서 관할하게 되었다. 1959년 남경박물원·강소성박물관(江蘇省博物館)·강소성문물관리위원회(江蘇省文物管理委員會) 3곳이 합병하였고, 명칭을 그대로 남경박물원으로 하였다.

차이위안페이

기구 및 인원 구성

남경박물원은 부청급(府廳級) 전액사업단위(全額事業單位)로서 사무실[辦公室]·인사조직부(人事組織部)·보위부(保衛部)·고고연구소(考古研究所)·고대예술연구소(古代藝術研究所)·민족민속연구소(民族民俗研究所)·문물보호연구소(文物保護研究所)·고건축연구소(古建築研究所)·진열예술연구소(陳列藝術研究所)·보관부(保管部)·문물수집부[文物徵集部]·『동남문화』편집부(東南文化編輯部)·복무부(服務部)와 도서관 등 14개의 기구로 구성되어 있다. 이 외에도 '국가문물 반출 감정 강소지점[國家文物出境鑑

定江蘇站]'과 '강소성문물총점(江蘇省文物總店)'을 부설하였다.

2007년 기준으로 남경박물원의 직원은 총 203명으로, 대부분 전문기술인력이다. 주로 고고학적 발굴연구(考古學的發掘硏究)·문물보호기술연구(文物保護技術硏究)·문물연구(文物硏究)·고대예술연구(古代藝術硏究)·민족민속연구(民族民俗硏究)·진열전람(陳列展覽)·간행출판[書刊出版]·대외교류(對外交流) 등의 업무를 하고 있다.

주요 소장품 및 특징

남경박물원에는 여러 종류의 소장품이 총 약 40만 점 정도 있으며, 이들은 위로는 구석기시대, 아래로는 현대까지 해당된다. 석기·도기·옥기·청동기·자기·서화(書畵)·직물과 자수품[織繡]·죽목아조(竹木牙雕)·민속품과 현대예술품 등이 있으며, 국가 1급 이상의 문물이 1062점이다.

신석기시대의 '옥관식(玉串飾)', 전국시대의 '착금은동호(錯金銀銅壺)'·'영원(郢爰)', 서한시대의 '금수(金獸)', 동한시대의 '광릉왕새(廣陵王璽)'·'착은식청동우등(錯銀飾靑銅牛燈)'·'유금양감신수동연합(鎏金鑲嵌神獸銅硯盒)', 서진시대의 '청자신수존(靑瓷神獸尊)', 남조시대의 '죽림칠현과 영계기'모인전화(竹林七賢與榮啓期模印塼畵), 원나라의 '유리홍세한삼우문매병(釉里紅歲寒三友紋梅甁)' 등 10점의 소장품이 국가급문물로 등록되어 있다.

기본진열 및 특별전시

남경박물원은 "조국의 문화유산을 보호하고, 민족의 우수한 전통문화를 발양하여, 모든 민족의 사상 도덕과 문화 소질을 제고하자."를 모토로 삼고 있다. 그렇기에 각종 전시들을 통하여 시민들에게 양질의 문화 서비스를 제공하고자 한다.

1960년대 초, '강소역사진열(江蘇歷史陳列)'을 기본진열로 삼아, 약 3천 점의 고고학·민족학문물과 역사문헌 위주로 전시를 하였으며, 이를 통하여 강소지역의 정치·경제·문화 발전의 역사를 보여주었다. 후에 좀 더 수정하고 보완하여 1989년에 새로이 '장강하류 5천년 문명전(長江下流五千年文明展)'이라는 이름으로 장강 하류의 넓은 지역들을 다루었으며, 강소성·안휘성(安徽省)·상해시(上海市)는 물론 절강성(浙江省)과 강서성(江西省)지역까지 다 포함시켰다. 동시에 '강소고고진열(江蘇考古陳列)'과 '우리의 어제 - 조국의 역사·민족과 문화전[我們的昨天——祖國的歷史、民族和文化展]'을 기본진열에

착은식청동우등

추가하였다.

　1999년에는 예술진열관을 새로이 개관하였으며, 진열 면적은 7,000㎡이고, 진보(珍寶)·옥기·청동·명청자기(明淸瓷器)·서화·도예(陶藝)·칠예(漆藝)·직물과 자수품 등 11개의 주제로 진열관을 구성하였으며, 그 소장품은 5천 여 점에 달한다. 이후 국가문물국(國家文物局)에 의해 ‘99년도 전국 10대 정품진열(精品陳列)’에 선정되었다.

　이러한 기본진열과 동시에, 남경박물관에서는 매년 40여 회 이상의 임시진열(臨時陳列)도 거행하였다. 남경박물원 소장 유물 중 전문적인 진열이나, 다른 성시(省市)의 문물 정품전(文物精品展), 현대 예술가들의 작품전시 및 외국 예술품 전시 등을 하였다.

주요 학술 성과

1. 고고발굴과 연구

　1930~1940년대에 남경박물원에는 리지[李濟 : 1896~1979]·우진딩[吳金鼎 : 1901~1948]·샤나이[夏鼐 : 1910~1985]·정쟈오위[曾昭燏 : 1909~1964]·왕톈무[王天木 : 1883~?] 등의 저명한 전문가들이 운집해 있었다.

　이들은 개별적으로, 혹은 중앙연구원(中央研究院)과 합작하여 사천(四川)·운남(雲南)·귀주(貴州)·감숙(甘肅)·신강(新疆) 등지의 민족·민속·고적·민간예술에 대한 조사와 발굴 및 연구를 진행하였다. 주도하거나 참여한 발굴로는 운남 남창(南蒼) 이지구(洱地區), 사천 팽산애묘(彭山崖墓), 하남(河南) 안양(安陽) 은허유적(殷墟遺蹟), 산동(山東) 일조(日照) 양성진(兩城鎭) 용산문화성터[龍山文化城址] 등이 있다.

　구입·수집·발굴·증여 등을 통하여 20~30만점의 유물들을 모았으며, 여기에 포함되는 회화 중에서 《역대제후상(歷代帝后像)》·《당명황행촉도(唐明皇幸蜀圖)》가 있고, 동기 중에서는 모공정(毛公鼎)·사모무정(司母戊鼎) 등 격이 높은 국보 등도 있었다.

　1950년대 초 이후에는 남경박물원에서 화동문물공작대(華東文物工作隊)를 조직하여, 강소·복건(福建)·절강·안휘·산동 등지의 고고발굴을 주도하거나 참여하였다. 당시 정쟈오위·인환장[尹煥章 : 1909~1969]·쟈오칭팡[趙靑芳] 등이 조사한 유적이나 고분으로는 남당이릉(南唐二陵)·청련강유적(青蓮崗遺蹟) 등이 있다. 1954년 이후로는 고고조사와 발굴이 주로 강소성 경내 위주로 진행되었다.

1990년대 이후, 남경박물원의 고고조사는 구역별 문화연구에 중점을 두었으며, 대형유적에 대한 과학적 고고발굴을 통해 여러 성과를 얻었다. 2007년까지 남경박물원에서 주도한 발굴로는 곤산 조릉산유적(昆山趙陵山遺蹟)(1991)·고우 용규장유적(高郵龍蚪莊遺址)(1993)·양주 당성유적(揚州唐城遺蹟)(1993)·서주 사자산 서한초왕릉묘(徐州獅子山西漢楚王陵墓)(1995)·양주 송대성유적(揚州宋大城遺蹟)(1995)·금단 삼성촌유적(金壇三星村遺址)(1998)·강음 고성돈유적(江陰高城墩遺蹟)(1999)·연운항 등화락 유적(連雲港藤花落遺蹟)(2000)·무석 홍산월국귀족묘(無錫鴻山越國貴族墓)(2004)·강소 구용 금단토돈묘묘군(江蘇句容金壇土墩墓墓群)(2005) 등 10여 곳이다.

이러한 유적들은 잇달아 '전국 10대 고고발견'으로 선정될 정도로 전국적으로 높은 평가를 받았다. 그 중에서도 등화락유적과 구용 금단토돈묘의 경우 전국 야외조사 분야에서 2등상을, 삼성촌유적의 경우 3등상을 받았다. 이러한 사례들을 통하여 남경박물관 고고조사의 실력과 수준을 미루어 짐작해 볼 수 있다.

이러한 고고발굴을 기초삼아, 남경박물관의 고고학자들은 『남경 부근 고고보고(南京附近考古報告)』·『화동 신석기시대유적[華東新石器時代遺址]』·『남당이릉(南唐二陵)』·『기남 고화상석묘 발굴보고(沂南古畵像石墓發掘報告)』·『북음양영(北陰陽營)』·『사천 팽산한대애묘(四川彭山漢代崖墓)』·『무석 홍산월묘(無錫鴻山越墓)』 등의 대형발굴 보고서를 출판하였다. 게다가 '청련강문화(青蓮崗文化)'[84]·'호숙문화(湖熟文化)' 등의 고고학 문화를 규정하여 중국고고학계에 이를 반영하였다.

2. 문물보호기술연구

남경박물원 문물보호기술연구는 70년대 중후반부터 시작하되었으며, 강소성 수장 문물과 지표 문물의 보호 작업을 담당하게 되었다. 최근 10년간 '옛 종이 보호기술[舊紙張保護技術]'·'NMF-1 곰팡이제거제[防霉劑]'·'복방 중초약살충제(複方中草藥殺蟲劑)' 등 14개 항목에 대해 국가와 문화부, 그리고 성문화청(省文化廳)으로부터 각종 등

유금양감신수동연합(南京博物院,1984, 『中國博物館 – 南京博物院編』)

청자신수존

급의 대상을 받았다.

'종이 내구성 보완 기술[脆弱紙張網膜加固技術]'과 '청동기 보호 신재료(靑銅器保護新材料)'·'흰개미 예방치료 신약[白蟻防治新藥]' 등의 연구를 통하여 국내외에 이를 알리고 광범위하게 활용 할 수 있게 하였다.

3. 학술활동 및 정기간행

강소성박물관학회(江蘇省博物館學會)·고고학회(考古學會)·민속학회(民俗學會)와 오문화학회(吳文化學會) 모두 남경박물원에 부속되어 있다. 1970년대 후반부터 학회에 의뢰해 '장강하류지역 선사문화연구[長江下游史前文化研究]'·'홍루몽연구(紅樓夢研究)'·'오문화연구(吳文化研究)' 등의 연구 활동을 하였다.

이 4개의 학회가 공동으로 작업하여 『문박통신(文博通訊)』을 만들었고, 10여 년 동안 발전하여 『동남문화』잡지를 발간하였다. 이는 국내외 인문과학계와 고고학계의 중요한 학술 간행물로서, 강소성 내 10종의 우수한 사회과학잡지 중 하나로 평가된다.

유리홍세한삼우문매병(南京博物院, 1984, 『中國博物館 - 南京博物院编』)

4. 출판

개관 이래로 남경박물원이 주관하여 편찬한 인문서적과 고고도서는 100여부에 이른다. 그 중에서 1930년대 정쟈오위와 리지의 저작인 『박물관학(博物館學)』은 중국의 박물관학 기초를 다지는데 일조하였다.

이후 편찬된 서적으로는 『남경박물원장보록(南京博物院藏寶錄)』·『신기화청-신석기시대유적 발굴보고(新沂花廳——新石期時代遺址發掘報告)』·『남경박물원 문물 박물관 고고문집(南京博物院文物博物館考古文集)』·『중국청대관요자기(中國淸代官窯瓷器)』·『남경박물원 소장 명화 감상(南京博物院藏名畵欣赏)』·『남경박물원 소장 명청초상화(南京博物院藏明淸肖像畵)』·『오문화 국제학술연구토론회 논문집(吳文化國際學術研討會論文集)』 등이 있으며 이들은 모두 학계의 호평을 받았다.

대외문화교류

1950년대부터 남경박물원은 국가조직의 문물전람에 참여하여 소련과 독일 등에 전시품을 내보냈었다. 개혁개방 이후로는 국제적인 학술교류를 더욱 늘려, 일본·독일·미국·프랑스·벨기에·핀란드·홍콩·마카오·대만 등의 국가와 지역에서 전시회를 개최하였다.

최근에는 일본규슈박물관·한국고궁박물관·미국 펜실베니아 필라델피아 자연과학원과 '학술문화교류 협의서'를 체결하여, 서로 우호적인 교류활동을 펼치고 있다. 해외 학술단체와의 합작연구도 갈수록 늘리고 있는데, 일본학술단체와 합작한 '불교남전(佛敎南傳)'·'초기 수도작유적 고고[早期水稻田遺址考古]'·'강남인골연구(江南人骨硏究)'·'사양한묘 출토 목질문물 보호연구(泗陽漢墓出土木質文物保護硏究)' 등이 있다.

참고자료

南京博物院 http://www.njmuseum.com/zh/index.html

국립문화재연구소, 2002, 『韓國考古學事典』.

南京博物院, 1984, 『中國博物館 – 南京博物院編』, 文物出版社.

南京博物院, 2013, 『南京博物院』.

南京博物院藏寶錄編輯委員會, 1992, 『南京博物院藏寶錄』, 上海文藝出版社.

83) 자는 학경(鶴卿)이며, 어릴적 이름은 아배(阿培)였고, 소흥(紹興) 산음(山陰)사람이다. 혁명가이자 교육가이며 정치가이다. 중화민국(中華民國) 초대 교육총장(敎育總長)이었으며, 1916년~1927년까지 북경대학(北京大學) 교장으로 있으면서, 학술과 자유의 풍조를 이끌었다. 1920년~1930년까지 중법대학(中法大學) 교장을 역임하였다.

84) 1951년 강소성 회안현(淮安縣) 청련강(靑蓮崗) 유적의 발굴로 그 명칭이 유래하였다. 회하(淮河)하류의 평원을 중심으로 산동성(山東省) 중·남부 및 강소성 북부 지방에 주로 분포한다. 시대는 B.C.5400~4400년에 해당한다. 토기는 홍도 위주이며, 채도도 있다. 생업 경제는 농업 위주이며, 주요 작물은 좁쌀이다. 무덤은 단독으로 묻히는 경우가 많으며, 부장품도 다수 들어간다. 홍도의 바리를 시신 머리에 덮은 것이 청련강문화의 독특한 장례풍속이다.

남경시박물관(조천궁)
南京市博物館(朝天宮)

조천궁에 숨겨진 알짜배기 박물관

남경시박물관 입구

남경시박물관에 전시된 제갈량과 손권 밀랍인형

　　남경시박물관(南京市博物館)은 종합성 역사예술박물관으로서 남경시에서 세운 시립박물관이고, 국가 중점 박물관 중 하나이다. 본래 신중국 건국 초기에 성립한 남경시문물보관위원회(南京市文物保管委員會)가 그 전신이고, 1978년에 남경시박물관이라고 정식으로 발족하였다.

　　남경시박물관은 남경지역의 매장문화재와 고분에 대한 고고 발굴조사와 문물의 보호, 소장품의 수집과 보관을 주 업무로 삼는다. 풍부한 문물과 문헌자료 및 연구 성과를 기초로, 역대 중국의 역사에 있어서 남경의 위치와 남경 고도의 역사문화의 성취에 대해 다루고 있다.

　　남경시박물관은 조천궁(朝天宮) 안쪽에 위치한다. 조천궁은 남경지역에서 가장 큰 규모의 고건축물로, 강소성 중점문물보호단위 중 하나에 해당한다. 조천궁 지도 안내판에 보면 대성전(大成殿) 옆에 주전청(主展廳)이라는 건물이 보이는데, 이곳이 바로 남경시박물관이다. 실제로 가보면 밖에 아무런 표시도 없기 때문에 남경시박물관임을 인식하지 못하고 그대로 지나치는 경우도 더러 있다. 남경시박물관 입구는 푸른색과 황색의 기와를 사용한 지붕이 씌워져 있으며, 그 안쪽으로 여러 건물들이 연결되어 있다.

용반호거 전시실 모습

전시 구성

1. 용반호거-남경성시사전(龍蟠虎踞──南京城市史展)

이 전시에서는 박물관의 문물과 남경시 지역의 문헌자료를 이용하여 역사의 발전 단계에 따라서, 원시시대부터 진한(秦漢)·육조(六朝)·수당송원(隋唐宋元)·명청(明淸)·민국(民國)이라는 5가지 단위로 나누어 전시를 해놓았다.

또한 남경 역사에 있어서 중대한 사건과 인물에 대한 전시도 해놓았다. 단순히 문물을 진열하는 차원을 벗어나, 문헌자료와 사진, 문서 등을 이용하여 전시를 해 놓았다. 이곳에 진열해 놓은 유물들은 총 1,600여 점에 달한다.

2. 승적천년-조천궁역사전(勝迹千年──朝天宮歷史展)

승적천년 전시실 모습

조천궁은 강남지역에 현존하는 가장 크고, 급이 높으며, 보존 상태도 매우 좋은 편인 명청시대 관식(官式)의 고건축군이다. 조천궁이라는 이름은 명나라 1385년[홍무(洪武) 17년]에 태조 주원장이 친히 하사한 것으로서, '조배상천(朝拜上天)'에서 따온 것이다.

현존하는 건축은 청나라 1866년[동치(同治) 5년]에 중건된 것으로서, 동·중·서

옥당가기 전시실 모습

의 3로(路)로 구성되어 있다. 동로(東路)는 강녕부학(江寧府學)을, 서로(西路)는 변호사(卞壺祠)를, 중로는 부학문묘(府學文廟)를 위한 것으로서, 점유하는 면적은 5만㎡에 달한다. 1957년에 조천궁은 강소성문물보호단위로 지정되었으며, 현재 남경시박물관이 소재하고 있다.

이곳은 역사의 현장이기도 하며, 현재 남경시박물관에서는 이와 관련하여 '승적천년-조천궁역사전'을 전시하고 있다. 이 전시는 '야성춘추(冶城春秋)'·'조천운각(朝天雲閣)'·'인문장고(人文掌故)'의 3가지로 구성된다.

3. 운상잠영-관장송명복식전(雲裳簪影──館藏宋明服飾展)

박물관에서 소장하고 있는 송나라와 명나라 때의 복장(服裝) 및 각종 패식을 전시하고 있다. 그 중에서도 복장과 신발 등은 20여 점이 있으며, 이들은 금·은·옥 등으로 장식되었고, 패식은 100여 점이 넘는다. 적지 않은 유물들이 강녕 송묘(江寧末墓)와 강녕 장군산 명대 목씨가족묘(江寧將軍山明代沐氏家族墓)에서 출토되었다.

4. 옥당가기-관장정품전(玉堂佳器──館藏精品展)

자진아집 전시실 모습

'청화소하추한신도매병(青花蘇何追韓信梅瓶)'과 '청유우인문반구호(青釉羽人紋盤口壺)' 등 국보급의 유물 20점을 전시해 놓았다. 전시장은 내부에 설치되었으며, 한두점의 문물을 1열로 배치해 놓는 방식으로 진열하였다. 서로 독립적인 공간을 만들어 배치하였기에, 관람객들이 문물을 더욱더 흥미롭게 관람 할 수 있도록 배려해 놓았다.

동오의 청자유하채중연개관(靑瓷流下彩重沿蓋罐)

육조시대 유물로 표현한 당시 생활상

5. 자진아집-관장원명청자기전(瓷珍雅集——館藏元明淸瓷器展)

원나라와 명나라, 그리고 청나라 시대의 자기들을 한 자리에 모은 것으로서, '원자진장(元瓷珍藏)'·'명자집췌(明瓷集萃)'·'청자아운(淸瓷雅韵)'이라는 3개의 전시로 구성되었으며, 이곳에 있는 유물들은 각종 자기가 총 160여 점에 이른다. 세 시대를 대표하는 자기들의 실물 자료 이외에도, 서로 다른 시대의 관요(官窯)나 민요(民窯) 등에 대한 설명을 적은 전시판을 걸어놓기도 하였다.

동진의 우마차 및 도용군

주요 활동

1. 고고발굴

남경시박물관에서는 전문적으로 고고발굴을 진행하고 있으며, 주로 남경지역의 매장문화재와 유적의 조사를 맡고 있다. 이를 통하여 수많은 고고학적 자료를 얻으며, 이는 남경지역의 역사문화를 밝히는데 큰 도움이 되고 있다.

탕산유적(湯山遺蹟)에서는 35만 년 전의 남경원인(南京猿人) 두개골과 여러 동물들의 화석들을 발굴하였는데, 이는 남경지역에서 발견된 가장 이른 시기의 인류 유적에 속

남조의 도진묘수(陶鎭墓獸)

육조의 동물조상(銅佛造像)

한다. 이는 1994년에 전국 10대 고고발견 중 하나로 손꼽힐 정도로 높게 평가된다.

또한 남경 상산(象山) 등에서 육조시대 가족묘에 대한 고고발굴이 있었다. 육조 가족묘로는 왕(王)·사(謝)·이(李)·고씨(高氏) 가족의 고분들이 발견되어, 당시의 고분 형식과 습속 등을 알 수 있게 해주며, 이는 1998년 전국 10대 고고발견 중 하나로 선정되었다.

고순설성(高淳薛城)유적에서는 신석기시대의 문물들이 많이 출토되었으며, 그 중에서 채도(彩陶)와 옥기(玉器)가 대표적이다. 이 유적의 발견은 남경 북음양영(北陰陽營)유적을 이어 남경에서 신석기시대 취락유적이 발굴된 사례로 꼽힌다. 1997년 전국 10대 고고발견 중 하나로도 선정되었다.

금릉(金陵) 장간사(長干寺) 지궁(地宮)에서는 부처님의 정골사리(頂骨舍利)와 중국 최대 규모의 아육왕탑(阿育王塔)이 발견되었었다. 이 외에 남경시박물관에서는 남경지역의 선사고고·육조고고·명대고고 등의 방면에서 풍부한 성과를 얻었다. 탕천(湯泉) 우두강(牛頭崗) 고문화유적·육조 건강성(建康城)유적·육조 제왕능침(帝王陵寢)·명고궁(明古宮)유적·명대 융강선창(龍江船廠)유적 등은 모두 고고연구에 있어서 중요한 성과로 이야기된다.

2. 소장 유물

남경시박물관에서는 10만점에 이르는 유물들이 소장되어 있으며, 원시시대부터 민국시대까지 이른다. 소장하고 있는 유물로는 남경원인의 머리뼈화석[南京人頭骨化石]·청유우인문반구호·청자연화존(靑瓷蓮花尊)·왕·사가족묘지(王謝家族墓志)·청화소하추한신매병·양금탁운룡문옥대(鑲金托雲龍紋玉帶)·어옹희하호박배(漁翁戲荷琥珀杯)·칠보아육왕탑(七寶阿育王塔) 등의 유물이 있다.

그리고 이러한 소장품들을 바탕으로 『육조풍채(六朝風采)』·『금과 옥[金與玉]』·『남경시박물관인선(南京市博物館藏印選)』·『명대관복수식(明代冠服首飾)』 등의 서적들을 발간하였다. 또한 『남경문물정화(南京文物精華)』·『남경문화지(南京文化志)』·『남경문물지(南京文物志)』·『강소성문물지(江蘇省文物志)』에서도 남경시박물관의 유물에 대해 지면을 할애하고 있다.

조천궁

명청시대에 조성된 조천궁 고건축군은 '금릉 제일의 명승[金陵第一勝迹]'이라고도 불린다. 조천궁의 역사는 무려 2,500년이나 된다. 춘추시대부터 지금에 이르기까지 천궁(天宮) 뒷산에는 남경에서 가장 이른 시기의 성읍(城邑)인 '야성(冶城)'이 있다. 전해지는 말에 따르면 오왕(吳王) 부차(夫差 : ?~B.C.473)가 일

조천궁 입구

찍이 이곳에서 검을 제련하였다고 하며, 상당한 규모의 야금공방[冶鑄作坊]을 만들었다고 한다. 그리하여 이곳에 사람들이 모여들었기 때문에 성읍이 형성된 것이다. 후에 사람들은 이 산을 일컬어 '야산(冶山)'이라고 부른다.

삼국시대 오나라 때에 손권(孫權 : 182-252)은 이곳에 야관(冶官)을 설치하였다. 즉 야산은 동오시대에 동기와 철기를 제련하였던 중요한 장소였다는 점을 알 수 있다. 또한 병장기와 공구 외에도 화폐를 주조하였다고 한다.

동진(東晉) 초에 사도(司徒)이자 승상(丞相)이었던 왕도(王導 : 276~339)는 야산에 별장을 지었으며, 이를 '서원(西園)'이라고 하였다. 당시 서원은 "과일나무가 숲을 이루고, 새와 사슴들이 있었다[果木成林 , 又有鳥兽麋鹿]"고 전한다. 풍경이 매우 아름다웠기에, 왕도는 항상 이곳에서 문인들과 함께 머물렀다고 한다. 『육조사적편류(六朝事蹟編類)』의 기록에 의하면 당시에도 야산에서 제련작업이 이루어지고 있었다고 한다. 그때 왕

영성문(欞星門)

도가 중병을 앓았었고 날로 병이 심해져갔는데, 방사(方士)가 그에게 찾아와서 이렇게 말했다고 한다. "군(君)께서는 본래 명(命)이 신(申)에 있는데, 신은 땅이 야(冶)에 있습니다. 금(金)과 화(火)는 서로 상극이니, 군께서는 득 될게 없습니다." 그 말을 듣고 왕도는 이곳에 있던 공방을 청량산(淸凉山)과 석두성(石頭城) 일대로 옮기게 하였다. 그러자 확연

반지(泮池)

히 그의 병에 차도가 있게 되었고, 결국에는 병이 낫게 되었다. 그리하여 왕도는 이곳에 별장을 두게 되었고, 이때부터 야산은 명실상부한 명승지로 거듭나게 되었다.

　야산 서쪽에는 원래 변공묘(卞公墓)와 변공사(卞公祠)가 있었다. 변공(卞公)은 동진의 명신(名臣)인 변호(卞壺 : 281~328)를 말한다.

　남조 유송(劉宋) 명제(明帝 : 439~472) 470년[태시(泰始) 6년]에 야산에 '총명관(聰明觀)'을 건립하였는데, 이곳은 고대 남방에서 가장 이른 시기의 사회 과학 연구기구였다. 이곳에서는 문(文)·사(史)·유(儒)·도(道)·음양(陰陽)이라는 5가지 분야로 나누고, 명망 있는 학자 20명을 초청하여 교육을 맡게 하였다. 후에는 문·사·유·음양이 점점 전해지지 않게 되고, 도가학파는 도교에 합류되었다. 그리하여 야산에는 새로이 도관(道

대성문(大成門)과 공자행교상(孔子行敎像)

觀)이 들어서게 되었다. 이때부터 야산 에서는 도교의 중심지로 변모하게 된다.

대성전

야산에는 당나라 때에 태극궁(太極宮) 이 세워지며, 이백(李白 : 701~762)·유우석 (劉禹錫 : 772~842)[85] 등 대시인들이 이곳 에서 유람하였다고 한다. 송나라 때에 는 그 이름을 천경관(天慶觀)이라 하였으 며, 소식(蘇軾 : 1037~1101)·왕안석(王安石 : 1021~1086)·육유(陸游: 1125~1210)[86] 등이 또한 이곳으로 와서 유람하였다고 한다. 남송 말에 문천상(文天祥 : 1236~1283)[87]이 원 나라에 항거하다가 패배하고, 대도(大都 : 지금의 북경)로 압송되는 도중에 이곳에서 하 룻밤을 묵었었다고 한다. 그때 문천상은 이곳에 비분강개한 심정의 시를 남겼다.

원나라 때에는 현묘관(玄妙觀)이라 하였으며, 후에는 '대원흥영수궁(大元興永壽宮)'으 로 바뀌게 되었다. 명나라 1385년(홍무 17년) 태조 주원장이 개건(改建)하도록 하였으며, '조천궁'이라는 명칭을 하사하였다. 명나라 때의 조천궁은 황실귀족의 향을 사르고 복을 기원하는 도량(道場)이었으며, 또한 춘절(春節)·동지(冬至)·황제의 생일 같은 3대 명절에 문무백관이 천자에게 예를 올리던 장소였다고 한다.

명나라 때 조천궁은 당시 남경에서 가장 크고, 가장 유명하였던 도관(道觀)으로, 약 300무(畝)의 면적이었다고 한다. 또한 이곳에는 각종 전각과 회랑이 수백 간이나 있 었다고 한다. 그리고 신군전(神君殿)·삼청정전(三淸正殿)·대통명보전(大通名寶殿)·만세 정전(萬歲正殿) 등의 건축물들이 있었다고 전한다. 대산문(大山門)은 동쪽을 향하며, 전 하는 말에 따르면 대산문 내에는 좌우로 비정(碑亭)이 각 1기씩 있었다고 한다. 그 중 에서 남쪽 비석을 '봉칙중건조천궁비(奉敕重建朝天宮碑)'라고 하며, 보존 상태가 완벽 한 편이고, 현재는 조천궁 대성전의 붉은 계단 앞에 있다. 북쪽 비석은 이미 훼손되었 으며, 현재는 귀부[贔屓 : 碑座]만 남아 있다.

명나라 말에 조천궁의 일부분이 전화(戰火)에 휩쓸렸다고 한다. 청나라 강희연간 (1662~1722)·건륭연간(1736~1775)연간에 강남의 사회와 경제가 회복되고 또한 발전함에 따라, 조천궁도 점차 중수되고 규모도 확장되었다고 한다. 강희제(康熙帝 : 1654~1722)가 남순(南巡)하였을 때, 조천궁에 '흔연유득(欣然有得)'이라는 편액을 써서 하사하였다.

명나라의 봉칙중건
조천궁비

건륭제(乾隆帝 : 1711~1799)가 강남으로 내려왔을 때, 이곳에 5차례나 유람을 왔었다고 하며, 매번 시를 지었다고 한다. 지금도 건륭제의 친필로 쓰인 5수의 시가 현재 조천궁 뒷산 어비정(御碑亭)의 비석에 있다고 한다.

도광연간(道光年間 : 1821~1850)에 조천궁에서 수차례 화재가 나자, 풍수가의 말을 따라 정동쪽을 바라보던 대산문의 방향을 동남쪽으로 틀었다. 함풍연간(咸豊年間 : 1851~1861)과 태평천국(太平天國 : 1851~1864) 때에 조천궁을 화약을 제조하고 보관하는 '홍분아(紅粉衙)'로 삼았다. 1866년(동치 5년)에 양강총독(兩江總督) 증국번(曾國藩 : 1811~1872)[88]이 도관을 공묘(孔廟)로 삼았으며, 원래 성현가(聖賢街)에 있던 강녕부학(江寧府學)을 조천궁으로 옮겼다. 또한 중간에는 문묘(文廟)를, 동쪽에는 부학(府學)을, 서쪽에는 변공사를 조성하였다.

조천궁은 전형적인 명청시대 양식으로 세운 건축물이다. 이곳의 구조나 양식, 기술 등은 중국 고대 건축사를 연구하는데 있어 참고가 되는 중요한 실물자료이며, 역사적으로나 예술적으로나 가치가 높다고 평가된다. 조천궁은 예로부터 남경의 명승지로서, 남경에 있는 '금릉48경[金陵四十八景]'중 하나로 손꼽힌다.

숭성전(崇聖殿)

변호묘

변호묘(卞壺墓)는 남경시 조천궁 대성전 서쪽에 위치하며, 남경시박물관 안에 있다. 변호의 자는 망지(望之)이고, 제음(濟陰) 원구(寃句) 사람이다. 동진(東晋) 명제(明帝299~325) 때, 관직은 상서령(尚書令)에 이르렀다. 진성제(晋成帝 : 321~342)가 황위에 오르자, 변호와 유량(庾亮 : 289~340)이 함께 조정에서 보좌하였다.

328년[함화(咸和) 3년]에 역양[歷陽 : 지

금의 안휘성(安徽省) 화현(和縣)]에서 소준(蘇峻 : ?~328)이 건강(建康)으로 공격해왔다. 이에 변호는 두 아들과 함께 군사를 이끌고 항거하였으나 대패하고 전사하였다. 소준의 난이 평정된 후에, 조정에서는 변호를 야산 서쪽, 즉 야성(冶城 : 지금의 조천궁)에서 장사 지냈다. 변호사가 일찍이 조천궁에 있었기에, 후에 민간에서는 '먼저 변공사가 있었고, 나중에 조천궁이 되었다.[先有卞公祠, 后有朝天宮]'라고 이야기되었다.

『환우기(寰宇記)』의 기록에 따르면 진안제(晋安帝 : 382~418) 말년에 변호묘를 도굴한 사람이 있었는데 "시신은 뻣뻣하고, 귀밑머리와 머리카락은 창백했으며, 얼굴은 살아있는 듯 했고, 양 손은 주먹을 꽉 쥐고 있어서, 손톱이 손등을 뚫었다[尸僵, 鬢髮蒼白, 面如生, 兩手悉握拳, 爪甲穿過手背]"라고 했다. 후에 안제가 자금을 내어 다시 매장하였으며, 역대로 보수가 이뤄졌다.

남당(南唐)시대 묘 앞에 충정정(忠貞亭)을 세웠으며, 지하에서는 변호의 이름이 있는 비석 잔편이 나왔다고 한다. 현존하는 비갈(碑碣)은 1043년[북송(北宋) 경력(慶曆) 3년]에 건강지부(建康知府) 섭청신(葉淸臣)[89]이 다시 세운 것으로, 비석 높이는 1.73m, 폭 0.66m이고, 비문에는 "진 상서령 가절영군장군 증 시중 표기장군 성양 변공묘(晋尙書令假節領軍將軍贈侍中驃騎將軍成陽卞公墓)"라고 적혀있다. 무덤 동쪽에는 원래 "충효정(忠孝亭)"이 있었다고 하나, 지금은 남아있지 않다. 청나라 말에 또 패방(牌坊)과 변공사(卞公祠)를 중건(重建)하였으며, 현재 사우(祠宇)는 민거(民居)가 되었다.

참고자료

南京市博物館 http://www.njmm.cn/

江苏省地方编纂委员会, 1998, 『江苏省志·文物志』江苏古籍出版社.

唐云俊·東有春, 2000, 『江苏文物古迹通览』上海古籍出版社.

南京市博物館·南京市文物管理委员会, 1982, 『南京文物与古迹』文物出版社.

南京市地方志编纂委员会, 1997, 『南京文物志』方志出版社.

임종욱, 2010, 『중국역대인물사전』이회문화사.

85) 당나라의 관료이자 시인이다. 정치 개혁을 시도하려다 실패하여 좌천을 거듭하였다. 말년에는 백거이(白居易 : 772~846)와 교유하며 시문에 정진하였다. 대표작으로는 『죽지사(竹支詞)』·『유지사(柳支詞)』 등이 있으며 저서로는 『유몽득문집(柳夢得文集)』 등이 있다.

86) 남송(南宋)의 대표적 시인으로 금나라에 대한 철저한 항전을 주장하였다. 32세부터 85세까지 50여 년간 지은 시가 1만 수(首)에 달하여 중국에서 가장 많은 시를 지은 시인으로 꼽힌다. 주요 저서로는 『검남시고(劍南詩稿)』·『남당서(南唐書)』등이 있다.

87) 중국 남송(南宋)의 정치가이자 시인으로, 원나라에 적극적으로 저항하였다. 남송이 망하자 포로로 잡혔다. 원세조(元世祖) 쿠빌라이 칸[忽必烈 : 1215~1294]이 그의 재능을 알고 벼슬을 권유하지만 끝내 거절하여 사형되었다.

88) 청나라 말기의 정치가이자 학자이다. 태평천국운동(太平天國運動)을 진압하였으며, 양무운동(洋務運動)을 추진하였다. 서양의 문물을 받아들여 청나라를 부흥시키고자 유학생을 해외에 보내는 등 노력을 하였는데 대표적인 인물로는 이홍장(李鴻章 : 1823~1901)이 있다. 고문(古文)이나 주자학에도 조예가 깊었다.

89) 북송의 명신(明臣)으로 장주(長洲)사람이다. 1024년에 2등으로 진사에 급제하였다. 광록시승(光祿寺丞) · 집현교리(集賢校理) · 천태상승(遷太常丞) · 진직사관(進直史館) 등을 역임하였다. 저작으로는 『술자다소품(述煮茶小品)』 등이 있다.

남경총통부 南京總統府

쑨원과 장제스가 머문 중국 근대사의 산실

남경총통부(南京總統府)는 남경 장강로(長江路) 292호에 위치하며, 현재 남아 있는 중국 최대의 근대사박물관이다. 남경총통부는 약 600년의 역사를 지녔으며, 1840년 아편전쟁(阿片戰爭)부터 1949년 인민해방군(人民解放軍) 남경점령 100여 년 동안, 여러 차례에 걸쳐 중국 정치 군사의 중심지이자 중대한 사건의 발원지로 역할 하였다. 또한 이곳에서

총통부 문루

중대한 사건들이 발생하였거나 밀접한 연관이 있으며, 또한 중요 인물들이 주로 이곳에서 활동하기도 하였다. 이러한 일련의 건축군은 중국 근대사에 있어서 중요한 유적으로 평가 할 수 있다.

역사 연혁

명나라 초기에는 귀덕후부(歸德侯府)와 한왕부(漢王府)였다. 청나라 때에는 강녕직조서(江寧織造署)·강남총독서(江南總督署)·양강총독서(兩江總督署)에 해당하였다. 청나라 강희제(康熙帝 : 1654~1722)와 건륭제(乾隆帝 : 1711~1799)가 강남(江南)으로 내려올 때에는 '행궁(行宮)'으로도 사용되었다. 1853년 3월에 태평군(太平軍)이 남경을 함락시키고, 천경(天京)을 도읍으로 정하였으며, 홍수전(洪秀全 : 1814~1864)은 이곳에 거대한 규모의 태평천국(太平天國) 천조궁전(天朝宮殿), 즉 천왕부(天王府)를 지었다. 청나라 군이 남경을 다시 되찾은 뒤에, 궁전 건축을 불태워버렸으며, 1870년[동치(同治) 9년]에 양강

쑨원

장제스

총독서를 중건하였다. 이곳에서 임칙서(林則徐 : 1785~1850)·증국번(曾國藩 : 1811~1872)·이홍장(李鴻章 : 1823~1901)·유곤일(劉坤一 : 1830~1901)·심보정(沈葆楨 : 1820~1879)·좌종당(左宗棠 : 1812~1885)·장지동(張之洞 : 1837~1909)·단방(端方 : 1861~1911) 등이 양강총독으로 부임하였다.

1911년 10월 신해혁명(辛亥革命)이 일어난 뒤, 1912년 1월 1일에 쑨원[孫文 : 1866~1925, 孫中山]이 이곳에서 중화민국(中華民國) 임시총통(臨時總統) 취임 선서를 하였다. 즉 중국 역사상 최초의 공화제 국가정권인 중화민국임시정부가 이곳에서 탄생하게 된 것이다. 1912년 4월 임시정부가 끝나게 되고, 이곳에서 황싱[黃興 : 1874~1916]이 군사를 주둔시켜 남경유수부(南京留守府)를 성립하였다. 1913년 '2차 혁명' 중에 토원군(討袁軍) 총사령부(總司令部)를 설립하여 황싱과 허하이밍[何海鳴 : 1884~1944]이 선후로 사령관을 맡았다.

1913년~1927년까지 북양정부(北洋政府)가 집권하면서 이곳에는 강소도독부(江蘇都督府)·강소독군서(江蘇督軍署)·강소장군부(江蘇將軍府)·강소독판공서(江蘇督辦公署)·부총통부(副總統府)·선무사서(宣撫使署)·오성연군총사령부(五省聯軍總司令部)·직노연군연합판사처(直魯聯軍聯合辦事處) 등의 기구가 차례로 설립되었다. 군정주관(軍政主官)으로는 청더취안[程德全 : 1860~1930]·장쉰[張勛 : 1854~1923]·리춘[李純 : 1874~1920]·지셰위안[齊燮元 : 1879~1946]·루융샹[盧永祥 : 1867~1933]·펑궈장[馮國璋 : 1859~1919]·쑨촨팡[孫傳芳 : 1885~1935]·양위팅[楊宇霆 : 1885~1929]·장종창[張宗昌 : 1881~1931] 등이 있었다.

1927년 4월 남경국민정부(南京國民政府) 성립 이후, 오래 지나지 않아 9월에 이곳으로 옮겨와 업무를 보게 되었다. 1928년 10월, 국민정부가 오원제(五院制)를 시행하였으며, 동원

(東院 : 東花園)을 행정원반공처(行政院辦公處)로, 서원(西院 : 西花園)을 국민정부 참모본부(參謀本部)와 주계처(主計處)로 삼았다. 1937년 11월까지 탄옌카이[譚延闓 : 1880~1930]·장제스[蔣介石 : 1887~1975]·린썬[林森 : 1868~1945]이 차례로 국민정부 주석(主席)을 역임하였다.

또한 탄옌카이·쑹쯔원[宋子文 : 1894~1971]·장제스·천밍수[陳銘樞 : 1889~1965, 代理]·쑨커[孫科 : 1895~1973]·왕징웨이[汪精衛 : 1884~1944]가 차례로 행정원장(行政院長)을 역임하였다. 리지선[李濟深 : 1885~1959]·허잉친[何應欽 : 1889~1987]·주페이더[朱培德 : 1888~1937]·장제스·청치앤[程潛 : 1882~1968]이 차례로 총참모장(總參謀長)을 역임하였다. 그리고 천지차이[陳其采 : 1880~1954]가 주계장(主計長)을 맡았다.

1937년 12월 국민정부의 통치중심이었던 남경이 함락되었다. 이때부터 일제강점기에 해당하며, 일본군 제16사단부(師團部)와 위유신정부행정원(偽維新政府行政院) 및 입법원(立法院)·감찰원(監察院)과 고시원(考試院)이 들어서게 되었다. 동원에는 교통부(交通部)·철도부(鐵道部) 등의 기구가 들어섰다. 그리고 서원에는 군사참의원(軍事參議院)이 들어서게 되었다.

1946년 5월 국민정부가 남경으로 돌아오고 나서, 다시 이곳을 국민정부의 소재지로 삼았다. 동화원에는 사회부(社會部)·지정부(地政部)·수리부(水利部)와 교무위원회(僑務委員會)가 들어섰으며, 서화원에는 주계처(主計處)·군령부(軍令部)·총통부 군무국(總統府軍務局)·수도위수 총사령부(首都衛戍總司令部)가 들어섰다.

1948년 5월 20일에 장제스와 리쭝런[李宗仁 : 1891~1969]이 총통과 부총통으로 당선된 이후, 국민정부를 총통부로 개칭하였다. 그리고 1949년 4월 23일 인민해방군이 남경을 함락시키고 총통부를 점령하였다.

남경이 해방 된지 근 50년 동안 총통부는 줄곧 기관의 공무 장소로 여겨졌다. 그러나 1980년대 이후로 기관들이 다른 곳으로 이전하게 되었고, 1998년에는 총통부 옛터에 남경근대사유적박물관[南京近代史遺址博物館]을 세우게 되었다. 계획을 수립하고 5년간의 공사를 진행하여, 2003년에는 초보적인 모습을 갖추게 되었다. 현재 박물관의 총 점유면적은 9만㎡이며, 총 3구역으로 나뉜다. 중구(中區 : 中軸線)는 주로 국민정부·총통부 및 소속 기구로 구성되었다. 서구(西區)는 쑨원의 임시대총통 판공실(辦公室 : 사무실)·비서처(秘書處)와 서화원 및 참모본부 등으로 구성되었다. 동구(東區)는 주로 행정원 옛터·마구(馬廏)와 동화원으로 되어있다.

총통부 지도

주요 건물

1. 총통부 문루(總統府門樓)

문루는 본래 양강총독서(兩江總督署)의 두문(頭門)으로, 태평천국시대에는 조천궁전(朝天宮殿)의 '진신영광문(眞身榮光門)', 혹은 '황천문(皇天門)'·'봉문(鳳門)'으로 불렸다.

1864년 청나라 군대가 천경을 함락시킨 뒤에 이 문을 헐어 버렸고, 양강총독서의 대문으로 중건되었다. 국민정부가 성립한 뒤, 1929년에 철근콘크리트를 이용하여 유럽 고전 문랑식(門廊式) 건축으로 새로이 세웠다.

1937년 12월에 남경이 함락되고, 일본군은 대문 앞에서 입성식(入城式)을 거행하였으며, 또한 문 옆에 제16사단 목패를 걸어 놓았다. 뒤이어 '중화민국 유신정부' 및 왕징웨이 괴뢰정부[汪僞政府] 감찰원 등 기구의 대문으로 이용되었다. 1946년 국민정부가 남경으로 환도한 이후에도, 국민정부의 대문으로 남아있었다. 1948년 4월 '행헌국대(行憲國大)'를 연 이후, 주석을 총통으로, 국민정부를 총통부로 바꾸게 되었다. 1949년 4월 23일에는 인민해방군의 깃발이 총통부 문루에 꽂히게 되었다.

2. 동조방(東朝房)

청나라 시대의 건축이다. 청나라 시대 양강총독서의 이(吏)·호(戶)·예과방(禮科房)이 있었다. 태평천국시대에는 관원들이 천자의 접견을 기다리는 장소로 이용되었다. 후에 총통부 호위대(扈衛隊 : 警衛團)의 병사(兵舍)로 이용되었다.

3. 서조방(西朝房)

청나라 시대의 건축이다. 청나라 시대 양강총독서의 병(兵)·형(刑)·공과방(工科房)이 있었다. 태평천국시대에는 관원들이 천자의 접견을 기다리는 장소로 이용되었다. 후에 총통부 교통과(交通科)와 호위대의 병사로 이용되었다.

4. 대당(大堂)

중국식건축으로 되었으며, 세로 5칸에 가로 7칸이며, 경산정(硬山頂) 단층쌍첨(單層雙檐)으로 되어있다. 이당(二堂)과 서로 연결되어 있어 평면 'エ'자형의 전각을 이루고 있다. 원래는 태평천국의 금룡전(金龍殿)이었으며, 혹은 영광대전(榮光大殿)이라고도 불렸고, 전하는 말에 따르면 홍수전이 병으로 죽은 뒤, 이곳에서 장사를 지냈다고 한다. 청군이 천경을 점령한 뒤 대전을 불태웠으며, 1870년(동치 9년)에 양강총독서 대당을 중건하였다고 한다.

대당

1912년 1월 1일 쑨원이 대당 뒤쪽의 서란각(西暖閣)에서 중화민국 임시대총통으로 취임하였다. 1927년 국민정부가 남경을 수도로 삼은 뒤, 국민정부의 대당이 되었다. 1929년 국민정부를 부분적으로 개건(改建) 할 때, 쑨원이 직접 '천하위공(天下爲公)'이라는 편액을 써서 대당 정중앙의 대들보에 걸어두었다고 한다. 이후에 대당은 국민정부와 총통부로 계속 사용되었으며, 지금까지도 보존 상태가 좋은 편이다.

자초루殿)

5. 이당(二堂 : 中堂)

청나라 말기의 건축으로 원래는 태평천국의 내궁(內宮)이었다. 양강총독서 시기에 이당이 되었다. 중화민국 시기에는 예의활동(禮儀活動)을 하는 장소로 사용되었는데, 이를테면 외국 사절에게 중국 수뇌부에서 신임장을 제정하거나, 각종 의식을 거행하는 등의 용도로 사용하였

다. 회담을 거행하기 이전에도 이곳에서 의례적인 만나곤 하였다. 중화민국 시기에는 여러 차례에 걸쳐 개건이 이루어졌으며, 내부는 중국식 분위기를 그대로 보존하였고, 북장문 바깥으로는 서양식 문랑을 두었다.

6. 자초루(子超樓 : 總統辦公樓)

'자초루'는 총독부의 주요 건축으로서, 총독부 중축선의 북단에 위치한다. 이 건물은 국민정부의 주석이었던 린썬의 임기에 세워졌다. 린썬의 자가 자초(子超)였고, 또한 국민정부 주석 중에서 가장 임기가 길었기에, 사람들이 이곳을 '자초루'라 부르게 되었다. 1934년에 공사를 시작하여 1935년 12월에 공사를 마쳤다. 자초루의 주체(主體)는 5층이고, 국부(局部)는 6층이다. 제 1층은 본래 국민정부 문관처(文官處)였으며, 나중에는 총통부 문서국(文書局)의 사무실로 사용되었다. 제 2층은 총통과 부총통의 사무실이 있었다. 남쪽을 바라보는 게 장제스의 사무실이고, 북쪽을 바라보는 게 리쫑런의 사무실이었다. 제 3층은 국민정부의 회의실이었다.

7. 후원(煦園 : 西花園)

명나라 초에는 한왕부의 화원이었으며, 한왕 주고후(朱高煦 : 1385~1426)[90]의 이름 중에서 '후(煦)'자를 따서 이름 짓게 되었다. 청나라 때엔 양강총독서의 화원이었다. 태평천국이 천조궁전을 세울 때 확장하였다. 화원이 궁전의 서쪽에 있었기 때문에 '서화원'으로 불렸으며 이는 동화원과 서로 대칭되었다. 청나라 군이 점령하면서 이곳을 파괴하였으며, 증국번 때에 다시 중건되었다.

1912년 1월 중화민국 임시정부가 성립되고, 쑨원의 임시 대총통 판공실과 기거실(起居室)이 후원 내에 마련되엇다. 이후 남경유수부·강소도독부·독군서(督軍署) 등 기구의 사무실이 들어섰다. 1927년 4월 국민정부가 성립된 이후, 국민혁명군 총사령부·군위회(軍委會) 및 총통부 군무국 등의 기구가 들어섰으며, 모두 후원 내에 사무실을 두었다.

후원은 전형적인 강남(江南)의 원림(園林)으로 총통부와 연결되어 있다. 지금도 여석방(如石舫)·석가루(夕佳樓)·망비각(忘飛閣)·의란각(漪瀾閣)·인심석옥(印心石屋) 등과 같은 많은 유적지들이 남아있다.

8. 행정원판공청(行政院辦公廳)

1934년 6월에 세워졌다. 이곳에는 행정원 원장·부원장·비서장·정무처장의 사무실 및 회의실·판공청·회계실(會計室 : 稽核室) 등이 있다.

9. 행정원(行政院)

행정원은 국민정부 최고의 행정기관으로서 1928년 10월 25일에 설립되었다. 이곳에서 내정·외교·재정·경제·군사·문화·교육 등의 행정사무를 보았다. 행정원 아래의 각 부회(部會)를 관할하였다.

행정원

1937년 11월 행정원이 국민정부를 따라 서쪽의 중경(重慶)으로 옮겼다. 일제강점기에는 철도부와 교통부가 있었다. 1946년 5월에 남경으로 환도(還都)한 뒤, 행정원을 원래의 철도부 판공(辦公)으로 옮기고, 이곳에 국민정부 사회부·수리부와 교무위원회 판공처를 두었다. 1949년 4월에 행정원을 광주(廣州)로 옮겼다.

10. 임시대총통사무실[臨時大總統辦公室]

20세기 초에 남경의 건축은 서양의 절충주의 건축사상에 영향을 받아, 서양건축 형식을 앞다투어 본받았고 또한 이를 반영하였다. 이 황색의 서양식 단층집[平房]은 전형적인 이탈리아 르네상스양식으로서, 청나라 말의 총독이었던 장인준(張人駿 : 1846~1927) 때 완공되었다. 총독서의 서쪽에 있었기 때문에 서화청(西花廳)이라고도 불렸다. 북쪽에서 남쪽을 바라보게 지어졌으며 7칸으로 되어있다. 1912년 1월 이후 중화민국 임시대총통 사무실로 사용되었다.

손중산기거실

11. 손중산기거실(孫中山起居室)

1909년에 세워졌으며, 소청와(小靑瓦)

를 쓴 목조구조에 경산정(硬山頂)이며, 2층의 중국식 건축이다. 원래는 청나라 양강총독서의 고급 막료들이 거주하던 곳이었다. 1912년 1월부터 4월까지 쑨원이 중화민국 임시대총통으로 있는 동안 이곳에서 기거하였다. 건물 위로는 침실과 사무실, 아래로는 회객실(會客室)과 식당이 있었으며, 또한 호위실[侍衛室]과 주방[廚房]으로 구성되었다.

큰아들 쑨커와 쑨원의 부인인 루무전(盧慕貞 : 1867~1952)이 두 딸 쑨옌[孫娫 : 1894~1913]과 쑨완[孫婉 : 1896~1955]을 데리고 남경으로 왔을 때, 이곳에서 쑨원과 같이 생활하였다. 3월 25일 루부인은 남경을 떠났으며, 두 딸을 쑨원의 영문비서(英文秘書)인 쑹아이링[宋藹齡 : 1889~1973]에게 돌보게 하였다. 4월 3일에 이르러 쑨원은 임시대총통 직을 그만두게 된다.

건물 내에는 한 쌍의 한백옥금어항(漢白玉金魚缸)이 있는데, 이는 해외의 화교가 쑨원에게 선물한 것이다.

12. 총통부회객실(總統府會客室)

이곳은 행사가 정식으로 이루어지기 전에 장제스·린썬 혹은 리쭝런 등이 짧게 휴식을 취하거나, 내빈(內賓)을 응접하는 장소로도 사용되었다. 안에는 장제스의 임시 사무실이 있는데, 장제스가 총통이 되기 전에 이곳에서 사무를 보았다. 1946년에 있었던 국공담판(國共談判)도 이곳에서 일어났다. 1949년 2월 27일에 '대총통(代總統)' 리쭝런은 이곳에서 북평(北平 : 北京)에서 돌아온 '상해화평대표단(上海和平代表團)'의 옌후이칭[顔惠慶 : 1877~1950]·사오리쯔[邵力子 : 1882~1967]·장스자오[章士釗 : 1881~1973] 등의 일행을 접견하였다.

13. 정무국대루(政務局大樓)

2층으로 된 유럽식 건물로, 외랑(外廊)은 7칸이며, 지붕은 붉은 기와를 쓴 헐산정(歇山頂)이다. 1920년대 중반에 세워졌다. 강소독군(江蘇督軍) 쑨촨팡의 독군공서(督軍公署) 사무실이었으며, 1930년대에는 국민정부 문관처 사무실로 사용되었다. 1946년 이후엔 국민정부 문서국 및 총통부 정무국(政務局) 사무실로 사용되었다. 이곳에서 정무국의 주요 업무들을 처리하였으며 주요 문건의 작성, 기밀문건의 검토 및 전달 등의 사무를 보았다. 장제스의 고급막료인 천푸레이[陳布雷 : 1890~1948]가 이곳에서 근무하였다.

14. 총통사무실[總統辦公室]

총통사무실은 총통판공루(總統辦公樓 : 자초루) 2층의 동남쪽에 위치하며, 각 층별로 3개의 방으로 되어 있고 장제스의 사무실이었다. 중간의 한 칸이 사무실이고, 이곳에는 커다란 테이블[寫字臺]가 있다. 테이블에는 달력이 하나 놓여있는데, 달력의 날짜는 당연하게도 1949년 4월 23일을 가리키고 있다. 이 날은 남경의 해방일로, 그러한 역사의 모습을 고스란히 지키고 있다.

가죽으로 된 회전의자가 있으며, 접객용 소파 위에는 군복을 입은 장제스의 사진이 걸려있다. 사방에는 벽체에 붙여놓은 캐비닛이 있으며, 천정에는 프랑스 리옹에서 수입한 불투명유리의 샹들리에가 매달려있다. 사무실의 동쪽에는 휴게실이 있으며, 여기에 화장실이 비치되었다. 서쪽에는 서재와 접객실이 있다.

참고문헌

南京总统府 http://www.njztf.cn/

南京市博物馆·南京市文物管理委员会, 1982, 『南京文物与古迹』, 文物出版社.

南京市地方志编纂委员会, 1997, 『南京文物志』, 方志出版社.

---

90) 명나라의 황족으로, 명성조의 둘째 아들이다. 주고후가 최초로 봉해진 것은 고양군왕(高陽郡王)이고, 후에 부친을 따라 군대를 이끌었으며, 여러 전공을 세웠다. 명성조(明成祖 : 1360~1424)가 즉위한 후, 한왕(漢王)으로 봉해졌다. 그는 남경에 머물면서 여러 차례 태자(太子)의 자리를 빼앗으려고 하였다. 1426년에 명선종(明宣宗 : 1399~1435)이 황위를 계승하자, 주고후는 반란을 일으켰다. 하지만 선종이 친정을 하자 투항하였고, 그는 서인(庶人)이 되어 서안문(西安門) 안에 가둬졌다.

진강

진강시 鎭江市

장강을 옆에 낀 풍부한 전설의 도시

금산사 자수탑에서
내려다본 진강시

진강시(鎭江市)는 강소성(江蘇省)에 있는 도시로, 중국에서도 경제가 가장 활발한 장강삼각주(長江三角洲)에 위치한다. 서쪽으로는 남경(南京), 동쪽으로는 상주(常州), 서북쪽으로는 장강(長江)·양주(揚州)와 접하고, 회안(淮安)과는 강을 사이에 두고 있다. 총 면적은 3,848㎢이며, 인구는 290만이다.

행정구역으로는 3시(市) 4구(區)가 있는데, 즉 단양시(丹陽市)·양중시(揚中市)·구용시(句容市)·단도구(丹徒區)·경구구(京口區)·윤주구(潤州區)와 진강신구(鎭江新區)이다. 진강은 오문화(吳文化)에 있어서 중요한 도시로서, 문헌에 따르면 그 역사가 3,000년이나 된다.

도시 현황

진강은 예로부터 의(宜)·주방(朱方)·단도(丹徒)·경구(京口)·윤주(潤州)·남서주(南徐州) 등으로 불렸다. 이 명칭에 대해서는 2가지 설이 있다. 하나는 진강 북부의 강과 인접한 지대가 비교적 낮았기에, 예로부터 상습적으로 수해가 일어났다고 한다. 그래서 물 앞에 길상어(吉祥語)를 두었던 데에서 유래했다고 보기도 한다.

다른 하나는 1113년[정화(政和) 3년]에 윤주를 진강부(鎭江府)로 개칭한 것부터로 본다. 이에 따르면 당시의 통치자는 진강의 지형을 우월하게 여겨, 강을 막아 진수(鎭守)한다는 데에서 명칭이 유래하였다고 한다.

진강이라는 명칭은 약 800년 동안 사용되었다. 진강이라는 이름이 오랫동안 쓰일 수 있었던 이유는 이곳이 정치의 중심이자 군사의 중심이었기 때문이다. 1987년부터 진강은 외국의 선박들에게도 개방되어, 세관과 상품검사 등이 이루어지고 있다.

또한 진강시는 '감로사에 유비가 초대받은 이야기[甘露寺劉備招親]'와 '백낭자가 금산을 물로 휩쓴 이야기[白娘子水漫金山]' 등 전설의 발원지로도 유명하다. 게다가 『문심조룡(文心雕龍)』·『소명문선(昭明文選)』·『몽계필담(夢溪筆談)』등 작품들의 탄생지로도 널리 알려져 있다. 역대로 문인문객(文人墨客)들이 자주 찾아오던 곳으로서 그 전통이 지금까지도 이어진다.

금산사 자수탑에서 내려다본 금산호(金山湖)와 장강

자연 환경

진강시의 낮은 산과 구릉은 황갈색 토양, 언덕은 황토, 평원은 수전토양(水田土壤 : 水稻土) 위주로 되어있다. 시 전체에서 구릉이 차지하는 면적은 51.1%, 제방구역은 19.7%, 평원은 15.5%, 수면은 13.7% 정도이다. 2003년 말 기준으로 경작지는 157,300 헥타르이고, 그 중에서 시구(市區)는 41,770헥타르, 단양시는 54,970헥타르, 구용시는 49,220헥타르, 양중시는 11,340헥타르 정도이다.

시 전체에 있는 하류는 60여 줄기로, 총 길이는 약 700㎞이며, 인공 운하가 많이 있다. 수계는 북부의 연강지구(沿江地區)와 동부의 태호 호서지구(太湖湖西地區)와 서부의 진회하지구(秦淮河地區)로 구분된다. 시 전체에 있는 저수지와 연못의 총 저수량은 5억㎥ 이상이다. 그 중에서 저수량이 10만㎥를 넘는 저수지가 107곳이며, 그 저수량은 3.74억㎥ 정도이다.

광물자원은 주로 영진산맥(寧鎭山脈)에 집중되어 있다. 광물의 종류로는 철·구리·아연·몰리브덴·납·은·금 등의 금속 지하자원과, 석회암·벤토나이트·백운석(白雲石 : 돌로마이트)·대리석·인·내화점토(耐火粘土)·석고·흑연 등의 비금속 지하자원으로 구성된다. 그 중에서도 석회암의 질이 가장 우수한 편이며 매장량은 약 30억t이 넘는다.

벤토나이트도 1.5억t이 매장되었으며, 이는 중국 내에서 세 번째에 해당한다. 보화산 (寶華山)에서는 대형의 홍주석(紅柱石)이 발견되었으며, 이 외에도 석탄·니탄 등의 지열자원(地熱資源) 등도 있다.

1971년부터 2000년까지의 기후 자료 통계에 따르면, 시구의 연 평균온도는 15.6℃이다. 강수량은 1088.2㎜이며, 그 중에서 장마 때의 강수량은 263.3㎜ 정도이다. 일조시간은 2,000.9시간이며, 최고 온도는 40.2℃, 최저 온도는 -10.1℃였다.

역사 연혁

춘추시대 때 진강은 오나라에 속하였으며 '주방'으로 불렸다. 오왕(吳王)이 한구를 개착하여 장강과 회하를 통하게 하였는데, 진강은 한구와 장강을 이어주는 남쪽의 도시였기 때문에, 점점 장강 하류에서 남북을 잇는 항구 중 하나로 주목받기 시작하였다. 후에 월나라와 초나라를 거치면서 진강의 명칭은 곡양(谷陽)으로 바뀌게 되었는데, 이는 북고산(北固山)의 남쪽에 있기 때문이었다.

기원전 210년 진시황(秦始皇 : B.C.259~B.C.210)이 곡양으로 남순(南巡)하여, 지형 지세를 보고선 왕자의 기[王者之氣]가 있다고 여겨, 3천명의 죄수를 시켜 경현산(京峴山)을 끊게 하였다. 그리고 명칭을 단도로 바꾸었으며, 현치(縣治)를 단도진(丹徒鎭)에 두었다.

동한(東漢) 말에 천하에 대란이 일어나자, 본디 절강(浙江) 부양(富陽)에 있던 손종 (孫鐘)이 단양(丹陽) 사도(司徒) 종리촌(鐘离村)으로 옮겨왔다. 그의 아들인 손견(孫堅 : 155~191), 손자인 손책(孫策 : 175~200)과 손권(孫權 : 182~252)이 선후로 강동(江東)의 병마 (兵馬)를 통솔하였다. 손권이 건업(建業 : 지금의 남경)으로 천도하기 이전인, 209년에 강과 마주한 북고산의 높은 곳에 견고한 군사보루인 '경성(京城)'을 축조하였으며, 이를 속칭 철옹성(鐵甕城)이라 불렀다. 이곳을 새 도읍의 동부 방어선으로 삼았으며, 이때부터 진강을 '경구 (京口)'라고 부르게 되었다. 또한 후에 장강의 하단을 경강(京江)으로 지칭하였다.

감로사에서 바라본 장강과 여생탄(麗生灘)

서진(西晉) 말에 중원에서 8왕의 난[八王之亂]이 일어나 5호(五胡)가 밀고 들어오면서, 전란을 피하여 수많은 사람들이 강남으로 이주해왔다. 동진(東晉)은 강남 각지에 교주(僑州)와 교군(僑郡)을 설치하여 유민들을 안착시켰다. 경구는 중요한 항구로 기능하였으며, 남서주(南徐州)·남연주(南兗州) 및 남동해(南東海)·남낭야(南琅琊)·남난릉(南蘭陵)·남복양(南濮陽) 등 18군(郡)을 교치(僑置)하였다. 이들은 이후 문학가 유협(劉勰 : 465~520), 정치가 유유(劉裕 : 363~422)의 선조가 되었다.

589년 수나라의 군대가 강을 건너와 진나라의 서울인 건강(建康) 및 경구를 함락시켰으며, 또한 단도현을 연릉현(延陵縣)으로 바꾸었다. 595년에 이곳에 윤주를 설치하였다. 수당시대에 경항대운하(京杭大運河)가 개발되었고, 진강은 중원 왕조와 육조 이후 조운(漕運)의 통행로로서 경제의 중심지가 되어, 항운(航運)과 상업의 도시로 번성하게 되었다.

1113년에 윤주를 진강부로 올렸으며, 여기에서 진강이라는 명칭이 시작되었다. 북송(北宋) 말에 정강의 치[靖康之恥]가 발생한 뒤, 금나라의 군대가 양주(揚州)를 함락시키고선 대규모의 병력을 진강으로 보냈다. 동시에 진강은 방어의 최전선이 되었다. 그러한 금나라의 군대를 이끌고 내려온 금올술(金兀術 : ?~1148)을 한세충(韓世忠 : 1089~1151)·양홍옥(梁紅玉 : 1102~1135) 부부가 8천의 군사로 황천탕(黃天蕩)에서 대승을 거두었다.

원나라가 남송(南宋)을 정복한 이후, 비교적 신임하던 색목인(色目人)들을 강남 각지에 보내어 한인(漢人)들을 탄압하였다. 당시 진강의 13,504명의 주민 중에서 회회족·몽골족·여진족·에르케운[也里可溫 : 기독교 네스토리우스파, 즉 경교도(景教徒)]·거란족·위구르족[畏吾兒, 維吾爾]·서하족의 7민족이 2,422명이었다. 이들 중 다수가 이슬람교도였으며, 일부는 기독교 중에서도 네스토리우스파에 속했다.

명나라 때 진강부는 단도·단양·금단(金壇) 3현을 관할하였다. 청나라 때 진강부는 율양현(溧陽縣)을 관할하였다. 1659년 명나라의 정성공(鄭成功 : 1624~1662)과 장황언(張煌言 : 1620~1664)[91]이 이끄는 수군이 장강을 공격하여 한 번에 진강을 정복하였다. 이후 청나라 때에는 진강에 몽골팔기군대(蒙古八旗軍隊)가 주둔하였으며 경구부도통(京口副都統)을 설립하였다.

아편전쟁(阿片戰爭) 후기인 1842년 7월 21일, 영국군은 진강을 점령하여, 청나라의 조운을 막아 도광제(道光帝 : 1782~1850)에게 억지로 강화조약을 맺게 하였다. 진강의

휴 고프

역[鎭江之役]은 아편전쟁 중에서 마지막 승패를 결정하였던 전투였으며, 이 전투는 매우 참혹하였다. 휴 고프[Viscount Hugh Gough : 1779~1869][92]가 이끄는 15,000명의 영국군은 진강성을 맹공격하였고, 경구부도통 해령(海齡 : ?~1842)이 지휘하는 몽골팔기병이 극렬하게 저항하였다. 이 전투로 영국군의 사망자가 37명, 부상자가 129명이었으며, 몽골팔기병은 600여명이 목숨을 잃었고, 해령은 패전하자 자결하였다. 영국군은 진강에 진입하여 약탈을 감행하였고 이때 심하게 파괴되었다. 이 전투 이후 청나라는 영국에게 50만원을 지불하였고, 이후 난징조약[南京條約]을 맺게 되었다. 1853년 태평군(太平軍)이 진강을 점령하여 운하 조운을 봉쇄하였다. 1858년 톈진조약[天津條約]으로 장강에서 개방하게 된 3곳의 항구 도시 중 하나였다.

1906년 경한철로(京漢鐵路)가 개통하면서 하남(河南)의 화물들이 한구(漢口)를 거치게 되었다. 1911년 진포철로(津浦鐵路)가 개통하여 산동(山東)·안휘(安徽)의 화물을 직접 상해(上海) 및 청도(青島)로 운송하게 되었고, 남경은 그동안 남북 교통의 중추였던 진강의 역할을 대신하게 되었다. 게다가 장강의 흐름이 바뀌게 되면서 진강 항구에 진흙이 많이 쌓이게 되어, 다른 지역 혹은 외국과의 교역에도 차질이 생기게 되었고, 그 역할은 무호(蕪湖)와 무석(無錫)이 대신하게 되었다. 무석과 남통(南通) 등이 번성하게 되면서, 소남(蘇南) 서부와 소북(蘇北) 동부 염성(鹽城) 등지가 진강의 세력 범위에서 이탈하게 되었다. 과거에 교통의 요지로 주목받던 진강은 이렇게 서서히 쇠락하게 되었다. 1929년 남경이 중화민국(中華民國)의 수도로 확정되고, 강소성 성회(省會)를 남경에서 진강으로 이전하게 되었다.

1937년 11월 23일 일본군이 강소성정부의 주석인 구주퉁[顧祝同 : 1893~1987][93]이 대화반점(大華飯店)에서 군사회의를 하고 있다는 점을 알아채곤 비행기 폭격을 하였다. 보름 뒤엔 일본군이 또다시 진강상업구(鎭江商業區)를 불태워버렸으며, 진강 영조계(英租界)를 모두 폐허로 만들어 버렸다. 이 때문에 현재는 영국영사관(英國領事館) 옛터만 남아있다. 왕징웨이[汪精衛][94] 정권의 통치기에 강소성 성회를 진강에서 소주(蘇州)

로 이전하였다.

1949년 이후 진강은 전통적인 중계무역도시에서 공업도시로 바뀌게 되었다. 또한 원래 있었던 노항구(老港區)의 조건이 갈수록 악화되어, 결국 동교(東郊)의 대항(大港)에 신항구(新港區)를 만들게 되었다.

참고자료

中国镇江 http://www.zhenjiang.gov.cn/

中国大百科全书出版社, 1999, 『中国大百科全书中国地理』.

91) 명나라 부흥운동의 중심인물로 명나라가 멸망한 뒤 지속적으로 동남지방에서 반청(反淸)항쟁을 전개하였다. 정성공과 함께 북벌을 감행하기도 하였다. 이후 은거하다가 탄로되어 추포되었다. 청나라는 항복을 권유하였으나 끝내 거부하여 사형되었다.

92) 영국의 육군총사령관이다. 아일랜드에서 태어났으며, 포병대 군관 출신이었다. 웰링턴[Arthur Wellesley Wellington : 1769~1852]을 따라 포르투갈 · 스페인 등지에서 나폴레옹전쟁에 참여하였다. 아편전쟁이 발발하자 영국군 총사령관이 되었고, 1841년 3월 2일에 광주(廣州)에 도착하였다. 여기에서부터 휴 고프는 영국군을 이끌고 1842년 8월에 난징조약이 체결되기 전까지, 중국 동남해안쪽의 광동 · 복건 · 절강 · 강소 4성을 공격하고 약탈하였다.

93) 자는 묵삼(墨三)이며, 강소성 안동[安東 : 지금의 연수(漣水)]사람이다. 보정군교(保定軍校) 제 6회 졸업생이다. 또한 황포군교(黃埔軍校) 교관 · 교도단(敎導團) 대대장 · 국민혁명군 제 1군 사단장 등을 역임하였다. 동정(東征)과 북벌(北伐)에도 참여하였으며 군벌들과 혼전을 벌였다. 황포 출신 장군 중에서 '8대 금강(八大金剛)' 중 한 명으로 손꼽혔다. 또한 '5호상장(五虎上將)'으로도 손꼽혔으며, 국민당 군사 고위층에서는 '군중성인(軍中聖人)'으로 통했다.

94) 왕쟈오밍[汪兆銘], 자는 계신(季新)이며, 필명은 왕징웨이이다. 역사상으로는 주로 왕징웨이로 통한다. 위안스카이[袁世凱 : 1859~1916] 통치기시에 프랑스에 유학 갔었다. 귀국 후, 쑨원[孫文 : 1866~1925]의 지도 아래 상해에서 『건설(建設)』 잡지를 창간하였다. 1921년에 쑨원이 광주에서 임시대총통이 되었고, 왕징웨이는 광동성 교육회장 · 광동정부 고문이 되었으며, 이듬해에는 총참의(總參議)를 맡았다. 하지만 일제강점기에는 일본에 의지하여 친일파가 되었다. 1944년 일본 나고야[名古屋]에서 '골수종(骨髓腫)'으로 병사하였다.

감로사 甘露寺

제가 돌아갈 수 있다면, 이 검으로 바위를 가르게 하소서

감로사 원경

감로사(甘露寺)는 고감로선사(古甘露禪寺)라고도 한다. 장강변에 자리 잡았고, 북고산(北固山) 후봉(后峰) 정상에 있기 때문에, 북고산을 '사관산(寺冠山)'이라고도 부른다. 그리고 삼국지와의 연계성 때문에 '삼국산(三國山)'이라고도 부른다.

전설에 따르면 이곳은 유비(劉備 : 161~223)가 결혼한 대전(大殿)이었다고 한다. 동오(東吳) 초기에 건립되었으며, 사액(寺額)은 장비(張飛 : ?~221)의 친필이라고 한다. 이후에 여러 차례 흥폐(興廢)를 거듭하였고, 현존하는 건축은 1890년[청(淸) 광서(光緒) 16년]에 중건된 것이다.

전설에 따르면 삼국시대에 유비가 감로사에 초대받아 왔을 때, 그는 북고산의 기세와 장강을 보고 "이곳이 천하제일의 강산이로구나![此乃天下第一江山也]"라며 찬탄을 금치 못하였다고 한다. 또한 1205년[개희(開禧) 원년]에 남송(南宋)의 대시인인 신기질(辛棄疾 : 1140~1207)[95]이 북고산에 올라, 이곳의 경치를 보고선 천고절창(千古絶唱)이라는 감회를 남겼다.

2012년에 필자가 갔을 때엔 공사 중이었기 때문에 따로 안에 들어갈 수 없었다. 감로사 주변에는 동오문화장랑(東吳文化長廊)이라는 건물이 있었는데, 여기에는 동오와 관련된 여러 설화들을 그림으로 표현해 놓았다. 다른 한쪽에는 장강을 바라보며 패방 하나가 세워져 있는데, 장강 쪽으로는 '장강쇄약(長江鎖鑰)', 장강 뒤쪽으로는 '동오승

경(東吳勝境)'이라는 글씨가 쓰여 있다.

2014년에 왔을 때는, 지난번의 공사
가 마무리되어 내부를 둘러보는데 제약
이 없었다. 내부에는 감로사에 관련된
전설들을 곳곳에 소개해 두어 현장감을
잘 살려두고 있었다.

감로사 철탑

철탑(鐵塔)은 감로사 내에 있으며, 당
나라 절서관찰사(浙西觀察使) 겸 윤주자사(潤州刺史)인 이덕유(李德裕)[96]가 보력연간

(寶歷年間 : 825~827)에 절과 석탑(石塔)을 세웠다고 한다. 하지만 건부연간(乾符年間 :
874~879)에 이르러 탑이 무너졌었다. 희령연간(熙寧年間 : 1068~1077)에 원래 자리에 철
탑을 중건하였으며, 1078년[원풍(元豊) 원년]에 낙성(落成)하였다. 원래는 9층이었으나,
1582년[명(明) 만력(萬曆) 10년]에 광풍이 불어 넘어졌고, 이후에는 7층으로 지어졌다.

1842년[청(淸) 도광(道光) 22년] 아편전쟁(鴉片戰爭)으로 영국군이 진강을 침범하였을
때, 탑 정상부와 상륜부를 파괴되었다. 1868년[청 동치

감로사 철탑

(同治) 7년]에 탑 정상부가 절단되었고, 1886년[광서 12년]
에 벼락을 맞아, 위쪽의 4층이 땅으로 떨어졌다. 건국
이후에는 수미좌(須彌座)와 1·2층만 남아있었다. 1960
년에 수리를 하면서 명나라 때 중수된 것에 더해 수미
좌 위로 4층을 남겨, 총 높이가 약 8m 정도 되었다. 현
재 탑의 기단부와 1·2층은 송나라 때의 것이며, 3·4층
은 명나라 때에 만들어 진 것이다.

탑은 8각으로 처마 아래로는 두공(斗栱)이 있다. 청석
(靑石)으로 쌓은 탑기단[塔基]에는 수미해문(須彌海紋 : 수
미산을 둘러싼 바다를 표현한 무늬)이 새겨져있으며, 위에
는 1층의 전대(塼臺)가 쌓였고, 대(臺) 위에는 8각형의 철
수미좌(鐵須彌座)를 두었다. 좌에는 해수파랑문(海水波浪
紋 : 바다의 파도무늬)이 표현되었으며, 8면에는 각각 역사

감로사 甘露寺

227

좌상(力士座像) 및 쌍봉(雙鳳)·쌍룡(雙龍)이 여의주를 희롱하는 모습을 표현해 놓았다. 4면에는 문을 두었으며, 서로 교차하여 배치하였다.

탑신(塔身)에는 연좌(蓮座)·비천(飛天)·좌불(坐佛)·입불(立佛) 등을 표현해 놓았다. 제2층 탑신에는 '국계안녕(國界安寧)'·'법륜상전(法輪常轉)'이라는 8글자 및 직위가 있는 스님인 송엄(宋嚴)·혜평(惠平)·응부(應夫)[97]를 새겨놓았다. 3·4층의 두층은 외벽마다 각각 좌불을 표현해 놓았다. 제 4층에는 '중헌대부(中憲大夫)'·'봉정대부(奉政大夫)'·'승직랑(承直郎)' 등의 명대 문관의 산계[散階 : 실직(實職)은 없고 품계만 있는 벼슬] 명문을 새겨놓았다.

1960년에 철탑을 수리하면서 지궁(地宮)을 발굴하였다. 이곳에서는 금관(金棺)·은곽(銀槨)·사리(舍利) 및 이덕유중예사리제기(李德裕重瘞舍利題記) 등을 비롯한 당송(唐宋)시대의 유물 1천 여 점이 출토되었다.

삼국지와 관련된 감로사 설화

『삼국지연의(三國志演義)』제 54회에 쓰인 바에 의하면 "오국태(吳國太 : ?~202)[98]가 사찰에서 신랑을 보고, 유황숙의 배필을 맺게 해주다[吳國太佛寺看新郎, 劉皇叔洞房續佳偶]"라는 고사가 있다. 전설에 따르면 손권(孫權 : 182~252)과 유비는 북방의 강적인 조조(曹操 : 155~220)를 대항하기 위하여 동맹을 맺었다. 그러나 오나라와 촉나라 모두 악서(鄂西) 장강(長江)변의 중진(重鎭)인 형주(荊州)를 탈취하고자 하였다. 손권과 주유(周瑜 : 175~210)는 일종의 미인계(美人計)를 쓰고자 하였다. 즉 손권의 여동생인 손상향(孫尙香)[99]을 빌미로 유비를 경구(京口)로 거짓 초청하여 인질로 삼아, 유비를 억류하고 핍박하여 형주를 내놓게 하겠다는 심산이었다.

하지만 손권의 미인계는 제갈량(諸葛亮 : 181~234)에게 간파되었다. 도리어 장계취계(將計就計 : 상대방의 계략을 역이용하는 것)하여, 손권의 모친인 오국태가 감로사에 와서 서로 만나게 하였다. 오국태는 유비를 보고 "두 귀가 어깨로 늘어뜨려졌고, 두 팔은 무릎에 닿는다[兩耳垂肩, 雙臂過膝]'고 하며 천자(天子)의 용모라 하여, 매우 만족해하였다. 그리고 손씨와 유씨가 통혼하게 하여, 가짜 결혼을 진짜 결혼으로 만들어버렸다. 손권과 주유의 미인계는 실패로 끝나게 되었고, "주랑이 묘계로 천하를 안정시키고자 하였으나, 도리어 부인을 잃고 군사마저 잃게 되었다[周郞妙計安天下, 陪了夫人又折兵]"라고 일컬어지게 되었다. 경극(京劇) 중에서《용봉정상(龍鳳呈祥)》은 이 고사에서 유래하게 된 것이다. 예상치도 못하게 진짜 결혼을 하게 되자 손권은 벙어리가 소태를 먹은 양 아무 말도 못하였고, 유비와 손권은 서로 이야기하지 않아도 서로의 마음을 알게 되었다.

유비와 환담하는 오국태(罗贯中 著, 王星北 编, 2003, 『三国演义 - 连环画收藏本』)

하루는 두 사람이 같이 길을 걷다가, 유비가 문득 물가에 있는 큰 바위를 보게 되었다. 유비는 검을 뽑아 하늘을 향해 "내가 만약 형주로 돌아가 패왕(霸王)의 업을 이룰 수 있게 된다면, 이 검으로 바위를 가르게 하십시오. 만약 이곳에서 죽게 된다면 바위가 갈라지지 않게 해주십시오"라고 묵도(黙禱)하였다. 그렇게 말하고선 바위를 내려치니, 쩍 하면서 갈라져버렸다. 이를 지켜보던 손권은 유비가 무슨 말을 했을지 뻔히 알면서 짐짓 모른 체 이렇게 물었다. "현덕(玄德)께선 어인 이유로 이 바위를 검으로 가르셨습니까?" 그러자 유비는 자연스럽게 표리부동(表裏不同)하였다. 손권도 보검(寶劍)을 뽑아 다른 바위를 향해 휘두르니, 그 바위 또한 갈라졌다. 손권은 이 검으로 무엇인가 점을 쳤다고 하였지만, 유비는 대강 짐작하는 바가 있기에 따로 묻지 않았다. 두 사람은 서로를 보고선, 하늘을 향해 껄껄 웃었다. 후에 사람들이 이렇게 갈라진 두 바위를 일컬어 '시검석(試劍石)'이라 불렀다.

다경루 서쪽에는 바위가 하나 있는데, 형상이 양 같으면서도 양 같지 않다고 하며,

칼로 바위를 내리치는 유비(罗贯中 著, 王星北 编, 2003, 『三国演义 - 连环画收藏本』)

복부에 '한석(狠石)'이라는 2글자를 새겨져 있다고 한다. 전설에 따르면 적벽대전 전야에, 유비가 경구에 와서 손권과 함께 철옹성(鐵甕城)을 둘러보았다고 한다. 후봉의 한석 근처에서 강북(江北)을 바라보면서, 조조에게 대항하는 동맹을 맺자고 하였다고 한다. 당나라 때에도 이와 관련된 시가 전해져 내려오기 때문에, 그 이전에도 이곳이 손권과 유비

감로사 甘露寺

시검석

가 연맹을 맺었던 곳이라고 전해졌다는 사실을 알 수 있다.

이곳에는 양쪽에 높게 솟은 절벽이 있고, 그 사이를 통과하는 작은 길이 있는데, 이를 '유마간(溜馬澗)'이라고 부른다. 전설에 의하면, 하루는 손권과 유비가 감로사에서 술을 마시면서 강바람을 쐬고 있었는데, 유비가 강에 떠있는 작은 배를 보았다. 파도가 심하게 치는데도 불구하고 유유자적하게 배를 다루는 모습을 보고선, 유비가 "남쪽 사람들은 배를 잘 다루고, 북쪽 사람들은 말을 잘 탄다더니, 이를 보니 믿겨지는구나"라며 찬탄을 금치 못하였다. 정작 이 말을 들은 손권은 불쾌해하면서 "누가 남쪽 사람들이 말을 잘 못 다룬다고 하듭니까?"라고 하였다. 그리고선 주변에 말을 끌고 오게 하고선, 스스로 말에 바람같이 올라타, 골짜기를 따라 자유롭게 내달리는 모습을 보여주었다. 유비가 이를 보고선 자신도 손권 못지않게 말을 자유롭게 타면서, 그를 쫓아 암벽 사이의 작은 길을 지나갔다고 한다. 이렇게 손권과 유비가 서로 말을 타면서 재주를 뽐냈기에 '유마간'이라는 이름이 유래하게 되었다고 한다.

시검석 앞의 유비와 손권 석상

북고산 후봉에서 제일 높은 곳에 북고정(北固亭)이 있으며, 이를 제강정(祭江亭)이라고도 부른다. 전설에 따르면 유비가 서촉(西蜀) 정벌에 성공하여 사천(四川)에 들어가자, 손권은 모친의 병을 빙자하여, 손상향을 오나라로 다시 불러들였다. 이후 시간이 많이 지난 어느날, 손부인(孫夫人)이 유비가 전쟁에서 패배하고, 군중(軍中)에서 죽었다는 말을 듣게 되었다. 그러자 비통해마지않고 서쪽을 바라보면서 계속 통곡을 하다가, 강에 뛰어들어 자살하게 되었다. 후인들은 이러한 손부인을 기념하여 북고정을 제강정이라고도 칭하는 것이다.

감로사의 명성은 중국은 물론 외국에까지 널리

알려졌다. 1955년 12월 28일에 마오이성
[茅以升 : 1896~1989][100]이 일본에 방문하
고 돌아와 항주(杭州)에서 마오쩌둥[毛澤
東 : 1893~1976] 주석(主席)과 접견하였는
데, 당시 마오쩌둥은 마이오성이 진강
출신이라는 걸 알고선 바로 기뻐하면서
감로사의 고사에 대해 환담을 나누었다
고 한다.

제강정

참고자료

罗贯中 著, 王星北 编, 2003,『三国演义-连环画收藏本』上海人民美术出版社.

梁白泉·邵磊, 2009,『江苏名刹』江苏人民出版社.

王玉国, 1996,『镇江文物古迹』南京大学出版社.

玉玉国·刘昆·西铁城, 2007,『镇江文物』江苏大学出版社.

中共江苏省委研究室, 1987,『江苏文物』江苏古籍出版社.

95) 남송의 시인 겸 정치가. 금나라에 항전할 것을 주장하였으며 농업을 중시하였다. 시인으로서는 호방파(豪放派)의 제1인자로 일컬어지며 유영(柳永 : 987~1053) 등과 함께 사대사인(四大詞人)으로 불린다.

96) 당나라의 재상. 당무종(唐武宗 : 814~846) 때 권력을 잡았다. 이민족들을 격퇴하고 중앙집권의 강화를 꾀하였다. 회창폐불(會昌廢佛)을 주도하기도 하였다.

97) 송나라 때 운문종(雲門宗)의 승려로, 감로사와 숭복선원(崇福禪院) 등의 절에서 머물렀다. 광조선사(廣照禪師)라고도 불린다.

98) 동한 말기의 장군 손견(孫堅 : 155~191)의 부인으로, 이름은 정확하지 않다. 후에 손책(孫策 : 175~200)과 손권을 낳았고, 손견이 죽은 뒤 가문을 부흥시키기 위해 노력하였다. 삼국지연의에서는 손견의 둘째부인이자 손상향의 어머니로 나온다. 또한 손견의 첫째부인은 오국태의 언니로, 첫째부인 슬하에 손책·손권 등이 있었다고 나온다.

99) 자는 당신(唐臣)이며 강소성 진강사람이다. 토목공학자 · 교량전문가 · 공정교육자[工程教育家]였다. 1930년대에 전당강(錢塘江)에 도로와 철도가 함께 있는 대교(大橋)를 놓는 공사를 설계하고 지시함으로서, 중국 철도 교량사에 있어서 한 획을 그은 것으로 평가된다. 철도 과학기술원에서 30년동안 근무하면서 중국의 철도과학기술에 수많은 공헌을 하였다.

100) 손견의 여동생으로 정사에도 등장하지만, 그 이름은 알 수 없다. 현재 대중에게 널리 알려진 손상향이라는 이름은 경극에서 쓰던 이름이지만, 본서에서는 그대로 손상향이라 써 놓았다. 유비와의 슬하에 자식은 없었으며, 성격은 괄괄하고 기가 센 것으로 보인다. 유비의 침소에 무장한 시녀 백여명을 두었다고 하며, 나중에 유비와 이혼하였다.

노숙묘 魯肅墓

조용한 카리스마를 품은 오나라의 도독

노숙묘(魯肅墓)는 진강시(鎮江市) 북고산(北固山)에 위치하는데, 전란으로 인하여, 본래의 무덤은 어디에 있는지 알 수 없다. 근대에 들어 북고산에 노숙묘가 세워졌으며, 동오(東吳) 맹장(猛將) 태사자묘(太史慈墓)와 서로 이웃하고 있다.

노숙묘

유적 현황

노숙묘는 진강 동교(東郊) 대학산(大學山)[101]에 위치해 있으며, 대학산이라는 이름은 노숙(魯肅 : ?~217)에 의해 붙여진 것이다. 이 무덤은 노숙의 의관묘(衣冠墓)이다. 묘비(墓碑)의 정면에는 "삼국 동오 노숙묘 옛터 기념비[三國東吳魯肅墓舊址紀念碑]"라고 적혀 있다.

노숙묘는 군지(郡志)에 따르면 성 동쪽 대학산 직지암(直指庵) 뒤에 있으며, 즉 오늘날 학교 남산(南山) 북쪽이라고 한다. 청나라 건륭연간(乾隆年間 : 1736~1795)에 진강의 유명한 시인 포고(鮑皐)가 노숙묘에 왔을 때 시를 남기기도 하였다. 무덤 앞에는 원래 "후한 동오 노대부묘(後漢東吳魯大夫墓)"라는 비석이 있었으며, 해방 초기까지 남아 있었지만, 이후 학교에 여러 번 변혁이 일어나면서 무덤 및 비석이 점차 매몰되었다. 1993년 가을, 시문관회(市文管會)가 삼국시대 관광지를 개발하면서, 무덤터를 북고산으로 옮기고, 본래의 노숙묘 터에는 비석을 세웠다.

현재 북고산에 있는 노숙묘는 감로사 및 태사자묘와 함께 자리 잡고 있다. 감로사를 둘러보고 남쪽으로 내려오면 노숙묘와 태사자묘를 만날 수 있다. 이들은 감로사

노숙묘 앞의 노숙 부조

출구 방향 가까이에 위치한다.

무덤은 돌을 잘 깎아서 조성했고, 그 앞에는 '오 횡강장군 노숙지묘(吳橫江將軍魯肅之墓)'라는 비석이 있다. 그리고 그 앞에는 계단이 있으며, 이곳을 내려가면 가운데에 비석이 있는 정자로 오게 된다. 비석의 앞면에는 노숙의 모습이 새겨져 있는데 전형적인 문관의 모습으로 표현되었다. 그리고 뒷면에는 노숙의 생애에 대해 간략하게 적혀 있다.

진강 내 또 하나의 노숙묘

이 외에 진강에는 또 하나의 노숙묘가 있다는 전설이 있다. 해방 이후의 새로운 발굴 및 청나라 강희연간(康熙年間 : 1662~1722)·광서연간(光緒年間 : 1975~1908)의 지방지 기록에는 노숙묘가 간벽(諫壁) 고죽촌(苦竹村)의 소독산(小瀆山), 즉 지금의 신구대항(新區大港) 신죽촌(新竹村)에 위치한다고 되어 있다. 최근 이 마을사람인 왕뤼샹[王瑞祥]이 발견한 노숙묘의 묘비는 고고학자들의 감정에 따르면 민국(民國) 초에 건립된 것이라 한다.

노숙묘는 소독산 방죽(方竹) 안쪽의 죽원(竹園)에 있으며, 청룡산(靑龍山)에 의지하고, 횡으로 장강(長江)이 흐른다. 봉황산(鳳凰山)과 마주보고 있기에 산과 물과 용과 봉황이 있는 풍수보지(風水寶地)로, 청나라 함풍연간(咸豊年間 : 1851~1861) 이전에 간벽 부근의 작은 산은 무덤을 쓰기에 매우 좋은 장소였던 셈이다. 노숙묘 위치에 대해 여러 설이 있다는 말이 있기에, 차후에 이에 대한 더욱더 많은 고증이 이뤄져야 한다.

노숙의 생애

노숙은 삼국 시대 오(吳)나라 정치가이자 장군이다. 서주(徐州) 임회(臨淮) 동성(東城) 출신으로 자는 자경(子敬)이다. 그는 태어나면서 아버지를 여의고 할머니와 함께 살았다. 다만 집안은 재산이 있어 부유하였고, 천성이 베푸는 것을 좋아해 가난한 이들을 구제하였으며 고향 사람들의 환심을 얻었다.

호족 출신으로, 처음에 원술(袁術 : ?~199)에 의지했다가 백성들을 이끌고 주유(周瑜 :

175~210)를 따라 동쪽으로 오나라에 귀순했다. 손권(孫權 : 182~252)은 노숙을 중용하였으며, 노숙은 한고조(漢高祖 : B.C.247~B.C.195)의 예를 들어 손권에게 천하를 도모하는 것을 권하기도 하였다. 208년[건안(建安) 13년] 조조(曹操 : 155~220)가 군사를 이끌고 남하하자 다수의 신하들이 항복하기를 건의했지만 노숙과 주유만 강력하게 대적할 것을 주장했다. 찬군교위(贊軍校尉)에 임명되어 주유를 도와 적벽대전에서 조조의 군대를 대파했다.

또 형주(荊州)와 남군(南郡) 일대를 유비(劉備 : 161~223)에게 빌려주어 오나라와 촉나라가 서로 동맹 관계를 유지하도록 건의했다. 주유가 죽자 분무교위(奮武校尉)로 임명되어 군을 지휘했고, 계속 촉나라와 우호관계를 유지했다. 처음에 강릉(江陵)에 주둔했다가 육구(陸口)로 옮겼는데, 군사가 만여 명에 이르렀고, 관직은 횡강장군(橫江將軍)에 올랐다. 뒤에 한창태수(漢昌太守)가 되고 편장군(偏將軍)의 직책을 맡았다. 사람됨이 반듯하고 엄격했으며, 군령을 시행할 때도 원칙을 준수했다. 책 읽기를 좋아했고, 글도 잘 지었다.

참고자료

梁白泉·邵磊, 2009, 『江苏名刹』 江苏人民出版社.

임종욱, 2010, 『중국역대인명사전』, 2010, 이회문화사.

진수 저·김원중 역, 2007, 『정사 삼국지』 민음사.

---

101) 즉 진강일중(鎭江一中). 현재 외국어학교(外國語學校) 교원(校園) 안쪽.

태사자묘

太史慈墓
대장부로 태어나 천자의 계단에 오르지 못했는데 어찌 죽겠는가!

태사자묘

태사자묘(太史慈墓)는 강소성(江蘇省) 진강시(鎭江市) 북고산(北固山) 남단의 중턱에 위치한다. 무덤의 높이는 1.7m, 직경은 약 3m이며, 길이 6.7m, 너비 7.4의 석평대(石平臺) 위에 있다. 북쪽 당토장(擋土墻)의 길이는 6.8m, 높이는 2m 정도이다. 무덤 앞에는 높이 1.43m, 너비 0.7m의 대리석비(大理石碑)가 있고, 여기에 7자의 큰 글씨로 "동래 태사자지묘(東萊太史慈之墓)"라 적혀있다.

유적 현황

태사자묘는 일찍이 훼손되었지만, 1872년에 성벽을 복원할 때 발견되었고, 후에 여러 차례 보수하였다. 일제항쟁기 이전에 여러 차례 개수를 하였지만, 건국 초에는 산이 무너져서 매몰되었다. 지금의 무덤은 1985년에 중건된 것이다. 원래 무덤 앞의 비석은 간결하게 적혀 있고, 다른 사람의 생애가 쓰였었는데, 지금은 존재하지 않는다.

태사자묘는 감로사 남쪽에 노숙묘와 함께 나란히 위치한다. 양 옆은 석벽으로 조성되어 있으며, 앞부분은 노숙묘와 비슷한 구조로 되어 있다. 태사자묘에서 아래에는 비석이 있는데, 여기에는 태사자의 모습이 조각되어 있다. 태사자는 양쪽 어깨에 쌍극(雙戟)을 꽂고, 허리에는 활과 칼을 차고 있는 무장의 모습으로 표현되었다.

태사자의 생애

태사자(太史慈 : 165~206)의 자는 자의(子義)이고, 동래(東萊) 황현(黃縣) 즉 지금의 산동(山東)사람이다. 청년 시절에는, 황건군(黃巾軍)에게 포위되었던 공융(孔融 : 153~208)이 유비(劉備 : 161~223)에게 구원을 요청하였을 때 같이 활약하였다. 후에 곡아[曲阿 : 지금의 강소 단양(丹陽)]에 가서 손책(孫策 : 175~200)을 좇았으며, 손권(孫權 : 182~252)을 보좌하여 전공을 세워, 절충중랑장(折沖中郎將)과 건창도위(建昌都尉)를 역임하였다.

태사자는 206년[건안(建安) 11년] 적벽대전(赤壁大戰) 이전에 병사(病死)하였는데, 죽기 전에 큰 소리로 "대장부로 세상에 태어나, 마땅히 7척 칼을 차고, 천자의 계단에 올라야 하거늘, 아직 그 뜻을 실현하지 못했는데, 어찌 죽겠는가!"라고 외쳤으니, 그의 나이 41세였다. 손권은 그를 북고산에 후히 장사지냈다.

『삼국연의(三國演義)』제 15회 "태사자감두소패왕(太史慈酣斗小覇王)"에는 그의 뛰어난 무용과 전쟁이 잘 묘사되어 있다. 『삼국지(三國志)』「태사자전(太史慈傳)」에도 그의 생애에 대해 세밀하게 기술되어 있다.

청나라 광서연간(光緒年間 : 1975~1908)의『오정현지(烏程縣志)』에는 그에 대해 비교적 상세하게 기록되어 있는데, 권4에 보면 "태사만은 변산의 동쪽에 있는데, 혹자는 오나라 태자와 장사지낸 곳에서 유래하였다고 하고, 혹자는 오나라 태사자를 장사지낸 곳에서 유래하였다고 한다"[102]라고 적혀있다.

태사자의 아들 태사향(太史享)은 일찍이 오군태수(吳郡太守)를 역임하였는데. 당시 오정현[烏程縣 : 지금의 절강(浙江) 호주(湖州)]은 오군(吳郡)의 관할로,[103] 태사향이 부친을 관할구역 내에 안치하였을 가능성도 있다.

이 외에, 태사자의 후손들은 호주에 정착하였다. 남조(南朝) 양(梁)나라 때의 저명한 학자이자 오흥(吳興) 오정(烏程)사람인 태사숙명(太史叔明 : 474~546) 등이 태사자의 유명한 후손이다. 그에 대해서는 『양서(梁書)』권48 열전 제42 유림(儒林)에 기재되어 있다.

태사자묘 앞의 태사자 부조

참고자료

梁白泉·邵磊, 2009,『江苏名刹』江苏人民出版社

102)『烏程縣志』"太史灣在弁山東，或云以吳太子和葬此得名, 或云以吳太史慈葬此得名."

103) 266년까지 오정현의 군치(郡治)는 오흥군(吳興郡)에 분치(分置)하였다.

철옹성 鐵甕城

오나라 건국 이전의 중심지

감로사에서 바라본
철옹성

철옹성(鐵甕城)은 북고산(北固山) 남쪽의 봉우리에 위치하고 있으며, 현재는 열사능원(烈士陵園)이 위쪽에 자리 잡고 있다. 현재는 그 흔적이 거의 잘 안남아 있으며, 도로변에는 성벽과 비슷하게 부조로 꾸며져 있다. 이곳은 발굴조사가 이뤄져 대략적인 모습은 파악된 상황이다. 동오(東吳) 건국 이전에 축조되었으며, 이후로도 계속 사용되었다.

유적 연혁 및 현황

진(晋)나라 진수(陳壽 : 233~297)의 『삼국지(三國志)』「손소전(孫韶傳)」에 따르면, 195년에 손책(孫策 : 175~200)이 강동(江東)을 점거하고, 장군 손하(孫河 : ?~204)를 보내 "경성(京城)에 주둔하였다[屯京城]"고 한다. 당(唐)나라 허숭(許嵩)의 『건강실록(建康實錄)』의 기록에 의하면 208년(건안 13년)에 손권은 자기 세력의 중심지를 "오[吳 : 지금의 소주시(蘇州市)]에서 경구[京口 : 지금의 진강시(鎭江市)]로 옮겼다"[104]고 하며, "16년(211년)에 경구에서 말릉[秣陵 : 지금의 남경시(南京市)]로 치소를 옮겼다"[105]고 한다. 청(淸)나라 고조우(顧祖禹 : 1631~1692)의 『독사방여기요(讀史方興紀要)』에 따르면 208년에 "손권이 경구로 치소를 옮기면서 경성을 축조하게 하였다"[106]고 한다. 원(元)나라 유희로(兪希魯)의 『지순진강지(至順鎭江志)』에 의하면 성의 "둘레는 630보(步)로 안팎을 전돌로 견고하게 쌓았기 때문에 철옹성이라 부르게 되었다"[107]고 한다. 철옹성은 지금의 진강시구

(鎭江市區) 북고산 앞의 봉우리에 위치
한다.

북고산은 장강(長江)의 남쪽에 접해
있으며, 남쪽에서부터 전·중·후 3봉
우리가 있다. 후봉(後峰)은 즉 북봉(北
峰)으로, 정상부는 완만하며 남쪽 중턱
은 2중의 평대(平臺)가 있다. 해발 고도
는 55.6m이며, 그 위에 유명한 감로사
(甘露寺)가 자리 잡고 있다. 중봉(中峰)
의 정상은 평평하며, 동쪽 중턱에 2중
의 평대가 있으며, 해발 고도는 35.3m
이다. 이 두 봉우리의 석질은 같은 화
성암(火成巖)이며, 약간 험준하다. 두 봉

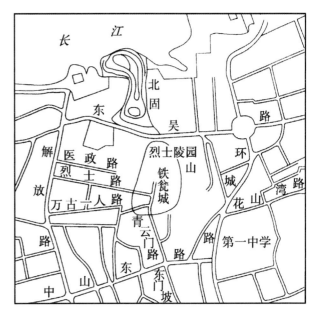

철옹성 위치 표시
도(铁瓮城考古队,
2010, 「江苏镇江市
铁瓮城遗址发掘简
报」)

우리간의 거리는 500m 정도로, 그 사이에는 긴 언덕으로 서로 연결되어 있다. 전봉
(前峰)은 즉 남봉(南峰)으로 정봉(正峰)으로도 불리며, 점토로 이뤄졌기 때문에 토산(土
山)으로도 불린다. 청나라 주백의(周伯義)의 『북고산지(北固山志)』에 따르면 "흙은 있지
만 돌이 없다는 데에서 명칭이 유래되었다"[108]고 한다. 명(明)나라 장래(張萊)의 『경구
삼산지(京口三山志)』에 따르면 "토산이 융기되어 있어, 진당 이래로 군의 치소를 이곳
에 두었다"[109]고 적혀있다. 전봉은 평면 형태가 약간 타원형으로, 남부는 약간 낮기
에, 북고남저(北高南底)의 형태를 띠며, 북부에는 현재 시열사능원(市烈士陵園)이 있고,
남부는 고루신촌(鼓樓新村)으로 주민들이 거주하고 있다. 고대(古代)에는 전봉과 중봉
에 자그마한 언덕이 서로 이어져 있었지만, 현재는 동오로(東吳路)가 들어서며 중간이
잘려진 상태이다.

1991~1992년에 걸쳐 남경대학(南京大學) 역사계(歷史系)와 진강박물관(鎭江博物館)
이 공동으로 고고대(考古隊)를 조직하여, 철옹성의 서벽과 북벽에 시굴조사를 하였다.
1993년 이후 진강고성고고소(鎭江古城考古所)와 진강박물관이 공동으로 남벽·동벽·서
벽·성내의 건물지 및 서벽 외곽의 석로(石路)·해자[城壕] 등의 유적에 대해서 지표조사
와 시굴조사를 하였다.

2004년에는 남문유적에 구제 발굴을 실시하였으며, 2005~2006년에는 서문유적

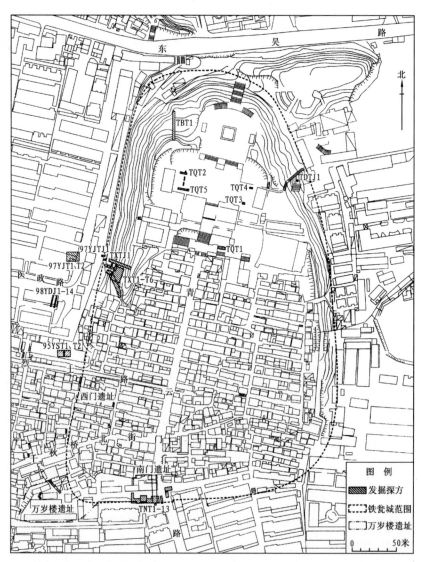

철옹성 발굴구역 표시도(鐵甕城考古队, 2010, 「江苏镇江市铁甕城遗址发掘简报」)

에 대한 조사를 실시하였다. 민가가 밀집해 있기에 지형 변화가 크고 전면적인 발굴이 어려워서, 철옹성유적의 고고연구는 틈이 나는 대로 소규모의 조사나 발굴을 진행하는 방식으로 할 수밖에 없었다. 현재까지 조사한 구역과 트렌치는 총 30여개로, 면적은 1,182㎡에 이른다.

발견된 유적들의 시기는 선오(先吳 : 195년에 손씨 가문이 강동을 점거한 때부터 220년에 동오라는 나라를 세우기 이전 단계까지)·동진(東晉)과 남조(南朝) 등으로 나눌 수 있다.

성벽

철옹성은 북고산의 전봉에 위치하며, 고고학 조사로 확인된 성벽의 평면은 타원형에 가까운 것으로 밝혀졌다. 서남쪽이 약간 바깥으로 돌출되었으며, 육조(六朝)시대의 만세루(萬歲樓)유적과 서로 연결되어있다. 남북 길이는 약 480m, 동서 최대 폭은 약 300m에 가깝다.

1. 서벽

서벽은 북고산 전봉의 서쪽에 있는 구릉에 위치하며, 남북 방향으로 뻗어있고, 길이는 300m에 가깝다.

언덕의 바깥쪽은 35~40°로 경사져 있으며, 정면(頂面)은 북쪽이 높고 남쪽이 낮은 형태로, 해발은 18~38m이다. 전봉의 서쪽에서 남쪽으로 이어지는데, 즉 열사로에서 춘추교 거리 한쪽 사이로 지세는 비교적 낮으며, 다만 서쪽의 지면은 약간 높다.

1991~1998년까지 이곳에 6개의 트렌치와 1기의 그리드를 발굴하였으며, 이 과정에서 윗성벽[上垣]·이층대(二層臺)·아랫성벽[下垣] 등의 유적이 발견되었다.

서벽 상부 육조시대 항토(铁瓮城考古队, 2010, 「江苏镇江市铁瓮城遗址发掘简报」)

2. 북벽

북벽은 북고산 전봉의 북쪽 언덕 동서 방향으로 뻗어 있다. 정면의 길이가 약 100m, 폭 약 2~3m, 해발 약 37m이며, 전봉의 동쪽과 서쪽 양쪽의 안쪽 구릉을 서로 연결한다. 1992년에 그 중간에서 약간 서쪽으로 치우친 부분에 대해 트렌치를 넣고 조사하였다. 문화층은 역대 성벽의 항토(夯土 : 흙을 다져 쌓는 공법) 위주로 청대의 석벽(石壁)·명대의 전벽(塼壁) 및 육조시대의 성벽 항토 등의 유적이 발견되었다.

3. 동벽

북고산 전봉의 동쪽 언덕 남북 방향으로 뻗어 있고, 북쪽이 높으며 남쪽은 낮다. 길이는 약 400m 정도이다. 정면의 북쪽에서 남쪽으로 해발 고도가 26.9~38.3m

정도 되며, 전봉의 북·남쪽 구릉이 서로 연결되어 있다. 동벽은 위아래의 낙차가 비교적 작아서 민가가 밀집되어 있기에, 1995년에 이뤄진 시굴조사 외에 다른 조사는 이뤄지지 않았다. 그리드는 동벽 북단의 동쪽에 두었으며 해발은 30m 정도이다. 그리드 내의 문화층은 4개로 나타나고, 깊이는 7m에 이르며, 육조시대의 전돌과 항토도 발견되었다.

북벽 육조시대 항토 및 오대시대~명청시대의 성벽(铁瓮城考古队, 2010, 「江苏镇江市铁瓮城遗址发掘简报」)

4. 남벽

북고산 전봉의 남쪽에 있으며 월화산(月華山) 동쪽 구릉으로 동쪽에서 서쪽 방향으로 이어진다. 길이는 300m에 가깝고, 정면의 너비는 약 15~20m, 해발 고도는 약 23~23.7m, 높게 솟은 주변의 지면은 3~5m 정도이다.

구릉 동쪽과 동벽은 서로 이어져 있다. 서단의 남쪽에 돌출된 대지가 있는데 이게 만세루유적이며 위아래 높이 차이는 10m 정도이다.

1994년 청운문로(淸雲門路) 보수공사를 하던 도중, 육조시대 남문 항토가 발견되었고, 이로서 철옹성 남벽유적의 존재를 확인하게 되었다. 2003년에 남벽에 대한 고고조사를 실시함으로써, 대략적인 남벽 방향을 알게 되었다. 2004년에 구제 발굴을 실시하여, 육조시대 성벽 및 항토와 벽돌벽[磚墻]을 발견하였다.

남벽 육조시대 벽돌벽(铁瓮城考古队, 2010, 「江苏镇江市铁瓮城遗址发掘简报」)

성문

육조시대 철옹성 성문에 대한 기록은 남조 고야왕(顧野王 : 519~581)[110]의 『여지지(輿地志)』에 "남·서 두 문을 열었다"[111]라는 기록이 있다. 『지순진강지』에는 "남쪽은 고각으로, 서쪽은 흠현이라 불렀다"[112]라는 기록이 남아있다. 고고조사를 통해 철옹성의 육조시대 남문과 서문이 조사되었다.

1. 남문

1994년 청운문로 발굴 중에 당·송시대의 문돈(門墩)이 벽돌로 축조된 모습으로 발견되었다. 1996년에는 육조의 문돈이 벽돌로 축조된 모습으로 발견되었으며, 송나라에서 명청시대에 이르는 도로 유적도 발견되었다. 2004년에 남문 서측 문돈 남단에 구제 발굴을 실시하였으며, 발굴 면적은 총 200㎡였다. 육조시대의 성벽 중 벽돌벽·항토·벽돌로 쌓은 문돈 및 문길[門道]·인도(人道) 등의 유구가 발견되었다.

2. 서문

2005~2006년에 만고로(萬古路) 건설공사에서 철옹성 서문유적에 대한 조사가 이뤄졌다. 열사로(烈土路)와 천추교(千秋橋) 북가(北街) 사이의 민간인 구역 내에서 송·당·육조시대의 도로 유적이 발견되었다. 도로폭은 약 4~5m로, 그 특징으로는 남문과 같은 시기의 도로 유적과 비슷하다는 점을 들 수 있다. 도로 양쪽에는 육조시대 문돈 항토유적이 발견되었는데, 그 동서 폭이 약 20m, 두께가 2~3m로, 남문의 육조시대 문돈 항토와 비슷하다. 이 조사를 통해 서문의 도로 및 문돈 항토와 문돈의 구체적인 규모를 확인하게 되었다.

성 바깥의 유적

철옹성 바깥의 주요 고고조사 지점으로는 서벽 외측 열사로의 채소창고공사장[蔬菜倉庫工地]·의정로(醫政路) 금전공사장[金田工地] 및 단방공사장[丹房工地]이 있다. 이곳들은 모두 지표 4m 이하 지점에서 육조시대의 지층이 발견되었으며, 층의 두께는 약 2m 이상이다. 금전 및 단방 공사장에서 발견된 주요 유적으로는 손오시대의 돌길[石路]·해자[壕溝]·목조건축 등이 있다.

성 안의 유적

철옹성 안의 고고조사는 총 3번에 걸쳐서 이뤄졌다. 그 중에서 1995년에는 성 내의 남쪽 구역에 대한 고고조사 때 청운문로 쪽에서 2개의 그리드를 팠고, 여기에서 육조시대의 지층이 발견되었다. 같은 해에 또 열사능원 저수지에서 진당(晋唐)시대의 전돌을 깐 도로가 발견되었다. 1997년에는 시열사능원의 무덤을 옮기는 작업 때문에 능묘 범위 남북으로 조사를 하였다. 이 과정에서 4개의 소형 트렌치를 넣었으며, 육조시대 대형 건물터 등의 유구가 발견되었다.

출토 유물

철옹성 안팎의 고고발굴을 통해 풍부한 유물들이 출토되었다. 주로 건축용 자재인 전돌·기와 및 도기가 주로 출토되었다.

전돌 중에서 문자전(文字磚)으로는 "대길의자손(大吉宜子孫)"과 "부귀(富貴)" 두 종류가 있다. 문양전[紋飾磚]으로는 주로 중권문(重圈紋)·능형문(菱形紋) 등이 있으며, 모두 전돌의 한 면에 문양이 찍혀있다. 기와는 암키와와 수키와 2종류로 구분되며, 다양한 문양들이 찍혀있다. 와당은 운문(雲紋)·수면문(獸面紋) 및 화문(花紋)으로 3종류가 있다.

도기는 홍도(紅陶)·회도(灰陶)·경도(硬陶)·유도(釉陶)로 4종류가 있다. 홍도는 관(罐)과 어망추[網墜]가 있다. 회도는 분(盆)·관 등이 있다. 문양은 주로 간단승문(間斷繩紋)·현문(弦紋)·멸문(篾紋)·멸문간곡선문(篾紋間曲線紋)·간단수선문(間斷竪線紋)·와릉문(瓦稜紋)·소방격문(小方格紋)이 있다.

경도의 기형은 주로 옹(瓮)이며, 문양은 창령전방격수선문(窓櫺塡方格竪線紋)·쌍구장방형전선문(雙鉤長方形塡線紋)·대방격전능형문(大方格塡菱形紋)·투방격대각선문(套方格對角線紋)·방격문(方格紋)·절선문(折線紋)·수파문(水波紋)·간단멸문(間斷篾紋)·멸문(篾紋)·회자문(回字紋)·미자문(米字紋)·화폐[錢幣] 및 방사선문(放射線紋)·삼각전수선(三角塡竪線) 및 능형전방격조합문(菱形塡方格組合紋)·사방격문(斜方格紋)·투능간전선문(套菱間塡線紋) 및 마포문(麻布紋) 등이 있다.

청자기(青瓷器)는 기형이 분·관·세(洗)·호(壺)·발(鉢)·완(碗) 등이 있다. 동전으로는 오수전(五銖錢)과 전륜오수(剪輪五銖)가 있다. 이 외에도 동부(銅釜)·철도(鐵刀)·철촉(鐵鏃)·철기손잡이[鐵器把]·철기다리[鐵器足]·철갑옷편[鐵鎧甲片]·철정(鐵釘)·철추(鐵錐) 등의 유물이 출토되었다.

철옹성의 역사적 의미

1. 초축 연대

10여년간 철옹성에 대한 고고조사가 있었으며, 이를 통해 밝혀진 유적 및 출토 유

물로 보아, 이 성의 초축연대는 선오(先吳)시기, 즉 손씨가문이 강동을 점령한 이후부터 동오를 건립하기 이전시기로 볼 수 있다. 이에 대한 근거는 다음과 같다.

남문유적에서 초기의 성벽·문돈 항토와 도로유적이 발견되었으며, 이 3가지의 관계가 밀접하고 연대도 일치한다. 유적의 모습과 출토 유물들은 모두 초기의 특징을 보인다.

육조성벽의 항축(夯築)은 평원형(平圓形)의 항저두(夯杵頭)를 사용하여, 평원식(平圓

철옹성 출토 명문전 및 문양전(铁瓮城考古队, 2010, 「江苏镇江市铁瓮城遗址发掘简报」)

式)의 항와(夯窩)가 형성되었다. 이들은 한·위(漢魏)대의 낙양고성(洛陽故城) 금용성지(金墉城址)에서 출토된 항토 공법과 비슷한 모습을 보인다.

성벽에서 출토된 운문와당(雲紋瓦當)의 문양은 낙양 동한궁전(東漢宮殿)유적에서 출토된 운문와당과 흡사하다.

서벽 바깥의 돌길·해자와 관련된 지층에서는 대량의 문자전과 문양전·기와 및 다양한 문양의 회도·홍도·경도·유도·청자가 출토되었는데, 모두 한말(漢末)·동오시대의 특징을 보인다.

상술한 네 가지는 모두 철옹성의 초
축 및 보수 연대가 역사서에 기록된 195
년 손하의 "경성에 주둔하였다"는 기록,
204년의 "경성을 선치하고, 누로를 세
웠다."[113]라는 기록 및 송나라 악사(樂史
: 930~1007)의 『태평환우기(太平寰宇記)』
에서는 적힌 208년에 손권이 "도읍을
경구로 옮겼다."는 기록 등의 사건과 밀

접한 관계가 있다. 이상 상술한 역사 사실은 모두 동오라는 국가가 성립하기 이전 단
계에 해당한다.

2. 건축 특징

철옹성 건축의 주요 특징은 다음과 같다.

평면 형태가 규칙적이지 않다. 성의 축조자는 북고산 전봉을 선택하였는데, 이곳은
북쪽이 높고 남쪽이 낮은 구릉 지대로, 사방에 타원형의 형태의 성벽을 쌓아 올렸다.

성벽은 자연조건을 이용하여 축조하였다. 서벽 북단은 산세를 이용해서 상벽과 하
벽 두 부분으로 나누었고, 중간에는 이층대를 설치하였으며, 상하벽은 또 각각 단직
장(短直墙)과 파면장(坡面墙)을 시설하였다.

마지막으로 항토의 강화와 산체(山體)의 관계도 주요 특징에 속한다. 서벽 북단 이
층대의 항축은 산체의 안쪽을 약간 더 파낸 방식을 사용하였다. 이곳에 항축을 더하
여, 마치 항토가 쐐기를 박아 넣은 것처럼 만들어 산체와 조합한 형태로 만들었다.

3. 역사적 가치

철옹성은 동오시대 이전에 처음 지은 성이다. 강동에서 유명한 성으로 그 가치는 3
가지로 이야기 할 수 있다.

첫째, 손권이 경구로 천도한 수년간은 아직 나라를 세우진 않았지만, 사실상 삼국
정립(三國鼎立)의 형세가 갖춰진 중요한 시기로서, 철옹성은 동오정권의 형성과 발전
에 중요한 작용을 하였다.

둘째, 철옹성은 삼국시대 동오의 도성 중 하나로, 이 외에 남경의 석두성(石頭城), 호북(湖北)의 오왕성(吳王城) 등이 있다. 이 중에서도 축조 연대가 가장 이르며, 유적이 완전한 형태로 보존되어 있으며, 그 내용도 풍부하다.

셋째, 삼국시대 이후, 철옹성은 진·당을 거쳐, 명·청에 이르는 1,700년의 시간 동안, 강남지역의 행정 중심지로, "천년아성(千年衙城)"으로 불렸다. 이는 고대 도시사에 있어서 보기 드문 경우에 해당한다.

참고자료

南京博物館, 2009, 『重拘与解读-江苏六十年考古成就』 南京大学出版社.

铁瓮城考古队, 2010, 「江苏镇江市铁瓮城遗址发掘简报」 『考古』 2010年 第5期.

임동욱, 2010, 『중국역대인명사전』 이회문화사.

104) 『建康實錄』 卷1. "自吳遷于京口而鎭之."

105) 『建康實錄』 卷1. "十六年權始自京口徙治秣陵."

106) 讀史方輿紀要 卷25. "孫權徙鎭于此筑京城."

107) 『至順鎭江志』 卷2. "周回六百三十步, 內外固以磚壁, 號鐵甕城."

108) 『北固山志』 卷1. "有土無石故名."

109) 『京口三山志』 卷1. "土山然隆起, 晋唐以來郡治据其上."

110) 남조 진(陳)나라 오군(吳郡) 오현(吳縣) 사람으로, 자는 희풍(希馮)이다. 538년[대동(大同) 4년]에 태학박사(太學博士)가 되었다. 진나라에 들어 국자박사에 오르고, 황문시랑(黃門侍郎)을 거쳐 광록대부(光祿大夫)를 지냈으며, 벼슬이 광록경(光祿卿)에 이르렀다. 훈고학(訓詁學)에 정통하여, 고금문자(古今文字)의 형체와 훈고를 수집하고 고증해 16,017자를 540부로 구분한 『옥편(玉篇)』을 저술했다.

111) 『輿地志』 "開南西二門."

112) 『至順鎭江志』 卷2. "南曰鼓角, 西曰欽賢."

113) 『三國志』 『孫韶傳』 "繕治京城、起樓櫓."

진강고성벽유적 鎭江古城墻遺址

남조시대 경제의 중심지

진강고성벽유적[鎭江古城墻遺址]은 진릉고성(晉陵古城)·화산만고성(花山灣古城)이라고도 한다. 진강시구(鎭江市區) 동북쪽 화산만(花山灣)의 구릉 위에 위치하고 1984년에 발견되었다. 평면 형태는 사다리꼴로 되어 있으며, 동쪽 성벽이 잘 남아있다. 북쪽으로는 지금의 장강(長江) 연안과 약 700m 정도 떨어져 있으며, 서북쪽으로는 북고산(北固山) 북봉(北峰) 위의 감로사(甘露寺)와 500m 정도 떨어져있다. 화산(花山)은 동산(東山)이라고도 하며, 경현산(京峴山)의 여맥(餘脈)으로, 해발 고도는 약 30m이다.

진강고성벽유적

1984년 5월, 진강박물관(鎭江博物館)에서 이곳에 대한 지표조사와 시굴조사를 시행하였고, 이후 세상에 알려지게 되었다. 상면에는 "진릉(晉陵)"·"성동문(城東門)" 등의 글자가 새겨져 있었으며, 현재로는 동진(東晉)시대의 고성으로 파악하고 있다.

유적 현황

현재 이곳은 진강시 중심의 체육공원으로 조성되어 시민들이 자주 찾는 곳이다. 계단으로 성벽을 올라갈 수 있게 해 놓아서, 수많은 사람들이 이곳을 오르내리며 운동하는 모습을 볼 수 있다.

성벽 위에는 현대에 지은 휴식 공간과 건물, 회랑 등이 자리 잡고 있다. 현재 성벽은 1km 정도가 온전히 남아있기에, 시민들이 산책하거나 운동하기 좋게 되어 있다. 회랑을 따라 걸어가면 산책로가 나오며, 이곳에는 진강과 관련된 여러 인물들의 초상과

성벽 위의 회랑과 산책길

관련 사항들이 띄엄띄엄 적혀 있다. 회랑 옆에는 꽃을 심어 놓아 봄이나 여름에는 연인이나 가족들이 오기에도 좋다.

현재 진릉성의 북벽은 동오로(東吳路)에 접해 있고, 서벽은 북고상 앞 봉우리로 이어진다. 남벽은 토구용갱(土丘龍坑)에 인접해 서쪽으로 대학산(大學山)에 이르고, 서벽은 철옹산(鐵甕山) 및 북벽과 이어진다. 역사 기록에 따르면 당나라 말기에, 진강성을 자성(子城)·협성(夾城)과 나성(羅城)으로 나누었다고 하며, 자성이 즉 철옹성이고, 나성은 화산만고성이라고 한다.

진강과 진릉고성

지금의 강소성(江蘇省) 진강시는 육조시대에 "경구(京口)"라 일컬어졌으며, 도읍지인 건강을 둘러싸고 있는 군사적 요충지로, "북부(北府)"라고도 불렸다. 경구성(京口城)은 『통전(通典)』에 따르면 "산이 요새처럼 둘러싸고, 강이 경계를 짓고 있기에, 마치 하내군(河內郡)처럼 내진(內鎭)이 우중(優重)하였다"[114]고 한다. 청대(淸代) 학자 고조우(顧祖禹 : 1631~1692)는 『독사방여기요(讀史方輿紀要)』에서 "건업(建業)에 있어서 경구는, 마치 낙양(洛陽)에 있어서 맹진(孟津)과도 같다. 동오(孫吳 : 東吳) 이래로, 동남쪽에서는 경구는 필히 금요(襟要)로서, 경구가 방어하거나 우뚝허니 서서, 건업을 위기로부터 지탱해주었다"[115]라며 총결(總結)을 내렸다.

진강은 육조시대에 군사적으로 매우 중요한 위치에 있었다고 볼 수 있다. 하지만 육조 경구성에 대한 사료 기록은 언급은 많이 되지만 다양하지 않아서, 연구하는데 상당한 어려움이 따랐다. 1980년대 말 이래로, 진강시에서는 고고연구가 부단히 이뤄졌다. 이로서 진강고성유적에 관한 고고자료가 점차 풍부해졌고, 진강고성의 면모 또한 점점 명확하게 드러나게 되었다.

진릉고성의 발견과 연구

진강시구의 고대 성터의 조사와 발굴은 1980년대부터 이뤄졌다. 1984년 진강박물관은 시구 동부의 화산만지역에서 공사 중 항토성벽 및 성벽돌이 노출됨으로 인하여 조사와 시굴이 이뤄졌다. 초보적으로 고성의 범위를 확인하게 되었고, 시굴 지점의 성벽과 고분의 중첩 관계에 따라, 고성의 축조 시대가 남조 이전임을 추측하게 되었다. 또한 성벽돌에 새겨진 "진릉"·"나성"·"진릉나성" 등의 명문에 의거해, 동진시대의 진릉군(晉陵郡)으로 밝혀졌다.

1991년 남경대학(南京大學) 역사계의 고고학자와 진강박물관이 연합하여 화산만

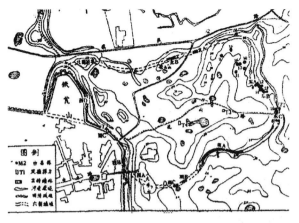

진릉성 범위 표시도 (1986)(刘斌, 2011, 「镇江"晋陵罗城"命名问题的探讨」)

고성에 대한 전면적인 지표조사와 부분적인 발굴조사를 진행하였다. 기본적으로 고성의 동·북·남벽의 범위를 설정하고, 항토성벽의 잔존 두께 및 동벽과 남벽 바깥의 해자 정황을 살펴보았다. 이번 발굴은 비교적 전면적으로 이뤄져서, 1984년의 조사와 시굴에 비해 고성 자료와 정보 또한 비교적 풍부하게 획득하였다. 발굴에 참여한 고고학자들은 성벽 항토 퇴적과 항토 저부 무덤의 중첩 관계를 근거로, 성벽의 축조 연대를 당대(唐代)로 정하였다. 또한 그 이전인 동진 때에 "진릉나성"이 없다는 결론을 내렸으며, 당대의 윤주나성(潤州羅城)일 것으로 보았다.

화산만고성 외에, 1991~1992년에 남경대학 역사계의 고고학자와 진강박물관이 연합하여 진강 철옹성(鐵甕城)유적에 대한 발굴도 진행하였다. 이후 진강고성고고소(鎮江古城考古所)와 진강박물관은 또 철옹성유적에 대한 여러 번의 발굴을 통해, 철옹성유적과 관련된 수많은 자료를 확보하였다. 그 결과 철옹성의 역사적 의의에 대해 대체적으로 선오시기(先吳時期), 즉 동오가 강동을 점거한 이후부터 오나라가 세워지기 전까지의 기간 동안에 축조된 성터로 보았다. 즉 이 성터가 동오정권의 형성과 발전에 중요한 작용을 하였고, 동오시대에 축조된 몇 도성, 즉 남경 석두성(石頭城)과 호북(湖比) 오왕성(吳王城) 등 중에서 가장 연대가 오래되고, 보존 상태가 가장 완벽하다고 보았다.

고고조사 현황

고성은 자연 구릉을 이용하였고, 흙을 채취해 항토를 구축하여 건설하였다. 현재는 항토층의 단면 및 원목(圓木) 항타(夯打) 흔적이 남아있는 걸 볼 수 있으며, 항토층의 두

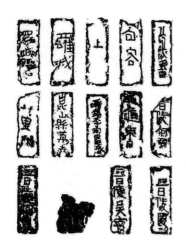

진릉성 출토 명문전 탁본(刘斌, 2011, 「镇江"晋陵罗城"命名问题的探讨」)

께는 약 6~10cm, 항와(夯窩) 직경은 약 4~5cm이다.

잔존하는 성벽은 문(門)자형으로, 동성벽의 전체 길이는 약 700m, 북성벽의 전체 길이는 약 1,400m, 남성벽의 전체 길이는 약 1,200m, 서성벽의 전체 길이는 약 1,400m이다. 총 길이는 약 4,700m 정도이며, 현재는 성벽이 끊겼다 이어졌다한다. 잔존 길이는 1,700m이고, 성벽 윗부분의 폭은 8~15m이다. 아랫부분의 폭은 30~70m이며, 높이는 10~25m로 다르게 나타난다. 고성은 해발 고도가 약 30m이며, 동북쪽 성벽 바깥에는 해자[護城河]가 남아있고, 길이는 약 150m를 상회한다.

고성에서는 여러 종류의 명문 성벽돌[城磚]이 출토되었는데, "동곽문(東郭門)"·"남곽문(南郭門)"등의 문 이름이 있었고, "소리요(小里窯)"·"십리비(十里碑)" 등의 도요지 이름도 있었다. 또한 "진릉나성(晋陵羅城)"·"나성(羅城)" 등의 지명과, "진릉맹승(晋陵孟勝)"·"진릉하강(晋陵何强)"·"무석이흠(無錫李欽)"·"강음왕최(江陰王寂)" 등 지명과 인명을 연이어 쓴 명문전도 있었다.

또한 동진시대의 도질대옹(陶質大甕) 및 육조(六朝)의 청자호(青瓷壺)·관(罐)·세(洗)·완(碗)·우(盂)·촉대(燭臺) 등 일상용품이 출토되었다. 최근 발굴 결과에 따르면, 잔존하는 진릉성 상부 및 관련된 부분에서 당대 성벽유적과 유물이 출토되었다고 한다.

정사의 기록에 따르면, 동진 진릉고성이 처음 세워진 것은 진나라 318년[대흥(大興) 초년]이다. 효무제(孝武帝) 사마요(司馬曜) 385년[태원(太元) 10년]에 진릉성을 보수하였고, 이후 당대에도 계속 사용되었다. 고성은 자연조건을 충분히 이용하여, 성 안팎을 견고하게 쌓아올렸으며, 군사적으로도 중요한 전략적 위치에 있다.

참고자료

江苏省地方编纂委员会, 1998, 『江苏省志·文物志』, 江苏古籍出版社.

唐云俊·東有春, 2000, 『江苏文物古迹通览』, 上海古籍出版社.

刘斌, 2011, 「镇江"晋陵罗城"命名问题的探讨」『南京晓庄学院学报』 2011年 4期.

114)『通典』卷182「州郡」12. "因山爲壘, 緣江爲境, 似河內郡, 內鎭優重."

115)『讀史方輿紀要』卷25. "建業之有京口, 猶洛陽之有孟津. 自孫吳以來, 東南有事, 必以京口爲襟要. 京口之防或竦, 建業之危立至."

능구석각 陵口石刻

황릉구역 입구임을 알리는 두 마리 석수

동쪽 천록 측면

서쪽 기린 측면

능구석각(陵口石刻)은 강소성(江蘇省) 단양시(丹陽市) 능구진(陵口鎭)의 동쪽에 위치하며, 남조에서 가장 큰 석각으로 손꼽힌다. 현재 2기의 석수가 남아있으며 이를 천록(天祿)과 기린(麒麟)으로 보고 있다.

원래는 대운하(大運河) 북안(北岸)쪽의 소량하[蕭梁河 : 원래는 소항(蕭港)·소당(蕭塘)]와 교차하는 곳이었다. 양나라 때 대운하가 소량구로 들어왔었으며, 바로 제나라와 양나라 2대의 능묘구(陵墓區) 입구로서 사용되었기 때문에, 능구(陵口)라는 명칭이 유래하게 되었다.

유적 현황

능구석각은 단양시에서 능구진으로 초량로(肖梁路)를 따라 진입하다보면 나온다.

동쪽 천록 날개 세부모습

동쪽 천록 뒷부분 세부모습

동쪽 천록 정면

초량로를 따라 내려오다보면 다리가 나온다. 이곳에 흐르는 소량하를 기준으로 동쪽에는 천록이, 서쪽에는 기린이 있어, 중간에 하천이 지나는 모습이다. 여기를 기점으로 동쪽 천록과 서쪽 기린을 찾아 갈 수 있다.

일단 동쪽 천록부터 살펴보자면, 이 다리에서 파란색 간판에 화윤칠(華潤漆)이라고 적힌 건물 오른편의 골목으로 들어가서, 남쪽의 능구광학의기창(陵口光學儀器廠) 쪽으로 가야된다. 다시 신세기혜업(新世紀鞋業)이라고 적힌 건물 방향으로 나있는 작은 다리를 건너야 한다. 여기에서 다시 남쪽으로 45m 정도 좀 더 내려가서 다시 남동쪽으로 55m 정도 걸어가면 동쪽 천록이 나온다.

서쪽 기린은 다시 원래 위치에서 서쪽으로 조금 걸어 가면 사거리가 나오는데, 그 중 남서쪽의 샛길로 110m 정도 내려가면 된다. 단양시능구진국세소(丹陽市陵口鎭國稅所)와 방달금속제품공사(方達金屬制品公司)를 지나게 되면, 주민들이 이용하는 작은 공원이 나오는데, 그 공원 가운데에 기린이 있어 찾기가 수월하다.

석각의 형태

동쪽 천록은 뿔이 2개 달렸다. 몸의 길이가 4m, 잔존 높이가 3.6m이, 목 높이가 2m, 둘레가 3.9m이다. 다리 3개가 결실되어 현재는 1개만 남아있다.

서쪽 기린은 뿔이 하나만 남아있으며, 몸의 길이가 3.95m, 잔존 높이는 2.9m, 목 높이가 1.7m, 몸 둘레가 3.6m이다. 네 다리는 모두 결실되었다.

서쪽 기린 정면

몸의 형태는 전반적으로 다른 남조의 석각들과 비슷한 모습을 보여준다. 석수의 날개는 위아래 2개의 깃이 정교하게 표현되었으며, 깃털 위의 비늘은 구슬같이 표현되어, 점점 깃털 위로 올라오는 듯 한 모습을 보여준다. 몸통에 조각된 체모도 매우 사실적으로 표현되었다. 석수의 입은 벌려졌지만 혀를 내밀지 않았으며, 수염은 八자형으로 연속해서 가슴 아래까지 길게 드리워졌다. 두 석수 모두 성기가 표현되어 수컷임을 알 수 있다.

서쪽 기린의 경우 현재 운동기구 등이 있는 공원으로 조성되었다보니 아무래도 사람들의 손을 많이 타는 편이다. 심지어 왼쪽 날개 부분에는 받침돌이 있고, 그 받침돌을 밟고 석각 위로 올라갈 수 있게 해놓았다. 그래서인지 그쪽 부분은 사람들이 밟고 올라간 흔적이 남아 석질이 반들반들해졌다.

서쪽 기린 날개 세부 모습

1957년 겨울에 운하를 확장하면서, 두 석수를 북쪽으로 450m 정도 옮겼으며, 또한 돌로 기좌(基座)를 만들어 그 위에 안장해 놓았다. 1977년 소량하를 확장하면서 서쪽 기린을 서쪽으로 7.5m 정도 옮겨 놓았으며, 소량하 동안의 천록과 위치를 평행하게 조성하였다.

제명제 홍안릉의 석수와 형태가 유사하여, 6세기 중엽 양나라 때의 것으로 보고 있다. 남조의 석각 중에서도 가장 뛰어난 작품 중 하나로 손꼽힌다. 또한 단양 제량능묘구의 입구라는 표지가 된다는 점에서, 더욱더 아름답고 체형도 크게 조성한 것으로 보여, 일반적인 석수들과는 다른 느낌을 준다.

참고문헌

江苏省地方编纂委员会, 1998,『江苏省志·文物志』江苏古籍出版社.

국립공주박물관, 2008,『백제문화 해외조사보고서 Ⅵ - 中國 南京地域』.

罗宗真·王志高, 2004,『六朝文物』南京出版社.

姚遷·古兵, 1981,『南朝陵墓石刻』文物出版社.

朱偰, 2006,『健康兰陵六朝陵墓图考』中华书局.

제명제 흥안릉석각 齊明帝興安陵石刻

향불 앞 제명제의 눈물은 대학살을 불렀네

중화제량문화여유구 표지판

흥안릉석각 전경

　강소성(江蘇省) 단양시(丹陽市) 운양진(雲陽鎭) 삼성항(三城巷)에서 동북쪽으로 약 0.5
㎞ 떨어진 곳에 위치한다. 이 능묘의 주인은 제명제(齊明帝) 소란(蕭鸞 : 452~498)으로 보
고 있다. 소란은 498년[영태(永泰) 원년]에 사망하였고, 묘호를 고종(高宗)이라 하였으며,
흥안릉(興安陵)에 묻혔는데 이미 묘는 평평해졌다.

　경안릉에서 나와 다시 왔던 길로 되돌아와 전애동로(前艾東路) 교차점에서 계속 서
쪽으로 이동하면 된다. 서쪽으로 2.8㎞ 정도 가면 '중화제량문화여유구(中華齊梁文化
旅遊區)'라고 써진 표지판이 보인다. 그 표지판이 있는 북쪽 길로 730m 정도 직진하면
서쪽에 석각들이 보인다. 2곳의 석각이 그곳에 모여 있는데, 그 중에서 남쪽에 있는
게 흥안릉석각이고, 북쪽에 있는 것이 건릉석각(建陵石刻)이다.

남쪽 기린 측면

북쪽 석수 측면

남쪽 기린 날개 세부모습

석각의 형태

신도에는 한 쌍의 석수가 있는데, 서로 37m 정도 거리를 두고 서있다. 남쪽의 석수를 기린으로 보고 있으며, 북쪽의 석수는 상당 부분이 훼손되었다. 기린은 뿔이 하나 달렸던 것으로 보이나 현재는 훼손된 상태이며, 네 다리 또한 모두 파괴된 모습이다. 다른 한 마리는 머리와 몸통이 거의 훼손되어 목과 가슴부분만 남아있고 뿔이 두 개였을 것으로 추정된다.

기린의 몸 길이는 3.02m, 잔존 높이 2.70m, 목 높이 1.35m, 몸 둘레 2.78m이다. 기린은 고개를 들고 몸을 늘어뜨린 모습이며, 짧은 목에 입을 크게 벌렸고, 긴 턱수염이 八자형으로 길게 늘어져있다. 날개는 2중으로 표현되어 독특한 편이며, 가슴 앞까지 긴 체모가 아름답게 장식되어 있어 제나라 석수의 특징을 고스란히 보여준다. 또한 등골은 융기되어 표현되었으며, 머리부터 꼬리까지 구슬이 이어진 모양[連珠]으로 장식되었다. 또한 성기가 표현되어 수컷임을 알 수 있다.

소란의 생애

제명제 소란은 소도생(蕭道生 : 427~482)의 아들이자, 소제(蕭齊)의 제 2대 황제인 제무제(齊武帝) 소색(蕭賾 : 440~495)의 사촌동생이다. 자는 경서(景栖)이고, 어릴 적의 이름은 현도(玄度)이며, 제 5대 황제였다. 소란은 어릴 적에 부모를 여의어서 제 1대 황제인 제고제(齊高帝 : 427~482) 소도성(蕭道成)에게 부양되었고, 소도성은 그를 자식보다 더 소중하게 키웠다.

송순제(宋順帝 : 467~479) 시절, 소란은 안길령(安吉令)을 역임하였는데 엄격한 성격으로 유명하였었다. 후에 회남(淮南)·선성태수(宣城太守)와 보국장군(輔國將軍)이 되었다. 제고제(齊高帝) 시절에는 서창후(西昌候)·영주자사(郢州刺史)를 역임하였다. 제무제 시절에는 시중(侍中)이자 효기장군(驍騎將軍)이었다.

소색이 죽고 난 뒤 제 3대 황제인 소소업(蕭昭業 : 473~494)을 보좌하였다. 494년에 소란은 소소업을 폐위시키고 울림왕(鬱林王)으로 삼은 뒤 살해해 버렸다. 그리고 그의 동생인 소소문(蕭昭文 : 480~494)[116]을 황제로 올렸다. 하지만 오래 지나지 않아 역시 폐위시키고 해릉왕(海陵王)으로 삼았으며, 스스로 황제가 되었다. 소란은 재위 중에 장기간동안 좀처럼 외출을 하지 않고 주로 궐 안에만 머물렀으며, 각지에서 중앙으로 보내는 헌납을 중지시키는 등 절약에 힘을 썼다. 또한 여러 번에 걸쳐 북위(北魏)를 공격하여, 신야(新野)·남양(南陽)·의양(義陽) 등지에서 격파하였다. 소란은 만년에 중병에 걸려서 도교와 주술에 심취하였으며, 복장을 모두 붉은 색으로 바꾸도록 하였다. 재위한 지 5년만인 498년(영태 원년)에 소란은 병으로 인하여 죽게 되었고, 흥안릉에 묻히게 되었다.

소란의 성격은 엄격하고 의심이 많았던 것으로 알려진다. 그래서 재위 시 제고제와 제무제의 자손들을 거의 다 죽였다고 한다. 이에 얽힌 일화가 있는데 살펴보면 대략 다음과 같다. 불교신자였던 명제가 향을 피우고 눈물을 흘리며 독약과 수십 개의 관을 준비하라고 시켰다고 한다. 그리고 그날 저녁에는 사람들이 죽었다고 한다. 죽은 대상은 주로 소도성의 자손들이었는데, 아기는 물론이거니와 유모도 함께 끌어내어 죽였다고 한다.

남쪽 기린 뒷부분 세부모습

북쪽 석수 측면 세부모습

민국시대에 촬영된 흥안릉석각 남쪽 기린 측면(朱偰, 2006, 『健康兰陵六朝陵墓图考』)

참고문헌

가와카쓰 요시오 지음, 임대희 옮김, 2004, 『중국의 역사 - 위진남북조』.

江苏省地方编纂委员会, 1998, 『江苏省志·文物志』, 江苏古籍出版社.

국립공주박물관, 2008, 『백제문화 해외 조사보고서 VI - 中國 南京地域』.

罗宗真·王志高, 2004, 『六朝文物』, 南京出版社.

姚遷·古兵, 1981, 『南朝陵墓石刻』, 文物出版社.

朱偰, 2006, 『健康兰陵六朝陵墓图考』, 中华书局.

116) 남조 제나라의 4대 황제로 해릉왕이다. 울림왕의 동생으로 울림왕이 폐위되자 소란이 옹립하여 왕이 되었으나 곧 폐위되어 살해당한다.

제경제 수안릉석각 齊景帝修安陵石刻

역동적인 모습의 두마리 석수

제경제 수안릉석각 전경

서쪽 기린 측면

제경제 수안릉은 강소성(江蘇省) 단양시(丹陽市) 호교진(胡橋鎭)의 동쪽으로 1,000m 정도 떨어진 선당만(仙塘灣)에 위치하며, 능묘는 남쪽을 바라보고 있다. 1965년 8월에 능묘에 대한 발굴조사가 이루어졌는데, 묘실의 전체 길이가 15m인 대형의 전실묘(塼室墓)임이 밝혀졌다. 묘실 내부에서는 죽림칠현(竹林七賢)을 묘사한 전화(塼畵) 장식이 확인되었다.

이 능묘는 남제(南齊)의 제고제(齊高帝) 소도성(蕭道成 : 427~482)의 둘째형이자, 제명제(齊明帝) 소란(蕭鸞 : 452~498)의 아버지인 소도생(蕭道生)의 무덤으로 보고 있다. 소도생은 유송(劉宋) 시절에 죽었으며, 494년[건무(建武) 원년]에 경황제(景皇帝)로, 그의 부인인 강씨(江氏)는 의후(懿后)로 각각 추존되었다. 그들의 합장묘 명칭을 수안릉(修安陵)이라 하였다.

동쪽 천록 정면

동쪽 천록 후면

영안릉(永安陵)에서 나와 남쪽으로 난 기린로(麒麟路)를 따라 1.2㎞ 정도 가면 삼거리가 나온다. 여기에서 동쪽의 선천로(仙泉路) 방면으로 1㎞ 정도 직진하면 왼편에 샛길이 하나 보인다. 그 샛길로 132m 정도 걸어가면 수안릉에 도착하게 된다.

석각의 형태

능묘의 방향은 남쪽에서 동쪽으로 23° 정도 기울어졌다. 무덤 앞의 묘도는 남쪽으로 510m 정도 뻗어 있다. 현재 2기의 석수가 남아있고, 보존 상태는 완벽한 편이다..

두 석수는 동서 방향으로 33.4m 정도 떨어져 서로를 마주보고 있다. 동쪽은 뿔이 2개 달린 천록(天祿)으로 몸 길이 3.00m, 높이 2.75m, 목 높이 1.54m, 둘레는 2.52m이다. 머리 위의 두 뿔은 훼손되었다. 서쪽은 뿔이 하나 달린 기린(麒麟)으로, 몸 길이 2.90m, 높이 2.45m, 목 높이 1.38m, 둘레 2.40m이다. 뿔에는 철린문(綴鱗紋)을 가득 장식하였다.

두 석수는 모두 가슴을 내밀고 허리를 추켜세워 마치 뛰어가려는 모습이다. 천록은 눈을 부라리며 왼쪽을, 기린은 오른쪽을 바라보고 있다. 천록은 왼발을 앞에 두고, 기린은 오른발을 앞에 두었다. 턱수염이 가슴 앞까지 드리워졌다. 체모의 끝이 고사리처럼 끝을 말아 올린 채로 양각으로 표현하였다. 양쪽 날개에는 권운문(卷雲文)과 세밀한 비늘, 그리고 긴 깃털이 조각되었다. 또한 비늘 위에는 작은 꽃이 하나씩 얽어져 있으나, 꽃의 모습에는 약간씩 변화를 주었다. 발 아래에는 앞발의 네 발가락 아래에 작은 동물을 쥐는 듯이 표현되었다. 이러한 석수의 세부 표현 방식은 양문제(梁文帝:

동쪽 천록 날개 세부모습

서쪽 기린 날개 세부모습

444~494) 건릉(建陵)의 석수와 흡사하다.

1979년 8월에 두 석수를 모두 동쪽으로 1m 정도 수평으로 이동하여 콘크리트 위에 올려놓았다. 1985년 5월 천록의 원래 모습을 복제하여 '진강문물정화(鎭江文物精華)'라는 이름으로 중국역사박물관(中國歷史博物館)에 전시하고 있다.

서쪽 기린 뒷부분 세부 모습

수안릉 발굴조사

1965년에 남경박물원은 수안릉에 대한 발굴조사를 실시하였다. 묘실(墓室)은 모두 화문전(花紋塼)을 사용하여 '삼순일정(三順一丁)'의 방법으로 축조한 사실이 밝혀졌다. 이미 오래전에 도굴되어서 도기·자기·석기·철기류의 유물 파편들만 출토되었다.

비교적 완전한 형태의 화문전으로 '우인희호(羽人戲虎)'·'죽림칠현' 등 5폭의 벽화를 조성하였다. 이는 당시의 회화예술·종교사상·궁정제도·복식 연구에 필요한 실물 자료를 제공해 주는 것으로 평가된다. 또한 이 발굴을 통해 남조시대 제나라 황제릉의 면면을 살펴 볼 수 있었다. 당시의 묘제·묘장 방법과 묘실 구조 등을 살피는데 중요한 가치를 지닌다.

남경박물원에 전시된 우인희호전화(羽人戲虎磚畵)

민국시대에 촬영된 서쪽 기린 측면
(朱偰, 2006,『健康兰陵六朝陵墓图考』)

소도생의 생애

시안정왕(始安貞王) 소도생(蕭道生)의 자는 효백(孝伯)이며, 태조(太祖) 소도성의 둘째 형이다. 유송시절에 죽었고, 479년[건원(建元) 원년]에 시호를 받았다.

소도생은 494년(건무 원년)에 경황(景皇)으로, 그의 비(妃)인 강씨는 후(后)로 추서 되었다. 침(寢)과 묘(廟)는 어도(御道)의 서쪽에 마련되었으며, 능(陵)은 수안(修安)이라 하였다. 아들로는 소봉(蕭鳳)·고종(高宗)·안륙소왕(安陸昭王) 소면(蕭緬)이 있다.

참고문헌

국립공주박물관, 2008,『백제문화 해외조사보고서 VI - 中國 南京地域』.

江苏省地方编纂委员会, 1998,『江苏省志·文物志』江苏古籍出版社.

罗宗真·王志高, 2004,『六朝文物』南京出版社.

姚遷·古兵, 1981,『南朝陵墓石刻』文物出版社.

朱偰, 2006,『健康兰陵六朝陵墓图考』中华书局.

许耀华·王志高·王泉, 2004,『六朝石刻话風流』文物出版社.

제선제 영안릉석각 齊宣帝永安陵石刻

남제 건국황제 제고제의 아버지

강소성(江蘇省) 단양시(丹陽市) 호교진(胡橋鎭) 사자만(獅子灣) 장장촌(張庄村)의 밭 가운데에 위치한 능묘이다. 남제(南齊)의 황제였던 제고제(齊高帝) 소도성(蕭道成 : 427~482)[117]의 아버지인 소승지(蕭承之 : 383~447)의 능묘로 보고 있다.

소승지는 유송(劉宋) 447년[원가(元嘉) 24년]에 사망하였었다. 장남인 소도성이 남제를 건국하여 고제로 즉위하고서 아버지인 소승지를 479년[건원(建元) 원년]에 선제(宣帝)로 추존하였다. 또한 자신의 어머니를 효황후(孝皇后)로 추존하여 기존의 합장묘를 영안릉(永安陵)으로 승격시켰다.

영안릉을 가려면 단양시의 동북쪽에 있는 통항공로(通港公路)를 타고 올라가다가 기린로(麒麟路)로 빠져야 한다. 기린로에서 190m 정도 내려온 뒤, 건물 사이에 난 작은 농로로 230m 정도 가면 영안릉에 이르게 된다.

제선제 영안릉석각 전경

서쪽 기린 측면

동쪽 천록 측면

서쪽 기린 날개 세부 모습

석각의 형태

영안릉은 남쪽을 바라보고 있으며 현재는 평평하게 되어 있다. 영안릉 앞에는 2기의 석수가 동서로 26m 정도 떨어져 마주보고 있다.

이 중에서 동쪽의 것은 천록(天祿)으로 뿔이 두개 달렸다. 길이는 2.95m, 높이 2.75m의 크기이며, 목의 높이는 1.40m, 둘레는 2.75m이다. 서쪽의 기린(麒麟)은 머리가 파손되었지만 나머지 부분은 잘 남아 있다. 길이 2.9m, 잔존 높이 2.42m, 목 높이가 1.38m이며, 둘레가 2.4m이다. 천록은 1979년 8월 남쪽으로 1m쯤 옮겨져 콘크리트 기좌(基座) 위에 놓여졌다. 당시 조사에서 머리는 확인되지 않았다.

천록의 두 뿔은 이미 훼손된 상태이다. 아래턱의 수염이 고사리처럼 끝이 말아져 내려오는 모습을 보인다. 또한 긴 수염 6개가 '八'자 모양으로 가슴 앞쪽까지 길게 드리워져 서로 대칭하였다.

서쪽 기린 오른쪽 앞발 아래의 작은 동물

날개에는 권운문(卷雲文)과 깃털뿐 아니라 비늘까지 세밀하게 표현되었다. 또한 엉덩이 쪽에도 앞쪽처럼 몸 위의 긴 털이 술처럼 감겨져 내려오는 모습이며, 꼬리는 땅에 끌렸다가 살짝 말아져있다. 4개의 발톱은 작은 짐승을 움켜쥔 모습으로 표현되었다. 기린과 천록 모두 성기가 표현되었기에 서쪽 기린은 수컷, 동쪽 천록은 암컷임을 알 수 있다.

영안릉 석수의 서쪽은 조가만(趙家灣)이라는 곳으로, 예전에는 제고제 소도성의 태안릉(泰安陵)이 있었다고 하지만, 지금은 그 위치를 명확히 알 수 없다. 능묘 앞에는 원래 2기의 석수 잔해가 18.5m 정도 떨어져 있었다.

소승지의 가문과 생애

소승지의 자는 사백(嗣伯)이고, 남조 유송의 장군이었다. 그 아들인 소도성은 남제를 건국한 고제이다. 소승지는 사후 제선제로 추존되었다. 소씨(蕭氏)의 선조들은 본

동쪽 천록 날개 세부 모습

래 동해(東海) 난릉[蘭陵 : 지금의 산동(山東) 조장(棗莊) 봉성진(峰城鎭) 동쪽]에 거주하였다. 이들은 동진(東晉) 초에 강남(江南)으로 내려와 진릉 무진(晋陵武進 : 지금은 강소성에 속함.)에서 주로 살았다. 이 지방에 수많은 난릉군(蘭陵郡)의 사람들이 거주하였기에 남난릉[南蘭陵 : 지금의 상주(常州) 서북쪽]으로 일컬어졌다.

소승지는 양무장군(揚武將軍)·위열장

민국시대에 촬영된
영안릉석각 전경
(朱偰, 2006, 『健康
兰陵六朝陵墓图考』)

군(威烈將軍)·우위장군(右衛將軍)·태자둔
기교위(太子屯騎校尉)·용양장군(龍驤將軍)
·우군장군(右軍將軍)을 역임하였다. 그는
진흥현오등남(晋興縣五等男)으로 봉해졌
고, 산기상시(散騎常侍)와 금자광록대부
(金紫光祿大夫)로 추서되었다.

참고문헌

국립공주박물관, 2008, 『백제문화 해외
조사보고서 Ⅵ – 中國 南京地域』.

江苏省地方编纂委员会, 1998, 『江苏省志·文物志』 江苏古籍出版社.

罗宗真·王志高, 2004, 『六朝文物』 南京出版社.

姚遷·古兵, 1981, 『南朝陵墓石刻』 文物出版社.

朱偰, 2006, 『健康兰陵六朝陵墓图考』 中华书局.

许耀华·王志高·王泉, 2004, 『六朝石刻话風流』 文物出版社.

---

117) 남조 제나라의 건국자로, 묘호는 고제이다. 출신은 미천하였으나 송나라 말 내란이 일어나자 공을 세워 승진을 거
듭하였다. 그리고 마침내는 정권을 장악하여 후폐제(後廢帝 : 463~477)·송순제(宋順帝) 유준(劉準 : 467~479)
을 폐위시키고 479년 제나라를 세웠다. 재위기간은 4년이다.

제무제 경안릉석각 齊武帝景安陵石刻

제무제, 강남의 안정을 실현하다.

현재 전애향(前艾鄕) 전가자연촌(田家自然村) 부근에 위치하고 있다. 소색(蕭賾 : 440~493)이 남제 493년[영명(永明) 11년] 7월에 사망하여 무황제(武皇帝)로 추존되었으며 9월 병인(丙寅)에 경안릉(景安陵)에서 장사를 지냈다. 능묘는 남향으로 평평하게 변하였다. 능묘의 앞에 남아 있는 석수 1쌍 가운데, 동쪽을 천록, 서쪽을 기린으로 보고 있다.

능구석각에서 초량로(肖梁路)를 따라 동쪽으로 조금만 가면 X201번 도로가 나온다. 이 도로를 타고 북쪽으로 쭉 올라가서 X106번 도로에서 우회전해야 한다. 2.4㎞ 정도 직진한 후 좌회전하여 다리를 건넌다. 그 길로 1.4㎞정도 가면 전애동로(前艾東路)가 나온다. 전애동로에서 우회전 한 다음 우가(虞家)와 신민촌(新民村) 방면을 지나 춘당촌(春塘村) 방향으로 가야된다. 1,110m 정도 가면 왼쪽의 논밭에 경안릉이 보인다. 논길을 따라 걸어가면 된다.

경안릉 석각 전경

서쪽 기린 측면

동쪽 천록 측면

동쪽 천록 날개 세부 모습

석각의 형태

동쪽 천록(天祿)은 몸 길이 3.15m, 높이 2.8m, 목 높이 1.55m, 몸 둘레가 3m이다. 몸이 길기 때문에 목이 높고 경사지게 나와 있다. 두 눈은 정면을 응시하고 있는데 매끈하게 조각되있다. 천록의 형태와 조각 수법 및 표정은 소승지(蕭承之 : 383~447) 영안릉(永安陵) 앞의 천록와 비슷하여 마치 동일한 사람이 만든 것처럼 보인다. 두 뿔이 잘 남아 있으며 이빨과 턱은 부러진 상태이다. 가슴에 턱수염이 길게 드리워져 있다. 그 옆으로 八자 형을 그리면서 세 쌍의 긴 수염이 퍼져나가는 모습을 하였다. 날개는

육조고도 남경, 비극의 역사 그러나 불멸의 땅

작지만 정교하며 옆구리 쪽의 체모도 섬세하게 표현되었다. 엉덩이 위아래로 체모가 드리워졌다. 긴 꼬리는 살짝 말려진 형태로 마감되었다.

서쪽 기린(麒麟)은 몸 길이 2.7m, 잔존 높이 2.2m, 목 높이 1.4m, 몸 둘레 2.51m이며, 네 다리가 모두 없어졌다. 풍화작용으로 인해 훼손이 심하지만, 굳건한 모습은 아직까지 잘 남아있다. 천록에 비해 약간 작은 형태이지만 생동감 넘치는 모습이다.

원래 두 석수는 연못 속에 있었지만, 1957년에 끌어올려 연못의 서편으로 옮겨놓았다. 원래 위치에서 뒤로 15m 정도 이동한 것이다. 그리고 콘크리트 기좌(基座)를 만들어 그 위에 안치하였다.

소색의 생애

소색은 479년[건원(建元) 원년]에 태자, 482년(건원 4년)에 황제로 즉위하였으니 무제(武帝)이다. 493년(영명 11)년에 그는 54세로 사망하였다. 제나라 건국 후, 소색은 아버지인 제고제(齊高帝) 소도성(蕭道成 : 427~482)을 따라 정벌에 나서 전공을 세웠었다. 즉위한 후에 소색은 수차례에 걸쳐 건강성(建康城)의 현무호(玄武湖)에서 금군(禁軍)을 훈련시켰다. 재위기간 동안 제고제의 정책을 그대로 이어받아 녹전봉일(祿田俸佚)을 회복하였

동쪽 기린 뒷부분 세부 모습

서쪽 기린 날개 세부 모습

동쪽 천록 얼굴 세부 모습

서쪽 기린 얼굴 세부 모습

동쪽 천록 정면

다. 또한 농업과 상업을 권장하였으며 부역을 감면해주어 빈곤을 해결했다. 그는 교육을 중시 하여, 공묘(孔廟)를 보수하는 등 사회의 안정을 꾀하는 정책을 펼쳤다.

소색의 자(子)는 선원(宣遠)이고, 어릴적 자는 용아(龍兒)였다. 남조(南朝) 남난릉 사람으로, 남제의 2대 황제(재위기간 482~493)였다. 제고제 소도성의 맏아들로 모친은 고소황후(高昭皇后) 유지용(劉智容)이다.

소색은 유송(劉宋) 440년[원가(元嘉) 17년] 6월 기미(己未)에 건강현(建康縣)의 청계궁(青溪宮)에서 태어났다. 처음에는 심양국(尋陽國) 시랑(侍郞)이었다가, 벽주(辟州) 서조서좌(西曹書佐)를 역임하였다. 제나라를 세우기 전에 소색은 그의 아버지인 소도성을 따라 정벌을 다니면서 전공을 세웠다. 447년[승명(升明) 원년]에 유송의 대장 심유지(潘攸之 : ?~448)가 형초(荊楚)에서 반란을 일으켰다. 그러자 소색은 조정에서 아직 결정하지도 않았지만 미리 군대를 이끌고 나서 분구성[湓口城 : 지금의 서구 강(西九江)]을 점령하였다. 이러한 결정은 적들이 장강 하류로 쳐들어오는 것을 막는 결정적인 계기가 되었다. 소도성이 이 일을 알자, 기뻐하면서 이렇게 말하였다. "소색은 정말 훌륭한 내 아들이구나!"

소색은 일을 해결함에 있어서도 꿋꿋하였으며, 연회나 사치를 좋아하지 않았다. 493년(영명 11년)에 소색의 맏아들과 황태자 소장무(蕭長懋 : 458~493)가 세상을 뜨자, 손자인 소소업(蕭昭業 : 473~494)[118]을 황태손(皇太孫)으로 삼았다.

493년에 소색은 54세로 세상을 떴으므로, 태손(太孫)이 황위를 계승하였다. 그리고 둘째 아들인 경릉왕(竟陵王) 소자량(蕭子良 : 460~494)[119]과 종실(宗室)의 서창후(西昌候) 소란(蕭鸞 : 452~498, 齊明帝)이 옆에서 태손을 보좌하였다. 소색은 무황제로 추존되었으며 묘호는 세조(世祖)이고, 경안릉에 장사를 지냈다.

서쪽 기린 정면

참고문헌

가와카쓰 요시오 지음 · 임대희 옮김, 2004, 『중국의 역사 – 위진남북조』.

江苏省地方编纂委员会, 1998, 『江苏省志·文物志』, 江苏古籍出版社.

罗宗真·王志高, 2004, 『六朝文物』, 南京出版社.

姚遷·古兵, 1981, 『南朝陵墓石刻』, 文物出版社.

朱偰, 2006, 『健康兰陵六朝陵墓图考』, 中华书局.

许耀华·王志高·王泉, 2004, 『六朝石刻话風流』, 文物出版社.

118) 남조 제나라의 3대 황제로 자는 원상(元常)이다. 무제의 장손으로 맏아들 소자무가 죽자 황태손에 책봉되었다. 즉위 후 사치하여 재정이 파탄 날 지경에 이르렀다. 권력을 쥐고 있던 소란에 의해 폐위되어 울림왕(鬱林王)이 되었다가 살해되었다.

119) 제무제의 둘째 아들. 울림왕의 즉위 후 겉으로는 극진히 대우하였으나, 속으로는 몹시 시기하여 두려움 속에 지내다 병사했다. 학문이 뛰어났으며 불교에도 조예가 깊었다고 한다.

양문제 건릉석각 梁文帝建陵石刻

온전히 보존된 남조의 대표적인 석각

양문제 건릉석각 전경

건릉석각 남쪽 석각들

강소성(江蘇省) 단양시(丹陽市) 운양진(云陽鎭) 삼성항(三城巷)의 동북쪽에 위치하고 있으며, 양문제(梁文帝) 소순지(蕭順之 : 444~494)의 능묘이다. 소순지는 양무제(梁武帝) 소연(蕭衍 : 464~549)의 아버지로서 502년[천감(天監) 원년] 무제가 황제로 즉위하면서 문황제(文皇帝)로 추존되었다. 묘호(廟號)는 태조(太祖)이고, 능은 건릉(建陵)으로 추서되었다. 동쪽을 바라보고 있는 능묘는 이미 평탄해졌고, 앞에는 석수(石獸)·방형초석[方形石礎]·석주(石柱 : 神道柱)·귀부[石龜趺]가 1쌍씩 배치되었다.

흥안릉석각(興安陵石刻)에서 북쪽으로 100m 정도 걷거나 도로에서 140m 정도 서쪽으로 가면 볼 수 있다.

석각의 형태

1. 석수

북쪽 석수는 천록(天祿)으로, 남쪽 석수는 기린(麒麟)으로 부른다. 북쪽의 천록은 뿔이 두 개 있으나 이미 훼손되었다. 몸 길이 3.10m, 높이 2.32m, 목 높이 1.50m, 둘레 2.76m이며, 남쪽의 기린은 뿔이 하나 있으나 이미 훼손되었다. 머리와 네 다리가 파손된 상태로 몸 길이 3.05m, 잔존 높이 2.00m, 목 높이 1.25m, 둘레 2.70m이다.

두 석수는 고개를 들고 가슴을 내민 형태를 하고 있다. 기린의 이마는 훼손되었으며, 목덜미 아래로 긴 수염이 드리워져 가슴 앞까지 내려왔다. 두 날개는 작게 치솟았으며, 날개 면에는 다른 무덤의 석수들과 대체로 비슷하게 장식이 되었다. 작은 비늘 중에 다섯 꽃잎의 작은 꽃으로 장식된 게 특징이다. 제나라의 석각에 비해서 좀 더 도식화 된 것으로 평가된다. 하지만 여전히 체모의 표현 방식은 분명하고 뚜렷한 편이다. 등허리에는 머리에서 꼬리까지 연주문(連珠紋)이 장식되었다. 일부가 파손되기는 하였지만 잔존 형태로 미루어 볼 때, 전체적인 모습은 제경제(齊景帝) 수안릉(修安陵)의 석각과 비슷한 것으로 보인다. 남쪽 기린의 경우 성기가 표현되어 수컷임을 알 수 있다.

2. 방형초석

방형초석은 2기가 있으며 석수와 석주의 사이에 있다. 가장자리의 홈은 모

건릉석각 북쪽 석각들

남쪽 기린 측면

북쪽 천록 측면

남쪽 방형초석

북쪽 방형초석

남쪽 귀부 정면

두 안쪽을 향한다. 초석 위의 구조물은 현재 남아있지 않다.

그 위치와 형태로 미루어 보아, 본래 목문(木門)이 있던 자리로 추정하고 있다. 남쪽의 방형초석은 현재 3기가 남아 있으며, 북쪽의 방형초석은 현재 4기가 남아 있다.

3. 석주

석주는 2기가 있으며, 석주의 표현에는 와릉문(瓦楞紋)이 있다. 석액(石額)의 문자는 하나는 그대로 읽고, 하나는 반대로 적혔으며, '태조 문황제지신도(太祖文皇帝之神道)'라는 명문이 예서(隸書)로 적혀있다. 이로 인하여 인하여 양태조 문제의 건릉임을 알게 되었다.

석주의 주춧돌은 위는 둥그렇고, 아래는 방형으로서, 한 쌍의 이무기가 둥글게 표현되었다. 입에는 구슬을 물었으며 서로 마주보는 형태이다. 주춧돌의 아랫부분에는 도깨비의 형상이 조각되어 있다. 이는 부여군 규암면 외리에서 출토된 백제의 귀면전(鬼面塼)과 비슷한 느낌을 준다.

4. 귀부

귀부는 2기가 있으며, 그 위에 있어야 할 비석은 이미 사라졌다. 귀부의 형태는 남조의 다른 귀부와 비슷한 모습을

하고 있으며, 눈이 불쑥 튀어나왔으며, 꼬리와 다리 등
이 세밀하게 표현되었다. 그러나 전체적으로 단순하게
표현된 감이 있다.

1989~1990년에 국가문물국에서 자금을 대어 전문가
와 학자들에게 이 석각들을 보수하게 하였고, 방수 설
비를 갖추었다.

소순지의 생애

소순지의 자는 문위(文緯)이며, 남난릉(南蘭陵) 중도
리(中都里) 사람으로, 어사(御史) 소도사(蕭道賜)의 아들
이다.

시중(侍中)·위위(衛尉)·태자첨사(太子詹事)·영군장군
(領軍將軍)·단양윤(丹陽尹)을 역임하였고, 사후에는 진북
장군(鎭北將軍)으로 추증되었다. 그의 아들 소연이 남량
(南梁)을 건국하면서 태조 문황제로 추증되어 남량의 태
조 양문제가 되었다.

소순지는 본디 제고제(齊高帝 : 427~482)와 함께 제나
라의 창업에 참여하였으나 높지 않은 벼슬을 역임하였
다. 그가 높은 벼슬을 할 수 없었던 데는 제고제가 그를
꺼렸기 때문이었다.

제고제는 소순지의 능력이 자신보다 더 낫다고 생각
하였기에 그가 권력의 핵심을 차지하는 것을 원하지 않
았다. 이 때문에 노순지를 변방의 말단 직위로 내몰았
다고 한다.

참고문헌

국립공주박물관, 2008, 『백제문화 해외조사보고서 Ⅵ -
中國 南京地域』.
江苏省地方编纂委员会, 1998, 『江苏省志·文物志』 江苏古

남쪽 석주 측면

북쪽 석주 정면

양문제 건릉석각 梁文帝建陵石刻

민국시대에 촬영된
건릉석각 전경
(朱偰, 2006, 『健康
兰陵六朝陵墓图考』)

籍出版社.

罗宗真·王志高, 2004, 『六朝文物』 南京出版社.

姚遷·古兵, 1981, 『南朝陵墓石刻』 文物出版社.

朱偰, 2006, 『健康兰陵六朝陵墓图考』 中华书局.

채수연, 2002, 『반전의 리더십』 중명.

许耀华·王志高·王泉, 2004, 『六朝石刻话風流』 文物出版社.

양무제 수릉석각 梁武帝修陵石刻

굶어 죽은 남조시대 최고의 명군

강소성(江蘇省) 단양시(丹陽市) 운양진 (云陽鎭) 삼성항(三城巷) 유가장(劉家庄) 부근에 있다.

능묘는 동쪽을 바라보고 있으며 이미 평평해졌다. 양무제(梁武帝) 소연(蕭衍 : 464~549)은 양나라를 세우고 48년간 재위하였다.

소연은 549년[태청(太淸) 3년]에 후경 (侯景)에 의해 유폐되어 사망하였다. 그는 후에 무황제(武皇帝)로 추존되었고, 묘호는 고조(高祖)이며, 수릉(修陵)에 묻혔다.

건릉에서 이곳으로 가려면 다시 도로로 가서 430m 정도 북쪽으로 올라간 다음, 서쪽에 나있는 길로 110m 정도 들어가면 수릉과 장릉(莊陵)에 이르게 된다.

양무제 수릉석각 전경

천록 측면

석각의 형태

능 앞에는 천록(天祿) 1기만 남아있다. 천록은 신도의 북쪽에 위치하며, 남쪽

천록 머리 측면 세부
모습

을 바라보고 있다. 몸 길이 3.1m, 높이 2.8m, 목 높이 1.5m, 둘레 2.35m이다. 고개를 쳐들고 가슴을 내밀며 포효하는 자세로 용맹한 인상을 준다. 두 개의 뿔은 정수리에서 뒤쪽으로 머리를 넘기듯이 누운 상태로 나왔다. 두 뿔의 중앙에서 뒤쪽은 살짝 돌출된 모습이다. 입을 크게 벌리고 있으나 혀를 내밀지 않았으며 이빨은 부러졌다. 턱 아래로는 긴 수염 3쌍이 대칭으로 '八' 자 형태로 내려와서 고사리처럼 구부러져 앞가슴까지 드리워졌다.

날개면에는 조각으로 장식하였는데, 앞쪽은 나선형[螺紋]으로, 뒤쪽은 깃털이 이중으로 살짝 올라가게 꾸며졌다. 이러한 형태는 양문제 건릉이나 제나라 능묘의 석각들과 흡사하다. 몸에는 궐수문이 비교적 간단한 도안처럼 표현되어 단순화된 모습을 보인다. 기존의 석각과 비교해보면 좀 더 간략해졌다는 느낌을 준다. 발가락은 5개이고, 발바닥 아래에는 작은 동물이 있다. 성기가 달려있어 수컷임을 알 수 있게 한다. 석수의 자태 또한 몸체에 비해 다리가 짧아져 비율이 맞지 않다. 그렇기 때문에 제나라의 석수에 비해 위풍당당하고 역동적인 모습을 많이 상실하였다고 평가된다.

이 천록은 원래 밭 속에 있었으나 1957년에 콘크리트로 기좌(基座)를 만들어 그 위에 안치하였다.

천록 날개 세부 모습

소연의 생애

양무제 소연의 자는 숙달(叔達)이고, 어릴 적의 자는 연아(練兒)였다. 남난릉 중도리[南蘭陵中都里 : 지금의 강소성 상주시(常州市) 무진구(武進區) 서북쪽] 사람이다. 남량정권(南梁政權)의 창건자이며, 묘호는 고제이다. 소연은 난릉 소씨 가문의 자제로서, 말릉(秣陵 : 지금의 남경)에

육조고도 남경, 비극의 역사 그러나 불멸의 땅

서 태어났으며, 한나라 상국(相國) 소하(蕭何)[120]의 25세
손이다. 아버지 소순지(蕭順之)는 제나라 고제(高帝)의 족
제(族弟)로서 단양윤(丹陽尹)이었고, 어머니는 장상유(張
尙柔)였다.

소연은 원래 남제(南齊)의 관원이었다. 남제 500년[영
원(永元) 2년] 옹주(雍州)의 군단장으로 있던 소연은 폭정
을 일삼던 남제의 동혼후(東昏候 : 483~501)[121]를 타도하
는 군사를 일으켰다. 소연은 당시 병력 3만 명에, 기마
는 5천 정도로, 이 정도 병력으로는 부족하다는 판단을
하였다. 그래서 그는 동혼후의 동생인 소보융(蕭寶融 :
488~502, 齊和帝)[122]을 꼭두각시로 삼고, 실무를 담당하
던 소영주(蕭穎冑)를 자기편으로 끌어들였다. 그리고 이
듬해인 501년[중흥(中興) 원년]에 양양에서 출발하여 형주
군단과 함께 장강으로 내려갔다. 동혼후는 그러한 소연
을 맞아 저항하였으나 결국 신하에게 죽임을 당하였다.

남제 502년(중흥 2년)에 소연은 겉으로는 제화제의 선
위(禪位)를 받았지만 실제는 그를 폐위시키고 즉위하여
남량을 건국하였다. 남량정권은 비록 다른 남조의 왕조
들과 마찬가지로 군사정권이었지만 의식적으로 대량
살육을 피하였다.

소연의 48년 재위 기간은 남조 황제 중에서 가장 길
었다. 그리고 그가 재위하였던 시기는 남조 역사상 황
금기로 손꼽히는 시대였다. 황위에 오른 무제는 예제(禮
制)와 법제를 정비하고, 국립 대학을 세우는 등 문치(文
治)를 실시하였다. 무제 스스로도 대단한 학자이면서 유
학과 형이상학·불교학에 깊은 관심을 갖고 있었기에
학문이 자연스럽게 발전하게 되었다. 특히 소명태자(昭
明太子 : 501~531, 蕭統)[123]로 잘 알려진 황태자 소통을 중
심으로 편찬된 『문선(文選)』은 당시까지의 뛰어난 시문

양무제 소연

천록 정면

양무제 수릉석각 梁武帝修陵石刻

281

천록 후면

을 모은 것이었다.

양무제 재위 기간에 가장 융성하였던 것은 불교였다. 불교에 매우 심취하였던 양무제는 일부러 자신의 몸을 절에 기증하는 사신(捨身)을 행하였다. 즉 황제의 옷을 벗고, 대신 법복을 걸쳐 재물과 몸을 동태사(同泰寺)에 보시하여, 절에서 수업과 잡역 봉사에 종사하였던 것이다. 이렇게 사원의 노예가 된 무제를 환속시키기 위해서, 나라에서는 1억 전이나 되는 돈을 지불하였는데, 이를 수차례나 반복하였다. 이로써 동태사는 유례없는 번성기를 맞아 양나라의 불교 또한 크게 발달하게 되었다.

하지만 경제 정책에서 양무제는 실패를 겪었다. 이로 인하여 빈부의 격차가 더욱더 커지고 농민의 유망이 늘어났고, 실업자 또한 증가하였다. 그러나 무제는 이를

민국시대에 촬영한 수릉 천록 측면
(朱偰, 2006, 『健康兰陵六朝陵墓图考』)

육조고도 남경, 비극의 역사 그러나 불멸의 땅

적극적으로 극복하려고 하기보다도 불교로 도피하려는 성향을 보였다. 게다가 귀족들의 소비 열풍이 늘어나게 되었다. 그리고 농민들이 유랑하고 깡패조직이 생기는 등의 양상을 보였다. 결국 '후경의 난[侯景之亂]'이 일어나게 되어 도성이 함락되었다. 양무제는 후경에게 붙잡혀서 대성(臺城)에 유폐되어 아사(餓死)할 때 연령이 향년 86세였다. 이후 수릉에 장사를 지냈으며, 무제로 추존되었다.

참고문헌

가와카쓰 요시오 지음 · 임대희 옮김, 2004, 『중국의 역사 - 위진남북조』, 혜안.

국립공주박물관, 2008, 『백제문화 해외조사보고서 VI - 中國 南京地域』.

江苏省地方编纂委员会, 1998, 『江苏省志·文物志』, 江苏古籍出版社.

罗宗真·王志高, 2004, 『六朝文物』, 南京出版社.

姚遷·古兵, 1981, 『南朝陵墓石刻』, 文物出版社.

朱偰, 2006, 『健康兰陵六朝陵墓图考』, 中华书局.

许耀华·王志高·王泉, 2004, 『六朝石刻话風流』, 文物出版社.

120) 동한의 한고조(漢高祖) 유방(劉邦 : B.C.256~B.C.195)의 재상으로, 유방이 한중에서 왕이 되자 승상에 올랐다. 고조와 함께 한신(韓信 : B.C.231~B.C.196) · 진희(陳豨 : ?~B.C.195) · 경포(黥布 : ?~B.C.196) 등을 제거한 뒤 상국(相國)에 봉해졌다. 고조가 죽자 혜제(惠帝 : B.C.211~ B.C.188)를 섬겼다. 진나라의 법률을 정리하여 『구장률(九章律)』을 편찬하였다.

121) 남제(南齊)의 제6대 황제. 제명제(齊明帝 : 452~498)의 둘째 아들로 499년 즉위하였다. 폭정을 일삼고 전쟁이 빈번하여 국세가 기울었을 때 소연의 난으로 피살당하였다. 화제가 즉위하자 동혼후로 추봉되었다.

122) 남제의 제7대 황제로 본명은 소보융이다. 명제의 여덟번째 아들로 동혼후가 폐위되자 즉위하였다. 그러나 1년 만에 소연에게 양위하고 얼마 뒤 피살되어 제나라는 멸망했다.

123) 남조 양무제의 장남으로 황태자가 되었으나, 즉위하기 전에 죽었다. 어릴 적부터 총명하여 여러 일에 정통하였으며 동궁에 장서가 3만권에 이르렀다고 한다. 대표적인 저서로 제나라와 양나라의 대표적인 시문을 모아 엮은 『문선』과 『소명태자집(昭明太子集)』이 있다.

양간문제 장릉석각 梁簡文帝莊陵石刻

총명한 황제도 칼 앞에선 무기력 하더라

양간문제 장릉석각 전경

천록 머리 세부 모습

강소성(江蘇省) 단양시(丹陽市) 운양진(雲陽鎭) 삼성항(三城巷)에 소재한다. 즉 양무제 수릉석각(梁武帝修陵石刻)의 북쪽에 있다. 능묘 앞은 소항(蕭港)이라는 곳으로, 능구진운하(陵口鎭運河)로 통한다.

양무제 소연(蕭衍 : 464~549)의 셋째 아들인 양간문제(梁簡文帝) 소강(蕭綱 : 503~551)의 장릉(莊陵)으로 비정하고 있다. 소강은 양무제의 큰 아들인 소명태자(昭明太子 : 501~531)가 갑자기 사망하자 531년[중대통(中大通) 3년]에 태자가 되었다. 그는 후경(侯景 : 530~552)의 난으로 양무제가 사망하자 즉위하였지만 551년 [대정(大正) 원년]에 후경에게 죽임을 당하였다. 이후 간문제로 추존되었다. 능묘는 이미 평평해졌으며 석수 1기만이 자리를 지키고 있다. 수릉석각에서 북쪽으로 80m 정도 가면 나타난다.

석각의 형태

남아 있는 석수를 천록으로 보고 있

다. 허리 뒷부분은 파손되었고, 머리와 가슴, 왼쪽 앞 발만 남아 있다. 전체적으로 절반만 남아있는 듯한 인상을 준다. 다리 또한 결실되어 돌을 괴어 지탱해 놓았다. 높이는 3.16m이고, 오른쪽 앞다리의 발가락 5개를 위로 들어 올렸으며, 발 아래에는 석판의 일부가 남아있는데, 두께는 0.26m이다.

고개를 빳빳이 들고 살짝 위를 바라보고 있는 모습을 하고 있다. 입을 벌리고 그 아래로 긴 턱수염이 八자로 길게 드리워져 있는 모습이다. 머리의 뿔은 훼손되었지만 2개가 달려 있었던 것으로 보인다. 몸집에 비해 작게 표현된 날개는 세밀하게 표현되었다. 전체적으로 결실된 부분이 많아 아쉬움을 자아내긴 하지만, 제나라 석각의 특징이 고스란히 드러난다는 평가다.

천록 오른쪽 측면

소강의 생애

양간문제 소강의 자는 세찬(世纘)이며, 어릴적 자는 대통(大通)으로, 남난릉(南蘭陵) 중도리 사람이다. 양무제 소연의 셋째아들이자 소명태자 소통(蕭統 : 501~531)의 동생이다. 형인 소명태자가 사망한 후 태자가 되었다. 후경의 난 때 강제로 황위에 올랐다가 2년 만에 피살되었다. 양원제(梁元帝) 소역(蕭繹 : 508~554)이 즉위한 후에 간문황제(簡文皇帝)로 추존되었고 묘호는 태종(太宗)이다.

503년[천감(天監) 2년] 10월에 현양전(顯陽殿)에서 태어났다. 506년(천감 5년)에 진안왕(晉安王)으로 봉해졌으며 식읍(食邑) 8천호를 받았다. 어려서부터 총명하였는데 특히 기억력이 매우 좋았다고 한다. 4살 때 글자를 익히고 책을 읽었으며, 6살 때는 문장을 지을 수 있었다고 한다. 양무제는 소강이 이처럼 공부를 열심히 하는 것

천록 왼쪽 측면

양간문제 장릉석각 梁簡文帝莊陵石刻 **285**

양간문제 소강
(朱偊, 2006, 『健康
兰陵六朝陵墓图考』)

에 대해 매우 대견하게 여겼다고 한다.

하루는 양무제가 그를 불러 앞에 두고 표제(標題)를 하나 주어 문장을 짓도록 하였다. 소강이 잠시 생각을 하더니 당황하지 않고 차분하게 붓으로 써내려갔다. 생각보다 빨리 훌륭한 사륙변려문(四六騈儷文)의 문장을 완성하자 양무제는 찬탄을 금치 못하면서 "얘야, 네가 바로 우리 가문의 동아(東阿)로구나!"라고 하였다. 동아왕(東阿王)은 삼국시대 위나라의 유명한 시인이었던 조식(曹植 : 192-232)[124]의 봉호(封號)로서, 양무제가 소강을 그 정도로 높이 평가했음을 알 수 있다.

소강의 성정은 넓고 여유로웠으며 기쁘고 화나는 일에 쉽게 내색하지 않았다. 네모난 뺨이 풍만하게 아래로 내려오고 두 눈에서 빛이 났으며 스스로 시벽(詩癖)이 있다고 말하였다. 소강의 독서 속도는 매우 빠르기로 유명하여, 10줄을 한꺼번에 읽었다고 전한다. '10줄을 한 번에 읽는다[十行俱下]'라는 고사가 바로 여기에서 유래한 것이다.

513년(천감 12년) 소강은 의혜장군(宜惠將軍)·단양윤(丹陽尹)에 임명되어 군의 각종 사무를 처리하기 시작하였다. 그는 비록 소년에 불과했지만, 독서를 많이 하여 지식이 깊었기 때문에 일을 처리함에 있어서 조리가 있고 치우치지 않았다.

531년(중대통 3년)에 소강은 그의 큰 형인 소통이 세상을 뜨자 태자가 되었다. 그리하여 그는 오랫 동안 동궁(東宮)에서 지내게 되었고, 유명한 문사(文士)인 서리(徐摛 : 474~551)[125]·유견오(庾肩吾 : 487~550)[126] 등과 함께 시를 읊고 부(賦)를 짓는 등 한가한 생활을 하였다. 소강은 궁궐에서 오랫 동안 머물면서 빼어난 시부(詩賦)를 지었기 때문에, 이를 일컬어 당시에 '궁체(宮體)'라고 하였다.

548년[태청(太淸) 2년]에 후경이 반란군을 이끌고, 수도인 건강(建康)으로 쳐들어와 양무제와 소강을 모두 붙잡았다. 549년(태청 3년)에 양무제가 사망하자 소강이 제위에 오르고 연호를 대보(大寶)라 하였다. 하지만 즉위한지 2년 만인 551년(대정 원년)에 후경에 의해 폐위되어 영복성(永福省)으로 유배되었다가 49세 때 시해(弑害)되었다. 그러자 후경에 의해 명황제(明皇帝)로 추존되었으며 묘호를 고종(高宗)으로 하였다. 양원제

즉위 후 간문황제로 추존하였고 묘호는
태종으로 하였다.

참고문헌

가와카쓰 요시오 지음·임대희 옮김,
2004, 『중국의 역사 - 위진남북조』, 혜안.
江苏省地方编纂委员会, 1998, 『江苏省
志·文物志』, 江苏古籍出版社.
국립공주박물관, 2008, 『백제문화 해외
조사보고서 VI - 中國 南京地域』.
박한제, 2003, 『강남의 낭만과 비극』, 사계절.
江苏省地方编纂委员会, 1998, 『江苏省志·文物志』, 江苏古籍出版社.
朱偰, 2006, 『健康兰陵六朝陵墓图考』, 中华书局.

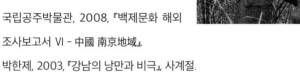

천록 날개 세부 모습

124) 중국 삼국시대 위나라의 시인. 위무제(魏武帝) 조조(曹操 : 155~220)의 아들이다. 형 조비(曹丕 : 187~226)가 황
위에 오르자 조식을 시기하여 도성을 떠나 새 봉토(封土)에서 살도록 했다. 조식은 항상 조비에게 등용되기를 원
하였으나 끝내 기용되지 못했다. 대표작으로는 칠보시(七步詩)가 유명하며 그 외에 80여 수의 시가 전하고 있다.

125) 남조 양나라의 시인이자 관리이다. 학문이 뛰어났으며 시와 문장이 형식에 얽매이지 않았다고 한다. 551년 간문
제가 후경에 의해 감금당하자 분을 이기지 못해 죽었다. 유견오(庾肩吾)와 함께 궁체시(宮體詩)의 대표작가 중
한 명이다.

126) 남조 양나라의 시인으로, 후경의 난 때 시로써 목숨을 부지한 일화가 전해진다. 나중에 원제에게 투항하고 얼마
뒤에 죽었다. 궁체시의 대표작가 중 한 명이다.

황업사 皇業寺 황제들의 명복을 빌던 사찰

황업사 전경

황업사(皇業寺)는 강소성(江蘇省) 단양시(丹陽市) 비성진(埤城鎭) 장항(張巷) 동성촌(東城村)의 북쪽에 위치한다. 건릉석각에서 동북쪽으로 1㎞ 정도 떨어진 곳에 위치하였다.

황업사는 양나라 대동연간(大同年間 : 535~545)에 창건되었다. 처음에는 명칭을 황기사(皇基寺)라고 하였다가 당나라 때 황업사로 개칭하였다. 원나라 때에는 계주원(戒珠院)이라 불렸으며, 명나라 선덕연간(宣德年間 : 1426~1435)에 중건되어 다시 황업사라는 이름을 되찾게 되었다.

황업사가 소재한 동성촌의 원래 이름은 동성리(東城里)이다. 동성촌은 남조 제나라와 양나라 제왕(帝王)들의 선조인 소정(蕭整)이 거주하던 곳이었다. 소정의 제 5세손인 소도성(蕭道成 : 427~482)이 제나라를 세웠다. 그리고 소정의 제 6세손인 소연(蕭衍)은 양나라를 건국하였다. 항렬로 보면 제고제(齊高帝) 소도성은 양무제(梁武帝) 소연의 족백(族伯)인 셈이다.

역사 연혁

황업사는 몇 번의 흥폐(興廢)를 거듭해오다가 오늘날까지 남아있다. 황업사는 명실상부한 천년고찰로서 기묘한 느낌을 주는 사원이기도 하다. 전설에 따르면 양무제가 세상을 뜨자 이곳에서 장사를 지냈다고 한다.

황업사에 관한 현존하는 가장 오래된 기록은 단양현지(丹陽縣志)에 남아 있다. 명나라 때의 『융경단양현지(隆慶丹陽縣志)』 제 9권 '사관(寺觀)'에 보면 다음과 같이 기록되어 있다.

"황업사는 일명 황기(皇基) 또는 계주원(戒珠院)이라고도 부른다. 현의 동쪽으로 25리 떨어진 소당항(蕭塘港) 북쪽에 있다. 양나라 천감연간(天監年間 : 502~519)에 승려 법조모(法照募)와 자사(刺史) 왕승변(王僧辯)이 건립하였다. 『건강실록(建康實錄)』에 따르면 대동 10년(544년)에 무제가 난릉(蘭陵)으로 행차하

'칙건황업사'라는 석액이 쓰여진 전당

여 황기사에서 설재(設齋 : 음식물을 마련해서 스님에게 공양)하였다. 그 때 단양의 홍씨(弘氏)가 상강(湘江)에서 사온 거목(巨木)을 동하(東下)에 두었다. 그러자 자사 왕승변이 도둑질하여 상방(上方)에 들여놓은 것이라고 하자 무제는 이곳에 절을 조영하게 되었다. 노인장[父老]이 이야기하기를 무제묘(武帝墓)는 그 아래에 있다. 앞에는 석린(石麟)·사람[人]·말[馬]·석주(石柱)가 있다. 당나라 때 '황기(皇基)'로 개명하였으며 송나라 때 지금의 이름이 되었다. 우리나라 선덕 연간(1426~1435)에 이 전당을 중건하고 불상을 두었다."[127]

이 기록은 비교적 상세하게 기재되었지만 몇 가지 오류가 있다. 사찰 이름의 연원과 처음 세워진 연대, 그리고 처음 세운 인물 등에서 틀린 점이 보인다. 이러한 오류는 이후로도 계속 내려왔기 때문에 지금의 여러 문헌자료에서도 답습하게 되었다.

황업사의 처음 이름은 황기사이며, 창건 시기는 양나라 536년(대동 2년)이며, 천감연간(502~519)은 아니다. 양무제는 그 아버지 양문제(梁文帝)의 명복을 빌기 위하여 사찰을 짓게 되었다. 당나라 때 '황기'를 '황업'으로 바꾼 이유는 당현종(唐玄宗 : 李隆基)의 휘를 피했기 때문이다. 황업사를 창건한 자는 왕승변이 아니다. 그 이유는 왕승변이 천감연간(502~519)에 아버지를 따라 북방에서 양나라로 온 이후로 줄곧 상동왕(湘東王)이었을 뿐 남서

'칙건황업사' 글씨 세부 모습

황업사 표지석과 솟을대문　　　　　　　　　황업사 안내표지석

주(南徐州)와 진릉(晉陵) 일대의 태수(太守)나 자사를 맡은 적은 없었기 때문이다. 『자치통감(資治通鑑)』에 이에 대해 명명백백히 기재되어 있으며, 모함한 단양의 홍씨의 사람은 왕승변이 아니라 남진교위(南津校尉) 맹소경(孟少卿)이었다.

『자치통감』권 제 157, 양기(梁紀) 13에 의하면 "대동 2년(536), 문제가 황기사에 추복(追福)을 드리러 갔으며, 유사(有司)에게 명령하여 양재(良才)를 구하게 하였다. 곡아(曲阿) 홍씨가 상주에서 산 막대한 재목을 동하에 두었는데, 남진교위 맹소경이 위에 아첨하려고 홍씨를 겁박하여 모함하였으며……그 재목을 몰수하여 절을 지었다"[128]라고 기재되어 있다.

대시인 육유(陸游)의 『입촉기(入蜀記)』에도 황업사가 피휘(避諱)하여 이름 지어졌음을 다음과 같이 기록하였다.

"[건도(乾道) 6년(1170) 6월 15일] 능구(陵口)에 가서, 큰 석수(石獸)가 앞뒤로 넘어졌고 이미 파괴된 상태로 남조(南朝)의 능묘(陵墓)를 덮고 있는 것을 보았다. 제명제(齊明帝 : 452~498) 시절에 왕경칙(王敬則 : 435~498)[129]의 난이 일어나, 능구에 이르러 통곡하였다고 하는데, 바로 이곳이구나. 여경이 일찍이 송문제릉[宋文帝陵 : 실제로는 양문제 건릉(建陵)]에 이르렀는데, 도로가 여전히 매우 넓었고, 석주 승로반(承露盤) 및 기린(麒麟)·벽사(辟邪)종류가 모두 있다. 석주에는 '태조 문황제지신도(太祖文皇帝之神道)'라는 여덟 글자가 새겨져 있었다. 또 양문제릉[梁文帝陵 : 실제로는 양무제 수릉(修陵)]에 이르렀다. 문제는 무제의 아버지이다. 이곳에도 2마리의 벽사가 남아있었다. 그 중에서 하나

는 덩굴[藤蔓]이 감겨있어서 마치 결박
해 놓은 것 같았다. 하지만 능묘는 어디
인지 알 수 없었다. 그 옆에는 황업사가
있다. 역사에서는 소위 황기사라고 한
다. 당나라의 휘를 피해 고친 것이라 한
다."¹³⁰⁾

황업사 사찰 안쪽 모습

황업사 현황

황업사는 현재 상해로 통하는 고속전
철 철로 옆에 위치한다. 양간문제 장릉(梁簡文帝莊陵)에서 북서쪽에 있으며 직선 거리
로는 약 1.4㎞ 정도 떨어져있다. 수릉과 장릉이 있는 길목에서 북쪽으로 계속 올라가
다보면 고속전철 철로가 보이며, 그 근처에 마을이 보인다. 이 마을에서 서쪽으로 약
4~500m 정도 떨어진 곳에 황업사가 있다.

건물은 모두 벽돌을 쌓아 만들어졌으며, 3동의 건물이 서로 연결된 형태로 되어 있
다. 본래는 건물 사이에 벽을 쌓아 막지 않았던 듯 하나 최근에 벽을 쌓아두어 막아
놓은 것처럼 보인다. 우리가 방문하였던 2012년 초에는 고속전철 철로 건너편에서 공
사가 진행 중이었는데, 그 공사에 참여하는 사람들이 쓰는 장소로 보였다.

제일 앞쪽에 있는 건물은 암회색의 기와를 올렸으며, 지붕은 경산식(硬山
式)으로 되어 있다. 건물 전체는 회색의 벽돌을 써서 쌓아올렸으며, 안쪽에
는 붉은칠을 한 기둥을 세워두었는데, 이러한 구조는 이 절의 다른 건물들
도 마찬가지이다. 중앙에는 붉게 칠해진 문이 있으며, 그 위쪽의 흰 석액(石
額)에 '칙건황업사(勅建皇業寺)'라는 글씨를 써놓았다. 문 양쪽에 창문을 1개씩
두었으며, 이 또한 붉게 칠해놓았고, 테두리는 흰 색으로 되어 있다.

이 건물의 좌측에 '황업사'라고 쓰인 안내표지석이 세워져있다. 1999년에
단양시정부에서 세운 것으로 단양시문물보호단위라고 써져있으며, 시대는
명나라 때로 적혀있다. 그리고 그 뒤편에는 황업사의 내력에 대해서 써져 있
으나, 입구 쪽 벽면과 가까워 쉽게 보기 힘들게 되어있다.

안내표지석 뒤편에 흰색의 담장이 있으며, 그 가운데에는 문짝을 붉은색
으로 칠한 솟을대문이 있다. 대문을 열고 안쪽에 들어가면 자그마한 공간이

절 안쪽에 세워진 비석

황업사 皇業寺 **291**

사찰 안쪽 왼쪽 건물
내부 모습

오른쪽 건물에 봉안
된 불상

있는데, 콘크리트를 발라 놓는 등 약간의 정비를 해둔 모습이다. 가운데에는 벽돌과 시멘트로 만든 원형의 향로가 있으며 지붕과 바닥 쪽은 붉은색으로, 가운데에는 흰색으로 칠해 놓았다. 향로 그 속에는 다 타버리고 재만 남은 향들이 잔뜩 쌓여있었다.

왼쪽의 건물 속에는 나무로 된 테이블과 의자가 여럿 있었다. 한쪽에 여러 개의 그릇들이 포개져있고, 조리를 할 수 있는 구조로 되어 있어 식당으로 보였다. 내부를 청소해 놓은 것을 보아 간단하게 사용하는 것으로 보였으며, 아무래도 이쪽 부근에서 공사하는 사람들이 이용하는 것으로 보였다.

오른쪽 건물 앞에는 비석이 하나 있으며, 비석 중앙에는 '여래백복장엄상(如來百福莊嚴相), 무량광명조세간(無量光明照世間)'이라고 써있었다. 2008년 4월 6일에 세웠다고 되어있다.

이 건물은 3칸으로 나눠져 있었으며, 각 칸마다 불상 등이 자리 잡고 있다. 또한 오른쪽 벽면에는 기도를 올릴 수 있는 공간이 마련되었다. 왼쪽 벽면은 왼쪽 건물과 서로 이어지게 해놓았다. 곳곳에 기도를 올린 흔적들이 보였지만 자주 찾아오지 않는지 먼지가 수북하게 쌓여있어 을씨년스러운 느낌도 주었다.

이러한 황업사의 중요성은 바로 백제(百濟)의 능사(陵寺)와 그 성격이 비슷하다는 데에 있다. 백제의 능사는 능산리고분군(陵山里古墳群) 옆에 세워져 성왕(聖王 : ?-554)의 명복을 빌었던 것이 주요 특징이다. 황업사도 마찬가지로 이곳 일대가 황제들의 본래 고향이라는 점에서 높게 평가되었고, 또한 황제들의 무덤이 있었던 곳이기에 그에 걸맞은 역할을 하였던 것으로 보인다.

하지만 현재 과거의 영광을 알 수 있는 자료는 남아있지 않는 상황이다. 설상가상으로 제대로 된 발굴조사도 하지 않은 채 공사를 해버리는 등으로 인하여 제대로 된 본래 모습을 찾아볼 수 없게 된 게 오늘날 황업사의 현실이다.

참고문헌

百度百科 http://baike.baidu.com/

丹阳文化网 http://www.212300.com.cn/

梁銀景, 2008, 「中國 佛敎寺刹의 검토를 통해 본 百濟 泗沘期 佛敎寺刹의 諸問題」『百濟硏究』50, 충남대학교 백제연구소.

양은경, 2009, 「中國 南朝 가람 丹陽 皇基寺(皇業寺)에서 百濟 陵寺를 보다」『韓國의 考古學』11, 주류성출판사.

양은경, 2009, 「梁 武帝시기 불교사찰, 불교조각과 사회변화」『美術史學』23, 한국미술사교육학회.

127) 『隆慶丹陽縣志』第9卷 寺觀. "皇業寺一名皇基 又名戒珠院 去縣東二十五里蕭塘港北 梁天監中 僧法照募 刺史王僧辨建 按《健康實錄》: 大同十年, 武帝幸蘭陵 于皇基寺設齋 丹陽弘氏自湘江買巨木東下 刺史王僧誣之 以盜沒入上方 爲武帝造此寺 父老云: 武帝墓在其下 前有石麟 人 馬 石柱 唐改名皇基 宋改今名 國朝宣德間重建殿 塑像"

128) 『資治通鑑』卷157「梁紀」13. "大同二年 上爲文帝作皇基寺以追福 命有司求良材 曲阿弘氏自湘州買巨材東下 南津校尉孟少卿欲求媚于上 誣弘氏爲劫⋯⋯沒其材以爲寺"

129) 남조 송·제나라의 군벌. 본래 개 잡는 일을 하였으나 전폐제(前廢帝 : 449~465)가 칼을 잘 다루는 것을 보고 세개장(細鎧將)으로 삼았다. 465년 전폐제를 살해하였고 후폐제(後廢帝 : 463~477) 즉위 후 소도성을 섬겼다. 그리고 다시 후폐제를 살해하여 소도성을 옹립하였다. 제명제(齊明帝)가 즉위 후 왕족이나 신하들을 무분별하게 살해하자 생명의 위협을 느낀 나머지 반란을 일으키지만 패배한 뒤 죽는다.

130) 『入蜀記』. "(乾道六年六月十五日) 過陵口 見大石獸偃仆道旁 已殘缺 蓋南朝陵墓 齊明帝時 王敬則反 至陵口 慟哭而過 是也 余頃嘗至宋文帝陵 道路猶極廣 石柱承露盤及麒麟 辟邪之類皆在 柱上刻"太祖文皇帝之神道"八字 又至梁文帝陵 文帝 武帝父也 亦有二辟邪尙存 其一爲藤蔓所纏 若繫縛者 然陵已不可識矣 其旁有皇業寺 蓋史所謂皇基寺也 疑避唐諱所改"

금산사 金山寺 백사전 전설이 담긴 신비스런 사찰

금산사 원경

금산대문(金山大門)

강소성(江蘇省) 진강시(鎭江市)의 금산사(金山寺)는 시구(市區)의 서북쪽에 위치한다. 해발은 43.7m이고 둘레는 520m이며, 시 중심에서 3㎞ 정도 떨어져있다. 고대의 금산(金山)은 장강(長江) 중류의 한 섬에 있었기에 "만 줄기의 물이 동쪽으로 흘러가는데, 섬 하나가 그 가운데에 서있네[萬川東注, 一島中立]"라고 일컬어졌다. 또한 과주(瓜洲)와 서진(西津)으로 건널 수 있는 위치에 있어 남북으로 왕래하는 중요한 길목이었다.

당나라 때 장호(張祜 : 782~852)[131]는 금산사에 대해, "나무 그림자가 흐르는 물에 비치면, 종소리가 양쪽 물가로 들리네[樹影中流見, 鐘聲兩岸聞]"라고 표현하였다. 북송(北宋)의 심괄(沈括 : 1031~1095)[132]은 "누대가 양쪽 물가에 물로 서로 연결되어, 강 북쪽과 강 남쪽의 거울에 하늘이 비치구나[樓臺兩岸水相連, 江北江南鏡里天]"라며 찬탄하였다. 청나라 도광연간(道光年間 : 1821~1850)에 이르러, 남쪽의 육지에서 서로 이어지게 하여 '당나귀를 타고 금산을 오르는 것[騎驢上金山]'이 한동안 성행하였다.

금산에는 금산사와 법해동(法海洞)·백룡동(白龍洞)·천하제일천(天下第一泉)·부용루

(芙蓉樓)·옥대교(玉帶橋) 등 40여 곳의 고적들이 있다. 또한 여러 가지 전설들도 얽혀있는데, 그 중에서도 『백사전(白蛇傳)』이라는 전설이 가장 유명하다.

역사 연혁

금산사는 동진(東晋) 때 창건되어, 1600년의 역사를 지닌 고찰이다. 금산사의 건축물들이 산을 두르고 있기에, 멀리에서 바라보면 사원이 보이고 산은 보이지 않는다고 말한다. 때문에 '금산사가 산을 가린다[金山寺裏山]'라고 이야기하기도 한다.

이곳의 처음 이름은 택심사(澤心寺)였으며, 남조와 당나라 초에 금산사로 명칭이 바뀌게 되었다. 절의 규모는 매우 커서, 전성기 때에는 이곳에 있었던 3천명의 화상(和尙)이 있었고, 승려들의 수는 1만 명이 되었다고 한다. 특히 청나라 때에는 보타사(寶陀寺)·문수사(文殊寺)·대명사(大明寺)와 함께 중국 4대 명묘(名廟) 중 하나로 손꼽혔다.

금산사는 당시 황제들의 신앙과 서로 다르기도 하여, 2번에 걸쳐 도관(道觀 : 도교사원)으로 바뀌기도 하였다. 첫째로는 당나라 때 금산사에서 용유관(龍游觀)으로 바뀐 것으로서, 약 2백년 동안 지속되었다. 둘째로는 송나라 1114년[정화(政和) 4년]에 휘종(徽宗 : 1082~1135)이 도교를 숭상하여, 용유사(龍游寺)를 신소옥청만수궁(神霄玉淸萬壽宮)으로 바꾸었다. 하지만 이후에 다시 용유사라는 이름을 되찾게 되었다.

역사상 적지 않은 문인묵객과 금산사의 고승들이 인연을 맺어, 수많은 이야기를 남겼다. 특히 소동파(蘇東坡 : 1037~1101)와 불인장로(佛印長老 : 1032~1098)[133]의 우정 이야기는 유명하며, 금산사 내의 장경루(藏經樓)·묘고대(妙高臺)·능가대(楞枷臺)에 모두 그들에 얽힌 이야기가 남아있다.

금산사 산문

금산사의 4가지 보물 중 하나가 백옥대(白玉帶)인데, 원래 소동파가 지니던 것이었다고 한다. 이 유물이 이곳에 남게 된 이유는 다음과 같다.

하루는 불인장로가 여러 스님들에게 경전을 설법하고 있는데, 소동파가 들어왔다. 불인장로가 그러한 소동파에게 말하길 "학사(學士)는 어디에서 오시었고, 어디에 앉겠는가?"라고 하였다. 그러자

소동파

소동파가 자신의 뛰어난 재주를 믿고 경전을 인용하여 말하기를 "잠시 사대(四大)에 자리하겠습니다"라고 하였다. 불인장로가 이를 듣고 웃으며 이야기하길 "학사께선 불도를 논하고자하구려. 내가 질문을 하나 할 테니 학사께서 대답하신다면 자리에 앉게 해주겠소. 하지만 대답하지 못한다면 허리의 옥대를 산문(山門)에 남겨둬야 할 것이오"라 하였다. 소동파가 흔쾌히 승낙하자, 불인이 말하였다. "사대는 모두 공허하고, 오온(五蘊)은 존재하지 않는데, 학사는 어디에 앉겠소?" 소동파는 이에 할 말을 잃었고, 옥대를 풀어 불인장로에게 주었다. 그러자 불인장로는 소동파에게 낡은 가사를 주었다고 한다. 이로 인하여 소동파가 글을 짓기를 '옥대를 원장로에게 시주하니, 원장로께선 가사로 보답하였네[以玉帶施元長老, 元以衲裙相報次韻]'라 하였다.

송나라 고종 1130년[건염(建炎) 4년]에 금올술(金兀術 : ?~1148 完顔宗弼)은 10만의 금군(金軍)과 수 백 척의 전함을 이끌고 진강에 쳐들어왔다. 그러자 절서제치사(浙西制置使)인 남송(南宋)의 명장 한세충(韓世忠 : 1089~1151)[134]은 8천의 수군를 이끌고 진강에 주둔하여 금군을 방어하게 되었다. 부인 양홍옥(梁紅玉 : 1102~1135)과 한세충은 유리한 지세를 이용해 적을 황천탕(黃天蕩)으로 유인하고 포위하여 공격하자는 계략을 짰다. 그리고 양홍옥은 금산의 묘고대에 올라 스스로 북을 쳐서 병사들의 사기를 고무시켰다. 그리하여 한세충은 금군과 금올술을 대파하여 북쪽으로 쫓아내게 되었다. 이리하여 "양홍옥이 북을 쳐 금산에서 싸웠다[梁紅玉擊鼓戰金山]"라는 전설이 대대로 내려오게 되었다.

금산사의 뒷산에는 석마두(石碼頭)가 있는데, 강희제(康熙帝 : 1654~1722)가 이곳에 왔었기 때문에 '어마두(御碼頭)'라는 명칭이 붙게 되었다.

금산사 산문 및 구조

금산사의 입구에서 고개를 들고 위를 바라보면 '강천선사(江天禪寺)'라는 편액이 눈에 들어온다. 청나라 강희제가 태후와 함께 금산에 와서 기도를 올렸을 때 친히 쓴 것이라고 한다. 강천사(江天寺)는 금산사를 의미하며, 예로부터 유명한 선종고찰(禪宗古刹)이었다.

일반적으로 사묘(寺廟)의 산문(山門)은 모두 남쪽으로 열려있음에 반해서, 금산사의 산문은 정서(正西)쪽을 바라보고 있다. 이에 대해서는 다음과 같은 전설이 전해진다.

전설에 따르면 먼 옛날에는 금산사의 대문 또한 남쪽을 바라보고 있었다고 한다. 그런데 금산사가 여러 번에 걸쳐 화재를 당하고, 그때마다 산문 또한 경천동지(驚天動地)할만한 큰 소리가 울려 퍼졌다고 한다. 당시 금산사의 스님들은 이를 매우 불안하게 여기고, 이상하게 생각하였다. 그래서 세상을 주유하던 스님을 모셔와 점을 보게 하였다. 그 스님이 절 안을 한 바퀴 돌아보고 나서, 방장(方丈)에게 다음과 같이 말하였다. "스님, 이

경극에서 양홍옥이
전고를 치는 장면

절의 산문은 천상(天上)의 남천문(南天門)과 직접 마주하고 있기 때문에 옥황대제(玉皇大帝)께 죄를 범하게 된 것입니다. 속히 산문의 방향을 바꾸셔야합니다" 방장이 이 말을 듣고서 연신 합장을 하며 "죄를 범했습니다!"라고 말하였다. 그리고는 사람들을 시켜 산문의 방향을 현재와 마찬가지로 서쪽을 바라보도록 고쳤다.

하지만 전설은 전설일 뿐, 금산사의 산문이 서쪽을 바라보는 원인은 따로 있다. 사료를 통해 보건데, 당시의 건축가들은 서쪽으로 산문을 내는 것에 의미를 두었다. 고대의 금산은 양자강의 중심에 홀로이 서있었기 때문에, 이곳에 오는 사람들이 서쪽의 산문으로 들어와 강을 바라볼 수 있게 하였기 때문이다. 이는 "큰 강은 동쪽으로 흐르고, 산무리는 서쪽으로부터 온다[大江東去, 群山西來]"라는 말과도 부합된다.

산문으로 들어서면 천왕전(天王殿)이 있고, 그 가운데에 미륵불(彌勒佛)이 모셔져 있는데, 사람들은 이를 소불(笑佛)이라 부른다. 양쪽에는 사대금강(四大金剛)이 있는데, 이절을 수호한다는 의미를 담고 있다. 사대금강을 속칭 사대천왕(四大天王)이라고 부르기에 천왕전이라는 명칭이 유래하게 되었다.

천왕전의 뒤편에는 대웅보전(大雄寶殿)이 있다. 역대로 사묘에 여러번 화재가 났고, 원래의 대웅보전은 1948년에 화마에 휩쓸렸고, 이 외에도 260칸이 넘는 정자·대(臺)

대웅보전

·누(樓)·각(閣)·방옥(房屋) 등이 소실되었다고 한다. 현재는 지방정부의 도움으로 새로이 대웅보전을 만들어, 1988년에 옛 모습으로 복원하였다고 한다. 화마에 휩쓸리기 전의 모습에 대해 금산사 방장의 기억에 따르면, 금산사 대웅보전 내에는 금색 찬연한 거대한 불상이 모셔져 있었다고 한다. 또한 향불이 저녁 내내 끊임없이 타올랐다고 하고, 승려들도 수 천 명에 달했었다고 한다.

문종각(文宗閣)

금산사 동쪽 호수에 있는 작은 섬 위에는 예전 황가(皇家)의 장서루(藏書樓)였던 문종각이 있다. 금산 문종각은 1779년[건륭(乾隆) 44년]에 처음 세워졌는데, 1853년[함풍(咸豊) 3년]에 훼손되었다. 새로이 편찬된 『금산지(金山志)』에는 다음과 같이 기재되어 있다.

"건륭 47년(1782)에 완성된 사고전서(四庫全書)를 산 남쪽 행궁(行宮)의 왼편에 두었다. 고종(高宗) 순황제(純皇帝)는 특별히 3부를 강소성(江蘇省)과 절강성(浙江省)에 하사하였다. 이 중에서 1부를 금산에 두었는데, 일찍이 44년에 황제의 명을 받들어 문종각을 건립하여 보관을 준비하였었다. 47년에 성가(聖駕)가 남순(南巡)하였다. 태평천국(太平天國)의 난 때 훼손되었다."

장경루

문종각은 영파(寧波) 천일각(天一閣)의 형식을 참고하여 고증하였다. 유적은 강천선사(江天禪寺)의 동남쪽에 있으며, 원래는 묘고대(妙高臺)의 남록, 즉 현재의 자주기념관(慈舟紀念館) 일대였다. 당시의 문장각은 북쪽에서 남쪽을 바라보고 있었다. 정원(庭院)에는 문루(門樓) 3칸과 문종각이 서로 마주보고 있었으며, 양쪽으로는 낭루(廊樓)가 각 10칸으로 사합원형식(四合院形式)으로 이어져있다. 황제가 쓴 '문종각'과 '강산영수(江山永秀)'라는 편액이 걸려있다.

금산 문종각은 북경고궁(北京故宮)의 문연각(文淵閣), 원명원(圓明園)의 문원각(文原閣), 심양고궁(瀋陽故宮)의 문소각(文溯閣), 승덕행궁(承德行宮)의 문진각(文津閣), 양주(揚州) 대관당(大觀堂)의 문회각(文匯閣), 항주(杭州) 성인사(聖因寺)의 문란각(文瀾閣)과 더불어 7각(七閣)으로 불리며, 모두『사고전서』를 보관하고 있다. 소장하고 있는 서적은 총 3,461종이며, 그 중에서 금산사 문종각의 것은 전화(戰火)로 인하여 모두 소실되었다. 문종각이 훼손되고 나서 다시 문종각을 짓기 위하여 노력을 들였다. 특히 2008년 5월에 청나라 역사 전문가인 옌총녠[閻崇年]이 금산사에 방문하여 문종각을 복원할 것을 건의하였다.

문종각은 강남의 정원식 고건축으로 복원되었으며, 점유 면적은 약 1,286㎡이고, 건축면적은 934㎡이다. 주요 시설로는 문청(門廳)·어좌방(御座房)·휴한정(休閑亭)·장랑(長廊)과 주체건축인 문종각이 있다. 대문이 주 입구로서 남향이고, 전체적으로 건물들이 남쪽에서 북쪽으로 약간씩 지대가 높아진다. 문청의 면적은 51㎡이며 높이는 4.3m이다. 어좌방의 면적은 89㎡이며 고도는 9.8m이다. 문종각의 면적은 320㎡이며 높이는 13.5m이고, 2층에 겹처마지붕으로 되어있다.

묘고대(妙高臺)

묘고대는 쇄경대(晒經臺)라고도 하며, '묘고(妙高)'는 산스크리스트어 '수미(須彌)'의 의역이다. 『금산지』에 의하면 "묘고대는 가람(伽藍)의 전각 뒤쪽에 있으며, 송원시대(宋元時代)의 불인스님이 착애(鑿崖)한 곳이다. 높이는 10장(丈)을 넘고, 위로는 각(閣)이 있으며, 쇄경대라고도 한다"라고 기재되어 있다. 몇 번의 흥폐(興廢)를 거듭하다가 명나라 때의 스님인 괄중(适中)과, 청나라 때의 설서상(薛書常)에 의해 중건되었다. 1948년에 금산사의 대전(大殿)과 장경루(藏經樓) 등이 모두 불에 휩싸였을 때 지금의 대지(臺址)만 보존되었다. 당시 묘고대는 달구경 하던 곳으로 유명한데, 특히 소동파가 이곳에서 달구경을 하였다는 전설로도 잘 알려져 있다.

그 외에 양홍옥이 북을 쳐서 금산에서 싸웠다는 고사가 생긴 곳이기도 하다. 1130년에 수만의 금군이 쳐들어와, 남송의 명장인 한세충이 8천의 수군을 이끌고 방어하였었다. 그 때 적들이 금산 부근을 겹겹이 포위하였었는데, 양부인이 묘고대에 올라 스스로 전고(戰鼓)를 치면서 독려하였다. 이에 힘입어 송나라군은 결국 금올술의 군대를 대파하였다고 한다.

자수탑(慈壽塔)

금산탑(金山塔)이라고도 불리며, 진강시급문물보호단위(鎭江市級文物保護單位)로 지정되었다. 1400년 전인 제량시대(齊梁時代) 때 세워졌었고, 높이는 30m였다고 한다.

당송시대 때에는 쌍탑(雙塔)이 있었고, 송나라 때에는 승상(丞相) 증포(曾布 : 1036~1107)가 그의 모친을 추복하여 산 위에 쌍탑을 중건하여 '천자탑(荐慈塔)'·'천수탑(荐壽塔)'이라 불렸다고 한다. 1472년 일본화가인 셋슈 토요[雪舟等楊 : 1420~1506][135]가 이곳에 와서 그린 《대당양자강심금산용유선사지도(大唐揚子江心金山龍游禪寺之圖)》에서 남북으로 서로 바라보고 있는 보탑(寶塔) 2기의 존재가 확인된다. 원나라 1341년[지정(至正) 원년]에 쌍탑이 화마(火魔)에 휩쓸려버렸다. 명나라 1569년[융경(隆慶) 3년]에 북탑의 옛 터에 7층의 보탑 1기를 건립하여 자수탑이라 하였다.

청나라 함풍연간(咸豊年間 : 1851~1861)에에 이 탑이 또다시 훼손 되었다. 1884년[광서(光緒) 10년]에 금산사의 주지스님인 은유(隱儒)가 이 탑을 다시 세우겠다고 마음먹고, 수도로 가서 청나라 조정에 호소하지만, 서태후(西太后 : 慈禧. 1835~1908)는 그에게 스스로 성금을 거두어 건축하라고 명령하였다. 결국 은유는 다방면으로 시주를 받는 등 성금을 모아갔으며, 결국 양강총독(兩江總督) 유곤일(劉坤一 : 1830~1902)[136]의 지지를 얻게 되었다. 결국 29,600냥의 은을 모아, 1895년(광서 21년)부터 1900년(광서 26년)까지 5년에 걸쳐 탑을 세우게 되었고 그 명칭을 자수탑이라 하였다. 1980년대에 자수탑이 오래되어 기울어지다보니, 주지스님인 자주법사(慈舟法師)가 탑을 보수하고자 하였다. 그는 '국가문물법(國家文物法)'의 규정에 따라 보수공사를 진행하여 탑은 원래의 모습을 되찾게 되었다.

탑은 전돌과 목재를 이용하여 세웠으며 8각7층의 구조로, 내부에는 유선형의 계단을 설치하여 관람객들이 바깥쪽을 관람할 수 있게 해놓았다. 매 층마다 네

묘고대

면에 문을 두고, 회랑을 연결시켜 경치를 구경 할 수 있도록 하였다. 이곳에서 동쪽을 바라보면 장강 가운데에 있는 초산(焦山)과 험준한 형세의 북고산(北固山)이 보이며, 남쪽을 바라보면 시가지의 풍경과 잇닿아 펼쳐지는 준봉(峻峰)들이 한눈에 들어온다. 서쪽을 바라보면 수많은 양어장들과 격류(激流)가 흐르는 큰 강이 보이며, 북쪽을 바라보면 강 건

자수탑 원경

너편으로 고진(古鎭) 과주(瓜州)와 고성(古城) 양주(揚州)가 보인다.

이러한 자수탑에는 다음과 같은 이야기가 전해진다. 청나라 광서연간(1875~1908)에 자수탑을 중건할 때, 마침 서태후가 환갑을 맞이하였다. 양강총독 유곤일은 그녀의 환심을 사고자, 수도로 올라가 문안인사를 드리고 다음과 같이 말하였다. "노불야(老佛爺)의 예순을 맞아, 소신이 특별히 진강 금산사에 자수탑을 지어 올려, 태후마마의 만수무강(萬壽無疆)을 기원하옵니다!" 이 말을 듣고 서태후가 매우 기뻐하여 그에게 바로 이렇게 물었다. "자네가 내 만수무강을 빌었는데, 내가 얼마나 살았으면 좋겠는가?" 이에 유곤일이 당황스러워 뭐라고 대답해야할지 몰라하였다. 그때 8살밖에 안되는 그의 시종인 이원안(李遠安)이 종이에다가 '천지동경(天地同庚)'이라는 네 글자를 적어 그에게 건네주었다. 이에 유곤일이 두 손으로 서태후에게 이를 바치니, 서태후가 이를 보고는 매우 기뻐하여 그에게 상을 내렸다. 후에 '천지동경'이라는 네 글자

자수탑 입구

를 자수탑 바깥 꽃담[花墻]의 비석에 새겨 지금까지도 전해져 내려오고 있다.

강천일람(江天一覽)

금산에서 가장 높은 곳에 돌기둥으로 세운 정자가 있는데 이를 유운정(留雲亭)이라고 부른다. 또한 강천일람정(江天一覽亭)이나 탄해정(呑海亭)이라고도 부른다. 정자 가운데에는 석비가 높여있는

양강총독 유곤일

데, 이는 3백 년 전 강희제가 그의 모친과 함께 이곳에 찾아 금산사를 둘러보고 남기고 간 고적이다. 강희제는 이곳에 올라서 주변을 둘러본 다음, 강의 동쪽으로 가서 물과 하늘이 서로 잇닿는 것을 보고 감명을 받았다. 그래서 붓을 가지고 오도록 하여 '강천일람'이라는 네 글자를 남겼다. 정자는 1685년(강희 24년)에 중수하였으며, 1871년[동치(同治) 10년]에 보수하였다. 양강총독 증국번(曾國藩 : 1811~1872)은 강희제가 쓴 '강천일람'이라는 네 글자를 비석에 적게 하여 정자 안쪽으로 안치하였다.

전설에 따르면 강희제가 붓을 쥐고 글을 쓸 때, '江天一'이라는 앞의 3글자는 거침없이 써내려갔는데, 네 번째 글자인 '覽'자의 획이 많아 갑자기 그 형태가 확실히 떠오르지 않았다고 한다. 하지만 황제의 몸으로서 아랫사람들에게 단지 글자 하나를 어떻게 쓰는지를 물어보기에는 위엄이 서지 않아 잠시 붓을 들고 고민하고 있었다. 주위의 대신과 시종들은 이러한 사정을 깨달았지만, 그렇다고 해서 함부로 앞으로 나서서 가르쳐줄 수도 없는 노릇이었다. 자칫 입을 잘못 놀렸다간 군주를 깔본 일로 죽임을 당할 수도 있다는 걱정이 앞섰기 때문이다.

그때 한 대신이 마음속에서 좋은 계책이 떠올라, 무릎을 꿇고 황제 앞에 서서 이렇게 말하였다. "신이 마침 수레를 보았사옵니다.[臣今見駕]" 강희제가 이 중에서 "신이 마침 보았사옵니다.[臣今見]"라는 말에서 글씨를 어떻게 써야할지 깨달아 나머지 글자를 마저 완성할 수 있었다. 왜냐면 '覽'자는 '臣·今·見'이라는 세 글자로 구성되어 있기 때문이다. 강희제가 '覽'자를 두고 계속 끙끙대고 고민하였기 때문인지 몰라도, 다른 글자들에 비해서 이 글자가 유난히 작게 써졌다고 한다.

고법해동(古法海洞)

고법해동은 배공동(裴公洞)이라고도 하며, 자수탑 서쪽 아래의 낭떠러지에 있다. 전하는 말에 따르면 금산사의 개산조사(開山祖師)인 법해화상(法海和尙)이 금산에 왔을 때 머물렀던 곳이라고 한다. 현재 동굴에는 법해의 소상(塑像)이 모셔져 있고, 동굴 입

육조고도 남경, 비극의 역사 그러나 불멸의 땅

구에는 '고법해동'이라는 네 글자가 써있다. 『백사전(白蛇傳)』
에서 법해는 허선과 백소정의 사랑을 방해하는 악승(惡僧)으
로 나오는데, 실제 역사에서는 덕행(德行)을 펼치던 고승이었
다고 한다. 법해의 성은 배씨(裴氏)였기에 사람들은 그를 배타
두(裴陀頭)라고 불렀으며, 하동(河東) 문희(聞喜) 출신이었다고
한다. 그의 아버지인 배휴(裴休 : 791~846)[137]는 당나라 선종(宣
宗 : 810~859)의 재상이었는데, '임금을 옆에 모시는 것은, 호랑
이를 옆에 모시는 것과 같다[伴君如伴虎]'라는 말처럼 하루아
침에 죄를 얻어 실각하게 되었다.

강희제

그는 불교에 매우 심취하여, 부귀영화가 출가보다 못하다
고 생각하고선, 그의 아들을 출가시킬 결심을 하게 된다. 배
타두는 강서(江西) 여산(廬山)으로 출가하여, 법명이 법해가 되
었고 여산에서 참선을 하며 수행하였다. 후에 진강 금산으로
왔는데, 절이 황량하고 초목이 우성하여 구렁이가 해를 입히는 것을 보게 되었다. 산
의 서북쪽에 바위동굴이 있는 것을 발견하고선, 흰 구렁이를 피해 그곳에서 참선을
하였다. 법해가 금산으로 오고서 가장 크게 결심한 것은 금산사를 보수하는 것이었
고, 스스로 손가락 한 마디를 태워 결심의 표지로 삼았다. 하루는 스님들이 가시덤불
을 헤치고나가 강변의 땅을 팠는데, 거기에서 1일(鎰 : 1일은 20냥 정도) 정도 되는 황금
이 나왔었다. 이에 윤주자사(潤州刺史) 이기(李奇)에게 보고하였는데, 이기 또한 선종에
게 이 사실을 그대로 보고하였다. 선종은 그에게 명령을 내려 황금을 법해에게 주어
사찰을 복구하도록 하였고, 또한 금산과 금산사라는 이름을 하사하였다.

『백사전』은 중국에서 매우 유명한 민간설화로서, 중국 4대 민간전설[138]로도 꼽힌
다. 여러 번에 걸쳐 영화나 애니메이션, 경극 등으로도 연출되었으며 2011년 9월에 이
연걸(李連杰) 주연의 《백사대전[白蛇傳說]》[139]이 중국에서 개봉된바 있다. 『백사전』은
항주(杭州)와 소주(蘇州), 그리고 진강을 배경으로 하였으며, 요괴 백소정과 선비 허선
의 사랑을 주제로 하였다. 백사(白蛇) 백소정(白素貞)은 청사(靑蛇) 소청(小靑)과 함께 천
년동안 도를 닦을 요괴로서, 인간세계를 동경하여 항주 서호(西湖)에 놀러가게 되었
다. 놀던 와중에 비가 내리게 되고, 그러한 두 낭자를 허선(許仙)이 우산을 빌려주고 배
까지 대줘서 집으로 돌려보냈다.

이러한 허선에게 감정을 느낀 백소정은 그를 자신의 집으로 초대하였고 둘은 사랑에 빠져 결혼하게 된다. 둘은 약방을 차려 행복하게 지내게 되고 임신까지 하게 된다. 하지만 이러한 행복은 오래가지 못하게 되는데, 바로 요괴를 퇴치하고 다니던 금산사의 법해화상이 그녀의 정체를 알게 되었기 때문이다. 법해화상은 허선에게 부인의 정체를 알려주고, 이를 믿지 못하자 단오날 웅황주(雄黃酒)를 먹이게 한다. 웅황주를 먹은 백소정은 자신의 본래 모습을 드러내고, 이를 보고 충격 받은 허선은 그대로 쓰러져서 일어나질 못한다.

허선을 다시 살리고 싶던 백소정은 그를 위해 봉래산(蓬萊山)에 올라 영지초를 구해, 그를 되살리게 된다. 하지만 허선은 금산사로 가게 되고, 이러한 허선을 찾으러 백소정과 소청은 금산사에 가서 법해에서 허선을 내놓으라고 한다. 법해와 둘은 큰 싸움을 벌이게 되고, 백소정은 금산사를 홍수로 쓸어버리지만 결국 법해에게 패배하게 된다. 그래도 결국 허선을 만나게 되고 둘은 서로의 마음을 확인하게 된다. 백소정은 허선의 아이를 낳으며, 돌이 지난 후 법해에 의해 항주 뇌봉탑(雷峰塔) 아래에 봉인되었다.

참고문헌

梁白泉·邵磊, 2009, 『江苏名刹』, 江苏人民出版社.

玉玉国·刘昆·西铁城, 2007, 『镇江文物』, 江苏大学出版社.

王玉国, 1996, 『镇江文物古迹』, 南京大学出版社.

中共江苏省委研究室, 1987, 『江苏文物』, 江苏古籍出版社.

스티븐 파딩 저, 박미춘 역, 2009, 『501 위대한 화가』, 마로니에 북스.

131) 당나라의 시인으로 두목(杜牧 : 803~853)·백거이(白居易 : 772~846)와 교류하였다. 현재 『장승길문집(張承吉 文集)』에 460여 수의 시가 전해진다.

132) 북송의 학자이자 정치가. 사천감(司天監)이 되어 혼의(渾儀)와 같은 천체관측기구를 만들었으며 봉원력(奉元曆) 이라는 역법(曆法)을 제정하였다. 신종(神宗 : 1048~1085) 때 왕안석(王安石 : 1021~1086)의 변법에도 참여하 여 좌천되기도 하였다. 요나라에 사신으로 파견되어 요나라와 송나라 간 영토 설정에 공을 세웠다. 저서로는 『몽 계필담(夢溪筆談)』이 있다.

133) 북송시기의 승려로, 강서(江西) 부량(浮梁) 사람이며 속성은 임씨(林氏)고, 법명은 요원(了元)이다. 신종이 그를 흠 모하여 불인선사(佛印禪師)라는 호를 하사하였다.

134) 북송 대의 장군. 방납(方臘 : ?~1121)의 난 등 당시 일어났던 여러 반란들을 진압하였다. 악비(岳飛 : 1103~1142) ·유기(劉錡 : 1098~1162) 등과 함께 금나라에 대항하였던 대표적 인물이다. 그러나 주화파였던 진회(秦檜 : 1090~1155)가 주전파를 탄압하자 은거하였다.

135) 선종 승려이자 수묵화의 대가이다. 교토에서 그림을 배웠으며, 이후 오우치[大內] 가문의 후원을 받아 중국으로 가는 길에 동행할 수 있었다. 이곳에서 명대 산수화로부터 큰 영향을 받게 되었다. 그는 귀국 후 운코쿠안 공방을 차려, 그의 작품에 중국 회화의 영향을 반영하였다. 셋슈의 산수화는 거대한 산과 나무, 아득히 멀리 보이는 집, 거 대한 자연 속의 작은 인물들을 특징으로 삼았다.

136) 청나라 말기의 정치가. 태평천국운동(太平天國運動)을 진압하였다. 양무운동(洋務運動)을 지지하였으며 서구세 력과 동남보호협정[東南護保協定]을 체결하고, 척외운동(斥外運動)을 탄압하였다.

137) 당나라 시기의 문인. 문장에 능했고 불교에 관심이 많아 선종(宣宗)에 귀의하였다. 세법(稅法)을 바로잡는데 힘 썼다. 태어날 때 등이 붙은 쌍둥이로 태어났다고 전해지며, 황벽희운(黃蘗希運 : ?~855)과 같은 고승들과 관련하 여 여러 일화들이 남아있다.

138) 중국 4대 민간전설로는 『백사전』 외에도 『양산백과 축영태[梁山伯與祝英台]』·『맹강녀(孟姜女)』·『견우와 직녀 [牛郎織女]』가 있다.

139) 국내에선 2011년 11월에 《백사대전》이라는 이름으로 개봉하였다. 이 외에도 1994년에 『백사전』을 원작으로 한 《청사》가 상영된 바 있다.

진강박물관 鎭江博物館

역사적 · 예술적 가치가 높은 근대건축유산

진강박물관

진강박물관(鎭江博物館)은 1958년에 창립하였으며, 현재의 박물관 건물은 1890년에 세워진 것이다. 진강박물관은 본래 영국이 중국에 바다나 강에 인접한 곳에 지었던 가장 이른 시기의 영사관 중 하나였다. 총 5동(棟)으로 되어 있으며 동인도(東印度) 양식으로 축조하였다.

이곳은 역사적으로나 예술적으로나 중요한 가치를 지닌 근대건축유산으로, 그 모습은 독특하고 보존 상태 또한 완벽하다. 이러한 건물들은 전국에서도 찾기 힘들며, 이러한 연유로 국무원(國務院)에서는 진강박물관을 1996년 11월 26일에 전국중점보호단위로 지정하였다. 또한 4A급 풍경여유구(風景旅遊區)이기도 하다.

역사 연혁

운대산(雲臺山) 아래에 위치한 진강박물관은 원래 영국 영사관 자리로서 건물은 동인도식으로 되어있다. 제 2차 아편전쟁 이후에 청나라는 영국과 1858년에 톈진조약[天津條約]을 맺고, 진강에서 주로 통상(通商)을 하였다. 1864년 태평천국(太平天國)의 난이 진압된 후, 영국은 운대산에 영사관을 짓게 되었다.

1889년에 영국의 순경이 중국의 행상인을 사건이 발생하자 진강 사람들이 분개하여 영국 영사관을 태워버렸다. 하지만 무능력한 청나라 정부는 백은(白銀) 4만냥을 배

상하여 원래 모습대로 1890년에 준공하
게 되었다.

1933년 10월에 진강영국영사관은 중
국인들의 손으로 넘어가게 되었다. 그
리하여 그동안 영국이 진강에서 가졌던
특권들은 모두 사라지게 되었다.

1962년부터 진강박물관으로 사용되
고 있다. 1982년에는 강소성(江蘇省) 인
민정부(人民政府)에서 공표한 근현대 역

영국영사관 옛터

사유적 및 혁명 기념건축물 중점문물보호단위로 지정되었다. 1996년에는 국무원에
서 전국중점문물보호단위로 지정하였다. 최근에는 국가문물국 및 성·시정부의 지원
으로 보수되었다.

박물관의 구조

진강박물관은 지방역사종합예술박물관으로서 1958년에 설립되었다. 1962년부터
진강영국영사관 옛 터를 박물관으로 사용했지만 좀 더 좋은 진열 조건을 갖추기 위하
여 2002년에 남쪽에 새로 전시관을 건립하였다. 또한 구관에 대해서도 정비가 이루
어졌다.

2004년에 신관의 건설과 구관의 정비가 완료되었다. 현재 박물관 전체 면적 약 2
만㎡ 가운데 전시관 면적은 10,600㎡이다. 구관은 자수원(刺繡園)·암석원(巖石園)·두
견원(杜鵑園)·감길원(柑桔園)·월계원(月季
園)·수극장(水劇場) 등으로 구성되었다.
또한 2천㎡의 석가산(石假山)을 만들어
인공과 자연의 조화를 이루었다.

진강박물관의 소장품은 약 3만점으
로, 신석기시대부터 명청시대의 유물들
이 있다. 그 가운데 국가급문물이 1점, 1
급문물이 82점, 2급문물이 316점이 있
다. 이외에 서주(西周) 및 춘추시대 오나

서주시대의 원시청
자관(原始靑瓷罐)

동오시대의 청자누
대백희퇴소관(靑瓷
樓臺百戱堆塑罐)

라의 청동기·육조시대의 자기(瓷器)·당나라의 금은기·
송나라의 사주복식(絲綢服飾)·명청시대의 서화(書畵)·청
나라 궁정(宮廷)의 자기 등이 진열되어 있다.

2008년 4월 29일부터 진강박물관은 공식적으로 개
방하였다. 현재 6개의 기본진열을 하고 있다. 이러한 전
시실로는 '오문화 청동기전(吳文化靑銅器展)'·'역대 도자
기 정품전(歷代陶瓷器精品展)'·'고대 금은기 정품전(古代
金銀器精品展)'·'고대 공예 정품전(古代工藝精品展)'·'명청
회화 정품전(明淸繪畵精品全)'·'경강화파 서화 정품전(京
江畵派書畵精品展)'이 있다.

또한 2009년 1월부터는 '관장 불교문물 정품전(館藏
佛敎文物精品展)'을 신설하여, 박물관에서 소장하고 있는
불교 유물들을 진열하고 있다. 그 가운데 불사리(佛舍利)
같은 진귀한 불교 유물도 공개하고 있다.

주요 소장 유물

1. 흑유소관(黑釉小罐)

동한(東漢)시대의 유물로 자기이다. 1973년 단양현(丹陽縣) 대박공사(大泊公社) 과저
대대(瓜渚大隊)의 101년에 조성된 동한영원십삼년묘(東漢永元十三年墓)에서 출토되었
다. 구경은 3.5cm, 높이 3.7cm이다. 그릇의 입술은 둥글며 목은 곧고, 배는 불룩하며
아래로 점점 들어가는 모습이고, 바닥은 평평했다. 그
릇의 목에는 2개의 대칭되는 작은 구멍이 있으며, 이
는 뚫어서 묶어 쓰기 위한 것으로 보인다. 태토는 흑
회색이고, 저부를 제외한 도기 전체에 흑유(黑釉)를 발
랐다.

흑유소관

검은 유약의 색깔은 오금(烏金)으로 보이며, 칠(漆)을
바른 것처럼 윤이 난다. 이 도기의 형태를 보아, 조식
관(鳥食罐)으로 보고 있다. 조식관은 새를 기르고 감상
하기 위한 용도로 이 유물은 가장 이른 시기에 속한다.

2. 가화육년동노기(嘉禾六年銅弩機)

삼국시대 동오(東吳)의 유물로 동기이다. 쇠뇌[弩]는 동주시대부터 고대 중국의 군대에서 널리 사용했던 투사병기(投射兵器)이다. 쇠뇌의 강도와 사정거리는 활보다 더 우수한 편이며, 기계부분은 주로 청동을 주조하여 만들고, '노기(弩機)'라고도 부른다.

진강시 단도후소신촌(丹徒后小辛村)의 동진시대 함강원년전실묘(咸康元年塼室墓)[140]에서 삼국시대 동오의 명문노기(銘文弩機)가 출토되었다. 노기의 길이는 17.8cm, 손잡이 윗부분의 높이는 8.7cm이다.

노기에는 "가화육년십월장진태비□생□, 직일만, 사마왕수평.(嘉禾六年十月匠陣太臂□生□, 直一萬, 司馬王隋平)"이라는 명문이 새겨져 있다. 가화(嘉禾) 6년은 서기 237년을 가리킨다. 삼국시대부터 동진시대까지 노기의 명문에서는 '비장(臂匠)'·'비사(臂師)'라는 칭호가 확인된다. 여기서 비사는 당시에 노를 만들던 전문 수공업자를 의미하며, '生□'는 그러한 비사의 이름인 것으로 보인다. '직일만(直一萬)'은 쇠뇌의 가치를 의미하며, '사마왕수평(司馬王隋平)'은 감조자(監造者) 혹은 쇠뇌 주인의 직무나 이름인 것으로 추정된다. 사마(司馬)는 장군의 휘하에서 군부를 총괄한 직책인데, 녹봉은 1,000석이었다.

삼국시대 때 명문 노기가 출토된 예는 매우 드문 편으로, 위나라와 촉나라에서 각각 2점씩 발견 된 게 전부이다. 동오의 명문노기는 그동안 확인되지 않았지만, 가화육년노기의 발견으로 인하여 그 존재가 처음으로 확인되었다. 그렇기에 동오 무기사에 있어서 중요한 실물자료가 된다.

가화육년동노기

3. 불상비조동향훈(佛像飛鳥銅香薰)

서진(西晉)시대의 유물로서 동기이다. 중국 고대 사람들은 향훈(香薰)을 실내에서 악귀를 몰아내는 기구로 사용하였으며 동기로 제작된 것이 많다. 이 향훈은 1974년 구용현(句容縣)의 폐품매입소에서 사들인 것이라고 한다. 향훈의 총 높이는 15cm, 몸통둘레 12cm, 바닥둘레 19.6cm이다. 노체(爐體)와 입주(立柱), 그

불상비조동향훈

리고 승반(承盤)의 3부분으로 구성되었다. 향훈 아래부분에는 입이 바라진 원형의 승반이 있으며, 승반의 중심에는 사자 모습의 벽사(辟邪) 한 마리가 누워있다. 사자의 북쪽 윗부분에 원주가 하나 세워졌으며, 노체를 지탱하고 있다.

노체는 노완(爐碗)과 노개(爐蓋)의 2부분으로 나누어진다. 노완 외면의 중간 부분은 넓은 고리모양으로 되어있는데, 그 위에는 네 불상이 거리를 두고 배치되어 있다. 불상은 모두 가부좌를 틀고 있으며, 두 손은 합장하여 배에 두었고, 머리에는 약간 높은 육계(肉髻)가 있다. 네 불상의 사이에는 부처를 향해 바라보고 있는 새 3마리가 있다. 노개는 반구형(半球形)으로, 뚜껑 위에는 4마리의 용무늬를 투조하였다. 4마리의 용 사이에는 4마리의 새가 대칭되어 있으며, 새의 머리는 하늘을 보고 날아가는 듯한 모습이고, 뚜껑꼭지는 없다. 노신과 노개가 결합되는 곳을 만들어 놓아 여닫을 수 있게 해놓았다.

4. 청자용수파직류존(靑瓷龍首把直流尊)

동진(東晉)시대의 유물로서 자기이다. 간결하게 장식되었으며 좀 더 실용적인 방향으로 만들어졌다. 진강박물관에서 소장하고 있는 '청자용수파직류존'은 1979년 진강 야련창(冶煉廠) 동진묘에서 출토되었으며, 높이 16.7cm, 구경 13.5cm, 동체경 17.4cm

청자용수파직류존

이다. 목부분 높고 곧으며, 몸체는 볼록한 모습이고 바닥은 평평하다. 목부분에는 2개의 작은 손잡이가 달렸으며, 용이 고개를 아래로 젖혀서 그릇 윗부분을 물고 있는 모습의 손잡이가 달려 있고, 몸통부분에는 요현문(凹弦紋)을 둘러놓았다. 전체적으로 회청색의 유약을 발라 광택을 냈다.

단순하게 보일 수도 있는 직구존(直口尊)에 휘어진 형태의 정교한 용머리를 붙임으로 인하여 보편적인 형식과 차이를 두었다. 생동감을 부여하는 등의 미적 감각을 보여줄 뿐만 아니라 실용성까지 갖춘 유물이다.

5. 청자호자(靑瓷虎子)

동불전(銅佛殿)

남조시대의 유물로 자기이다. 1984년 의흥(宜興)에서 출토되었다. 구경 7.4cm, 전체 길이 30cm, 전체 높이 20.4cm이다. 호랑이는 머리를 위쪽으로 하고 있으며, 호자의 앞부분은 크게 표현되었으며, 허리는 작게 되어있다. 앞다리와 뒷다리가 약간 불룩하게 되어 있으며, 네 발은 엎드린 자세이다. 전체적으로 힘이 있는 모습이며, 위쪽으로는 노끈 모양의 굵은 손잡이가 달려있다. 호자는 남성용 소변기로 백제에서도 출토된 바 있다.

이 청자호자는 절강(浙江) 구요(甌窯)에서 생산된 것으로서, 구요는 온주(溫州) 일대에 해당한다. 한나라 때부터 원시 자기를 만들기 시작하였으며, 동한 말에는 가마를 써서 청자를 제작하였다.

구요 청자 태토의 색조는 백색인 편이고, 유약은 담청색(淡靑色)을 쓰며 투명도가 높다. 남조시대 때 유약은 황색 계통을 많이 사용하였으며 빙렬문(氷裂紋)이 생겨 깨지기 쉬웠다. 구요 청자의 품종과 조형은 월요(越窯)와 기본적으로 비슷하며, 단지 조형 상에 있어서 독특한 모습을 보인다.

남조시대에는 원형(圓形)의 호자가 성행하였으며, 호형호자(虎形虎子)는 적게 보인다. 묘장에서 주로 호형호자가 출토되지만 그 수량은 적은 편으로, 실용기가 아닌 명기(明器)로 보인다.

참고문헌

鎭江市博物馆 http://www.zj-museum.com.cn/

---

140) 함강 원년은 335년으로 진성제(晋成帝 : 321~342)의 연호이다.

양주

양주시 揚州市

풍요로운 운하의 도시

양주성유적 원경

양주시(揚州市)는 강소성(江蘇省) 중부에 위치하며 장강(長江) 하류의 북안에 있다. 강회평원(江淮平原)의 남단에 해당한다. 상해경제권과 남경도시권에 속하는 도시이기도 하다.

남쪽으로는 소남(蘇南)·상해(上海) 등의 경제를 받아들이고, 북쪽으로는 소북(蘇北)의 최전선이자 경유 지역이기 때문에, '소북문호(蘇北門戶)'로도 불리운다. 문헌에 의하면 양주시는 약 2500년의 역사를 지녔다고 한다.

도시 현황

양주시는 동경 119°01′~119°54′, 북위 32°15′~33°25′의 사이에 위치한다. 양주 시구(市區)는 장강과 경항대운하(京杭大運河)가 만나는 곳으로서 동경 119°26′, 북위 32°24′에 해당한다. 양주시는 남쪽으로는 장강에 임해있으며 진강시(鎭江市)와는 장강을 사이에 두고 있고, 서쪽으로는 안휘성(安徽省) 저주시(滁州市), 서남쪽으로는 남경시(南京市), 북쪽으로는 회안시(淮安市), 동쪽으로는 염성시(鹽城市)와 태주시(泰州市)와 접경하고 있다.

양주시는 현재 광릉(廣陵)·한강(邗江)·강도(江都)의 3구(區)와 보응(寶應)의 1현(縣), 의정(儀征)·고우(高郵) 2곳의 현급시(縣級市)를 관할한다. 시 전체에는 71곳의 진(鎭)과 4곳의 향(鄕)이 있다. 시 전체 면적은 6,634k㎡이며, 그 중에서 시구의 면적은 2,310k㎡이다.

양주 경내에 흐르는 장강의 길이는 약 80.5㎞이다. 경항대운하가 가로지르며, 백마호(白馬湖)·보응호(寶應湖)·고우호(高郵湖)·소백호(邵伯湖) 4곳의 호수가 있다. 양주시에서 가장 높은 곳은 의정시 경내의 대동산(大銅山)으로 해발 149.5m이다.

2010년에 조사된 양주시의 인구는 총 4,459,760명이다. 2000년에 조사된 자료와 비교하면 212,924명이 감소하였으며, 감소율은 4.56%, 연 인구성장률은 -0.47%이다. 2013년에 조사된 양주시의 인구는 2010년보다 좀 더 증가한 4,598,448명이다.

자연 환경

양주시는 아열대 계절풍성 습윤기후와 온대 계절풍 기후가 교차하는 곳이다. 기후의 특징으로는 바람의 방향이 계절에 따라서 변화 양상이 뚜렷하다. 겨울에는 건조하고 한랭한 편북풍이 성행하며, 주로 북동풍과 북서풍이 많이 분다. 여름에는 해양에서 불어오는 습하고 더운 바람이 남동쪽이나 동쪽에서 불며, 남동풍이 주로 부는 편이다. 봄에는 남동풍이, 가을에는 북동풍이 주로 분다. 양주시는 겨울이 긴 편으로 4개월 정도이며, 여름이 그 다음으로서 약 3개월 정도이다. 봄과 가을은 비교적 짧아 각각 약 2개월 정도씩이다.

양주시는 강회평원의 남단에 위치하며, 계절풍의 환류 영향을 뚜렷하게 받아, 사계절이 분명하고 기후가 온화하다. 연 평균 기온은 14.8℃이며, 같은 위도와 비교하여 겨울이 비교적 춥고, 여름이 비교적 더운 편에 속한다. 가장 추운 달은 1월이며, 월 평균 기온은 1.8℃이다. 가장 더운 달은 여름으로, 월 평균 기온은 27.5℃이다. 서리가 내리지 않는 기간이 평균 220일 정도이다. 매년 평균 일조 시간은 2,140시간이고, 평균 강수량은 1,020㎜이다.

양주시 북부의 지형은 주로 구릉지대이다. 경항대운하 동쪽과 강과 인접하고 있는 곳은 장강삼각주로 충적평원이며 지형은 대체적으로 평탄한 편이다.

역사 연혁

지금의 양주는 춘추시대에는 한(邗)이라 불렸다. 한은 본래 주나라 때의 나라 중 하나였다. 후에 오(吳)에게 멸망당하였고 그 이후로는 오주(吳州)로 불러졌다. 진(秦)과 한(漢) 때에는 광릉(廣陵)·강도(江都)로 칭해졌다. 동진(東晋)시대와 남조 때에는 남연주(南兗州)를 두었다.

한무제(漢武帝 : B.C.156~B.C.87) 때 전국에 13자사부(刺史部)를 설치하였고, 그 중 하나가 양주자사부(揚州刺史部)였다. 동한(東漢) 시절에는 치소를 역양[歷陽 : 지금의 안휘(安徽) 화현(和縣)]에 두었고, 말년에는 치소를 수춘[壽春 : 지금의 안휘 수현(壽縣)]·합비[合肥 : 지금의 안휘 합비시(合肥市) 서북쪽]로 옮겼다. 삼국시대에 위나라와 오나라는 각자 양주를 두었는데, 위나라는 치소를 수춘에, 오나라는 치소를 건업[建業 : 지금의 강소(江蘇) 남경시]에 두었다. 서진이 오나라를 멸망시킨 뒤에 치소를 건업에 그대로 두었으며, 이후 다시 건업의 명칭을 건업(建鄴)으로 바꾸고, 또다시 건강(建康)으로 바꾸었다.

589년[수나라 개황(開皇) 9년]에 오주를 양주로 바꾸었으며, 총관부(總管府)를 단양[丹陽 : 지금의 남경]에 설치하였다. 당고조(唐高祖 : 566~635) 625년[무덕(武德) 8년]에 양주의 치소를 단양에서 강북(江北)으로 옮겼으며, 이때부터 광릉은 양주로 불리게 되었다.

당태종(唐太宗 : 599~649) 627년[정관(貞觀) 원년]에 전국을 10도(道)로 나누었으며, 양주는 이 중에서 회남도(淮南道)에 속하였다. 현종(玄宗 : 685~762) 742년[천보(天寶) 원년]에 양주를 광릉군(廣陵郡)으로 고쳤다. 숙종(肅宗 : 711~762) 758년[건원(乾元) 원년]에 광릉군을 다시 양주로 바꾸었다.

당나라 말에 강회(江淮)에서 대란(大亂)이 일어났다. 902년[천복(天復) 2년]에 회남절도사(淮南節度使) 양행밀(楊行密 : 852~905)[141]이 양주에서 오왕(吳王)으로 봉해졌다. 919년[천호(天祐) 16년]에 양행밀의 둘째아들인 양융연(楊隆演 : 908~920)이 정식으로 남오(南吳)를 건국하였으며 강도를 수도로 삼고, 양주를 강도부(江都府)로 하였으며 연호를 무의(武義)라 하였다. 남오 937년[천조(天祚) 3년]에, 남당(南唐)이 남오를 멸망시키고 금릉(金陵)을 수도로 삼았으며, 양주를 동도(東都)라 하였다. 남당 957년[보대(保大) 15년]에 후주(後周)가 강도부를 양주로 바꿨다.

993년[순화(淳化) 4년]에 전국을 사(士)와 도(道)로 나누었고, 양주를 회남도에 소속시켰다. 997년[지도(至道) 3년]에 다시 전국을 15로(路)로 나누었으며, 양주를 회남로에 소속시켰다. 1072년[희령(熙寧) 5년]에 회남로를 동·서 양로(兩路)로 나누었으며, 양주를 회남동로(淮南東路)에 소속시켰다. 1129년[건염(建炎) 3년] 송고종(宋高宗 : 1107~1187)이 남쪽으로 옮긴 후, 강도현을 광릉현과 분리하였고, 양주에 광릉과 태흥(泰興) 2현을 늘렸다.

1276년[지원(至元) 13년]에 양주대도독부(揚州大都督府)를 설치하였다. 이듬해에 대도독부를 양주로총관부(揚州路總管府)로 바꾸었으며, 고우부(高郵府)와 진주(眞州)·저주

(滁州)·통주(通州)·태주(泰州)·숭명(崇明 : 지금의 상해시) 5주(州)를 편입시켰으며, 또한 강도와 태흥 2현을 두었다.

1357년[지정(至正) 17년]에 주원장(朱元璋 : 1328~1398)이 양주를 점령하였고, 양주로(揚州路)를 회남익원수부(淮南翼元帥府)로 삼았으며, 다시 회해부(淮海府)로 바꾸고 강남행중서성(江南行中書省)에 속하였다. 1361년(지정 21년)에 회해부를 유양부(維揚府)로 고쳤다. 1366년(지정 26년)에 양주부(揚州府)로 개칭하였다. 양주부는 고우주(高郵州)·통주·태주의 3주 및 강도·태흥·의진(儀眞)·여고(如皋)·해문(海門)·보응(寶應)·흥화(興和)·육합(六合)·숭명의 9현을 두었다. 1368년[홍무(洪武) 원년]에 강남행중서성을 제외하고 경사(京師 : 후에 남경으로 바꿈)를 설치하였으며, 양주부를 이에 소속시켰다. 1390년(홍무 23년)에 육합을 나눠 응천부(應天府)에 속하게 하였고 숭명을 소주부(蘇州府)에 소속시켰다. 양주부가 3주 7현을 관할하게 하였으며, 강도·의직·태흥현을 관할하게 하였다. 고우주에 보응·흥화현을 소속시켰으며, 태주가 여고현을, 통주가 해문현을 관할하도록 하였다.

청나라 1645년[순치(順治) 2년]에 강남성(江南省)을 설립하였으며 양주시를 여기에 부속시켰다. 옹정연간(擁正年間 : 1723~1735)에 강도현을 강도와 감천(甘泉)의 2현으로 나누었다. 1760년[건륭(乾隆) 25년] 강남성이 강소와 안휘의 2성으로 나뉘게 되었고, 양주는 강소성에 속하게 되었다. 1853년[함풍(咸豊) 3년] 4월에 태평군(太平軍)이 양주를 점령하였고, 양주부를 양주군으로 바뀌게 되었으며, 감천현은 감천천현(甘泉天縣)으로 바뀌고 이는 8개월 동안 지속되었다. 청나라 말에 양주부는 고우주·태주와 강도·천장(天長 : 저주)·의정·흥화·보응·동태현(東台縣)을 관할하였기에, 속칭 '양팔속(揚八屬)'으로 불리웠다.

1911년[선통(宣統) 3년] 9월 17일(11월 7일)에 양주가 따로 독립되었다. 20일에 양주군정분부(揚州軍政分府)의 성립이 선포되었으며, 진강도독(鎭江都督)의 관할에 속하게 되었다. 1912년 1월에 양주부를 없애고 감천을 강도현으로 편입시켰으며, 원래의 양주부의 각 현을 강소성에 직접 예속시켰다. 1914년 6월에 강소성을 5개의 도로 나누고, 강도현을 회양도(淮揚道)에 속하게 하였다.

1949년 1월 25일 강도현성(江都縣城 : 양주)이 해방되었다. 27일에 양주시가 성립되었으며, 소환변구(蘇皖邊區) 제2행정구(行政區)에 예속되었다. 같은 해에 소환변구 제2행정구는 소북행정구(蘇北行政區) 양주행정전구(揚州行政專區)로 개칭하였으며, 전원공서(專員公署)를 양주시에 두었다.

이후로도 여러 차례 변화가 있다가, 2011년 11월 13일에 국무원의 비준에 따라 강소성인민정부는 양주시 부분 행정구역에 대한 조정을 실시하였다. 양주 부분 행정구역의 주요 조정 내용은 다음과 같다. 첫째로 현급시인 강도시(江都市)를 없애고, 양주시 강도구(江都區)를 설립하여, 원래의 강도시 행정구역을 강도구 행정구역으로 삼았다. 둘째로 양주시 한강구(邗江區)의 태안(泰安)·두교(頭橋)·사두(沙頭)·이전(李典)·항집(杭集) 5곳의 진을 양주시 광릉구(廣陵區)로 넣었다. 셋째로는 양주시 유양구(維揚區)를 없애고, 원래 유양구의 행정구역과 5곳의 진을 한강구에 합병하였다. 이로서 양주시는 총 광릉·한강·강도 3곳의 구와 보응 1개현, 의정·고우 2곳의 현급시를 두게 되었다.

참고문헌

中国扬州 http://www.yangzhou.gov.cn/

中国大百科全书出版社, 1999, 『中国大百科全书中国地理』.

---

141) 5대 10국 시대의 오나라의 건국자. 당나라 말기 회남·양주 등지를 거점으로 군벌로 활동하다가, 902년 당나라 조정으로부터 오왕으로 봉해졌다. 이 시기 오나라는 당나라로부터 독립하지 않고 제후국으로서 존립하였다.

한릉원 漢陵苑

황장제주로 조성된 천산한묘

양주(揚州) 한릉원(漢陵苑)은 한광릉왕묘박물관(漢廣陵王墓博物館)이라고도 불린다. 양주 평산당(平山堂) 부근에 있으며, 수서호(瘦西湖) 촉강풍경명승구(蜀岡風景名勝區)의 동부(東部)에 해당하며, 점유 면적은 33,000㎡이다.

이곳에는 서한(西漢) 제 1대 광릉왕(廣陵王) 유서(劉胥 : ?~B.C.54) 및 왕후(王后)의 고분이 있으며, 제왕급의 '황장제주(黃腸題湊)'식 목곽묘(木槨墓)에 속한다. 전국적으로 보기 힘든 대형의 고분 중 하나로

광릉왕지궁

손꼽히며, 약 2천년의 역사를 간직하고 있다.

한릉원은 한무제(漢武帝 : B.C.156~B.C.87)의 아들인 유서의 무덤이다. 유서는 광릉(廣陵)에 봉해지게 되어 제 1대 광릉왕이 되었다. 무제가 죽자 유서는 신령에게 기도하여 소제(昭帝 : B.C.94~B.C.74)[142]·창읍왕(昌邑王)·선제(宣帝 : B.C.91~B.C.49)[143]를 저주하였다. 그러나 이 사실이 알려지게 되자 핍박을 받게 되었고, 결국 자살하게 되었다.

천산한묘

한릉원은 주로 천산한묘(天山漢墓)라고 불린다. 천산(天山)의 원래 이름은 신거산(神居山)이며, 고우현(高郵縣) 천산향(天山鄕) 경내에 있다. 높이는 49.55m이고, 남쪽으로 양주와 45㎞ 정도 떨어져있다.

산 위에는 원래 3기의 거대한 봉토가 있었다. 1979년 채석공들이 산에서 채석 작업

광릉왕지궁

을 하던 와중에 발견되었으며, 1979년 5
월부터 1983년 8월까지 남경박물원(南京
博物院)에서 발굴을 진행하였고, 1호묘와
2호묘를 각각 2년에 걸쳐 발굴하였다.

1호와 2호 한묘(漢墓)는 모두 대형석
갱 수혈목곽 '황장제주'식묘(大型石坑竪
穴木槨'黃腸題湊'式墓)이다. 천산한묘가 발
굴되기 이전까지 중국에서 한나라 때의
'황장제주'식 무덤이 발견된 사례는 단
4기 밖에 없었는데, 이들은 모두 보존 상태가 완전한 편은 아니었다. 천산한묘의 경우
1호묘는 도굴되었고, 2호묘는 불에 탔지만, 묘실의 보존 상태는 완벽한 편에 속한다.

광릉왕 유서묘(劉胥墓)에서 보이는 '황장제주'는 녹나무[楠木]로 만들어졌으며, 여기
에 사용된 여러 각재들의 높낮이가 서로 일정하지 않고 얼기설기 얽혀있다. 또한 이
들이 층층이 쌓여서 견고한 구조를 이루고 있다. 전국적으로 조사된 10기의 황장제주
묘(黃腸題湊墓)와 서로 비슷한 모습을 보여준다.

천산한묘에 칠해진 '제주(題湊)'도료는 지금으로부터 약 2천 년 전의 것으로서, 서한
(西漢) 중후반에 해당한다. 1호묘와 2호묘는 남서여동(男西女東)의 구조로 배치되어 있
는데, 이는 '존우(尊右)'의 예법에 부합한다. 2호묘에는 '금루옥의(金鏤玉衣)'[114]의 잔편
들이 있기에, 1호묘 묘주의 신분이 제후왕이라는 점을 알 수 있다. 이러한 발견과 발굴
을 통하여 서한 사회의 제도와 건축 특징, 그리고 생산 수준 등을 구체적으로 연구할
수 있다는 점에서 큰 의의를 지닌다.

그리고 이들 부근에서 소형의 배장묘
(陪葬墓)가 발견되었으며, 그 시기는 서
한 중기로 본다.

왕후침궁

유적 현황

한릉원에 도착한 뒤, 입구를 지나 계
단을 따라 위로 올라가면 양쪽에 문궐
(門闕)이 있다. 이 문궐을 지나 정면에 광

릉왕지궁(廣陵王地宮)이 있고, 왼쪽에는 광릉조통(廣陵潮通)이, 오른쪽에는 이역동휘(異域同輝)가 있다. 광릉조통 뒤편에는 풍정사고(風亭思古)라는 정자가 있으며, 곽릉왕지궁에서 나와 오른쪽으로 걸어 간 다음, 다시 앞으로 쭉 가면 왕후침궁(王后寢宮)이 있다.

광릉조통

광릉왕지궁에는 광릉왕 유서의 무덤 위에 그대로 전시관을 만들어 놓았고, 무덤의 모습을 한눈에 볼 수 있는 구조로 만들어 놓았다. 그리고 벽면에는 출토된 유물이나 복원품, 관련 자료들을 전시해 놓았다.

광릉조통에는 광릉왕 유서묘에서 출토된 여러 유물들을 전시해 놓았으며, 광릉왕묘의 묘실 구조 등에 대해서도 모형을 들어 설명해 놓았다. 이역동휘는 왕후묘의 유물들을 전시해 놓거나 복원해 놓았으며, 또한 당시 복식 등도 복원하여 전시하였다.

왕후침궁은 광릉왕묘와 약간 거리를 두고 떨어져 있으며, 2개의 건물로 되어 있고, 이들은 서로 연결된다. 이곳에서 출토된 여러 유물들을 전시하고, 묘실의 구조 등에 대한 설명 등을 해놓았다.

광릉왕 유서묘

1호묘인 광릉왕 유서묘의 크기를 살펴보면 묘갱(墓坑) 깊이 18m, 동서 너비 23m, 남북 길이 28m, 묘도 길이 60m, 묘 위의 봉토가 5m 정도 되며, 묘실의 충전토는 2만㎡나 된다. 3곽 2관[三槨兩棺]의 구조로 되어 있으며 남북 길이 13m, 동서 길이 11m, 곽벽(槨壁)의 높이는 4m에 달한다.

곽의 저부는 길이 10m의 녹나무로 되어 있으며, 가장 바깥쪽 곽에는 담이 세워졌는데, 안팎 2층을 모두 녹나무로

이역동휘

광릉왕 유서묘 전경

구성하였다. 중간에는 황벽나무[黃柏木]을 채워 넣었는데, 각각의 조각은 모두 0.4㎡ 정도로, 길이는 0.9m 정도이다. 황벽나무 사이는 쇠못을 쓰지 않고 쐐기를 박아 끼웠다. 전면에 걸쳐서 빼곡하게 박아놓았기 때문에 묘실과 하나가 된 듯 한 모습을 보여준다. 이 무덤에는 800여 개에 가까운 '제주'가 쓰였다.

이러한 황장제주식의 무덤은 서한의 제왕이나 제후들이 쓰던 특수한 묘제(墓制)에 속한다. 관목(棺木)의 남북 길이는 16.65m, 동서 너비는 14.28m이다. 진귀한 녹나무를 써서 제작하였고, 목재의 부피는 총 545.56㎡이다. 복잡한 구조로 되어 있으며 규모가 큰 편이다. 이러한 구조의 모습은 섬서성(陝西省) 함양(咸陽)에 있는 한묘(漢墓)나, 북경(北京) 대보대(大葆臺)에도 있지만, 그와는 조금 구별되는 모습을 보인다.

'황장제주'의 곽 내에는 부장품을 담은 이실(耳室)이 여러 군데 있고, 이들은 서로가 연결되거나 떨어져있는 구조로 되어 있다. 또한 모든 이실에는 문이 있다. 1호묘의 부재 대부분이 명칭과 방위를 칠(漆)로 써서 표시하거나 문자를 새겨놓았다.

이는 한나라의 이러한 묘실구조 연구에 중요한 실마리를 제공해준다. 이를테면 목곽을 조성하였던 부재에 적혀있는 '광릉선관재판광이척(廣陵船官材板廣二尺)'이나 '의공(醫工)' 등을 그 일례로 들 수 있다. 이렇게 문자가 쓰여 있기 때문에 선관(船官)과 의공이 국가에 소속되었던 관청이었다는 점을 미루어 짐작해 볼 수 있다.

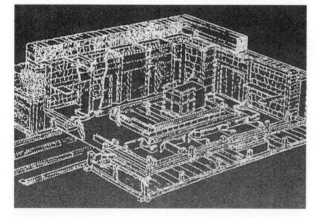

유서묘 투시도(夏梅珍, 2006,『汉陵苑』)

이 무덤은 이미 대대적인 도굴을 당했음에도 불구하고, 수많은 유물들이 출토되었다. 이러한 유물로는 은기·동기·철기·옥기·칠기·도기·목용(木俑) 등이 있으며 총 천 여 점에 달한다.

이 중에서도 전투동욕기(全套銅浴器)와 병기대구순(兵器帶鉤盾)은 쉽게 보기

힘든 유물들에 속한다. 이러한 유물들을 보면 유서가
살아생전에 이루지 못하였던 영광을 죽어서라도 이룩
하려고 하지 않았을까라는 느낌이 든다.

왕후묘

왕후묘(王后墓)는 광릉왕 유서묘에 이어 발굴되었으
며, 이 또한 제왕급의 묘제인 '황장제주'식으로 만들어
졌다. 왕후묘는 광릉왕묘의 동쪽으로 약 50m 정도 떨
어진 곳에 있다. 두 묘는 동서로 배열되어 있기에, 동토
이혈식(同堂異穴式) 부부합장묘라고 볼 수 있다. 왕후묘
에서는 약 300여 점의 문물이 출토되었는데, 그 중에서
'62년 명문 목패[六十二年銘文木牌]'와 '광릉사부 도장 봉
니[廣陵私府印泥]' 등이 발견되었다. 『한서(漢書)』·『백관
공경표(百官公卿表)』에 보면 "첨사(詹事)·진관(秦官)·장황

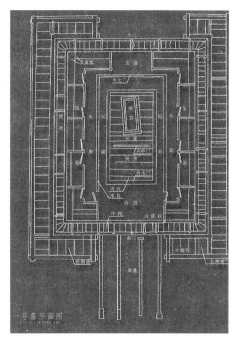

유서묘 평면도(夏梅
珍, 2006, 『汉陵苑』)

후(掌皇后)·태자가(太子家)……, 또 중장추(中長秋)·사부(私府)·영항(永巷)"식으로 나열된
기록이 있다. 안사고(顔師古 : 581~645)의 주석에 의하면 에는 "이들은 모두 황후(皇后)의
관(官)이다."라고 되어있다. 이를 통해 2호묘의 묘주가 광릉국 제후왕의 부인이라는
점을 증명 할 수 있다.

왕후묘는 '암갱수혈식 황장제주 목곽묘[巖坑竪穴式黃腸題湊木槨墓]'에 속한다. 구조
는 평면형태가 '中'자의 모습으로 되어 있으며, 봉토·묘갱·묘도·정장곽(正藏槨)·외장
곽(外藏槨) 등으로 조성되었다. 묘갱의

광릉왕 유서묘 출토
칠기

깊이는 25m에 달하며, 네 벽에는 3단의
대기(臺基)가 있어 점점 안으로 들어가
는 모습이다. 묘갱 저부는 길이 19.8m,
너비 14.8m이다. 저부에서 남북쪽으로
는 비탈진 묘도가 조성되어 있는데, 남
북 총 길이가 111.2m에 달한다. 묘 저부
에 곽실(槨室)을 만들었으며, 곽실의 남
북 총 길이 18.35m, 동서 너비 11.6m, 총

왕후묘 전경

높이 4.5m, 면적 190.61㎡이고, 약 450㎡의 녹나무를 사용하여 만들었다. 곽실은 정장곽과 외장곽이라는 두 부분으로 되어 있다. 정장곽은 황장제주로 남북 길이가 13.35m이며, 동서 너비는 11.6m이다. 외장곽은 거마곽(車馬槨)으로 남북 길이가 5m, 동서 너비가 7.15m이다. 이 무덤은 산돌 3만㎡를 써서 넓게 조성하였다.

왕후묘에서 출토된 부장품은 약 300점 정도로, 거마구를 제외한 주요 문물로는 칠기·옥기·목기·도기·동기·철기 등이 있다. 이 중에서도 칠기·노기(弩機)·목조(木彫) 등은 뛰어난 솜씨로 만들어 져서 시대적 특징을 뚜렷하게 반영하고 있다. 이러한 문물들은 예의장제(禮儀葬制)·생활용품·생산용구·교통운수·오락용구와 제기명문(題記銘文) 등으로 구분할 수 있으며, 당대의 생활상을 그대로 보여준다. 게다가 그동안 확인하기 힘들었던 서한의 후장풍속(厚葬風俗)과 호화로운 궁정 생활의 모습 또한 짐작 할 수 있게 해준다. 왕후묘에서 출토된 '육십이년'목독명문(木牘銘文) 및 유서의 임종 전 저녁의 기록에 왕후에 대한 내용이 없다는 점을 통하여 왕후가 유서보다 2년 정도 먼저 세상을 떴다는 것을 알 수 있다.

왕후 생활상 복원모형

왕후묘에서 출토된 문물은 1호묘에 비해 좀 더 정교한 편이며, 또한 오락 용구가 더 많은 편이다. 오락 용구로는 매우 절묘하게 생긴 삼수희락용(三叟戲樂俑)·매우 작은 투호용 화살[投壺投矢]·실용적인 육박기반(六博棋盤)·녹송석을 박고 은을 입힌 고금동예[嵌綠松石錯銀的古琴銅柄]·정교한 노기 등이 있다. 이를 통하여 유서 생전에 왕후가 아끼던 물건들을 같이 부장하였음을 알 수 있게 해준다. 광릉왕묘와 왕후묘가 같은 황장제주묘식에 속하긴 하지만, 구조와 분위기 및 제작 부분에 있어서 성별에 따른 여러 차이점들과 공예 표현 등이 보인다.

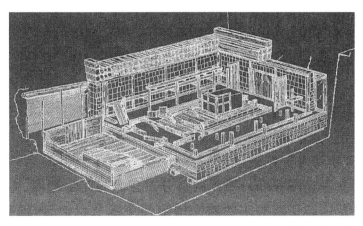

왕후묘 투시도(夏梅珍, 2006, 『汉陵苑』)

황장제주

'황장제주'는 고대의 특수한 묘장 형식의 명칭 중 하나이다. '황장'은 제주를 만들 때 쓰이는 재료를 의미하며, 이 재료는 일반적으로 속이 황색인 측백나무를 주로 사용한다.

속칭 '백목황심(柏木黃心)'이라 부르며, 옛 사람들은 이를 일컬어 '황장'이라 불렀다. '제주'는 목곽 구조를 일컫는다. 이 중에서 '제(題)'는 제두(題頭)를 지칭하는데, 이는 나무의 밑동 부분을 의미하며, '주(湊)'는 안쪽으로 모아 만든 구조를 의미한다. 이는 나무토막을 잘라서 평평하게 층층이 쌓아올려 모아 만든 것으로, 나무를 모두 안쪽으로 향했다고 한다.

즉 네 벽면을 각목과 곽실벽판을 수직으로 쌓아 만든 것을 말하며, 안쪽으로 바라보면 네 벽면이 모두 각목의 마구리만 보이게 된다. 이 각목의 마구리는 모두 나무줄기의 아랫단이 되기 때문에 고대에는 이를 '제두'라고 부른 것이다. 그래서 이러한 특징을 갖는 구조를 '제주'라고 부르는 것이며, 이를 합쳐서 '황장제주'라고 일컫는다.

'황장제주'의 묘제는 일반적인 백성이 쓸 수 없는 것이다. 이는 신분·지위·권력과 부귀를 상징하는 것이다. 한나라의 예제(禮制)에서 '황장제주'는 옥의(玉衣)·재궁(梓宮 : 棺)·편방(便房)·외장곽(外藏椁) 등으로 이루어지며, 이러한 조합은 제왕 능묘의 중요한 구성과 동일하다.

이러한 묘제는 황제처럼 권력의 정점에 있는 이들이 향유 할 수 있는 천자의 묘제라고 할 수 있다. 하지만 이 외에도 황제의 총애를 받는 신하나 제후왕도

황장제주에 사용된 제주

간혹 사용 할 수 있었던 것으로 보인다. 예를 들면 한나라의 대장군(大將軍)이었던 곽광(霍光 : ?~B.C.68)[145]도 사후에 천자의 제도에 따라 묻혔다고 한다.

'황장'과 '제주'라는 두 명칭은 고대 문헌에서 종종 용례가 확인되며, 단지 속이 누런 측백나무를 써서 제주를 만들어야만 '황장제주'라고 부를 수 있는 건 아니었다. 이외에 다른 나무, 예컨대 녹나무·개오동나무·단풍나무·소나무·가래나무 등으로 제주를 만든 경우에도, '제주' 혹은 '황장제주'식으로 본다. 유서부부의 제주는 녹나무를 써서 만든 것이기 때문에, 이 역시 '황장제주'식이라고 할 수 있다.

최근 수십년동안 출토된 실물자료를 보면 '제주'묘제는 주로 서한시대부터 동한시대까지 유행하였으며, 이후 황장목(黃腸木)은 황장석(黃腸石)으로 대체된다. 그 이후부터는 '황장제주'의 묘제가 자취를 감추게 된다. 이 때문에 사용 범위가 한정적이었고, 유행시기가 300여년으로 짧다고 이야기된다. 이러한 묘제의 사용 범위는 매우 한정되었기 때문에, 현재까지 남아 있는 것도 많지 않다.

고문헌에서 이러한 묘제에 대해 기록으로 남아있긴 하지만, 실제 사례가 어떠한지는 그동안 확인하기 힘들었다. 하지만 70년대 이래로 지속적으로 발굴이 되어 존재를 제대로 확인 할 수 있게 되었다. 신거산 1호 한묘 광릉왕 유서의 '황장제주'목곽묘는 각 제주목(題柱木)의 사이에 쐐기를 박고, 기둥과 압변방(壓邊枋)을 세워 놓은 구조로서, 제주를 전부 결합시켜 기존에 비해 한층 더 견고하게 하였다. 이는 고대의 '황장제주'중에서 완성된 3가지 형식 중 하나에 속한다.

광릉왕 유서(夏梅珍, 2006,『汉陵苑』)

유서의 생애

유서는 광릉여왕(廣陵厲王)으로, 무제의 아들이고 어머니는 이희(李姬)이다. 기원전 117년[원수(元狩) 6년]에 광릉왕으로 책봉되었다. 힘이 솥[鼎]을 들어 올릴 수 있을 만큼 강했고, 맨손으로 맹수를 때려잡을 정도였으며 놀고 즐기는 것을 좋아하였다.

소제 때 제위를 노려, 무녀를 지켜 그를 저주하도록 하였다. 선제가 즉위하자, 초왕(楚王) 연수(延壽 : ?~B.

C.56)와 사사로이 편지를 주고받으며 반역을 꾀하였으나 이내 발각되었다. 결국 이와 관련된 20명이 사약을 먹고 죽임을 당하였으며, 한나라의 중앙에서 죄를 계속 추궁하자, 자살로 생을 마감하였다.

참고문헌

江苏省地方志编纂委员会, 1998, 『江苏省志 - 文物志』 江苏古籍出版社.

國立文化財研究所, 2001, 『韓國考古學事典』.

中共江苏省委研究室, 1987, 『江苏文物』 江苏古籍出版社.

辛勇旻, 2000, 『漢代 木槨墓 研究』 學研文化社.

夏梅珍, 2006, 『汉陵苑』 南京出版社.

黃曉芬 著, 김용성 역, 2006, 『한대의 무덤과 그 제사의 기원』 학연문화사.

142) 전한의 제 8대 황제로 이름은 불릉(弗陵)이다. 한무제의 아들로 어린 나이에 즉위하였다. 한무제의 정책을 이어 갔으며, 통치기간 동안 곽광이 정치를 보필하였다. 즉위 전 여태자(戾太子) 유거(劉據 : B.C.128~B.C.91)가 무고의 난[巫蠱之亂]으로 자살하고 다른 아들인 창읍애왕(昌邑哀王)마저 병으로 죽으면서 태자로 책봉되었다. 무제는 외척세력의 견제를 위해 구익부인(鉤翼夫人 : ?~B.C.87) 조씨를 자결하게 하고 조씨의 인척들을 축출하였다.

143) 전한의 9대 황제. 여태자 유거의 손자로, 소제 사후 곽광에 의해 옹립되었다. 즉위한 뒤 내정에 힘씀과 동시에 중앙집권 강화를 꾀하였다. 또한 서역도호를 두어 변방을 강화시키고 서역에 진출하여, 호한야선우(呼韓邪單于 : ?~B.C.31)를 항복 시키는 등 한나라의 중흥을 꾀하였다.

144) 금실로 여러 형태의 옥돌조각을 꿰매어 만든 갑옷과 비슷한 형태의 옷. 흔히 옥갑(玉匣)이라고 일컬으며, 옛 중국에서는 이러한 옥돌이 시체의 부식을 막는다고 여겼다. 『삼국지(三國志)』의 기록에 의하면 부여(夫餘)에서도 이러한 옥갑이 있었고, 이는 현도군(玄菟郡)에서 제공하였다고 한다.

145) 전한의 정치가로 무제의 신임이 두터웠으며, 무제 사후 소제를 보필하여 정사를 집행하였다. 소제 사후 창읍왕 유하를 옹립하였지만 얼마 뒤 폐위시키고 선제를 세운다. 선제 즉위 후 자신의 딸을 황후로 들여보내면서 권력을 잡는다. 곽광 사후 선제는 곽황후를 폐하고 곽씨 일족을 축출한다.

양주성유적 揚州城遺蹟

최치원의 흔적이 남아있는 양주성

양주성유적 원경

양주성유적(揚州城遺蹟)은 강소성(江蘇省) 양주시(揚州市) 노성구(老城區) 및 서북교(西北郊)에 위치한다. 춘추시대(春秋時代) 오왕(吳王) 부차(夫差 : ?~B.C.473)[146]가 이곳에 한성(邗城)을 세운 이래로 계속 수축이 이루어졌다.

특히 수당시대(隋唐時代)에는 촉강(蜀崗) 아래 평원(平原)까지 그 규모가 확대되어, 수도에 버금가는 상업도시가 되었다.

성은 자성(子城)과 나성(羅城)의 두 부분으로 구성되며 두 성은 서로 연결되어 있다. 자성은 촉강 위에 있고 아성(牙城) 혹은 아성(衙城)으로 불리며, 예전의 관아가 있던 곳이다. 나성은 촉강 아래, 자성의 동남쪽에 있으며 대성(大城)이라고도 불리고 주거와 상업 구역이었다. 현재는 자성터와 토성벽만 남아있으며, 우리가 방문한 곳은 이 중에서도 자성이었다. 양주성의 둘레는 자성과 나성을 포함하며 총 20㎞에 달한다.

1984년 이래로 수차례에 걸쳐 발굴이 이루어졌으며, 자성과 나성의 네 성벽과, 9곳의 성문 및 성내 도로와 건물지 등이 밝혀졌다. 또한 송나라 때의 양주성은 대성·협성(夾城)·보성(堡城)으로 조성되어 있었다는 점이 밝혀졌다.

유적 현황

양주성으로 들어서려면 당식평교(唐式平橋)를 건너 지나가야 된다. 다리 아래의 물

은 보장호(保障湖)라고 부르며 당시 해자
역할을 하였다. 양주성에서 멀지 않은
곳에 절이 하나 보이는데, 이곳을 관음
산(觀音山)이라 부른다.

다리를 지나고 다시 높은 계단으로
올라서면 양주성에 도착한다. 계단의 끄
트머리에는 궐루(闕樓) 2개가 솟아 있으
며, 그 가운데에 문이 뚫려 있는 모습으
로, 이 문을 천흥문(天興門)이라 부른다.

양주성유적 천흥문

문 양 옆에는 안내판이 성벽에 걸리거나 박혀 있는데, 각각 '양주 최치원기념관(揚州
崔致遠紀念館)'·'양주 당성유적박물관[揚州唐城遺址博物館]'·'성상원(成象苑)'이라 적혀있
다. 궐루 양쪽으로 복원된 성벽이 이어진다.

양주당성유적박물관

양주성은 현재 정비를 해놓아 관광지로 탈바꿈한 상태로, 양주당성유적박물관이
라는 이름으로 운영되고 있다.

양주성은 전국중점문물보호단위로 지정되었으며, 1979년에 건립되어 양주성유적
에 대한 보호와 문물을 수집하고 소장하며, 또한 당나라 때 양주의 역사와 문화에 대
한 연구를 전문으로 하는 박물관이다. 박물관은 당아성유적(唐衙城遺蹟)의 서남쪽에
있는, 수양제(隋煬帝 : 569~618) 행궁터[行宮址]에 있다. 박물관에는 도자기·동기·금은기
등 당대(唐代) 양주에서 출토된 각종 유물 3백 여 점이 전시되어 있다.

양주성에는 한글로 된 안내판들이 더러 보인다. 특히 입구 쪽에 '양주당성유적박
물관·양주최치원기념관 관람도'라는 한글이 쓰여 있다. 이곳에 한글이 보이는 이유
는 바로 최치원기념관(崔致遠紀念館)이 있으며, 이는 신라(新羅)와 밀접한 관련이 있는
곳이기 때문이다. 이 외에도 한중우호를 상징하는 건물들도 더러 보기에, 한국인 관
광객을 배려하였다는 것을 알 수 있다.

이곳에서 가장 중심 되는 건물은 연화각(延和閣)이며, 그 앞에는 당 두우 제명 팔각
석주(唐杜佑題名八角石柱)가 있다. 이 석주는 전체 높이가 228cm이고 지름은 60cm이
다. 전체적으로 돌로 만들었으며 제일 위쪽은 둥그런 장식이 있고, 그 아래에 팔각형

의 석주가 있다. 석주의 아래에 연화문으로 장식한 받침을 두었다.

석주는 원래 당아성(唐衙城) 내의 회남절도사(淮南節度使) 관서(官署)에 있었다. 이 글씨를 쓴 사람은 당대(唐代) 양주 회남절도사이자 저명한 학자였던 두우[杜佑 : 735~812. 당나라의 대시인(大詩人) 두목(杜牧)의 할아버지]로서, 그가 당나라 796년[정원(貞元) 12년]에 직접 쓴 글씨이다.

연화각

이를 청나라 1807년[가경(嘉慶) 12년]에 청나라의 대학사(大學士)이자 양주사람인 완원(阮元 : 1764~1849)이 두 번에 걸쳐 글씨를 새긴 것으로, 지금까지 보존되고 있다.

글씨는 주로 비석의 윗부분과 중간 부분에 쓰였다. 현재 이 석주에 새겨진 글씨를 잘 보게 하기 위하여 일부러 탁본을 해놓은 종이를 붙여 놓았고, 다시 이를 보호유리로 씌워놓았다.

당 두우 제명 팔각석주

이외에도 주변에는 귀부(龜趺)와 석조물 등이 외부에 전시되어 있다. 특히 북처럼 생긴 석조물은 구멍이 뚫린 형태이고, 집과 새 등이 정교하게 조각되어 있다.

당 두우 제명 팔각석주의 뒤편에 있는 건물은 연화각으로 2층으로 되어있다. 연화각은 당나라 양식으로 세워졌으며, 본래 양주의 마지막 회남절도사(淮南節度使)였던 고병(高騈 : ?~887)이 아성부(衙城府)에 세웠던 도원(道院)이었다. 당시 연화각은 높이가 18척으로, 진주와 금으로 장식하였다. 이때부터 사용한 연화각이라는 명칭을 오늘날까지 사용하고 있는 셈이다.

연화각은 중첨(重檐)으로 된 당나라 궁전건축(宮殿建築)의 형식을 따서 지어, 성당건축(盛唐建築)의 분위기를 재현해 놓았다. 당시 저명한 시인인 나은(羅隱)이 지은 《제연화각(題延和閣)》이라는 시와 신라의 문장가 최치원(崔致遠 : 857~?)이 지은 《사시연화각기비장(謝示延和閣

記碑狀)》이 전해지며, 이를 통해 당시 화려했던 연화각의 모습을 짐작 할 수 있다. 특히 《사시연화각기비장》은 최치원의 문집인 『계원필경(桂苑筆耕)』에 수록되어 오늘날까지 전해진다.

양주성 복원 모형

연화각은 크게 1층과 2층으로 구분된다. 이 중에서 1층은 '명월양주 진열관(明月揚州陳列館)'이라 부르고, 주로 양주에서 출토된 여러 유물들을 전시해 놓았다. 또한 양주성을 세울 때 어떤 방식으로 축조하였는지 등에 대해서 설명해 놓았다. 양주성을 복원한 모형도 있는데, 그 옆에 지도를 또한 만들어 놓아서 현재까지 조사되거나 남아있는 유적들을 상세하게 표시해 놓았다.

2층은 '최치원 사료 진열관(崔致遠史料陳列館)'이다. 이곳에 올라가면 가장 먼저 최치원 흉상이 제일 앞에 있으며, 양주에서 출토된 유물들과 최치원에 관련된 자료들을 전시해 놓았다. 하지만 아무래도 한국보다 많은 자료를 확보할 수 없는 한계 때문에 직접적으로 연계되는 자료보다는 당나라 시대의 전돌과 당삼채 등을 전시해 놓았고, 관련 설명을 게시해 놓는 정도에 그치고 있다. 그렇지만 중국까지 와서 우리 역사의 위인에 대한 흔적이 남아있다는 점은 감동으로 다가왔다.

연화각을 나와 동쪽으로 가면 최치원기념관이 있다. 최치원기념관으로 가기 전에 접견실[接待室]이 당나라풍으로 만들어져 있으며, 그 근처에 당대경당(唐代經幢)과 당삼절비(唐三節碑)가 있다.

당대경당은 1976년 6월에 양주대학(揚州大學) 사범학원(師範學院)에 있는 당나라 때의 사원인 혜조사유적[惠照寺遺址]에서 출토되었다. 당신(幢身)의 높이는 114cm, 둘레는 30cm이며 8면 전체에 「불정존승다라니경서(佛頂尊勝陀羅尼經序)」가 새겨져 있으며, 계왕감(系王勘)이 그 부인 팽씨(彭氏) 7낭자(娘子)를 제도(濟度)하고자, 당나라 873년[함통(咸通) 14년] 6월 21일에 세웠다. 이는 양주에서 지금까지 발견된 가장 이르고 중요한 불교 유물로 이야기된다. 참고로 양주는 중국에서 불교가 전래된 가장 이른 도시 중 하나이다.

탁본을 하여 그 글씨를 선명하게 알아 볼 수 있게 해놓았고, 이를 또한 유리로 감싸

연화각 2층의 최치원
흉상

당삼절비

놓아 훼손을 방지하였다. 받침은 세밀하게 조각되어 있으며, 당대경당의 단면처럼 팔각으로 장식되었다. 또한 가운데의 조각들 사이에는 마치 건물의 주련처럼 글씨를 쓴 것이 눈에 띈다.

당삼절비는 당나라 오도자(吳道子 : 680~759)의 그림·이백(李白 : 701~762)의 시·안진경(顔眞卿 : 709~784)의 서법(書法)이 표현된 진귀한 비석이다. 비석 정중앙에는 당나라의 대화가인 오도자가 그린 양나라 고승 보지공의 상[梁代高僧寶誌公像]이 있다. 그 윗부분에는 당나라의 대시인 이백의 상잠(像贊)을 당나라의 대서법가 안진경이 써놓았다. 삼대명가(三大名家)의 시·서·화가 혼연일체(渾然一體)되어 나타난 작품으로 쉬이 구하기 어려운 작품이며, 이 때문에 삼절(三絶)이라 부른다. 삼절비는 본래 당나라 양주 상방(上方)의 선지사(禪智寺) 내벽(內壁) 위에 있었으며, '죽서팔경(竹西八景)' 중 하나로 예로부터 명성을 떨쳤다고 한다.

이 비석 또한 탁본을 하고 유리로 보호해 놓았다. 제일 윗면에 삼절비라고 큼지막하게 쓰여 있으며 그 아래에 그림과 글이 남아 있다. 당대경당과 함께 나란히 위치해 있으며, 진귀한 유물임에도 불구하고 크게 신경을 쓰지 않으면 그냥 지나가기 일쑤이다.

최치원기념관 안으로 들어서면 흰색의 최치원상이 있으며, 의자에 앉은 모습이다. 뒤에는 황색 바탕에 양주승경(揚州勝蹟)이라는 그림이 그려져 있고, 옆면에는 작게 경주고토(慶州故土)라는 그림이 그려져 있다.

주로 2층에 관련된 사진이나 자료를 전시해 놓았으며, 한중우호와 연관된 여러 사진들도 함께 걸어놓았다. 지도와 설명을 통하여 한중관계에 대해서 대략적으로 적어 놓았는데, 주무왕(周武王 : 약 B.C.1087~B.C.1043)과 기자(箕子)의 그림을 걸어놓고, 3000년 전부터 두 나라 사이에 문화 교류가 있었음을 밝혀놓았다. 또한 한 나라 때 육상 교통과 해상 교통을 통해 교역을 했다는 점을 써놓는 등, 주로 전쟁과 같은 대립 관계보다는 우호 통상 관계를 중심으로 정리해 놓았다. 또한 신라의 가야금이 중국으로 전래되었다는 사실 또한 써놓았다. 다만 드문드문 아쉬운 부분들이 보였는데, 신라와 당나라의 교역도를 그려 놓으면서 한반도의 삼국을 표시해 놓은 점, 신라인의 복식을 조선시대의 복식으로 표현한 점 등이 있었다.

또한 19세기 말에서 20세기 초에 중국과 한국이 일본의 침략에 맞서 공조하였고, 1942년 10월 11일에 중경(重慶)에서 공동으로 중한문화협회(中韓文化協會)를 창립하였다는 사실 또한 써놓았다. 또한 광서연간(光緖年間 : 1875~1908)에 진사 출신인 고려공사(高麗貢使) 조옥파(趙

최치원기념관의 최 치원동상

玉坡)가 남방으로 여행을 와서 양주에 들렀을 때 남긴 작품이 전시되어 있었다. 조옥파에 대해서는 국내에 거의 잘 알려져 있지 않지만, 『윤치호일기(尹致昊日記)』에서 그 존재가 확인된다. 해당 설명에는 고려인이라 써져있지만, 정황상으로 볼 때 조선인으로 보는게 합당하다.

최치원기념관의 주변에는 최치원기념비정(崔致遠紀念碑亭)이나 중한우호기념비(中漢友好紀念碑) 등 최치원 및 우리나라와 연관된 건물들이 있다.

유적 조사

20세기 초에 류스페이[劉師培 : 1884~1919]·뤄전위[羅振玉 : 1866~1940] 등의 학자들은 양주 출토 당인묘지(唐人墓志)를 수집해 고증하였고, 일본인 안도 코우세이[安藤更生 : 1900~1970]는 양주에서 도기편들을 수집하여 당·송시대의 양주성의 형제(形制)를 고찰하고 연구하였다. 건국 후에 문물부문(文物部門)에서는 당대 양주성에 대해 전면적인 조사를 시행하였다. 또한 자성과 수공업작업장[手工業作坊] 및 당성 근처의 당묘군(唐墓群) 등에 대한 발굴도 진행하였다.

1986년 중국사회과학원 고고연구소와 남경박물원, 그리고 양주시문화국이 함께

양주성유적 성벽

양주당성 고고대(揚州唐城考古隊)를 조직하여, 1987년까지 당대 양주성에 대한 전면적인 조사와 발굴을 진행하였다. 그리고 이를 토대로 성터의 범위 및 평면 구조와 건축 연대 등에 대해 새로운 자료를 제공하게 되었다.

성의 구조

1. 자성

자성은 촉강의 위쪽에 있으며, 관부(官府)와 아문(衙門)이 집중된 구역으로 아성이라고도 불린다. 평면은 불규칙한 방형이며, 성의 둘레는 6,850m, 면적은 약 2.6㎢이다. 남쪽 성벽은 촉강 남록(南麓)에 이르며, 서쪽으로는 관음산, 동쪽으로는 철불사(鐵佛寺)와 접하고 있다. 북쪽 성벽은 강가산(江家山)에서 서하만(西河灣) 일대에 이른다. 서쪽 성벽은 남북으로 곧게 되어 있으며, 다른 세 면에는 각각 2곳 정도가 꺾여 있다. 토성벽은 현재까지도 보존 상태가 양호한 편이며, 잔존 높이는 약 10m 정도이고 바깥으로는 해자가 돌아가고 있다.

발굴로 인해 밝혀진 바에 의하면, 자성은 한오왕(漢吳王) 유비(劉濞 : B.C.215~B.C.154)[147]의 성이자, 동진(東晋)·유송(劉宋)시대의 광릉성(廣陵城)이었다. 수나라의 강도궁(江都宮)은 성의 기초 위에 수축된 것이며, 단지 성문 및 모서리 쪽을 전돌로 더 쌓았을 뿐이다. 또 이후에는 송나라의 보우성(寶祐城)이 이곳에 들어섰다.

자성은 네 면에 성문이 각각 1곳씩 있으며, 성 내에는 '十' 자 모양의 도로를 두어 성문을 관통하게 하였다. 남북대가(南北大街)의 길이는 1,400m이며, 동서대가(東西大街)의 길이는 1,860m, 길의 폭은 10m 정도이다.

남문은 자성의 주요 성문으로, '1문3도(一門三道)'의 구조로 되어 있다. 중간문도(中間門道)의 폭은 7m, 양측 도로의 폭은 모두 5m, 문동(門洞)의 길이는 약 14m이며, 나성으로 연결된 유일한 성문이다.

2. 나성

나성은 촉강 아래에 축조되었다. 장방형이며, 남북 길이는 4,300m, 동서 너비는

3,120m이다. 북성의 토성벽은 현재까지도 지표면 위에 남아 있다. 다른 쪽의 성벽들은 지표면의 아래에 있다. 조사를 통해 밝혀진 성벽은 다음과 같다. 일단 북쪽인 자성 서남각인 지금의 관음산에서 시작하여, 남쪽으로는 호초하(蒿草河) 동측 타월2공장[毛巾二廠]에 이른다. 다시 여기에서 동쪽으로 꺾어 강산(康山)에 닿는다. 다시 꺾으면 북쪽의 동풍벽돌기와공장[東風塼瓦廠]에 이르고, 또다시 서쪽으로 꺾으면 자성 서남각과 서로 이어진다.

현재 나성의 성문은 7곳이 발견되었다. 남쪽 성벽에서 3곳, 서쪽에서 2곳, 동쪽과 북쪽이 각각 1곳이다. 자성 성벽 동남쪽 모서리 쪽은 이미 현대 건물들이 많이 들어선 관계로 조사가 이루어지지 못하였다. 현재까지 발견된 성문의 위치 및 간격으로 미루어 볼 때, 본래의 나성은 동·서·남쪽에 각각 4곳의 문이 있었을 것으로 보인다.

기록에 따르면 '서수문(西水門)'의 존재가

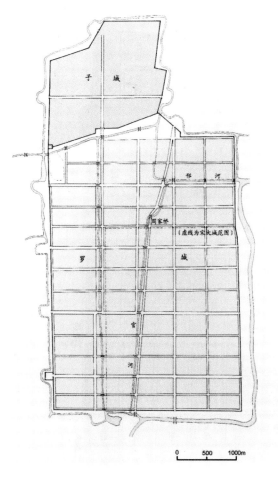

양주성평면복원도 (乔匀·刘叙杰·傳嘉年·郭黛姮·潘谷西·孙大章·夏南悉, 2002, 『中国古代建筑』)

보인다. 이는 관음산 아래였을 것으로 추정된다. 그리고 '남수문(南水門)'은 남문 수관 (水關)에 있었던 것으로 보인다. '동수문(東水門)'은 황금댐[黃金壩] 서쪽으로 추정된다.

현재까지 발굴된 곳은 남문 1곳과 서문 1곳이다. 모두 당나라 때 지어졌다. 문도가 하나만 난 구조로서, 너비가 5m이며 성문은 전돌을 쌓아 축조하였고, 바깥에는 옹성이 있다. 나성 북쪽 성벽 아래쪽에 당나라 초기의 무덤들이 발견되었으므로, 성의 축조가 당나라 중후반에 이루어졌고, 오대시대 말에 폐허가 되었다는 사실을 알 수 있다.

조사된 바에 따르면 나성의 교통은 수로와 육로로 이루어졌다고 한다. 주요 거리들은 성문을 관통하며 서로 종횡으로 교차한다. 물길[河道]이나 도로는 '井'자형으로 분포하며, 운하는 성 내의 주요 운송 도로였던 것으로 보인다. 『몽계필담(夢溪筆談)』중 보필담(補筆談)에 의하면 24개의 다리 중 절반 이상이 운하 위에 세워졌다고 한다. 다리 터[橋址]는 남수문에서 북쪽으로 분포하며, 300m 정도로 떨어져 배치되었으며, 서수문에서 동교까지는 약 500~600m 정도 떨어져있다.

출토 유물 및 의의

당대 양주성 나성의 범위 내에서 금속주조[金屬鎔鑄]·골제품[制骨]·골조(骨雕)·패조(貝雕)와 방조(蚌雕) 등의 수공업 작업장 유적이 발견되었다. 또한 당나라 때의 나무배[木船]·물길과 교량(橋梁) 또한 확인되었다. 이 외에도 석경당(石經幢)·석조불상(石彫佛像)·보살상(菩薩像)과 각종 생활용구가 발견되었다. 그리고 나성의 동쪽 교외에는 당나라 사람들의 고분군이 있으며, 이곳에서는 묘지와 채회용(彩繪俑) 등이 출토되었다.

양주성의 구조는 전체적으로 수당낙양성과 상이한 편이다. 나성에는 여러 개의 성문을 두었으며, 수륙 양로를 통해 교통이 활발하게 이루어 질 수 있게 하였다. 이를 가지고 상품경제의 발전이 이루어졌으며, 문헌기록에 따르면 당시 이곳은 활발한 상업도시였음을 알 수 있다. 중국 도시 제도 및 변화 양상을 살펴 볼 수 있다는 점에서 중요한 의의를 지닌다.

참고문헌

江苏省地方志编纂委员会, 1998, 『江苏省志 - 文物志』, 江苏古籍出版社.

中共江苏省委研究室, 1987, 『江苏文物』, 江苏古籍出版社.

乔匀·刘叙杰·傅熹年·郭黛姮·潘谷西·孙大章·夏南悉, 2002, 『中国古代建筑』, 新世界.

146) 춘추시대 말 오나라의 왕. 아버지 합려(闔閭 : B.C.515~B.C.496)가 월왕(越王) 구천(勾踐 : ?~B.C.465)에게 싸워 전사하자 월나라에 복수를 다짐하여 마침내 월나라의 항복을 받아내었다. 또한 진(晉)·제나라를 공격하였다. 책사 오자서(伍子胥 : ?~B.C.484)가 구천을 죽이라 하였으나 듣지 않아 뒤에 월나라의 공격으로 오나라가 멸망했다. 구천에게 화의를 청하였으나 실패하자 자살하였다.

147) 전한 초기 패현(沛縣) 사람으로, 한고조(漢高祖 : B.C.247?~B.C.195)의 형 유중(劉仲)의 아들이다. 195년에 오왕(吳王)에 봉해졌다. 망명객들을 모으고 주전(鑄錢)과 제염(製鹽)을 시행하며 세금을 내리는 정책 등을 통해 세력을 키웠다. 한문제(漢文帝 : B.C.202~B.C.157) 때 황태자가 실수로 오태자(吳太子)를 죽이자, 앙심을 품어 병을 이유로 조회에 나가지 않았다. 한경제(漢景帝 : B.C.188~B.C.141) 때 주변 제후국들과 오초칠국(吳楚七國)의 난을 일으켰으나 진압되었다. 동월(東越)로 달아났으나 그곳에서 살해되었다.

수양제릉 隋煬帝陵
비극적인 최후를 맞은 수나라의 폭군

수양제릉(隋煬帝陵)은 성급문물보호 단위이며, 양주시(揚州市) 한강구(邗江區) 괴사진(槐泗鎭) 괴이촌(槐二村) 수양제동로(隋煬帝東路)에 위치한다.

수양제 양광(楊廣 : 569~618)은 14년간 재위하였다. 618년[대업(大業) 14년] 사마덕감(司馬德勘 : 580~618)[148]이 군사를 일으키고, 부장(部將) 우문화급(宇文化及 : ?~619)[149]은 강도궁(江都宮)에서 수양제를 살해하였다.

석패방

처음에는 강도궁 서원(西院) 유주당(流珠堂)에 빈소를 마련하였으며, 후에는 오공대(吳公臺)에서 장례를 지냈다. 당나라가 강남을 평정한 후, 620년[무덕(武德) 3년]에 당고조(唐高祖 : 566~635)에 의해 황제의 예로 뇌당(雷塘)에서 장례가 이루어졌다. 후에 648년[정관(貞觀) 22년] 소후(蕭后)가 죽자 이곳에 합장되었다고 한다. 그리고 제왕 간(齊王 暕 : 585~618)·조왕 고(趙王杲 : 606~618)·손 연왕 사(孫燕王竤)의 무덤도 모두 이곳에 있다고 하며 건국 후에 보수가 이루어졌다.

청나라 1807년[가경(嘉慶) 12년]에 절강(浙江)의 순무(巡撫) 완원(阮元 : 1764~1849)[150]이 비석을 세웠으며, 양주 지부(揚州知府) 이병수(伊秉綬 : 1754~1815)[151]가 예서로 '수양제릉(隋煬帝陵)'이라는 글씨를 새겼다.

능묘의 구성

수양제릉은 양주에서 서북쪽으로 7km 정도 떨어진 뇌당에 있다. 뇌당은 '뇌파(雷坡)'라고도 하며, 전설에 의하면 오나라 왕이 이곳에 조어대(釣魚臺)를 세웠었다고 한다.

정문과 양쪽의 편당

남조 때 이곳에는 원림(園林)이 조성되고 정자와 누각이 있었다고 한다. 송나라 이후에 이곳은 모두 소실되어, 단지 양제의 무덤만이 홀로 남아있었다고 하며, 백성들은 이를 일컬어 '황묘돈(皇墓墩)'이라 불렀다고 한다.

수양제릉 앞에는 석패방(石牌坊)이 있으며, 그 뒤로 정문(正門)이 있다. 정문의 양 옆에는 편당(偏堂)이 있으며, 이를 제 1·2전시실이라 부른다. 이 중에서 왼쪽 편당에 수양제의 생애가 담긴 그림을 전시해 놓았다. 수 십 폭의 그림을 걸어 놓았으며, 그림에 수양제의 행적에 대해 간략하게 적어 놓았다. 오른쪽 편당에는 강소성과 양주시의 유명한 서화가(書畵家)들의 작품들을 전시해 놓았다.

수양제릉은 3만㎡의 땅을 점유하고 있으며, 비석(碑石)·능문(陵門)·성원(城垣)·석궐(石闕)·측전(側殿)·능총(陵塚) 등으로 구성되어 있다. 이러한 건물들은 수당시대의 건축 양식으로 복원되었다.

정문에 들어서면 돌다리[石橋]가 있으며, 그 동쪽에는 뇌당이라고 적힌 큰 바위가 있다. 그 바위 아래에 있는 연못을 뇌당이라고 부른다. 돌다리를 지나면 제대(祭臺)가 보이고, 제대 뒤편으로 신도(神道)가 나있다. 신도를 따라가보면 수양제릉 능총이 나오며, 그 주변은 담장을 둘러놓았다.

뇌당

능총은 위가 평평한 피라미드 형태로 되어 있으며 높이는 12m이다. 네 면은 모두 사다리꼴의 형태로 되어 있고, 위아래 변의 길이는 각각 8m와 29m이다. 능 앞에는 능비가 서 있는데, 받침은 계단식[階梯式]으로 되어 있다. 이수는 구름으로 장식하였고, 왼쪽 위쪽부터 '대청 가경 십삼년 재적 전절강순무 완원 건석(大淸嘉慶十三年在籍前浙江巡撫阮元建石)'이라고 새겨져있다. 정중앙에는 큰 글씨로 '수양제릉'이라고 적혀있다. 오

른쪽 아래에는 '양주부지부 정주이병수
제(揚州府知府汀州伊秉綬題)'라고 새겨졌
다. 이 비석은 높이 1.85m, 너비 0.8m,
두께 0.18m이다.

양주시 정부에서는 1983년부터 1985
년까지 복원을 진행하여, 통도(通道 : 神
道)와 동측 묘대(墓臺)를 회복하였다.
통도 길이 60m, 너비 6m, 묘대 높이

수양제릉 능총

1.45m, 묘지의 길이 46.8m, 너비 32.5m이다. 약간의 나무를 심어놓았으며 참관하기
편리하게 조성해 놓았다.

양광의 생애

수양제 양광은 중국사에 있어서 공적과 과실이 반반인 제왕 중 한 사람이다. 수나
라의 제 2번째 황제였으며, 수문제(隋文帝) 양견(楊堅 : 541~604)의 둘째아들이고, 어머

수양제릉 비석

니는 독고황후(獨孤皇后 : 543~602)이다. 수양제는 재위
기간 동안 수많은 토목 공사를 벌이고 해외 원정을 행
하는 등 많은 일들을 펼쳤었으나, 이러한 부담들은 모
두 백성들이 감당해야 했었다. 이러한 그의 행적 때문
에 은나라의 주왕[殷紂王 : B.C.1105~B.C.1046], 진시황(秦始
皇 : B.C.259~B.C.210)과 함께 폭군으로 널리 알려져 있다.

수양제 양광은 어릴 적부터 민첩하고 총명하였다고
하며, 배우길 좋아하고 시를 잘 썼고 용모도 준수하였
다고 한다. 581년(개황 원년)에 진왕(晉王)이 되었다. 586
년(개황 6년)에는 회남도(淮南道) 행대상서령(行臺尚書令)
으로 임명되었으며, 윤 8월 이후에는 옹주목(雍州牧)·내
사령(內史令)이 되었다. 588년(개황 8년) 겨울에 행군원
수(行軍元帥)가 되어 군사를 이끌고 진(陳)나라로 쳐들어
갔다. 진나라를 멸망시킨 후에 태위(太尉)로 봉해졌다.
600년[개황(開皇) 20년] 11월에 태자로 책봉되었다.

수양제릉 편당의 제 1전시실

수양제 비석 잔편

604년[인수(仁壽) 4년] 7월에 수문제가 양소(楊素 : 544~606)[152]와 결탁한 양광에게 인수궁(仁壽宮) 대보전(大寶殿)에서 죽임을 당하게 되었다. 당시 상황을 살펴보면 다음과 같다. 수문제의 후궁 중에서 진나라 황실 출신의 선화부인 진씨(宣華夫人陳氏)[153]가 있었는데, 수문제에게 흐트러진 차림으로 나타나 태자에게 욕을 보았다고 통곡했다고 한다. 마침 수문제는 양광이 모반을 꾀하고 있다는 비밀 서찰을 읽은 터였다. 이에 수문제는 대노하여 다시 태자를 양용[楊勇 : 565(566?)~604]으로 교체하려고 하였다. 하지만 이 사실을 먼저 알게 된 양광은 군사를 이끌고 와서 황궁을 점령하고 대신들을 도륙하였다. 그리고 아버지 수문제마저도 죽여 버리고 스스로 황제가 되었다.

황제가 된 양광은 이듬해에 연호를 대업이라 하였다. 양광이 황제로 즉위하고 나서, 문제의 유서를 날조하여 이전의 태자였던 그의 형 양용을 죽게 하였다. 그의 동생인 한왕(漢王) 양량(楊諒 : 575~605)이 양소를 토벌한다는 명목으로 병주(幷州)에서 군사를 일으켰다. 그러자 양제는 양소를 보내어 이를 진압하고, 양량이 항복한 후에는 유폐시켜 죽음에 이르게 하였다.

수양제는 재위기간동안 대운하를 개통하였고, 동도(東都) 낙양성(洛陽城)을 축조하였으며 만리장성을 수축하는 등 대규모의 공사를 추진하였다. 대운하를 개통함으로서 남북 융합에 크게 공헌하기도 하였지만 용주(龍舟)를 띄우고 순행(巡幸)하는 등 사치스러운 모습을 보이기도 하였다. 영토를 실크로드까지 넓혔고 토욕혼(吐谷渾)에 친정을 나서기도 하였고, 3차례에 걸쳐 고구려(高句麗)를 공격하였다. 또한 대업례(大業禮)와 대업율령(大業律令)의 정비하기도 하였다.

이러한 수양제의 몰락은 고구려 침공과도 연관이 있다. 612년(대업 8년) 제1차 고구려 침공 때에는 113만 8천 명의 대군을 이끌고 침입하였다. 이때는 양제의 사위였던 우문사급(宇文士及 : ?~642)[154]의 아버지 우문술(宇文述 : ?~616)[155]이 사령관이었으며 양제도 직접 군대를 지휘하였다. 그러나 고구려의 을지문덕(乙支文德)에게 살수(薩水)에서 대패하고 군사를 되돌리게 되었다.

이듬해인 613년(대업 9년) 제2차 침공 때는 후방에서 양소의 아들인 양현감(楊玄感 : ?~613)[156]이 반란을 일으켜 철수하게 되었다. 양현감의 난은 2개월에 걸쳐 겨우 진압되었지만, 이후 각지에서 반란이 일어나게 되었다. 그 다음해인 614년(대업 10년)에 다시 고구려 원정에 나섰지만 고구려에서 화해를 요청하였기에 이를 수락하고 군사를 물렸다. 이렇게 3차례에 걸친 고구려 원정에서 양제는 백성들을 가혹하게 혹사시키고 기근과 수해까지 겹쳤기 때문에 큰 실패로 남게 되었다. 결국 이는 수나라의 멸망을 앞당기게 되었다.

수양제

수양제는 결국 비참한 말로를 맞게 되었다. 618년(대업 14년) 3월, 수양제는 천하에 대란이 일어난 것을 보고, 의기소침하여 북방으로 돌아갈 생각을 못하게 되었다. 결국 남은 생애를 단양궁(丹陽宮 : 지금의 남경)에서 보내기로 하고, 그곳으로 이주하고자 하였다. 그러나 그를 수행하던 관중의 호위병들은 고향 생각에 몰래 몰래 행렬에서 이탈하였다. 이때 호분낭장(虎賁郎將) 원예(元禮 : ?~619) 등이 배건통(裵虔通)과 공모하여, 호위병들의 고향을 그리워하는 마음과 증오를 이용하고자 하였다. 그리고 우문술의 아들인 우문화급이 수장이 되어 반란을 일으키게 되었고, 우문화급은 양제를 협박하여 목을 매어 죽게 하였다. 한 나라를 다스렸던 황제였지만, 막상 죽고 나니 그의 시신을 넣을 관이 없었다. 소후와 궁인들은 상판(床板)을 뜯어 관재(棺材)로 썼고, 강도궁의 유주당에 빈소를 마련하였다. 당나라가 강남을 평정한 후, 631년(정관 5년)에 황제의 예로 뇌당에 이장하였다.

참고문헌

江蘇省地方志编纂委员会, 1998, 『江苏省志 - 文物志』, 江苏古籍出版社.

박한제, 2003, 『제국으로 가는 긴 여정』, 사계절.

张元华, 2000, 『煬帝與揚州』, 邗江县文物管理委员会.

中共江苏省委研究室, 1987, 『江苏文物』, 江苏古籍出版社.

148) 수나라 시기의 관료로, 수나라 말기에 우문화급과 함께 반란을 일으켜 양제를 죽였다. 그러나 우문화급이 그를 예부상서(禮部尙書)로 임명하여 병권(兵權)을 빼앗으려 하자, 이에 우문화급을 습격하려 하였으나 탄로나 살해 되었다.

149) 수나라 시기의 관료로, 우문술의 장남이다. 수양제의 총애를 받아 출세를 거듭하였으나 수나라 말기 여러 혼란 이 일어나자 양제를 목졸라 시해하고 양광의 조카 진왕(秦王) 양호(楊浩 : ?~ 618)를 황제로 추대했다. 이밀(李密 : 582~619)과 대치되어 싸우나 전세가 불리하였고 후에 양호를 죽이고 황제를 칭하였으며, 국호를 '허'(許)'로 하 였다. 그러나 곧 토벌되어 죽임을 당했다.

150) 청나라 후기의 관료이자 학자이다. 관직에 있으면서 학문을 독려하고 학자들을 육성하는 데 힘썼다. 경학(經學) 에 대한 저술을 집대성한 『황청경해(皇淸經解)』 등을 편찬하였으며 『양석금석지(兩浙金石誌)』,『적고재종정이기 관식(籍古齋鍾鼎彝器款識)』 등 저술로서 청나라 고증학(考證學)을 집대성하였다.

151) 청나라 시기의 관료이자 시인 · 서예가이다. 시와 문장에 능했고 특히 서예가로서 뛰어났다. 저서로는 『유춘초당 시』,『방표록』 등이 있다.

152) 수나라의 권신으로, 수문제 양견을 도와 수나라를 세우는데 큰 공을 세웠다. 양광이 정변을 일으키자 동조하였다. 이후 양광에게 예우를 받는 듯 하였으나 실제로는 등한시되었다고 한다. 뒤에 장자인 양현감이 반란을 일으켰다.

153) 남조 진선제(陳宣帝 : 528~582)의 딸로 수문제가 진나라를 멸망시킨 후 빈으로 삼았다. 문제가 죽고 양광이 수양 제로 즉위하면서, 그와 밀통(密通)하였다. 정실부인 소황후(蕭皇后)의 질투로 선도궁에 머물다가 다시 궁중으로 들어왔으나 우울증으로 29세의 나이로 요절하였다.

154) 수 · 당나라 시기의 관료로 우문술의 셋째아들이다. 수양제의 딸을 아내로 맞이했었으며 후에 당나라로 귀순한다. 왕세충(王世充 : ?~621) 등을 토벌하는 일을 맡기도 하였다.

155) 수나라 시기의 장군. 본성은 파야두(破野頭)로 원래 선비족(鮮卑族)이었으나 후에 주인의 성을 따라 우문(宇文)씨 로 고쳤다. 북주(北周)를 섬기다가 수나라가 들어서면서 진나라를 평정하는데 공을 세웠다. 612년 고구려 정벌에 나섰으나 살수(薩水)에서 고구려에 대패하여 평민으로 강등되었다가 후에 관작이 복구되었다.

156) 수나라의 권신인 양소의 아들로 예부상서에 올랐다. 양제의 폭정으로 나라가 혼란해지자 제 2차 고구려 침공 때 여양(黎陽)에서 이밀 등과 반란을 일으켰다. 그러나 패하여 자결하였다. 이 반란을 시작으로 수나라는 본격적으 로 반란의 시기를 맞게 되었다.

경항대운하

京杭大運河
세계에서 가장 크고 오래된 대운하

경항대운하(京杭大運河)는 세계에서 가장 오래되고, 가장 길며, 가장 대규모의 공사로 조성된 운하이다. 북쪽으로는 북경(北京), 남쪽으로는 항주(杭州)에 이르며, 춘추전국시대부터 조성되기 시작하였고 수나라 때에 이르러 완성되었다. 당나라와 송나라 때에 번영하였고, 원나라 때는 물론이고 명청시대에 이르기까지 주요 교통로로 사용되었다.

양주의 경항대운하

6개의 성시(省市)를 연결하고, 5개의 수계(水系)를 이으며, 전체 길이는 1,747㎞에 달한다. 이렇게 경항대운하는 중국 남북지역의 경제·문화 발전과 교류를 도모하고, 운하가 있는 곳의 도시들의 공업과 농업 경제 발달과 도시의 발전에 기여하였다.

역사 연혁

경항대운하의 조성과 변천에 대한 연혁은 다음과 같이 3기로 나누어 볼 수 있다.

제1기 운하는 운하의 맹아기라고 할 수 있다. 춘추시대 오왕(吳王) 부차(夫差 : ?~473) 10년(B.C.486년)에 한구(邗溝)를 개착(開鑿)하여 장강에서 회하로 통하게 하였다. 전국시대에 이르러 대구(大溝)[157]와 홍구(鴻溝)를 개착하게 되었으며, 이들은 장강·회하·황하·제수[江·淮·河·濟] 4강을 물로 서로 연결하였다.

제2기 운하는 주로 수나라 때의 운하를 말한다. 동부 낙양(洛陽)을 중심으로, 605년[대업(大業) 원년]에 제거(濟渠)를 개통하여 황하에서 회하로 직접 교통이 이루어 질 수 있게 하였다.

또한 한구와 강남운하(江南運河)를 개조하였다. 607년(대업 3년)에는 또 영제거(永濟

隋唐大运河示意图

수당대운하 표시도

渠)를 개착하였으며, 북쪽으로 탁군(涿郡)과 통하게 하였다. 그리고 584년[수(隋) 개황(開皇) 4년]에는 광통거를 개통하여 다지형(多枝形)의 운하를 형성하였다.

제 3기 운하는 주로 원·명·청 단계를 말한다. 원나라 때에는 주로 산동(山東) 경내의 사수(泗水)에서 위하(衛河)까지 개통하였으며, 또한 대도(大都)에서 통주(通州)까지 갈 수 있게 하였다. 원나라 1281년[지원(至元) 18년]에 제주하(濟州河)를 개통하여 임성[任城 : 제녕시(濟寧市)]에서 수성[須城 : 동평현(東平縣)] 안산(安山)까지 통하게 하였고, 길이는 75km에 이르렀다. 1289년(지원 26년)에는 회통하(會通河)를 개통하여, 안산 서남쪽 개거(開渠)에서 수장(壽張) 서북쪽을 거쳐 임청(臨淸)에 이르게 하였고, 길이는 125km에 이르렀다. 1292년(지원 29년)에는 혜하(惠河)를 개통하여, 경서(京西) 창평(昌平)의 여러 물이 대도성(大都城)으로 들어올 수 있게 하였다. 동쪽으로는 통주에서 들어와 백하(白河)로 빠져나가게 하였고, 길이는 25km에 이르렀다. 1293년(지원 30년) 원나라 때의 대운하 전체에 배가 다니고 조선(漕船)이 항주에서 직접 대도까지 올 수 있도록 하였다. 이게 바로 경항대운하의 전신이라고 할 수 있다.

명나라와 청나라 때에는 원나라 때의 운하의 기초에서, 원나라 말에 폐쇄하였던 산동 경내 운하를 준설하였다. 명나라 중엽에서 청나라 초까지 산동 휘산호(微山湖)의 하진[夏鎭 : 지금의 미산현(微山縣)]에서 청강포[淸江浦 : 지금의 회음(淮陰)] 사이의 황운(黃運)을 분리하여 개가구운하(開迦口運河)·통제신하(通濟新河)·중하(中河) 등의 운하 공정을 시행하였다. 또한 장강과 회하 사이에 월하(月河)를 파서, 호조(湖漕)를 분리하는 공정을 진행하였다.

이러한 경항대운하는 북쪽에서 남쪽으로 물류 운반을 할 수 있도록 조성된 것으로서, 북경과 천진(天津)의 2시(市)와 하북성·산동성·강소성·절강성[冀·魯·蘇·浙]의 4성(省)을 경유한다. 또한 중국의 5대 수계인 해하(海河)·황하·회하(淮河)·장강(長江)·전당강(錢塘江)과 호박(湖泊)을 관통한다. 화북평원에서 장강삼각주까지 이어지며, 지형은 평탄하고 강과 호수가 많다. 예로부터 중국의 주요 식량·면직물·견직물 등이 이곳을 통해 운송되었다. 또한 인구가 조밀하게 모여 있고 농업의 집약도도 높으며, 생산 잠재력이 크다. 근대에 이르러서 여러 철도와 도로가 놓이게 됨으로서, 이들과 함께 주요한 교통로로 이용되고 있다.

고운하 비석

양주고운하(揚州古運河)

양주고운하, 즉 운하 양주단(運河揚州段)은 대운하에서도 가장 오래된 부분이다. 양주고운하는 물이 맑고, 주변에 유적들이 많다.

장강의 입구에서 시작하여, 연안에 있는 호주고도(瓜洲古渡), 전국 4대 명찰 중 하나인 고민사(高旻寺), 성당시대(盛唐時代)의 해양 실크로드의 항구였던 양자진(揚子津), 감진(鑑眞 : 688~763)이 동쪽으로 건너갔던 마두보탑만(碼頭寶塔灣), 이슬람교의 명승지 푸하딘묘[普哈丁墓] 및 고운하와 신운하의 분수령인 수유만(茱萸灣) 등을 경유한다. 그리고 물길은 다시 북쪽으로 이어진다.

한구는 중국은 물론 세계적으로 가장 이른 시기의 운하로 이 때문에 양주는 운하의 도시라고도 부를 수 있다. 당나라 때에는 남북으로 대운하가 놓여 흥성하였는데, 특히 양주는 사방으로 상업지구가 몰려 있는 곳이었다. 감진화상은 양주에서 출발하여 일본으로 건너가기도 하였다. 1684년[강희(康熙) 23년]부터 1784년[건륭(乾隆) 49년]까지 100년 동안 강희제(康熙帝 : 1661~1722)와 건륭제(乾隆帝 : 1711~1799)는 모두 6번에 걸쳐 강남으로 내려왔는데, 양주에 여러 번 들리거나 머무르곤 하였다. 역사적인 측면에서 봤을 때, 고운하가 없었다면 양주성도 없었다고 할 수 있을 정도로 둘은 밀접하게 연관되어 있다. 그렇기 때문에 양주를 운하성(運河城)이라고도 부르기도 한다.

참고문헌

程裕禎·李順興·楊俊萱·張占一, 2001, 『中国名胜古迹辞典』, 中国旅行出版社.

张元华, 2000, 『煬帝與揚州』, 邗江县文物管理委员会.

中国大百科全书出版社, 1999, 『中国大百科全书中国地理』.

157) 지금의 하남성(河南省) 원양현(原陽縣) 북쪽의 황하(黃河) 남쪽 아래에서, 정주시(鄭州市) 동쪽 포전택(圃田澤)까지 흐른다.

문봉탑 文峰塔

대운하 옆에 자리잡은 8각7층탑

문봉탑

문봉탑(文峰塔)은 양주시(揚州市) 남교(南郊) 보탑만(寶塔灣) 문봉사(文峰寺)에 위치하며, 대운하(大運河)의 남안(南岸)에 세워졌다. 보탑만의 원래 이름은 삼만자(三灣子)이며, 탑이 세워지고 나서 현재의 이름으로 바뀌게 되었다.

문봉탑은 양주의 문풍(文風)을 진주(鎭住)하기 위하여 세워졌다고 하며, 학생들이 과거시험장에서 두각을 나타내었기에 이러한 이름이 유래하게 되었다고 한다.

고운하를 관광용도로 개발할 즈음에, 시정부에서는 문봉사를 불교계에 돌려주어 보수하도록하여 운하의 옛 모습을 재현해 놓고자 하였다. 그리하여 문봉탑 주변에 천왕전(天王殿)·대웅보전(大雄寶殿)·장경루(藏經樓)·요방(寮房) 등을 복원하였다.

역사 연혁

명나라 1582년[만력(萬曆) 10년]에 스님들이 모여 모화(募化 : 탁발)를 하자, 지부(知府) 우덕엽(虞德曄)이 부도(浮屠)를 세워주었다. 소어사(邵御史)가 '문봉탑'이라 이름 지었으며, 사찰 또한 '문봉사'라 하였고, 병부상서(兵部尙書) 왕세정(王世貞 : 1526~1590)[158]이 기(記)를 지었다. 1584년(만력 12년)까지 공사를 거쳐 탑이 초축되었다.

청나라 1668년[강희(康熙) 7년] 여름 6월에 지진으로 인하여 탑의 상륜부가 땅에 떨어지는 등 크게 훼손되었다. 이듬해에 천도(天都) 민상남(閔象南)에서 돈을 기부하여

문봉사

보수가 이루어졌으며, 높이를 1장 5척 정도 더 올렸다.

1853년[함풍(咸豊) 3년] 태평천국전쟁(太平天國戰爭) 당시에 화마에 휩쓸리게 되어 요첨(腰簷)과 평대(平臺)가 모두 훼손되었고, 탑신(塔身)만 남게 되었다. 이에 만수사(萬壽寺)의 주지스님인 적산(寂山) 등이 돈을 모아 복원하였다.

1923년[민국(民國) 12년]에 양주의 여러 승려들과 대강(大江) 남북의 각 사찰 주지스님들이 의연금을 걷어 복원이 이루어지게 되었다. 1949년에 탑이 오래되었기 때문에 올라가는 것을 금지하였다. 1955년에 지붕을 새로 잇고, 1957년 10월에서 1958년 1월까지 보수를 하였으며 탑원(塔院)을 중건하였다. 1962년 3월에 대수리를 할 때, 각 층의 평좌(平坐)에 시멘트 난간을 설치하였다. 1980년에는 보수와 정비를 마치고 대외에 개방하였다.

탑의 구조

탑은 8각7층의 구조로 되어 있으며 총 높이가 44.75m이고, 전돌로 몸체를 구성

문봉탑 야경

하고 목조로 누각을 만드는 형식으로 이루어졌다. 아래층은 회랑을 둘렀으며, 회랑의 폭은 2.3m이다. 아래에는 전돌과 돌로 수미좌(須彌座)를 만들었으며 높이는 0.9m이다.

탑신 매 변의 너비는 6.55m이며, 네 면에는 벽공문(辟拱門)이 있고, 공형창(拱形窓)을 조성하였다. 회랑 내의 대들보와 재목들은 조각과 채회(彩繪)로 장식하였다. 북문의 동벽에는 천옌웨이[陣延韡]가 1925년에 쓴 「신수문봉탑기(新修文峰塔記)」비(碑)가 있으며, 각 벽면에는 중수 발기인들과 기부금을 낸 모금자들의 성명을 기재하였다.

전돌을 1지6층(一至六層)의 구조로 쌓아올렸다. 탑실(塔室)은 방형(方形)으로 구성되고, 7층은 8각형의 벽체로 구성되었다. 매 층의 네 면에는 공문(拱門)이 있으며, 벽에는 등감(燈龕)이 있다. 탑실 내의 중앙에는 6각형의 탑심목(塔心木)이 있다. 실내에는 사다리가 설치되어 있어서 올라갈 수 있는 구조로 되어있고, 바깥 처마[外檐]에는 평좌가 있다. 탑 위는 8각찬첨식(八角攢尖式)으로 되어 있으며, 가장 위쪽에는 주철탑찰(鑄鐵塔刹)이 있다.

참고문헌

江苏省地方志编纂委员会, 1998, 『江苏省志-文物志』, 江苏古籍出版社.

中共江苏省委研究室, 1987, 『江苏文物』, 江苏古籍出版社.

---

158) 명나라 시기의 학자이다. 젊은 나이에도 학식이 높아 가정칠재자(嘉靖七才子 : 後七子) 중 한 사람으로 손꼽혔다. 주요 저서로는 『엄주산인사부고(弇州山人四部考)』 등이 있다.

대명사 大明寺

감진대화상의 자취가 남은 양주의 고찰

양주(揚州) 대명사(大明寺)는 강소성(江蘇省) 양주시 서북교(西北郊)의 소나무가 밀집한 촉강풍경구(蜀岡風景區) 중봉(中峰)에 위치한다. 남조 송효무제(宋孝武帝 : 430~464) 대명연간(大明年間 : 457~464)에 처음 지어졌으며, 절의 명칭은 연호에서 유래하였다. 또한 '서령사(棲靈寺)'·'법쟁사(法淨寺)'라고도 불린다.

당나라 742년[천보(天寶) 원년]에 고승(高僧) 감진(鑒眞 : 688~763)이 일본으로 가기 전에, 이곳에서 주지로 있으면서 율법을

대명사 목패루

강의하고 불법을 펼치며 사찰의 명성을 천하에 널리 알렸다.

역사 연혁

수나라 601년[인수(仁壽) 원년]에 독실한 불교신자였던 수나라의 개국황제 양견(楊堅 : 541~604)이 전국에 명령을 내려 30개의 주(州)에 30여기의 탑을 세워 사리(舍利)를 봉안하게 하였다. 그 중에서도 대명사 내에 건립된 탑을 서령탑(棲靈塔)이라 하였다. 탑은 총 9층이었으며, 탑의 이름을 따서 사찰의 명칭을 서령사(棲靈寺)라 하였다.

당나라 843년[회창(會昌) 3년]에 큰불에 휩쓸려 훼손되었다. 845년(회창 5년)에 당무종(唐武宗 : 814~846)이 전국에 있는 대사찰 4천 여 곳과 중소사찰 4만 여 곳을 헐어버리게 한 사건이 있었다. 이게 불교에서 말하는 '회창법난(會昌法難)'으로, 대명사 또한 이를 피해가지 못하였다.

남송 때에는 전란이 잦아 사찰이 점차 황폐화되었다. 명나라 1461년[천순(天順) 5년]에 지창명(智滄溟)이 중건하였고, 만력연간(萬曆年間 : 1573~1620)에 양주지부(揚州知府) 오수(吳秀)가 대명사를 중건하였다. 1639년[숭정(崇禎) 2년]에 염조어사(鹽漕御使) 양인(楊仁)이 또다시 중건하였으며, 다시 명칭을 대명사로 하였다.

청나라 강희제(康熙帝 : 1654~1722)와 건륭제(乾隆帝 : 1711~1799)가 여러 차례에 걸쳐 남순(南巡)하면서, 이 사찰을 계속 중건하여 규모가 커지게 되었고, 이로서 양주 8대 명찰 중 으뜸이 되었다. 하지만 청나라 황실의 휘(諱)인 '대명(大明)'를 피하여 '서령사'라 하였다. 1765년[건륭(乾隆) 30년]에 건륭제의 4번째 남순 때 양주에 들러, 어필로 '칙제 법정사(勅題法淨寺)'라는 제액을 내렸었다. 1853년[함풍(咸豊) 3년]에 법정사는 태평군(太平軍)과 청군(清軍)으로 인해 전화(戰火 : 兵燹)에 휩쓸렸다. 1870년[동치(同治) 9년]에 염운사(鹽運使) 방준이(方浚頤)가 중건하였다. 1934년에 읍인(邑人) 왕마오루[王茂如]가 다시 중건하였다.

1963년에 대규모로 보수공사를 진행하였으며, '문화대혁명'기간 중에는 '5·7'간부 학교로 사용되었다. 1973년 절 안에 감진기념당(鑒眞紀念堂)을 세웠다. 1979년과 1980년에 전면적으로 대수리를 하였으며, 대명사라는 명칭을 회복하게 되었다.

배치 및 구조

대명사의 총 면적은 약 500무(畝)이며 사묘고적(寺廟古蹟)·서령탑·감진기념당·선인구관(仙人舊館)·서원방포(西苑芳圃)의 5부분으로 구성되었다. 중축선(中軸線)을 따라 사묘건축(寺廟建築)이 있으며, 서쪽에는 평산당(平山堂)과 서원(西園)이, 동쪽에는 평원루(平遠樓)와 감진기념당·동원(東苑)이 있다.

산문전(马家鼎·周泽华·周鑫, 2005, 『大明寺』)

사묘 고적

사찰의 남쪽 방향으로 186단의 돌계단을 두었으며, 산문 앞에는 3문 4주 3루(三門四柱三樓)의 목패루(木牌樓)가 있다. 패방의 정면 편액에는 '서령유지(棲靈遺址)'라 적혀있고, 뒷면에는 '풍락명구(豊樂名區)'라 써져있다. 양쪽에 있는 담장[院墻]에는 '회동제일관(淮東第一觀)' 과 '천하제오천(天下第五泉)'이라는 석각이 새겨져있다.

산문전(山門殿)은 정면이 3칸이며 경산정(硬山頂)으로 되어있다. 중앙에는 미륵불좌상(彌勒佛坐像)이 있으며, 좌우에는 사대금강(四大金剛 : 四天王)이 자리 잡았다. 미륵불좌상 뒤쪽에는 호법신위타(護法神韋馱)가 사찰 안쪽을 바라본다.

대웅보전

대웅보전(大雄寶殿)은 중첨헐산정(重檐歇山頂)으로 되어 있고, 3칸의 주랑(走廊)이 통하며, 정면 18.8m, 측면 16.2m로 앞뒤로 회랑이 둘러졌다. 중앙에 석가모니불(釋迦牟尼佛)이 모셔졌으며, 왼쪽에는 동방유리세계(東方琉璃世界)에서 재앙을 막고 목숨을 연장시켜준다는 약사불(藥師佛)이 있고, 오른쪽에는 서방극락세계(西方極樂世界)의 아미타불(阿彌陀佛 : 無量壽佛)이 있다. 그리고 석가모니불의 옆에 나이든 모습의 가섭(迦葉)과 젊은 모습의 아난(阿難)이 작게 조성되었다. 그리고 좌우로 18나한(十八羅漢)이 자리 잡았다.

대전(大殿)에서 동쪽방향에 동원이 있으며, 서령탑유적(棲靈塔遺蹟)은 동원 안쪽에 있다. 동원의 남쪽에는 만송령(萬松嶺)이 있다. 장경루(藏經樓)는 동원의 서북쪽에 있으며, 1986년에 남문(南門) 바깥쪽의 복연사(福緣寺) 장경루를 해체하여 이곳으로 옮겨 세웠고, 정면 5칸에 중첨헐산정이다.

대전 동남쪽에는 평원루가 있으며, 청나라 1732년[옹정(擁正) 10년]에 세운 것이다. 언덕에 지었으며, 처음에는 2층으로 지어졌고, 후에 3층으로 올렸으며 중층(中層)은 사찰과 서로 높이가 같다. 1853년(함풍 3년)에 전화로 소실되었으며, 동치연간(同治年間 : 1862~1874)에 중건하였다. 청나라 말에 폐허가 되었으나, 1934년에 보수하였고, 1957년에 또다시 보수공사를 하였다. 중첨경산정(重檐硬山頂)으로 정면 3칸이고, 누각의 동남쪽에는 '인심석옥(印心石屋)'이라는 횡비(橫碑)가 있다.

대명사안의 정원석

서령탑

서령탑

수문제(隋文帝 : 541~604) 601년(인수 원년)에 대명사 내에 서령탑을 지어 불골(佛骨)을 봉안하였다. 수당시기에 양주의 정치와 경제는 매우 발달하여, 장안(長安)과 낙양(洛陽)의 뒤를 이어 3번째로 큰 도시였다. 당시 서령탑 주변의 풍광이 뛰어났기에, 저명한 시인인 이백(李白 : 701~762)·유장경(劉長卿 : 726~786)·유우석(劉禹錫 : 772~842) 등이 탑에 올라 부(賦)와 시(詩)를 읊었다고 한다. 하지만 843년(회창 3년)에 그만 잿더미가 되었다.

1980년에 각계의 인사들이 서령탑을 중건할 것을 건의하여, 양주시인민정부는 중건할 것을 결정하였다. 1988년 대명사의 방장(方丈)인 뤼샹법사[瑞祥法師 : 1912~1992]가 동원에서 복원할 자리를 선정하고, 정초식(定礎式 : 奠基儀式)을 거행하였다. 뤼샹법사가 입적한 뒤, 넝슈법사[能修法師 : 1968~]의 주도로 근검절약하여, 자금을 모았다.

1993년 8월 27일에 땅을 파기 시작하였고, 12월 7일에 정식으로 공사를 시작하였다. 1995년 12월에 이르러 완공하였고 경전(慶典)을 거행하였으며, 총 1,000만 위안[元] 이상의 돈이 모금되었다. 이 탑이 완성되자 중국불교협회 회장인 자오푸추[趙朴初 : 1907~2000]가 제액을 썼다.

탑신은 방형이고 9층의 구조로 되어 있으며, 25m 높이의 기단 위에 세워졌다. 또한 탑 아래에는 지궁(地宮)을 두었으며, 지하 30m까지 파서 고정시켜 탑을 견고하게 하였다. 주체(主體) 구조는 철근 콘크리트를 써서 만들었으며, 내부는 목조구조로 결구하였다. 총 건축면적은 1,865㎡로 당나라 때의 건축 양식으로 복원하였다. 총 높이는 70m에 이르며, 각 층별로 높이는 모두 다

르게 되어있다. 내부에는 사면불(四面佛)과 사리가 봉안
되었다.

선인구관

평산당은 대전의 서남쪽에 있으며, '선인구관(仙人舊
館)'이라는 팔각문(八角門) 안에 있다. 송나라 1048년[경
력(慶曆) 8년]에 구양수(歐陽脩 : 1007~1073)가 양주에 있
을 때 창건되었다. 평산당 앞쪽으로 강남의 산들을 바
라보면, 서로 그 높이가 비슷하기 때문에 이러한 명칭
이 붙게 되었다.

남송 소흥연간(紹興年間 : 1131~1162)에 전화로 훼손되
었다가 후에 다시 복구하게 되었다. 현존하는 건축물은
1870년(동치 9년)에 중건된 것이다. 지붕은 단첨경산(單
檐硬山)이며, 정면 5칸에 17.75m, 측면 3칸에 8.55m이다.
평산당 앞에 평대(平臺)가 있으며, 남면에는 돌난간[石
欄]이 세워졌다.

곡림당(谷林堂)은 평산당 뒤에 있다. 송나라 말 1092
년[원우(元祐) 7년]에 처음 세워졌으며, 소식(蘇軾 :
1037~1101)이 양주에 있을 때 구양수를 기념하여 세웠다.
현존하는 건물은 청나라 동치연간(1862~1874)에 중건된
것이며, 단첨경산의 구조에 정면이 3칸
이다. 앞에는 주랑이 있으며, 왼쪽으로
는 대전과 통하며, 오른쪽으로는 서원과
통한다.

구양문충공사(歐陽文忠公祠)는 육일사
(六一祠)라고도 하고, 곡림당의 뒤쪽에
있으며, 구양수를 기념하기위해 건립되
었다. 함풍연간(咸豊年間 : 1851~1861)에 전
화로 훼손되었으며, 1879년[광서(光緒) 5

선인구관(马家鼎 · 周泽华 · 周鑫, 2005, 『大明寺』)

서령탑에서 굽어본 대명사

구양문충공사(马家鼎·周泽华·周鑫, 2005,『大明寺』)

년]에 양회염운사(兩淮鹽運使) 구양정용(歐陽正墉)이 중건하였다.

단첨헐산정(單檐歇山頂)의 구조이며, 정면 5칸이고 주위에 회랑을 둘렀으며 측면 3칸이다. '육일종풍(六一宗風)'이라는 편액이 가로로 걸려있다. 동벽에는 '중수 평산당 구양문충공사기비(重修平山堂歐陽文忠公祠記碑)'가 있다. 중벽에는 구양수 석각상(石刻像)이 있다.

서원방포

서원은 평산당의 서쪽에 있으며 방포(芳圃)·어원(御苑)이라고도 부른다. 청나라 1736년(건륭 원년)에 처음 세워졌으며, 1751년(건륭 16년)에 완성되었다. 함풍연간(1581~1861)에 전화로 훼손되었으며, 후에 중건되었지만, 민국시기에는 점차 황폐화되었다. 1951년에 보수를 하였으며, 1963년과 1979년에 2차례에 걸쳐 대규모로 보수공사를 하면서, 남목청(楠木廳)·백목청(栢木廳)·방정(方亭)과 환산석경(環山石徑) 등을 두었다.

건륭어비정(马家鼎·周泽华·周鑫, 2005,『大明寺』)

원문(園門)은 동북쪽에 있으며, 황석을 산처럼 쌓아 서남쪽으로 이어 놓았고, 돌길[磴道]은 서쪽 아래에 있다. 오른쪽에는 헐산정(歇山頂)의 방정(方亭)이 있으며, 안에는 건륭제가 남순 하였을 때 읊은 것을 기록한 평산당시비(平山堂詩碑) 3기가 있기에 건륭어비정(乾隆御碑亭)이라고 부른다. 서남쪽에는 대월정(待月亭)이 있으며, 중첨육각찬첨정(重檐六角攢尖亭)의 구조이다.

정자 앞에는 오래된 우물이 있으며, 우물 옆에는 '제오천(第五泉)'이라는 비석이 있다. 우물 서쪽의 돌길은 물 한가운데의 정서(汀嶼)로 이어지며, 북서(北嶼)에는

선박(船舶) 3칸이 있고, 남서(南嶼)의 옛
우물은 미천정(美泉亭)에 있다. 제오천
이남의 못 동쪽에 황석산(黃石山)이 물가
에 우뚝 서있으며, 동쪽에는 강희비정
(康熙碑亭)이 있고, 그 안에는 강희제가
쓴 영은사시비(靈隱寺詩碑)가 있다. 못 남
쪽의 청석산방(聽石山房)은 신원(辛園)에
서 옮겨온 백목청이고, 서북쪽 높은 곳
의 남목청은 관음암(觀音庵)에서 이곳으
로 옮겨온 것이다.

감진기념비

감진기념당

감진기념당은 대전의 동쪽에 위치한다. 당나라 때 고승인 감진은 742년(천보 원년)
에 대명사에서 일본의 스님인 요에이[榮睿 : ?~749]와 후쇼[普照]의 요청에 응하여 동쪽
으로 가게 되었다. 1963년에 중일 양국의 불교계와 문화계는 양주에서 감진의 원적
(圓寂) 1,200주년을 기념하여, 기념당을 건립하기로 결정하고 정초식을 거행하였다.
기념당은 량스청[梁思成 : 1901~1972]이 설계하여 1973년 7월에 공사를 시작하였으며,
같은 해 11월에 완성하였다.

문청(門廳)·비정(碑亭)·회랑(回廊)과 정당(正堂)으로 조성되었으며, 건축 형식은 당나
라 때의 형태를 본떠 만들었다. 문청은 정면 3칸이며 문액에는 '감진기념당'이라는 편   감진기념당
액을 걸어두었다. 문 안쪽의 정중앙에는
비정이 있으며, 단첨헐산정의 구조를 하
고 있다. 중간에는 한백옥횡비(漢白玉橫
碑)가 수미좌(須彌座) 위에 세워져있으며,
정면에는 궈모러[郭沫若 : 1892~1978]가
'당 감진대화상 기념비(唐鑒眞大和尙紀念
碑)'라 써놓았다. 그리고 자오푸추가 감
진의 입적 1200주년을 기념하여 비문과
송사(頌辭)를 썼다.

당감진화상기념비정
(马家鼎·周泽华·周鑫, 2005, 『大明寺』)

비석의 동서쪽에는 긴 회랑이 북쪽으로 꺾여 정당을 둘렀으며, 중간에 넓은 정원(庭院)을 형성하였다. 정원 중앙의 석등[石燈籠]은 일본 나라[奈良]의 도쇼다이지[唐招提寺] 모리모토 코우쥰[森本孝順 : 1902~1995] 장로(長老)가 선물한 것이다. 정당의 형식은 감진이 일본에 세웠던 도쇼다이지의 금당과 비슷하게 지어졌으며, 단첨사아정(單簷四阿頂)의 구조이고, 정면 5칸으로 17.3m, 측면 7.1m로 되어있다. 기념당 안의 정중앙에는 간칠협저(干漆夾紵)로 만들어진 감진상(鑑眞像)이 있다.

기념당 문청은 북쪽으로 청공각(晴空閣)과 마주보며, 정면 3칸에 회랑을 둘렀으며, 현재는 감진의 평생 사적을 보여주는 문물사료 진열실로 사용된다. 누각의 동서에는 회랑과 기념당 문청과 서로 연결되어, 기념당의 일부분을 이룬다.

감진대화상(鑑眞大和尙)

감진은 당나라 때의 사람으로 당대화상(唐大和尙) 혹은 과해대사(過海大師)라고도 부른다. 그는 일본율종(日本律宗)의 개산조사(開山祖師)로 일컬어지며, 저명한 의학자이기도 한다. 일본인들에게는 '천평지맹(天平之甍)'으로 일컬어지는데, 이는 그가 천평시대(天平時代)의 문화를 대표하기 때문이라고 한다.

광릉(廣陵) 강양현(江陽縣 : 강소성 양주)사람으로 속세에 있을 때의 성은 순우씨(淳于氏)였다. 어릴 때부터 양주에서 자랐으며, 14세에 대운사(大雲寺)로 출가하였고, 20세에는 장안과 낙양으로 가서 공부하였다. 나중에

감진대사좌상(马家鼎·周泽华·周鑫, 2005, 『大明寺』)

26세 때 양주로 돌아와 대명사의 주지로 있으면서, 율(律)을 강의하며 불법을 펼쳤다. 당시 감진은 불법은 물론이고 건축·미술·의약 등의 분야에도 조예가 깊었다고 한다.

733년[개원(開元) 21년]에 일본의 승려인 요에이와 후쇼 등이 당나라로 유학을 와서 불법이 흥성하고 계율(戒律)이 성황(盛況)인 것을 보았다. 743년(천보 원년) 6월 하순에 감진을 찾아가 일본으로 건너가 율법을 널리 전하기를 청원하였다. 당시 감진은 당나라에서도 손꼽히는 고승이었으며, 그 또한 일본에 대해 관심이 많았다. 감진은 일본이 불교와 인연이 있는 나라라고 생각하여, 일본으로 건너가 불법을 펼칠 뜻을 세웠다. 그는 제자 21명과 함께 5번에 걸쳐 일본으로 가려고 준비하였으나, 여러 가지 사정으로 인해 뜻을 이루지 못하였다. 하지만 두 눈이 실명하게 되는 어려움에 빠지게 되었어도 결코 그 뜻을 굽히지 않았었다.

753년(천보 12년)에 일본에서 온 사신의 요청을 받고, 11명과 동행하여 결국 일본으로 건너가게 되었다. 이에 고켄천황[孝謙天皇 : 718-770]이 전등대법사(傳燈大法師)라는 호를 내렸다. 일본에서 여러 가지 활동을 하다가 결가부좌(結跏趺坐)한 채로 입적하였다고 한다. 그의 활동은 일본의 의학 및 조소·미술·건축의 발전에 큰 영향을 미친 것으로 평가된다.

참고문헌

江苏省地方志编纂委员会, 1998, 『江苏省志 - 文物志』 江苏古籍出版社.

马家鼎·周泽华·周鑫, 2005, 『大明寺』 南京出版社.

中共江苏省委研究室, 1987, 『江苏文物』 江苏古籍出版社.

梁白泉·邵磊, 2009, 『江苏名刹』 江苏人民出版社.

임종욱, 2010, 『중국역대인명사전』 이회문화사.

양주박물관 · 조판인쇄박물관

揚州博物館 · 雕版印刷博物館

조판인쇄를 생생히 느끼다.

양주박물관과 양주 중국조판인쇄박물관

양주박물관(揚州博物館)은 양주쌍박관(揚州雙博館)이라고도 하며, 양주중국조판인쇄박물관(揚州中國雕版印刷博物館)과 양주박물관 신관(新館)으로 구성되어 있다. 양주시(揚州市) 신성서구(新城西區)에 위치하며 인공호수의 서쪽에 있고, 양주국제전람센터[揚州國際展覽中心]와 호수를 두고 서로 마주보고 있다. 양주박물관의 건축 이념은 인간과 자연이 하나가 되는 것으로, 외관을 연잎 모양으로 표현하였다.

역사 연혁

양주박물관은 1951년에 건립된 양주문물관(揚州文物館)과 같은 해에 세워진 소북박물관(蘇北博物館)이 그 전신이라고 할 수 있다. 50년이 넘는 발전을 거쳐 양주박물관은 국제적으로나 국내적으로나 선명한 지방 특징을 지닌 종합박물관으로 널리 알려졌다.

2003년 8월에 양주중국조판인쇄박물관이 국무원의 비준을 통과하였다. 양주광릉서사(揚州廣陵書社)에서 소장하던 30만권의 고적들을 양주박물관으로 들이게 되었고, 양주쌍박관을 건립하게 되었다. 양주쌍박관은 2003년 10월 18일에 정식으로 공사를 시작하였고, 2005년 10월 9일에 완공되어 전면적으로 대외에 개방하였다.

박물관의 총 면적은 50,730㎡이며, 건축 면적은 22,146.99㎡, 전시 면적은 100,00㎡

이다. 수장고의 면적은 5,000㎡이고, 사무 구역의 면적은 3,000㎡, 공공 서비스 구역의 면적은 7,000㎡이다.

양주雙박관은 '광릉조-양주 도시 이야기[廣陵潮—揚州城市故事]'·'양주팔괴서화(揚州八怪書畵)'·'박물관 소장 명청서화[館藏明清書畵]'·'국보청(國寶廳)'·'양주 고대조각(揚州古代雕刻)'·'중국조판인쇄전청(中國雕版印刷展廳)'·'양주조판인쇄전청(揚州雕版印刷展廳)'과 임시전시관으로 총 8개의 전시관으로 구성되어 있다.

전시관 구성

양주박물관은 기본전시실[基本陳列] 1곳, 전문전시실[專題陳列] 4곳, 임시전시실[臨時展廳] 1곳으로 구성되어 있다.

기본전시실, 즉 양주역사관(揚州歷史館)은 '광릉조-양주 고대도시 이야기'로서 전시 면적은 2,300㎡, 동선은 580m, 전시 유물은 856점이다. 춘추한성(春秋邗城)·한광릉성(漢廣陵城)·당성(唐城)·송성(宋城)과 명청성(明清城) 순으로, 양주의 역사 발전과 도시 발달이 어떻게 진행되었는지에 대해 다루어놓았다. 전시실은 5개의 대단원으로 구성되어 있으며, 쟁패중원축한성(爭霸中原筑邗城)·자해주전흥양주(煮海鑄錢興揚州)·양일익이번화지(揚一益二繁華地)·봉연곤곤양주로(烽烟滾滾揚州路)·부갑천하활양주(富甲天下話揚州)가 해당된다.

국보관(國寶館)의 전시 면적은 184㎡이며, 1점의 유물만 전시해 놓았는데, 바로 원제남유백룡문매병(元霽藍釉白龍紋梅瓶)이다. 이 매병은 원나라 때의 경덕진요(景德鎮窯)의 남유도기(藍釉陶器) 중 대형 기종에 속하는 것으로, 예술적으로 높은 수준을 보여준다.

양주역사관

이러한 매병은 현재 단 3점만 전해지는데, 1점은 궁정에서 소장하던 것으로서 현재 이화원(頤和園)에 있고, 다른 하나는 프랑스 파리 기메박물관에 있다. 두 병에는 약간의 손상된 부분이 있지만, 이곳의 유물은 크기도 제일 크고 완벽하게 남아 있다. 1992년에 국가문물국 감정위원회에서 국가급 문물로 지정하였다.

중국조판인쇄관

'고대조각예술관(古代雕刻藝術館)'의 전시 면적은 526㎡이며 전시 유물은 135점이다. 전시된 유물은 옥조류(玉雕類)·석조류(石雕類)·전조류(塼雕類)·칠조류(漆雕類)·골·상아조각류(骨·象牙雕刻類)·죽조류(竹雕類)·자조류(瓷雕類)·핵조류(核雕類)·목조류(木雕類)로 총 9가지 종류로 나눌 수 있다. 또한 이들은 양주의 지방 특징을 그대로 표현해주는 것으로 평가받는다.

서화전시관[書畵廳陳列]의 면적은 717.2㎡이며, '양주팔괴서화정품전'과 '박물관 소장 명청서화전'으로 구분되고, 전시된 유물은 66점이다. 명청서화전은 양주와 관련된 작가들의 작품들을 선별한 것이다.

임시전시실의 면적은 1,065.3㎡이며, 따로 개방되어 있다. 양주박물관이 개관한 이래로 이곳에서는 각종 임시 전시가 열렸다. 역대 전시 주제를 살펴보면 '양주 문물정품 집수전(揚州文物精品集粹展)'·'봉명기산-주원 서주왕조 청동기 옥기 정품전(鳳鳴岐山──周原西周王朝靑銅器玉器精品展)'·'주진"신오"·"신륙"대형항천전(走進"神五""神六"大型航天展)'·'유광일채-박물관 소장 명청자기전[流光溢彩──館藏明淸瓷器展]' 등이 있었다.

조판인쇄관에서 조각하고 있는 장인들 모습

양주중국조판인쇄박물관은 중국에서 유일한 조판인쇄박물관으로서, 전시실의 총 면적은 4,100㎡이다. 크게 2부분인 '중국관(中國館)'과 '양주관(揚州館)'으로 구분되며, 동선의 길이가 798m, 총 문물은 175점에 달한다. 그 중에서 양주관의 '창저식(倉儲式)'에서는 20여 만 점의 고대 조판들이 전시되어 있다. 조판공예의 흐름과 역대 조판인쇄에 중점을 두어 전시하였다. 또한 중국 조판인쇄의 역사 연혁 및 세계 인쇄사에 미친 영향 등에 대해서도 다루었다.

주요 유물

1. 금동등(金銅燈)

한나라 때의 유물로, 높이는 58cm, 너비는 35cm이다. 목곽묘(木槨墓)에서 출토되었으며, 묘주는 서한(西漢) 소선시기(昭宣時期 : B.C.87~B.C.48)[159] 광릉국(廣陵國)의 귀족이었던 것으로 보인다.

이 등은 정형강등류(鼎形釭燈類)에 속한다. 전체 기형을 보면 등반(燈盤)·2층의 등갓[兩層燈罩]·좌우에 있는 도연관[左右雙導烟管]과 3족의 받침, 이렇게 4부분으로 구성되어 있다.

도연관의 양쪽 면에는 고개를 들고 높이 날아오르는 교룡(矯龍)의 문양이 음각되어있다. 가운데의 등감에는 창문이 장식되어 있는데, 손잡이가 달려져 있고 이를 150° 범위 내에서 좌우로 돌릴 수 있도록 해놓았다. 여기에 등유(燈油)를 넣고 불을 붙였던 것으로 보인다.

금동등

채회운기문칠호

2. 채회운기문칠호(彩繪雲氣紋漆壺)

한나라 때의 유물로서 전체 높이는 12.4cm, 구경 4.4cm, 저경 5.8cm이다.

나무로 만든 것이며 입이 바라졌고, 목은 둥글며 몸체는 납작한 공 모양이다. 대부가 달렸으며, 위에는 넓은 원추형의 뚜껑을 덮었다. 전면에 옻칠을 한 다음에, 다시 주칠(朱漆)로 그림을 그렸다.

목부분 아래에는 삼각형의 문양 11개가 내려가는 듯한 모습으로 장식하였으며, 변두리에 황금색으로 칠을 하였다.

몸체 위쪽에는 삼각형의 문양 사이에 운기문(雲氣紋)을 붉은색으로 그려 넣었으며, 몸체 아래쪽 및 대부에는 붉은색 줄을 그어 장식하였다.

뚜껑 위쪽 가운데에는 붉은색으로 감꼭지문양[柿蔕紋]을 그려 넣었고, 주변은 운기문으로 장식하였다. 그 수법이 정교하고 화려하여 한나라 칠기의 뛰어난 예술성을 보여준다.

3. 장유쌍계수호(醬釉雙鷄首壺)

육조시대의 유물로 높이 26.6cm, 구경 8.6cm, 저경 11.8cm이다.

작은 반[小盤] 모양의 구연부에 목부분은 좁고, 어깨부분은 완만하며 몸통은 경사지게 내려오고 바닥은 평평하다.

어깨 부분에는 서로 대칭되는 방교형(方橋形)의 횡계(橫系)를 두었다. 앞에는 쌍계수(雙鷄首)를 두었는데, 닭의 부리는 둥글고 벼슬은 높으며, 목은 긴 형태이다.

장유쌍계수호

뒤쪽에도 역시 쌍으로 된 둥근 고리가 달려 있으며, 고리의 끝부분에는 용머리가 달려 있고, 용머리는 구순을 물고 있는 형태이다. 매우 생동감이 있게 표현되었으며, 계수호 중에서도 뛰어난 작품으로 꼽는다.

4. 청유벽옹연(靑釉壁雍硯)

수나라 때의 유물로 높이는 6.4cm, 구경은 18.8cm이다. 벼루는 전세품(傳世品)으로 전체적으로 둥근 모습을 하고 있다.

청유벽옹연

벼루 가장자리는 곧게 솟아 있으며 그 안쪽에 연지(硯池)가 낮게 표현되어 있고, 다시 가운데가 더 높으면서도 둥글고 넓게 표현되었다.

연지가 벼루면을 에워싸고 있는 모습이기 때문에 마치 환수건축(環水建築)의 벽옹(辟雍)과도 비슷하여 이러한 이름이 붙게 되었다. 옆쪽에는 1줄의 철릉문이 나있으며, 그 아래로는 11개의 굽 모양의 다리[蹄形足]가 달려 있는 모습이다. 태토는 홍회색이며, 벼루면에 약간 노출되어 있고, 바깥쪽에는 청록색의 유약을 고르지 않게 발라 놓았다.

5. 제남유백룡문매병(霽藍釉白龍紋梅甁)

원나라 때의 유물로 높이 43.5cm, 구경 5.5cm, 저경 14cm이다.

매병은 입부분이 작고 목부분은 짧으며 어깨가 넓은 모습을 하고 있다. 어깨 아래로는 완만하게 좁아지는 모습을 보이며, 바닥부분은 살짝 외반한 형태로 나타난다. 그리고 바닥부분은 아래가 움푹 들어가 있다.

전체적으로 제남유(霽藍釉)를 발랐으며, 운룡(雲龍)과 보주(寶珠)를 청백유(靑白釉)로 발랐다. 이렇게 서로 대비되는 색을 발랐기 때문에 더욱더 선명하고 강렬하게 느껴진다.

제남유백룡문매병

용 한 마리가 화염 보주를 좇는 모습으로 표현되었으며, 또한 네 다리에서 구름이 약간씩 피어오르는 듯한 형태로 나타난다. 거대한 용은 맹렬하고 위세가 높게 표현되었으며, 마치 푸른 하늘 속에서 날아가는 것처럼 느껴진다.

국내외에서 소장하고 있는 3점의 원나라 제남유백룡문매병 중에서도 그 크기가 가장 크며, 또한 수법도 가장 뛰어난 것으로 평가된다.

참고문헌

揚州雙博館 http://www.yzmuseum.com/

徐良玉·束家平·周长源·印志华, 2001, 『揚州馆藏文物精华』 江苏古籍出版社.

---

159) 중국 서한시대의 소제(昭帝 : B.C.94~B.C.74)부터 선제(宣帝 : B.C.91~B.C.49)까지의 시기를 일컫는 말이며, 이때를 소선중흥(昭宣中興)이라고도 부른다.

마안산

마안산시 馬鞍山市

항우의 말 안장이 떨어진 산

마안산 주연묘 입구

마안산시(馬鞍山市)는 화동(華東)지역에 위치하며, 장강(長江) 하류의 남안(南岸), 안휘성(安徽省)의 동부에 있다. 별칭으로 강성(鋼城)이나 시성(詩城)으로도 부르며, 남경 주변 도시 중에서도 핵심적인 도시에 해당한다.

북위 31°46′42″~31°17′26″와 동경 118°21′38″~118°52′44″의 사이에 위치한다. 동쪽으로는 석구호(石臼湖)와 강소성(江蘇省) 율수현(溧水縣)·고수현(高淳縣), 서쪽으로는 소호시(巢湖市), 남쪽으로는 무호시(蕪湖市)·무호현(蕪湖縣)과 접경한다. 무호시의 시구(市區)와는 30㎞ 정도 떨어져 있으며, 북쪽으로는 강소성 남경시(南京市) 강녕구(江寧區)와 인접하고, 남경시 중심과는 45㎞, 상해시(上海市)와는 300㎞, 항주시(杭州市)와는 270㎞ 정도 떨어져있다.

도시 현황

마안산시라는 명칭은 범상치 않은 내력을 갖고 있다. 초한전쟁(楚漢戰爭) 시절에 초패왕(楚霸王) 항우(項羽 : B.C.232~B.C.202)는 해하(垓下)에서 패퇴하고 사면초가(四面楚歌)에 빠져 화현(和縣) 오강(烏江)으로 도망쳤다. 그곳에서 항우는 어부에게 자신이 아끼던 오추마(烏騅馬)를 주었고, 강동(江東)에 가서 마을 어르신들을 볼 자신이 없다는 생각에 스스로 목숨을 끊었다. 오추마는 그러한 주인을 그리워하면서 울부짖다가 죽게되었는데, 그때 말안장[馬鞍]이 떨어진 산이라는 데에서 마안산이라는 명칭이 유래하게 되었다고 한다. 유명한 여류시인인 이청조(李淸照 : 1084~1155)[160]는 이러한 항우를 떠올리며 "살아서는 인걸이었는데, 죽어서는 귀신일세. 지금 와서 항우를 생각해보니, 강동을 지나고 싶지 않네.[生當作人杰, 死亦爲鬼雄。至今思項羽, 不肯過江東]"라는 시를 남겼다.

2010년 말의 조사에 따르면 시 전체의 인구는 약 2,283,000명 정도였다. 그 중에서 농업인구가 약 1,469,300명이며, 비농업인구는 약 813,700명이다. 또한 인구 출생률은 10.1%이며, 사망률은 4.6%이고, 이에 따른 자연적인 증감률은 5.5%이다. 2013년 기준으로 조사된 인구는 약 2,387,700명 정도이다.

시 전체 면적은 4,042㎢이며, 시구의 면적은 715㎢이다. 행정 구역으로는 3현(縣) 3구(區)·6향(鄕)·30진(鎭) 등이 있다. 교통이 편리하여 상해·항주까지 고속도로로 3시간 정도 걸리며, 남경과 녹구국제공항[祿口國際机場]과는 40분 정도밖에 걸리지 않는다.

마안산항(馬鞍山港)은 장강 10대 항구 중 하나이자 국가 일류 항구이다. 외국 선박이나 만톤급 선박이 잠시 머무를 수 있게 해놓았다. 그리고 영동철로(寧銅鐵路)가 관통하고 있으며, 경호(京滬)·경구(京九)·환감(皖贛)·선항(宣杭) 등의 철로와 서로 이어진다.

자연 환경

마안산시는 아열대 습윤 계절풍기후에 속하며 사계절이 분명한 편이다. 연 평균 강우량은 1,080㎜, 연 평균 온도는 15.8℃이며, 서리가 없는 기간은 240일 정도이다. 마안산시의 동북부에는 구릉이 많으며, 지면의 기복이 심한 편이다. 남부의 당도현(當涂縣)의 지세는 평탄한 개활지가 많으며, 호수와 늪이 많다.

마안산시의 토지 총 면적은 1,686㎢이며, 그 중에서 경작지가 4.82만 헥타르, 수풀 면적이 2.49만 헥타르, 교통용지가 1,403.73헥타르, 수역이 7.64만 헥타르, 이용하지 않는 토지가 1,960.8헥타르 정도이다.

마안산시는 장강이 지나가는 도시 중에서 서부에 해당한다. 매년 지나가는 물의 양이 9,794억㎡에 이르고, 이 때문에 농공업 발전을 위한 수자원이 풍부한 편이다. 경내에 흐르는 장강의 수역은 21㎢ 정도이다. 그밖에 강·호수·저수지의 총 면적은 19㎢에 이르며, 그 중에서 호수의 면적이 1.51㎢, 저수지의 면적이 11.67㎢, 강의 면적이 5.7㎢ 정도이다. 지하수도 풍부한 편으로, 그 수위는 계절의 변화에 따라 변동이 있는데, 변동 폭은 0.2~0.5m 사이이다. 지하수는 지세가 높은 동부에서 지세가 낮은 서부에 있는 장강으로 유입된다.

마안산은 광산자원이 풍부한 편으로, 주로 철광이 풍부하며 이 외에도 유황·인·바나듐·티타늄·경석고(硬石膏) 등이 있다. 광산 지역은 장강 하류의 영무(寧蕪)-나하(羅河) 일대에 형성되어 있으며, 중국 7대 철광산 지역 중 하나이다. 2006년 10월까지 조사된 바에 의하면, 철광산지는 남산(南山)·고산(姑山)·도충철광(桃沖鐵鑛) 및 개발 중인 나하철광(羅河鐵鑛)을 비롯하여 31곳의 광산지가 있으며, 이에 부속된 광산지는 10곳에 이른다. 철광 보유량은 16.35억t에 이르며, 안휘성 철광 보유량의 57.32%에 달하고, 이 중에서 공업 개발을 위해 약 10억t 이상이 채굴되었다.

역사 연혁

서주시대(西周時代)에는 오나라에 속하였다. 춘추전국시대에는 월나라와 초나라에 속하였다.

진(秦)에서 서진(西晋) 때까지 단양현(丹陽縣)에 속하였으며 현치(縣治)는 지금의 당도현 단양진(丹陽鎭)이었다. 동진(東晋)이 북방에서 전란으로 인해 남쪽으로 내려오게 되었다. 진성제(晋成帝 : 321~342) 329년[함화(咸和) 4년]에 회하(淮河)변의 당도현[지금의 안휘(安徽) 회원현(懷遠縣) 경내] 유민(流民)들이 남쪽으로 내려와, 지금의 남릉(南陵) 일대를 당도현으로 교치(僑置)[161]하였다. 강남(江南)에서는 당도현이라는 이름을 이때부터 사용하였고, 실제로는 존재하지 않는 현이었다. 345년[영화(永和) 원년]에 강북(江北) 예주[豫州 : 지금의 하남(河南) 동남부, 호북(湖北) 동부]를 우저[牛渚 : 지금의 채석(采石)]로 교치하였다. 남조 양나라 502년[천감(天監) 원년]에 단양현에 남단양군(南丹陽郡)을 두었으며, 군치(君治)를 채석으로 하였다.

수나라 589년[개황(開皇) 9년] 환남(皖南) 일대에 교치하였던 당도현을 고숙성[姑孰城 : 지금의 당도 성관진(城關鎭)]으로 치소를 옮겼다. 이게 고숙을 당도현 소재지로 삼은 것의 시작으로, 이는 지금까지도 변하지 않고 있다.

북송(北宋) 977년[태평흥국(太平興國) 2년]에 태평주(太平州)를 설치하였으며 고숙성에 치소를 두어 당도(當塗)·무호(蕪湖)·번창(繁昌) 3현을 관할하게 하였다. 원나라 때에는 태평주에서 태평로(太平路)로 바뀌게 되었다. 원나라 1355년[지정(至正) 15년]에는 주원장(朱元璋 : 1328~1398)이 이끄는 기의군(起義軍)이 당도를 함락시켰으며, 태평로에서 태평부로 개칭하였고 관할 현은 예전과 그대로 같게 하였다. 이후 명나라와 청나라 때에는 별다른 변동 사항이 없었다.

민국(民國)은 부(府)를 없애고 현만 남겨 놓았으며, 당도현을 안휘성 직속으로 넣었다. 1914년에 무호도(蕪湖道)를 설치하고 당도를 무호도에 소속시켰다. 1928년에 도(道)를 폐지하고, 안휘성에 직접 예속시켰다.

1949년 4월에 당도가 해방되었으며, 1954년 2월에 마안산진(馬鞍山鎭)이 설치되어 당도현에 예속시켰다. 1955년 8월에 마안산광구정부(馬鞍山鑛區政府)가 들어섰으며 무호전구(蕪湖專區)에 예속되었다.

1956년 10월 12일 국무원(國務院)에서는 마안산시를 설립하는 것이 통과되었으며 성할시(省轄市)가 되었다. 당도현은 앞뒤로 무호전구와 선역지구(宣域地區)에 예속되었다. 1983년 7월 당도현에서 대교공사(大橋公社)를 제외하고 마안산시에 편입시켰다.

참고문헌

马鞍山市政府 http://www.mas.gov.cn/

中国大百科全书出版社, 1999, 『中国大百科全书中国地理』.

160) 이청조는 지금의 산동성(山東省) 제남(濟南) 장구(章丘) 사람으로서 호는 이안거사(易安居士)이다. 송나라 때의 여사인(女詞人)으로 완약사파(婉約詞派)의 대표적인 인물로 꼽힌다. 남편인 조명성(趙明誠 : 1081~1129)과 함께 서화(書畵)와 금석(金石)의 수집 정리에 힘을 쏟았다. 그녀가 쓴 사(詞)를 보면 초기의 작품들이 한가롭고 여유로운 반면에, 후기의 작품들은 신세를 한탄하고 슬픈 감정이 배어든 특징을 보인다. 『이안거사문집(李安居士文集)』과 『이안사(易安詞)』를 남겼다고 하지만 현존하지 않는다. 현재는 『이청조집교주(李淸照集校注)』가 전해진다.

161) 위진남북조시대에 주로 행해졌던 것으로서, 북방의 이민족들에게 본래의 고향을 빼앗긴 사람들이, 남방으로 오면서 자신이 살던 지역의 원래 지명을 그대로 붙인 경우를 이야기한다.

주연묘 朱然墓

여몽의 뒤를 이은 오나라의 명장

주연가족묘지박물관

주연묘(朱然墓)의 피장자는 삼국시대 오(吳)나라 우군사(右軍師) 좌대사마(左大司馬) 당양후(當陽侯) 주연(朱然 : 182-249)이다. 현재 안휘성(安徽省) 마안산시(馬鞍山市) 우산향(雨山鄉) 안민촌(安民村)에 위치한다. 1984년 6월 안휘성 마안산시 호환방직합공사(滬皖紡織合公司)에서 창고를 짓는 도중에 발견되었다. 그리하여 안휘성문물고고연구소(安徽省文物考古研究所)와 마안산시문화국(馬鞍山市文化局)에서 사람을 보내 발굴조사를 실시하였다.

이곳에서는 주연을 비롯한 그의 가족묘가 있으며, 총 4기의 전실묘가 조사되었다. 이 중에서 2기의 고분이 발굴 당시 그대로의 모습으로 전시되어 있다.

주연가족묘지박물관 현황

현재 주연묘는 박물관으로 조성하여 대중들에게 개방해 놓았다. 주연묘박물관의 면적은 11,000㎡이며, 2기의 고분을 전시해 놓았다. 건물들은 동오시대의 건축 양식을 본떠 만들었다. 크게 주연묘 전시실[朱然墓室展示廳]·주연 일생 부조장랑[朱然生平浮彫長廊]·망루(望樓)·정품 문물 전시실[精品文物陳列廳]·주연 가족묘 전시실[朱然家族墓陳列廳] 등으로 구성되어 있다.

주연묘 전시실에는 주연묘를 출토 당시 모습 그대로 보존해 놓았다. 사방에는 그에 대한 세부적인 사항을 써놓았다. 또한 고분의 부분마다 그 명칭을 써놓았다.

주연 일생 부조장랑은 주연의 일생을 조각해 놓은 것이다. 개중에는 형주를 차지하기 위해 관우(關羽 : ?~220)에 맞서는 주연의 모습 등도 표현되었다. 이러한 조각들은 회랑을 따라 길게 놓여있어서, 주연의 일생이 어떠하였는지를 알 수 있게 한다. 망루는 그 오른편에 따로 떨어져 있으며 3층 구조로 되어 있다.

주연묘전시실

정품 문물 전시실과 주연 가족묘 전시실은 서로 연결되어 있어 凸자형의 구조를 이룬다. 전시실에는 주연묘와 주연 가족묘 등에서 출토된 여러 유물들을 전시해 놓았다. 앞쪽에도 전시실이 따로 마련되었는데, 그곳에는 삼국지연의에 나오는 여러 무기들과 선박 등이 전시되어 있다.

주연 가족묘는 주연묘와는 달리 위쪽이 모두 사라진 상태로 고분 내부가 훤히 들여다보인다. 전체적으로 주연묘와 그 형식이 비슷하며, 이곳도 발굴 이후의 상태 그대로 보존해 놓았다.

정품문물전시실

주연묘 朱然墓

우리가 이곳을 처음 찾은 날은 2012년 1월 4일이었다. 하지만 박물관에 도착하니 입장시켜주지 않았는데, 그 이유는 1월 1일~3일까지 원단(元旦 : 중국의 신정) 연휴 때 근무를 하였기 때문에, 1월 4일에 휴무한다는 것이었다. 할 수 없이 우리는 그대로 돌아갔고, 이후 따로 시간을 내어 나흘 뒤인 1월 8일에 이곳을 방문하였다.

주연묘 구조

고분의 형식은 토갱전실묘(土坑塼室墓)이며, 봉토(封土)·묘도(墓道)·묘갱(墓坑)과 묘실(墓室)이라는 4부분으로 이루어졌다. 묘의 방향은 정남쪽이다. 발굴 당시 봉토의 범위는 쉽게 알기 어려운 상황이었으며, 봉토 항층(夯層)의 두께는 15cm정도이다. 묘도는 계단식[階梯式]으로 총 26단이며, 경사는 19°이다. 길이는 9.10m, 윗

주연묘 정면

주연묘 후면

육조고도 남경, 비극의 역사 그러나 불멸의 땅

단 너비는 2.15m, 아랫단 너비는 1.80m
이며, 깊이는 3.30m이고 흙으로 다져놓
았다. 묘갱은 봉토의 아래에 있으며 묘
실을 두기 위해 파놓았다. 윗 부분의 남
북 길이는 9.52m, 동서 폭은 3.62m이다.
깊이는 3.60m이며, 아랫 부분은 윗 부
분에 비해 좀 더 작은 편이고, 회백색의
충전토를 다졌다.

묘실은 용도(甬道)·전실(前室)·과도(過
道)와 후실(後室)로 조성되었으며, 바깥
총 길이는 8.70m, 너비는 3.54m이다. 전
돌을 쌓아 만들었으며, 벽체(壁體)는 '삼
순일정(三順一丁)'의 방식으로 축조하였
다. 지면에는 전돌을 2층으로 깔았으며,
모두 '인(人)'자로 교차하여 깔아 놓았다.
용도는 약간 오른쪽으로 치우쳐 졌으
며, 위쪽은 반원형의 아치이고, 길이는
0.82m, 폭은 1.26m이며, 높이는 1.54m
이다. 용도는 안쪽을 들여쌓고 문을 봉
하였다. 묘문(墓門)의 정상부는 흙담을
쌓아 막아놓았으며, 길이는 3.14m, 폭은
0.41m, 높이는 0.92m이다.

전실의 평면은 정방형에 가까우며,
안쪽의 길이는 2.76m, 너비는 2.78m,
높이는 2.94m로 '사우권진식(四隅券進
式)' 궁륭천정(穹窿天頂)을 하였다. 뒷 부
분의 좌우 양쪽에는 각각 전돌을 2층으
로 쌓아 제대(祭臺)를 만들어 놓았다. 과
도는 전실과 후실 사이의 용도로, 왼쪽

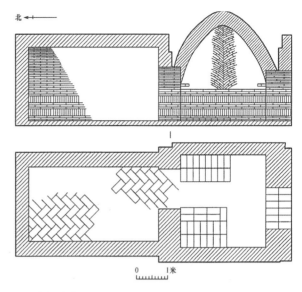

주연묘 입면도와 평면도
(王俊·李军·栗中斌, 2008, 『马鞍山与六朝墓葬发现与研究』)

주연가족묘 입면도와 평면도
(王俊·李军·栗中斌, 2008, 『马鞍山与六朝墓葬发现与研究』)

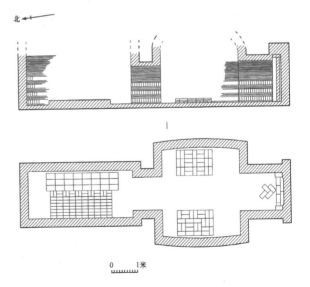

주연가족묘 정면

에 위치하며 형태와 축조 방식은 용도와 같다. 길이는 0.64m, 폭은 1.20m, 높이는 1.64m이다. 후실의 평면은 장방형이며, 안쪽 길이는 4.08m, 너비는 2.30m, 높이는 2.25m이다. 2층의 아치형천정[拱形券頂]이며, 위에는 도굴갱이 하나 있다. 이곳에는 원래 전실과 후실 모두 진흙이 쌓여 있었다.

축조에 사용된 전돌은 회청색으로 2가지 형태가 있다. 하나는 질이 좀 더 나은 것으로, 길이 40cm, 너비 20cm, 두께 5.5cm이다. 한쪽에는 전자(篆字)로 쓴 길상구인 '부귀만세(富貴萬世)' 혹은 '부차귀, 지만세(富且貴, 至萬世)'를 찍은 것으로, 글귀의 앞과 뒤 그리고 중간에 각각 전문(錢紋)을 하나씩 장식하였다. 한 쪽에는 길상구인 '부귀만세' 혹은 '부차귀'가 쓰여 있다. 다른 하나는 무늬가 없는 보통의 전돌로, 길이 36cm, 너비 18cm, 두께 5cm이다.

전실과 후실에는 각각 흑칠목관(黑漆木棺)을 두었다. 후실 내의 것이 1호관으로 안쪽에는 주칠(朱漆)을 하였으며 무늬는 없다. 관두껑[棺蓋]은 길이 3.62m, 너비 0.94m, 두께 0.32m이다. 관[棺身]은 길이 2.93m, 너비 0.92m, 높이 0.73m이다. 뚜껑과 관에는 홈을 내어 닫을 수 있게 만들어 놓았다. 출토 당시에 관은 뒤집혀져 있었다. 왼쪽 관판(棺板) 위쪽으로 긴 방형의 도굴갱이 있었다. 관의 옆쪽에는 부장품들이 많이 놓여 있었으며, 이를 묘주인(墓主人) 주연의 장구(葬具)로 볼 수 있다. 전실 내의 것은 2호관으

궁위연락도칠안 복원품

육조고도 남경, 비극의 역사 그러나 불멸의 땅

로, 주연 처첩(妻妾)의 장구이다. 1호관과 유사하지만 크기는 좀 더 작은 편으로 길이 2.92m, 너비 0.66m, 높이 0.96m이다.

출토 유물

1. 칠기

관뚜껑의 왼쪽 앞에 도굴갱이 하나 있었다. 주연묘는 비록 도굴되었지만, 그래도 140여점의 유물이 남아있었다. 칠목기(漆木器)·자기(瓷器)·도기(陶器)·동기(銅器)·화폐(貨幣) 등이 이에 해당한다. 그 중에서 칠목기가 절반 이상을 차지하며 거의 80점 정도이다. 그 종류로는 책상[案]·반(盤)·우상(羽觴)·선반[楄]·합(盒)·호(壺)·준(樽)·화장함[奩]·숟가락[匕]·국자[勺]·빙궤(凭几)·벼루[硯]·호자(虎子)·나막신[屐]·부채[扇]·빗[梳]·자(刺)·알(謁) 등이 있다.

수많은 칠기들에는 인물 이야기와 동식물의 도안이 그려졌으며 생동감이 넘치는 모습이다. 예를 들어 궁위연락도칠안(宮闈宴樂圖漆案)의 경우, 길이 82cm, 너비 56.5cm이며 총 55명의 인물이 등장하고, 인물 옆에는 많은 방제(榜題)가 있다. 둘레에는 운기(雲氣)·금수(禽獸)·마름모형[菱形]·당초[蔓草] 등의 문양이 장식되어 있다.

서피황구우상(犀皮黃口羽觴)은 이배(耳杯)이며 장경(長徑) 9.6cm, 단경(短徑) 5.6cm, 높이 2.4cm이다. 가죽의 표면은 매끄럽고, 꽃무늬[花紋]은 자연스러워 마치 구름이 가고 물이 흐르는 것 같으며, 균형이 잡힌 다양한 변화를 주었다. 계찰괘검도칠반(季札挂劍圖漆盤) 등의 칠기 저부에는 '촉군조작뢰(蜀郡造作牢)'라는 주홍색의 칠을 한 글귀가 새겨져있어, 이러한 칠기의 생산지가 촉군(蜀郡)임을 알 수 있다. 주연묘에서 출토된 칠기는 고고학적으로 중대한 발견 중 하나로서, 중국 한말(漢末)에서 육조시대(六朝時代) 칠기공예사(漆器工藝史)의 공백을 채워준다.

2. 청자기

청자기(靑瓷器)는 33점으로, 완(碗)·반·잔(盞)·동이[盆]·관(罐)·호·훈(熏)·등(燈)·국자·균(囷) 등이 있다.

3. 동기

동기는 6점으로 화로[爐]·다리미[熨斗]·초화(鐎盉)·수주(水注)·거울[鏡] 등이다.

漢封永安侯朱然公像贊

繼勇朱治
同學孫權
餘姚長吏
司牧臨川
三關策備
江陵守堅
家傳施子
世目朱然

昌黎韓愈謹題

주연 초상화

4. 화폐

동폐(銅幣)는 총 6,000매이다. 반량(半兩)·오수(五銖)·화천(貨泉)·직백오수(直百五銖)·정평일백(定平一百)·태평금백(太平金百)·태평백전(太平百錢)·대천당천(大泉當千)·대천오백(大泉五百)·대천오십(大泉五十) 등이 있다. 이 중에서 오수전이 가장 많으며 97.5%를 차지한다. 품종이 다양하며, 절대 다수가 한나라 때 주조된 것이다.

주연의 생애

주연의 자는 의봉(義封)이며, 단양(丹陽) 고장[故鄣 : 지금의 절강(浙江) 안길(安吉)]사람이다. 원래 성은 시씨(施氏)였는데, 손책(孫策 : 175~200)을 따르던 주치(朱治 : 156~224)[162]의 뜻을 받들어 양자가 되었으며, 또한 손권과도 잘 어울렸었다.

손권이 집권한 후에 산음령(山陰令)·임천태수(臨川太守)를 역임하였으며, 산적들을 평정함으로서 손권의 신임을 얻었다. 나중에는 여몽(呂蒙 : 178~220)[163]을 따라 관우와 싸웠으며, 관우 부자를 생포하였다. 여몽의 임종 시에 손권이 그를 찾아서 누가 후임자로 적당한지 묻자, 여몽은 주연을 자신의 후임자로 추천하였다고 한다. 그리고 여몽이 죽게 되자, 여몽을 대신하여 강릉을 지키게 되었다.

유비가 이릉대전(夷陵大戰)을 일으키자, 효정전투(猇亭戰鬪)에서 육손(陸遜 : 183~245)[164]과 힘을 합쳐 유비(劉備 : 161~223)를 대파(大破)하였다. 혹시 모를 위나라의 침입에 대비하였는데, 과연 위나라는 바로 오나라를 공격하였었다. 조진(曹眞 : ?~231)[165]·하후상(夏侯尙 : ?~225)·장합(張郃 : ?~231) 등이 위나라군을 이끌고 강릉(江陵)을 6달 동안 포위하고 공격하였는데, 결국에는 목숨을 걸고 지켜내었다.

그 후 손권이 증원군을 보내주어 강하(江夏)와 번성(樊城)을 공격하게 하였으나 모두 성공하진 못하였다. 관직은 대사마(大司馬)·우군사(右軍師)에 이르렀으며, 247년[적오(赤烏) 10년]에 대도독(大都督)이 되었다. 249년(적오 12년)에 병으로 세상을 뜨게 되었는데 향년 68세였다.

참고문헌

马鞍山市三国朱然家族墓地博物馆 http://www.zrbwg.net.cn/

국립공주박물관, 2005, 『백제문화 해외조사보고서 V - 中國 江蘇省·安徽省·浙江省』.

安徽省地方志编纂委员会, 1998, 『安徽省志 - 文物志』, 方志出版社.

王俊·李军·栗中斌, 2008, 『马鞍山与六朝墓葬发现与研究』, 科学出版社.

韦正, 2011, 『六朝墓葬的考古学研究』, 北京大学出版社.

임종욱, 2010, 『중국역대인명사전』, 이회문화사.

162) 자는 군리(君理)이며, 단양 고장(지금의 절강 안길) 사람이다. 삼국시대 오나라의 무장으로, 손견(孫堅 : 155~191)
· 손책 · 손권(孫權 : 182~252) 3대를 모셨다.

163) 삼국시대 오나라의 장군으로 손책과 손권을 섬겼다. 조조(曹操 : 155~ 220)를 상대로 한 적벽대전(赤壁大戰) · 남
군전투(南君戰鬪) 등의 전쟁에서 수많은 전공을 세운다. 노숙(魯肅 : 172~217) 사후 군사권을 장악한 그는 계략을
써 관우를 사로잡고 유비로부터 형주(荊州)를 탈환하였다.

164) 삼국시대 오나라의 정치가로 소패왕(小霸王) 손책의 사위다. 어린 나이에 뛰어난 지략을 지녀 여몽과 함께 형주
탈환에 큰 공을 세웠고, 이릉대전에서 화공으로 유비를 대파시켰다. 이후 승상(丞相)의 자리에까지 올랐다. 태자
손화(孫和 : 224~253)와 손패(孫霸 : ?~250)가 서로 다투자 여러 차례 글을 올려 태자를 변호한 일로 손권의 책
망을 받은 뒤 울분을 품고 죽게되었다.

165) 삼국시대 위나라의 황족이자 장군이다. 본래 성은 진(秦)인데, 아버지 진백남(秦伯南)이 조조(曹操)를 대신해 죽
어 조조가 조진을 거두었다. 크고 작은 전투에서 공을 세워 대장군(大將軍) · 대사마의 지위에 올랐다. 제갈량(諸
葛亮 : 181~234)의 북벌 때 여러 차례 패하였고, 군사를 일으켜 촉을 공격하려다 231년 장마철에 병이 들어 병
사하였다.

서주

서주시 徐州市

팽조의 고국, 유방의 고향, 항우의 고도

낙타산(駱駝山)과 죽림사(竹林寺)

서주(徐州)는 화동(華東)의 중요한 도시로, 국무원(國務院)에서 정한 지방 입법권을 보유한 도시이다. 교통의 중심지이기도 하며, 국제적 신에너지원을 기반으로 둔 도시이기도 하기에, "중국 엔지니어의 수도"와 "세계규도(世界硅都)"라는 미칭으로 일컬어지곤 한다.

역사상 화동 9주(州) 중 하나로, 예로부터 북국(北國)의 요새이자, 남국(南國)의 관문이기도 하여, 병가(兵家)에서 반드시 두고 다투는 도시이자 상업적으로 운집하는 도시이기도 하다. 서주는 유구한 역사를 지니고 있기에, "9나라의 제왕이 서주에 적을 두었다.[九朝帝王徐州籍]"라는 말도 있다. 서주는 양한(兩漢)문화의 발원지로서, "팽조의 고국, 유방의 고향, 항우의 고도[彭祖故國, 劉邦故里, 項羽故都]"라고 불린다. 수많은 문화유산과 명승고적, 그리고 깊은 역사를 지니고 있기에, "동방아전(東方雅典)"으로도 불린다.

도시 현황

서주시는 간략하게 서(徐)로 일컬어지며, 옛 명칭은 "팽성(彭城)"이다. 동농해선(東隴海線)의 핵심 도시로, 소북(蘇北) 최대의 도시이고, 또한 중국 제 2대 철도의 중추이다. 장강삼각주[長三角]의 "북대문(北大門)"으로, 장강삼각주 북부의 가장 중요한 도시라고 할 수 있다. 현재 화동의 중요한 교육·과학기술·문화·교통·의료의 중심이며, 동시에

또한 성(省) 내 중요 공상업·금융과 대외
무역의 중심이다.

서주는 중화인민공화국의 특대도시
(特大都市)로, 국무원에서 정한 지방 입
법권을 지닌 18곳의 비교적 큰 도시 중
하나이다. 뉴질랜드 중국 국제 무역 촉
진회에서 가장 높은 등급을 받았다. 강
소성(江蘇省) 중점계획건설의 3대 도시
권, 즉 서주도시권의 핵심 도시이자, 신
유라시안 대륙교 중국단의 5대 중심 도시 중 하나이다.

운룡산(雲龍山) 원경

서주시는 행정급에서는 비록 지급시(地級市)에 해당하나, 경제적으로는 부분적으
로 성회(省會)도시를 뛰어넘었으며, 특히 GDP경제 증가 속도는 강소성 1위이다. 2012
년 전체 해에 GDP 경제 총 생산량은 4016억 위안[元]으로, 중국 경제의 30대 도시에
들며, 남창(南昌)·난주(蘭州)·태원(太原)·곤명(昆明)·해구(海口) 등의 성회도시를 초월하
였다.

서주는 역사적으로 치우(蚩尤)의 본거지로서, 황제(黃帝)의 초도(初都)·팽국(彭國)의
국도(國都)·서국(徐國)의 국도·송국(宋國)의 국도, 그리고 초국(楚國)의 국도였다. 서주는
한고조(漢高祖) 유방(劉邦 : B.C.247?~B.C.195)·남당(南唐) 열조(烈祖 : 888~943) 이변(李昪)·
남조(南朝) 송무제(宋武帝) 유유(劉裕 : 363~422)·후량(後梁) 태조(太祖) 주온(朱溫 : 852~912)
의 고향으로, "아홉 제왕이 서주에 적을 두었다."라고 일컬어지곤 한다. 서주는 "동쪽
으로는 황해에 이르고, 서쪽으로는 중원에 접하며, 남쪽으로는 강회를 두르며, 북쪽으
로는 제노를 수비한다[東襟黃海, 西接中原, 南屛江淮, 北扼齊魯]"라고 하여, 소위 "오성통구
(五省通衢)"로 일컬어진다. 경호철로(京滬鐵路)·농해철로(隴海鐵路)·경호고철(京滬高鐵)
·서란고속철로(徐蘭高速鐵路)가 이곳에서 교차한다. 경항대운하(京杭大運河)는 서주를
남북으로 관통하며, 북쪽으로는 북방 제일의 대호(大湖)인 미산호(微山湖)에 이른다.

자연 환경

서주시는 동경(東經) 116°22′~118°40′, 북위(北緯) 33°43′~34°58′의 사이에 위치한다.
동서 길이는 약 210㎞이고, 남북 폭은 약 140㎞이며, 총 면적은 11,258㎢로, 강소성 총

운룡호 원경

면적의 11%를 차지한다. 화북평원(華北平原)의 동남부에 속하며, 구역 내에는 중부와 동부를 제외하고 소수의 구릉이 존재하며, 대부분은 모두 평원이다. 구릉의 해발은 일반적으로 100~200m 정도이며, 구릉 산지의 면적은 시 전체의 9.4% 정도이다.

구릉산지는 크게 두 군데가 있는데, 하나는 시 구역 중부에 있으며 산체의 높낮이는 일치하지 않고, 그 중에서 가왕구(賈汪區) 중부의 대동산(大洞山)은 시 전체가 가장 높으며 해발 361m이다. 다른 한 군데는 시 구역 동쪽에 위치하는데, 가장 높이 있는 게 신기시(新沂市) 북부의 마릉산(馬陵山)으로 해발 122.9m이다. 평원의 총 지세는 서북쪽에서 동남쪽으로 내려오는 모습으로, 평균 경사도는 1/7000~1/8000 정도이다. 평원이 점유하는 토지의 총 면적은 90%로, 일반적으로 해발 30~50m 사이이다.

서주시는 옛 회하(淮河)의 지류인 기(沂)·술(沭)·사(泗) 같은 여러 강이 있으며, 황하고도(黃河故道)의 분수령으로, 북부의 기·술·사 수계(水系)와 남부의 수(濉)·안하(安河) 수계로 형성된다. 경내의 하류는 종횡으로 교차되며, 늪과 호수, 저수지가 다수 분포하며, 고황하(古黃河)가 동서로 비스듬히 지난다. 경항대운하는 남북을 가로지르며, 동쪽에는 기·술 등의 여러 강 및 낙마호(駱馬湖)가 있으며, 서쪽에는 하흥(夏興)·대사하(大沙河) 및 미산호가 있다. 서주에는 대형 저수지 2곳, 중형 저수지 5곳, 소형 저수지 84곳이 있으며, 총 저수지 용량은 3.31억㎥이다.

호부산고건축군(戶部山古建築群)

서주는 난온대 반습윤 계절풍 기후로, 사계절이 분명하며, 여름이 너무 덥지도 않고, 겨울이 너무 춥지도 않다. 연 평균 기온은 14℃로, 연 일조량은 2284~2495 시간이며, 일조율은 52%~57% 정도이다. 매년 무상기(無霜期)는 200~220일 정도이며, 연 평균 강수량은 800~930㎜이고, 우계(雨季) 때 강수량은 전체 강수량의 56%에 달한다. 기후 자원은 비교적 우월하며, 농작물에 성장에 유리하다. 사계절 중에서 봄과 가을이 짧고, 여름과 겨울이 길다. 봄은 날씨가 변화가 많고, 여름은 기온이 높고 비가 많이 내리며, 가을은 하늘이 높고 청명하며, 겨울은 한파가 여러 번 찾아온다.

역사 연혁

서주는 6천년이 넘는 유구한 역사가 있는 도시로 본디 9주(州)의 하나로 일컬어졌다. 요[堯]임금이 팽조(彭祖)를 오늘날의 시구(市區) 소재지에 봉하여, 대팽씨국(大彭氏國)으로 일컬어졌으며, 서주를 팽성이라고 하는 것도 여기에서 기원하였다.

전국시대에 팽성은 송(宋)에 속하였다가 나중에는 초(楚)에 속하게 되었고, 진(秦)이 통일한 이후에는 팽성현(彭城縣)이 설치되었다. 진나라 말, 유방(劉邦 : BC.247?~B.C.195)과 항우(項羽 : B.C.232~B.C.202) 두 사람이 봉기를 일으킨 후, 의제(義帝 : ?~B.C 206)가 죽을 때까지 초나라의 도읍이었다. 초한전쟁 때에는 서초패왕(西楚覇王) 항우의 도읍이었다.

서한(西漢)시대에는 초나라에 속하였으며, 동한 시대에는 팽성국(彭城國)에 속하였다. 동한시대에는 주 이름이 되어, 군(郡)과 국 5곳을 관할하고, 현(縣)이 62곳이었다. 치소는 담현(郯縣)으로, 지금의 산동(山東) 담성현(郯城縣)에 해당한다. 한나라 말에는 치소를 하비(下邳)로 하였으며, 지금의 강소성 비주(邳州) 동쪽에 해당한다.

동한(東漢) 헌제(獻帝 : 181~234) 때, 조조(曹操 : 155~220)는 서주자사부(徐州刺史部)를 팽성으로 옮겼으며, 팽성을 처음으로 서주로 부르게 되었다. 위진남북조(魏晋南北朝) 각 시대에는 팽성국 혹은 서주를 설치하였으며, 도성이나 치소는 다수가 팽성에 두었다.

수나라 때에는 서주를 설치하였으며, 후에는 다시 팽성에 군을 더하였으며, 치소를 팽성으로 삼았다. 당나라 초에 서주와 팽성군의 명칭은 여러 차례 서로 바뀌었고, 중후기에는 절도사(節度使)가 주둔하였다. 오대 시대에는 각 왕조가 서주를 두었으며, 치소를 팽성으로 삼았으며, 그 아래에 7현을 두었다.

송·원 두 왕조는 모두 서주를 두었으며, 귀덕부(歸德府)에 귀속시켰다. 예속과 관할 구역의 변화는 빈번하였다. 명나라 초에 서주는 일찍이 봉양부(鳳陽府)에 속했으며, 경사(京師)에 예속되었다가 나중에는 남직예(南直隸)에 속하였다. 청나라 초에 서주는 강남성(江南省)과 강소성(江蘇省)에 소속된 직예주(直隸州)였으며, 1733년[옹정(雍正) 11년]에는 서주부(徐州府)로 승격되었고, 1주 7현을 관할하였다.

민국(民國) 초에 서주부가 폐지되고, 부지(府地)에 동산현(銅山縣)을 두었다. 후에는 서해도(徐海道)를 증설하였고, 치소를 동산(銅山)에 두었다. 일제침략기 때에는 동산현에서 서주시로 바꾸고, 중화민국(中華民國) 회해성(淮海省)의 성회로 삼았다. 민국시대에 서주는 국가에서 중점적으로 건설한 8대 도시 중 하나였다. 항전 승리 이후, 민국 정부는 서주시를 두었으며, 강소성에 속하게 하였다. 유명한 3대 전역(戰役) 중 하나인 회해전역(淮海戰役)은 서주를 중심으로 전개되었다.

중화인민공화국 성립 이후, 서주시는 처음에는 산동성에서 관할하는 시였으나, 후에는 강소성에 돌아가게 되었고, 동시에 서주전구(徐州專區)를 성립하여, 서주시에 두고, 서주시는 11개의 현시(縣市)를 관할하게 되었다. 이후 서주시와 서주전구는 병존하였으며, 서로 다른 시기에 관할하고 속하는 변화가 있었다. 1983년에 강소성에서는 시관현체제(市管縣體制)를 시행하여 서주전구를 없애고, 거기에서 관할하던 6현을 서주시에 귀속시켰다.

2010년 서주시는 부분적으로 행정구역을 다음과 같이 조정하였다. 우선 서주시 구리구(九里區)를 없애고, 그 관할 구역을 고루구(鼓樓區)·천산구(泉山區)·동산현(銅山縣)으로 나누었다. 또한 동산현을 철폐하고, 서주시 동산구(銅山區)를 두었다. 서주시는 현재 5구 5시현을 관할한다.

참고자료

中国徐州 http://www.cnxz.com.cn/

中国大百科全书出版社, 1999, 『中国大百科全书中国地理』.

희마대 戲馬臺

서초 패왕 항우, 희마대에 오르다.

희마대(戲馬臺)는 서주(徐州)에 현존하는 가장 오래된 고적 중 하나이다. 기원전 206년에 항우(項羽 : B.C.232~B.C.202)가 진(秦)나라를 멸망시키고, 서초패왕(西楚覇王)으로 자립하여, 팽성(彭城)을 수도로 삼았다. 이후 성 남쪽의 남산에 숭대(崇臺)를 세우고, 희마(戲馬)를 보았다고 해서, 희마대라는 명칭이 유래하게 되었다. 역대로 대(臺)에는 적잖은 건축물들이 세워졌는데, 대두사(臺頭寺)·삼의묘(三義廟)·명환사(名宦祠)·취규서원(聚奎書院)·용취산방(聳翠山房)·비정(碑亭) 등이 있었다. 세월이 지남에 따라 건물들도 사라지곤 하였다. 현재 보수가 이뤄져서 관광객들을 맞이하고 있다.

희마대 산문

유적 현황

희마대는 서주시 중심구 호부산(戶部山)의 가장 높은 곳에 위치하며, 원래 서주시에서 가장 이름있는 고적 중 하나였다. 기원전 206년에 항우가 진나라를 멸망시키고, 서초패왕이 되어 팽성을 도읍으로 삼고, 성 남쪽의 남산에 대를 쌓아 희마·연무(演武)와 열병(閱兵) 등을 하였다는 데에서 희마대라는 명칭이 붙게 되었다.

역사적으로 희마대에는 각 나라마다 적잖은 건축물들이 들어섰는데, 이를테면 대두사·삼의묘·명환사·취규서원·용취산방과 비정 등이 있었다. 세월이 흐르면서 이러한 건물들은 무너지고 사라졌다. 1980년대 원림관리부문(園林管理部門)의 중건으로,

동원과 서원 정면 모습

희마대에는 청관식(淸官式) 건축을 모방한 고건축군이 들어서게 되어, 국내외 여행객들을 반기고 있다.

산문(山門)은 3칸으로 되어 있는 문루식(門樓式)대문으로, 문을 들어서면 조벽(照壁)에 전자(篆字)로 "발산개세(拔山蓋世)"라고 적혀 있다. 동쪽의 높은 대기(臺基)에는 구리로 주조한 큰 솥[巨鼎]이 하나 놓여 있는데, 여기에는 "패업웅풍(霸業雄風)"이라는 4글자가 새겨져 있다. 정(鼎)은 장방형으로 두 귀와 네 다리를 갖고 있으며, 무게 6.5t, 높이 2.25m, 길이 1.91m, 폭 1.51m이다. 정의 가운데에는 항우의 역사 공적을 칭송하는《희마대정명(戱馬臺鼎銘)》이라는 한편의 명문(銘文)이 주조되어 있다. 이러한 솥은 당시 중요한 예기(禮器)였기에 전시해 놓은 것도 있지만, 항우가 이 정도나 되는 큰 솥을 들 수 있었던 장사였다는 점을 보여주기 위해 전시한 것이다.

한 줄의 유리기와를 덮은 붉은 담벽은, 동면에 두 곳의 합원(合院)과 연접해 있다. 동원(東院)은 "초실생춘원(楚室生春院)"이라 부르며, 천랑(穿廊)·웅풍전(雄風殿)과 동서배전(東西配殿)으로 조성되었다.

웅풍전 앞에는 서초패왕 항우의 석조상(石彫像)이 세워져 있으며 높이는 2.85m이다. 웅풍전은 초실생춘원의 정전(正殿)으로, 웅풍전 앞에는 반룡주(蟠龍柱) 2기가 세워졌다. 이는 진귀한 문물로 희마대 건축군 중에서 오래된 것 중 하나이며, 조각이 정교하고 생동감이 넘치는 모습이다. 반룡주는 현재 색이 많이 바라졌지만, 이전의 채색을 유지하고 있다. 하지만 이후의 훼손을 막기 위해, 현재는 유리로 보호를 하고 있다.

희마대정명이 새겨진 큰 솥

웅풍전 안의 중앙에는 항우가 살던 시대의 유물들을 복원해 놓았다. 또한 그 가운데에서 항우에 관련된 동영상을 상영한다. 항우가 어떠한 생애를 살았고, 또한 어떠한 업적이 있었는지에 대해서 방영한다.

웅풍전 후벽(後壁)에는 "서초춘추(西楚春秋)"라는 벽화가 새겨져 있는데, 길이 14m, 높이 1.3m로, 항우의 영웅적이고 비장한 일생을 재현해 놓았다.

동서배전은 각각 거록대전(巨鹿大戰)과 정도팽성(定都彭城)이라 적혀 있다. 거록대전은 웅풍전 정면을 기준으로 왼쪽

웅풍전 내부 모습

에 위치하며, 항우가 거둔 대승인 거록대전에 대한 내용들을 전시해 놓았다. 내부에는 거록대전 당시 항우의 활약을 황동으로 부조를 만들어 놓았다. 그 아래에는 한나라 때의 도기와 무기를 전시해 놓았다.

정도팽성은 웅풍전 정면을 기준으로 오른쪽에 위치하며, 그 내부에는 서초패왕이 된 항우가 팽성에 도읍을 정하는 모습을 표현해 놓았다. 팽성은 역사적으로 중요한 도시이기 때문에 이렇게 표현해 놓은 것이기도 하지만, 지금의 서주이기 때문에 더욱

웅풍전 앞의 반룡주

더 강조한 측면도 있다. 또한 이 곳 희마대 역시 팽성 당시에 조성된 것이기 때문에 더욱더 중요하게 다뤄진 듯 하다.

서원(西院)은 "추풍희마원(秋風戲馬院)"이라 부른다. 희마당(戲馬堂)은 추풍희마원의 주전(主殿)으로, 회랑이 주위를 두르며, 24기의 붉은 기둥이 배열되어 두르고, 네 벽은 격자창[窓櫺]이 조각되었다. 희마당 내에는 크게 3가지 장면이 모형으로 만들어져서 전시되고 있다. 제일 가운데에는 팽성에 도읍을 정한 항우가 활동하는 모습이 표현되어 있다. 그 왼쪽에는 희마대에서 군대를 사열하는 항우와 우희(虞姬 : ?~B.C.202)의 모습이 표현되었다. 오른쪽에는 당시 항우의 군대가 전쟁을 치루는 모습을 복원해 놓았다.

희마당의 동배전(西配殿)에는 항장무검(項莊舞劍)이라는 장면이 표현되었다. 이는 홍문연(鴻門宴)에서는 긴장된 분위기를 잘 묘사해 놓았다. 당시 홍문연에서는 유방(劉邦 :

희마당 정면

B.C.247?~B.C.195)에 대한 암살 시도가 이뤄졌으며, 각 인물들의 모습을 밀랍인형으로 만들어서 재미있게 표현하였다. 유방은 갑작스런 상황에 겁을 먹은 모습이고, 항장(項莊)[166]은 유방을 죽이려고 칼을 휘두르고 있으며, 이를 항백(項伯 : ?~B.C.192)[167]이 막아서고 있다. 유방의 건너편에서는 범증(范增 : B.C.277~B.C.204)[168]이 수염을 어루만지며 그 모습을 지켜보고 있고, 항우 또한 전체적인 상황을 태연하게 바라보고 있다. 그리고 유방을 돕기 위해 번쾌(樊噲 : ?~B.C.189)[169]가 연회장에 방패와 칼을 들고 들어온 모습이 표현되었다.

서배전(西配殿)은 대형 벽화로, 해하(垓下)전투에서 패배한 뒤 패왕이 애첩 우희와 결별하는 장면이 간략하게 표현되었다. 유방과의 싸움에서는 줄곧 우위에 있었던 항우였지만, 결국 역사의 흐름을 거스르진 못하였다.

항장의 암살시도에 겁먹은 유방

희마대 대명비석(臺名碑石)은 대 꼭대기의 중첨(重檐) 육각정(六角亭)인 풍운각(風雲閣) 내에 세워졌으며, 비석의 높이는 2m가 넘는다. "희마대(戲馬臺)"라는 3글자는 명대(明代) 서주 병비도(兵備道) 우참정(右參政) 유성막(柳城莫)이 쓴 글이다. 숭대는 희마대 꼭대기이자 풍운각의 뒤에 위치한다. 지세는 비교적 높고, 대에 오르면 사방을 조망할 수 있다. 희마대 북쪽에는 곡랑(曲廊)·추승헌(追勝軒)·집췌정(集萃亭)과 계마장(系馬椿)·오추조(烏騅槽) 등의 관광지가 있다.

역사 전설

희마대 및 그 전략적인 지위에 관해, 북송(北宋)의 문학가 소식(蘇軾 : 1037~1101)은 일찍이 이렇게 말하였다.

"성의 삼면은 물로 가로막혀 있고, 누첩 아래로는 변사가 못을 이루며, 오로지 남쪽으로만 거마가 다닐 수 있다. 그리고 희마대가 있는데 그 높이가 열 길이나 되며, 그

넓이가 백보나 된다. 만약 무용을 쓰는 세상이라면, 천명이 그 위에 주둔하여, 나무를 쌓고 돌을 던져 전쟁에 방어하는 무기를 갖추고, 성 안팎으로 서로 호응하며, 3년의 양식을 성중에 쌓아둔다면, 비록 10만의 대군이 공격하더라도 쉽게 얻기 어려울 것이다.[城三面阻水, 樓堞之下以汴泗爲池, 獨其南可通車馬, 而戲馬臺在焉, 其高十仞, 廣袤百步. 若用武之世, 屯千人其上, 聚壘木炮石凡戰守之具, 以與城相表里, 而積三年粮于城中, 虽用十万人不易取也.]" 이를 통해 군사가(軍事家)

풍운각

인 항우가 희마대를 쌓은 것은, 단지 여흥을 즐기려는 것 뿐만 아니라, 전략적인 고려라는 더욱더 중요한 목적 때문으로 볼 수 있다.

그러나 "역발산기개세(力拔山氣蓋世)"의 항우는, 결국 정치가는 아니었다. 그는 진병(秦兵)의 도끼 아래에서 사라진 게 아닌, 같이 뜻을 펼쳤던 한군(漢軍)의 손에 의해 부서

웅풍전 앞의 항우 석상

졌다. 이러한 점 때문에, 항우는 군사에서는 승리했지만 정치에서는 패배했다고 말한다. 예로부터 "승자는 왕과 제후가 되고, 패자는 도적이 된다[成者王侯敗者寇]"라 하였으나, 항우는 승패를 떠나 사람들에게 영웅으로 인식된다. 이는 천고 이래로 사람들이 희마대에서 과거를 회상하게 되는 주요 원인이라 할 수 있다.

416년에 동진(東晉)의 대장 유유(劉裕 : 363~422)가 북벌(北伐)에서 승리하고 회군하면서 팽성(彭城)을 경유하였다. 이때 중양절(重陽節)을 맞이하여, 희마대에서 큰 연회를 베풀었다고 한다. 이에 당대(唐代) 시인(詩人) 저광희(儲光羲 : 707~760)[170]는《희마대에 올라 짓다[登戲馬臺作]》이라는 시에서 "천문과 신무로 원훈을 세워, 아흐레 동안 수유나무에서 육군과 잔치를 하였다네.[天門神武樹元勛, 九

희마대 戲馬臺

日萃旗饗六軍]"라고 하여, 유유가 중양절에 신료들과 함께 희마대에서 연회를 벌였음을 묘사하였다.

450년[태평진국(太平眞國)11년], 북위 탁발도(拓跋燾 : 408~452)[171]가 군대를 일으켜 남하(南下)하여, 희마대 위에 막사를 세우고, 이곳에서 회의를 하면서 성 안을 호시(虎視)하기도 하였다. 역대 왕조에선 문신무장(文臣武將)과 시인소객(詩人騷客)이 그치지 않고 계속 왔으며, 혹은 고대(高臺)에 올라 한 손을 불끈 쥐면서 애석해 하였고, 혹은 지난날의 깊은 정을 떠올리기도 하였다. 사령운(謝靈運)·장적(張籍)·소식·진사도(陳師道)·문천상(文天祥)·사두리[薩都刺]·원매(袁枚)·염이매(閻爾梅) 등이 이곳에 와서 남긴 글이 세상에 전해진다.

희마대는 역대로 상전벽해(桑田碧海)를 겪어왔다. 초패왕 항우의 흔적이 남아 있는 이곳은 후인들의 영웅에 대한 경모와 참배의 필수 코스로, 끊임없이 건물이 세워졌다. 그중에서 풍운각이 가장 유명하여, 희마대 고적의 상징이 되었다. 풍운각은 또한 희마대 비정으로도 불리는데, 1848년(도광 28년)에 세워졌다 이층의 비첨(飛檐)에 육각의 탁공(啄空)이고, 붉은 기둥에 유약을 바른 기와를 썼으며, 높이는 3장(丈)을 웃돈다. 그 남쪽 처마 아래에는 "종차풍운(從此風雲)"이라는 4글자의 전액(篆額)이 새겨져 있다. 정자 안의 비석에는 "희마대"라는 3글자가 새겨져 있다. 이 외에도 희마대에는 여러 색이 더해졌다. 그러나 유감스럽게도 서주가 수해에 휩싸이고 병화(兵火)의 고통을 받으면서, 기타 건축물은 대다수가 무너지게 되었다. 근대(近代)에 들어 광활한 대면(臺面)에는 오직 풍운각만이 덩그러이 놓여있게 되었다.

항우 초상

항우의 생애

진나라 말기 유방과 천하를 놓고 다투었던 무장으로. 이름은 적(籍)이고, 자는 우(羽)이며, 임회군(臨淮郡) 하상현(下相縣) 출신이다. 항우의 가문은 대대로 전국 시대 초(楚)나라의 무장을 역임하였다. 항우 역시 키가 8척이 넘고 힘은 커다란 솥[鼎]을 들어 올릴 만했으며 재기(才氣)가 범상치 않아 오중(吳中)의 자제들조차도 이미 모두 항적을 두려워했다고 하여 장수로서의 재능을 보였다.

숙부 항량(項梁 : ?~B.C.208)[172]의 밑에서 글과 검술 등을 배우나 도중에 포기하곤 하였다. 항우는 이에 "글은 성명을 기록하는 것으로 족할 따름이며, 검은 한 사람만을 대적할 뿐으로 배울 만하지 못하니, 만인을 대적하는 일을 배우겠습니다[書足以記名姓而已. 劍一人敵, 不足學, 學萬人敵]."라고 하였다.

일찍이 항량이 살인을 저지르는 바람에 항우는 항량과 함께 오(吳)로 도망하여 정착하였다. 이 시기에 진시황(秦始皇 : B.C.259~B.C.210)이 회계산(會稽山)을 유람하고 절강(浙江)을 건너는데, 항량과 항우가 함께 그 모습을 지켜보았다. 이때 항우가 말하기를 "저 사람의 자리를 내가 대신할 수 있으리라[彼可取而代也]."라고 한 일화가 전해진다.

기원전 209년[이세황제(二世皇帝) 원년] 진승(陳勝 : ?~B.C 208)[173]과 오광(吳廣 : ?~B.C.208)[174]이 반란을 일으켜 진나라가 혼란에 빠지자, 숙부 항량과 함께 오(吳)에서 회계군수(會稽郡守) 은통(殷通)을 죽이고 거병했다. 항량과 항우의 명성이 퍼지고 진성과 오광의 난이 진압되면서 세력이 커지게 되며 군사를 이끌고 장강(長江)을 건너 서진하여 진영(陳嬰)과 경포(黥布 : ?~B.C.195)[175], 포장군(蒲將軍) 등이 수하로 들어왔다.

진승이 죽자 항량과 항우는 범증의 의견을 받아들여 양치기 노릇을 하던 초회왕(楚懷王 : ?~B.C.296)[176]의 손자 웅심(熊心 : ?~B.C.206)[177]을 왕으로 세운다. 항량이 진나라 장수 장한(章邯 : ?~B.C.205)[178]의 습격을 받아 죽었다. 장한은 이후 초나라는 근심할 것이 없다 여기고 조(趙)를 공격하였다. 이에 초회왕은 송의(宋義)를 상장군, 항우를 차장(次將)으로 삼아 조나라를 구하게 했다. 이 때 송의가 안양(安陽)에 이르러 머뭇거리며 진군하지 않자 항우는 그를 죽이고 진격하여 거록(巨鹿)에서 진나라의 주력 군대를 격파했다. 항우는 혹여 다른 마음을 갖게 될 것을 염려하여 항복한 진나라 군사 20만명을 밤에 습격하여 신안성(新安城)에 생매장시켰다.

앞서 진나라의 도성 함양(咸陽)에 들어왔던 유방과 홍문(鴻門)에서 만나 복속시켰다. 그 뒤 함양에 입성하여 진나라 왕 자영(子嬰 : ?~B.C.206)을 죽이고 함양을 불살랐다. 초회왕을 높여 의제(義帝)라 높이고 곧 자립하여 팽성에 도읍하고 서초패왕이라 칭하면서 제후왕(諸侯王)을 봉했다. 이 때 유방 역시 한왕(漢王)으로 세워 파촉(巴蜀)을 다스리게 하고 유방을 견제하였다.

이후 유방과 패권을 다투었으며 수번의 전투에서 승리한다. 그러나 각지에 봉한 제후를 통솔하지 못하고 유방의 이간책과 고립책에 넘어가는 등으로 전세가 역전되고 말았다. 최후에는 해하에서 유방의 군대에 포위되어 사면초가(四面楚歌)에 몰렸고 오강(烏江)까지 이르게 되었다. 결국 항우는 자신의 목을 찔러 자살했다. 자살하기 전 강을 건너 강동(江東)으로 건너가 왕이 되기를 청하는 이도 있었으나 부끄러움에 스스로 거절하여 끝까지 유방의 한군(漢軍)에 대항하였다. 항우는 손에 짧은 무기만을 들고 혼자서 한군 수백 명을 죽였으며 항우의 몸에 많은 포상이 걸려 항우가 자살한 뒤 병사들이 그 시신을 차지하고자 서로 싸우다 죽이기까지 하였다.

참고자료

사마천 저·김영수 역, 2010, 『완역 사기 본기』1, 알마.

孫天胜, 2008, 『徐州文化旅游』黑龙江人民出版社.

임종욱, 2010, 『중국역대인명사전』, 2010, 이회문화사.

166) 초(楚)나라 하상(下相) 사람으로 항우의 종제(從弟)이다. 홍문연에서 범증이 유방을 죽이라고 명령하자 칼춤을 추면서 죽이려고 하였다. 하지만 항백이 항장과 함께 춤을 추면서 몸으로 막아 유방을 죽이지 못하게 하였다.

167) 진(秦)나라 말기 하상 사람으로, 항우의 숙부이다. 이름은 전(纏)이고, 백(伯)은 자다. 항우를 따라 병사를 일으켜 진나라를 공격하고, 초좌영윤(楚左令尹)이 되었다. 범증이 홍문연에서 유방을 죽이려고 하는 계략을 알고 전날 밤에 장량(張良 : ?~186)에게 이 사실을 알려주었다. 당일 날 항장과 함께 춤을 추면서 몸으로 막아 유방이 달아나도록 도왔다. 기원전 200년에 사양후(射陽侯)에 봉해지고, 유씨 성을 받았다.

168) 진나라 말기 거소(居鄛) 사람으로, 항우의 모사(謀士)이다. 진나라 말 농민반란이 일어나자 항량에게 초나라 귀족의 후예를 왕으로 세우라고 권하였다. 항량이 죽자 항우에서 훌륭한 계책을 많이 제안하여 아부(亞父)로 항우에게 불리며 존경받았다. 여러 번 유방을 죽이라고 충고했으나 끝내 받아들여지지 않았고, 도리어 유방의 반간계(反間計)로 항우의 의심을 사게 되었다. 이후 등창이 도져 항우를 떠나는 도중에 병사했다.

169) 전한 초기 패현(沛縣) 사람으로, 시호는 무후(武侯)다. 유방을 섬겨 병사를 일으켜 진나라를 공격하였으며, 수차례 전공을 세웠다. 함양의 홍문연에서 유방을 위기에서 구해 탈출하게 했다. 낭중(郞中)이 되고, 임무후(臨武侯)에 봉해졌다. 유방이 즉위한 뒤 장도(臧荼)와 진희(陳豨), 한신(韓信 : ?~B.C.196)을 공격했고, 좌승상(左丞相)과 상국(相國)이 되었다. 그 뒤 여러 반란을 평정하여 무양후(舞陽侯)에 봉해졌다.

170) 당나라 윤주(潤州) 연릉(延陵 : 지금의 강소성 단양 남쪽) 사람이다. 726년[개원(開元) 14년] 진사가 되고, 중서시문장(中書試文章)과 사수위(氾水尉)를 지냈다. 나중에 종남산(終南山)에 은거했다가, 이후 태축(太祝)에 임명되어 세칭 저태축(儲太祝)으로 불린다. 안록산(安祿山 : 703?~757)에 의해 협박으로 관직을 받았기에, 난이 평정된 뒤 영남(嶺南)으로 귀양가서 죽었다. 본래 문집 70권이 있었다고 하며, 현재 『저광희시(儲光羲詩)』가 전한다.

171) 북위(北魏)의 제3대 황제로, 묘호는 세조(世祖), 시호는 태무제(太武帝)이다. 즉위하자 유연(柔然)을 쳐서 큰 타격을 준 뒤 이어 하(夏)와 북연(北燕)을 멸망시켜 북위의 화북(華北) 통일을 완성했다. 450년에 유송 정벌에 나서, 병력 100만을 이끌고 황하(黃河)를 건너 송나라 군을 격파하였다. 불교를 탄압했으며, 이는 삼무일종(三武一宗)의 사대법난(四大法難) 가운데 하나로 손꼽힌다. 452년[승평(承平) 원년] 환관 종애(宗愛)에게 피살되었다.

172) 진나라 말 하상 사람으로, 전국시대 말 초나라의 장수 항연(項燕 : ?~233)의 아들이자, 항우의 숙부다. 진승과 오광이 농민봉기를 일으키자 조카 항우와 은통을 죽이고 거병했다. 이후 장초정권(張楚政權)의 상주국(上柱國)이 되었다. 군사를 이끌고 장강(長江)을 건너 서진하여 진영과 경포, 포장군 등을 수하로 삼았다. 진승이 죽자 초회왕의 손자 웅심을 왕으로 세우고 자신은 무신군(武信君)이 되었다. 정도(定陶)에서 진나라 장수 장한의 습격을 받아 죽었다.

173) 진나라 말기 양성(陽城) 사람으로, 자는 섭(涉)이다. 본래 신분이 낮아 남에게 고용되어 농사에 종사했다. 진시황제가 죽은 뒤 기원전209년 7월 어양(漁陽)으로 수자리를 갔을 때 둔장(屯長)이 되었다. 기현(蘄縣) 대택향(大澤鄕)에서 폭우를 만나 정해진 기한까지 갈 수 없자, 동료 오광과 함께 수졸 9백 명과 반란을 일으키고 장군이 되었다. 곳곳에서 이를 호응하였고 진(陳)에서 왕을 칭하고, 국호를 장초(張楚)라 하였다. 이후 장한에게 진이 포위당하였으며, 장가(莊賈)에게 살해당했다.

174) 진나라 말기 양하(陽夏) 사람으로, 자는 숙(叔)이다. 기원전 209년에 대택향에서 진승과 함께 반란을 주도하여 도위(都尉)가 되었다. 진승을 왕으로 세우고, 이름을 장초라 했다. 자신은 가왕(假王)이 되어 장병을 이끌고 서쪽 형양(滎陽)으로 진공했는데, 끝내 함락하지 못했다. 나중에 부장(部將) 전장(田臧)이 진승의 명령이라 속여 살해했다.

175) 영포(英布)라고도 하며, 전한 육안(六安) 육현(六縣) 사람이다. 법을 어겨 경형(黥刑)을 당해 경포로 불렸다. 유방을 도와 전한을 세운 장군으로 본래는 항량의 편이었다. 항량이 죽자 항우의 아래에 있었다. 이후 구강왕(九江王)에 봉해졌다. 초한(楚漢) 전쟁 중에 한나라로 귀순하여, 회남왕(淮南王)에 봉해졌고, 유방을 따라 해하전투에서 항우를 격파했다. 한나라가 세워진 뒤 한신(韓信 : ?~196)과 팽월(彭越 : ?~196) 등 개국 공신들 죽임을 당하자 반란을 일으켰다가 실패하였고, 이후 주살되었다.

176) 전국시대 초나라의 국주로, 성은 웅씨(熊氏)고, 이름은 괴(槐)이다. 재위기간 동안 정치는 부패하고 현신(賢臣)들은 배척당했다. 장의(張儀 : ?~B.C.309)가 영토 6백 리를 할애하겠다면서 진나라와 우호를 맺고 제(齊)나라와는 관계를 끊으라고 권하자 이를 믿었다. 이후 진나라가 영토를 주지 않아 공격하자, 도리어 땅을 잃고 병사 8만이 전사하였다. 굴원(屈原 : B.C.343?~B.C.278?)의 만류를 뿌리치고 진나라에 들어갔다가 억류된 뒤 그곳에서 죽었다.

177) 전국시대 초회왕 웅괴(熊槐)의 손자이다. 초나라가 멸망한 뒤 민간에서 양을 기르며 살았다. 기원전 209년 항량이 거병하고 옹립을 받아 초왕(楚王)이 되었다. 항량이 죽고 진나라 군대가 들어오자 팽성으로 천도했다. 일찍이 여러 장군들에게 진나라를 공격해 먼저 입관(入關)하는 사람을 왕으로 인정하겠다고 했다. 유방이 먼저 들어가자 약속을 지키려 했다. 하지만 이에 화가 난 항우가 스스로 서초패왕이 되고, 회왕을 높여 의제로 삼은 뒤 장사(長沙)로 옮겼다. 이후 항우는 형산왕(衡山王) 오예(吳芮) 등을 보내 살해했다.

178) 진나라 사람으로, 자는 소영(少榮)이다. 진이세황제(秦二世皇帝 : B.C.229?~B.C.207) 때 소부(少府)를 지냈다. 진승과 오광의 난이 일어나자, 황명으로 역산(酈山)의 도졸(徒卒)을 이끌고 진압하였다. 또 사마흔(司馬欣) 등과 항량을 격파하였다. 기원전 207년에 거록전투에서 항우에게 패한 뒤 투항했다. 항우를 따라 입관한 뒤 옹왕(雍王)에 봉해졌다. 초한전쟁 때 유방을 공격하다가 패하자 자살했다.

사자산 한초왕릉 獅子山漢楚王陵

오초칠국의 난, 여기에서 멈추다.

한초왕릉 입구

사자산 초왕릉(獅子山楚王陵)은 서주시구(徐州市區) 동부에 위치한다. 능묘구역[陵區]은 산들이 이어져 있으며 사자산(獅子山)·양귀산(羊鬼山)·수구산(綉球山)으로 구성된다. 능묘구역 안에는 초왕(楚王)과 왕후(王后)의 무덤 이외에도, 수많은 배장갱(陪葬坑)·배장묘(陪葬墓)·능침건축(陵寢建築)유적 등이 있다.

사자산 초왕릉은 1995년 전국 10대 고고발견 중 하나로 지정되었다. 고고학자들과 역사학자들의 연구에 따르면, 사자산 초왕릉과 병마용갱의 주인은 제 2대 초왕(楚王)인 유영(劉郢) 혹은 제 3대 초왕인 유무(劉戊 : ?~B.C.154)로 보고 있다.

유적 현황

현재 이곳은 한초왕릉(漢楚王陵)과 서주한병마용박물관(徐州漢兵馬俑博物館) 및 수하병마용박물관(水下兵馬俑博物館)과 근거리에 위치한다. 이들은 모두 서로 연관이 깊으며, 이 외에도 주변에는 유씨종사(劉氏宗祠)와 죽림사(竹林寺)가 있다. 이곳에서는 이들 모두를 둘러 볼 수 있도록 되어 있으며, 서주한문화경구(徐州漢文化景區)로 묶여졌다.

입구로 들어서면 한초왕릉이 제일 먼저 보인다. 초왕릉 입구 앞에는 한초왕상(漢楚王像)이 있다. 이 사람이 누구인지에 대해서는 논란이 있긴 하지만 잠정적으로는 제 3대 초왕인 유무로 보고 있다. 이 동상은 초왕릉 내부의 흉상과 얼굴이 똑같은데, 이는 초왕릉에서 출토된 두개골을 바탕으로 얼굴을 복원하였기 때문이다.

초왕릉 앞에는 노란색 전기차가 대기하고 있는데, 이를 통해 주변을 둘러 볼 수 있도록 한 것이다. 거리가 다소 먼 곳도 있지만, 전체적으로는 그렇게 먼 편이 아니기 때문에 굳이 전기차를 타지 않고 걸어서 이동해도 괜찮다.

한초왕상 뒤에 한나라 때의 양식으로 복원한 건물이 세워져 있으며, 이곳을 통하여 초왕릉으로 들어 갈 수 있다. 초왕릉을 발굴하고 나서, 그 위에 전시관을 만든 것으로, 내부는 초왕릉으로 들어가서 볼 수 있는 구조로 되어 있다.

현재의 초왕릉은 지하에 있는 것처럼 보이지만 무덤 조성 당시에는 그렇지 않았다. 본래 사자산은 현재보다도 더 높은 산이었지만, 계속되는 퇴적작용으로 그 높이가 변하게 된 것이다. 이는 귀산한묘(龜山漢墓)도 마찬가지이며, 서주지역에 있는 한묘(漢墓)의 특징이기도 하다.

한초왕상

한초왕릉 주변 유적

배장갱은 현재 20기 정도가 발견되었으며, 주로 병마용갱(兵馬俑坑)·기물갱(器物坑)과 거마기갱(車馬器坑) 등이 있다. 병마용갱은 주로 사자산 서쪽, 수구산과 양귀산 북

서주 사자산 초왕릉 평·단면도(黃曉芬, 2006, 『한대의 무덤과 그 제사의 기원』)

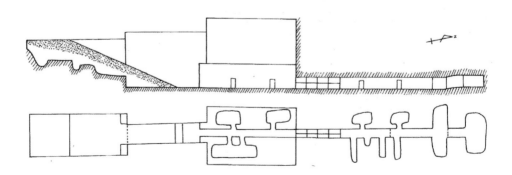

희마대 戲馬臺

쪽, 양귀산 동쪽 3구역에 집중되어 있다.

사자산 서쪽에서는 총 4곳의 병마용갱, 2곳의 기병용갱(騎兵俑坑)이 발견되었으며 현재 발굴조사 된 병용(兵俑)은 2,000여 점이고, 기병용(騎兵俑)은 100여 점이며, 이들은 무덤 구역 내 최대 병마용갱에 해당한다. 북구(北區)에는 현재 3곳의 용갱(俑坑)이 발견되었는데, 모두 규모가 비교적 작으며, 매 용갱에서는 병용(兵俑)이이 10여 점씩만 출토되었다.

동구(東區)에는 현재 각종 배장갱이 7군데가 발견되었으며, 그 중에서 용갱은 3곳이며, 매 갱 내에서는 병용이 약 70~200점 정도 묻혔다. 기물갱이 비교적 많고, 갱 내에는 주로 모형으로 된 거마명기(車馬明器)·대도옹(大陶甕)·칠기·동기·철기 등이 매장되었다.

한초왕릉 구조

사자산은 무덤구역 안의 남부에 위치하며, 초왕의 능묘는 이 산 위를 개착하여 조성되었다. 능묘의 총 길이는 117m이고, 개착한 최대 깊이는 16m에 달한다. 묘도(墓道)·천정(天井)·이실(耳室)·용도(甬道)·측실(側室)·전실(前室)·후실(後室) 및 배장묘 등으로 구성된다.

묘도는 내중외(內中外) 세 부분으로 나뉜다. 묘도의 총 길이는 68.3m로, 그 입구는 매우 크며 안으로 갈수록 점차 좁아지는 모습이다. 현재 외묘도(外墓道)는 두 길을 통해 들어갈 수 있도록 되어 있으며, 가운데에는 여러 돌들이 놓여 있다. 외묘도의 길이는 28.7m, 폭은 9.15m로, 그 사이에는 여러 돌들이 있었다. 저부에서는 쇠망치[鐵錘]·

정면에서 바라본 초
왕릉 묘도

쇠끌[鐵鑿] 등 당시에 쓰인 공구들이 출토되었다. 현재 이들은 묘도의 돌들 위에 전시되어 있다. 끝부분의 동서 양쪽에는 100여 점에 달하는 채회도용(彩繪陶俑)이 매장되어 있었는데, 이는 초왕능묘 입구의 수문장을 상징한다.

중묘도(中墓道)는 길이 20.3m, 폭 3.45m, 높이 13.4m로 평평하게 조성하였으며, 묘벽은 수직으로 되어 있다. 일부는 당시 공사 도중에 무너진 부분도 보이고, 이를 수리한 흔적도 찾아 볼 수 있다. 무너진 부분은 벽돌 모양으로 흙을 쌓아 막아서 견고하게 다졌다. 동북 모서리에는 배장묘가 있으며, 묘주인의 신분은 "식관감(食官監)"이다. 서쪽에는 수십점의 채회도용이 매납되었다.

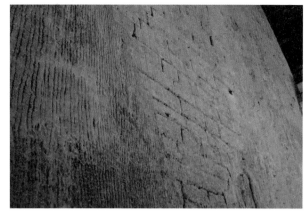

중묘도의 무너진 부분 보수 흔적

내묘도는 남쪽으로 중묘도와 접하며, 북쪽으로는 지궁(地宮)의 주묘문(主墓門)과 서로 통하고, 그 위에는 천정이 있다. 길이 19.3m, 폭 2.07m이고, 천정 저부 평대(平臺)와는 5.08m 정도 떨어져 있다. 남북 중축선으로 되어 있는 천정의 저부가 바로 내묘도이다.

내묘도 양쪽에는 3개의 이실이 있다. 이들은 불규칙적인 장호형(長弧形)을 이루고 있다. 원래는 나무문이 있었고 또한 돌을 쌓아 봉했던 것으로 보인다. 다행이 이 3곳의 이실은 도굴의 피해를 입지 않았으며, 대량의 금·은·옥·동기가 출토되었다.

서1이실(西一耳室 : W1)은 예기(禮器) 및 병기(兵器)를 위주로 저장하는 어부고(御府庫)로, 길이 6.2m, 폭 3.1m, 높이 1.8m이다. 이곳에서는 금대구(金帶釦) 2점과 옥치(玉卮)·고족배(高足杯)·옥이배(玉耳杯) 등 초왕의 어용(御用) 주기(酒器)들이 출토되었다. 그 외에도 청동종(靑銅鐘)·정(鼎)·방(鈁)·이(匜)·상아육박기반(象牙六博棋盤)·옥표(玉豹)·옥선(玉蟬) 등 대량의 문물들이 출토되었다. 또한 실내에는 검(劍)·과(戈)·모(矛)·극(戟)·피(鈹) 등의 청동 및 철제로 된 각종 한나라 초기의 무기들도 출토되었다.

서이실 내부 모습

서2이실(西二耳室 : W2)은 초왕 궁실(宮室)의 목욕기구(沐浴器具)가 주로 매장된 어부고로, 길이 5.9m, 폭 3.2m, 높이 1.84m이다. 지면에는 삿자리[葦席]를 깔았으며, 자리 위에는 은감(銀鑑)·은현(銀鋗)·은분(銀盆) 및 동감(銅鑑)·동편호(銅扁壺)·동훈로(銅薰爐) 등 왕실 목욕 기구

주묘문을 막아놓은 새
석의 출토 당시 사진

가 있었으며, 그릇 안에는 중초향료(中
草香料)·목욕염합(沐浴奩盒) 등이 들어
있었다.

주묘문은 지궁으로 진입하는 문으로,
폭 2.04m, 높이 1.93m이다. 그 바깥에는
원래 두 짝의 목제 여닫이문이 있었으
나 부식되었다. 묘문 안에는 4쌍으로 16
개의 새석(塞石)이 "田"자형을 이루고 있
다. 발굴 당시 오른쪽 위에 있는 한 줄의
새석은 도굴꾼에 의해 빠져 있었다. 이러한 새석은 붉은 색으로 용도 내의 어디에 위
치하였는지, 또한 순서 및 크기에 대해서 글씨가 적혀 있었다.

용도는 주묘문에서 지궁의 주실까지 통하는 길로, 길이는 33.8m이다. 새석 안쪽과
용도 중부 25m 되는 곳에는 목제 여닫이문으로 구분되며, 이를 통해 외·중·내 3곳으
로 나눌 수 있다. 지궁 내부는 일찍이 도굴되었지만, 발굴 당시 여러 유물들이 출토되
었다.

측실은 지궁 주묘문의 안쪽에 있으며, 용도 양쪽을 파서 만든 부속 묘실이다. 총 6
칸이 있으며, 그 중에서 동쪽 4칸은 동서 직통식(直通式)의 구조로 되어 있었다. 각 실
의 바깥쪽에는 목제로 된 미닫이문을 하나씩 두었다.

동1측실(東一側室 : E2)은 화폐를 저장하는 전고(錢庫)로, 남쪽으로 주묘문과
14.46m 정도 떨어져 있으며, 길이 4.7m, 폭 1.58m, 높이 1.7m이다. 출토된 화폐 수량
은 176,000매에 달하며, 이들은 모두 서한(西漢) 초기에 유통되었던 반량전(半兩錢)
이다. 현재는 유물들은 모두 수거해 갔으며, 대신 당시 동전이 쌓였던 만큼의 흙을
쌓아 놓았다.

서1측실(西一側室 : W3)은 초왕이 생전에 사용하던 일상용구를 저장한 어부고로, 길
이 4.96m, 폭 2.5m, 높이 1.8m이다. 문길 바깥쪽에는 목제 여닫이문을 두었다. 묘실에
는 동경(銅鏡)·대구(帶鉤)·철갑옷편[鐵鎧甲片]·유금거마기(鎏金車馬器) 등의 유물들이 산
포되어 있었다.

동2측실(東二側室 : E3)은 미완성되었으며, 길이 1.5m, 폭 1.33m, 높이 1.46m이다. 봉
문(封門) 장치는 없고, 실내에는 매장된 유물들이 없어 그 용도를 알 수 없다.

동3측실(東三側室 : E4)은 초왕 빈비(嬪妃)의 배장묘실(陪葬墓室)로, 길이 4.55m, 폭 1.48m, 높이 1.75m이다. 공심전(空心磚)으로 벽을 만들어 문을 봉하였으며, 그 뒤에는 원래 목제 미닫이문이 있었다. 실내에서는 옥침(玉枕)·옥새(玉塞)·옥무인(玉舞人)·옥형(玉珩) 등의 유물이 출토되었다. 출토된 어금니를 토대로 묘주인의 연령이 28세 정도임을 알 수 있었다.

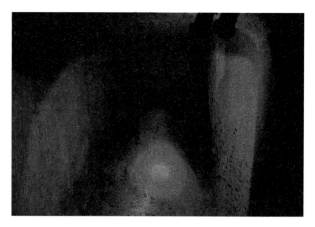

동1측실 내부 모습

동4측실(東四側室 : E5)의 봉문 구조는 E4측실과 완전히 동일하며, 길이 4.68m, 폭 1.5, 높이 1.91m이다. 바깥은 공심전으로 벽을 만들었으며, 벽 뒤에는 다시 나무문을 두었다. 도기 잔편 및 쇠끌 정도만 출토되었다.

서2측실(西二側室 : W4)은 초왕국의 관인(官印)이 주로 있는 어부인고(御府印庫)로, 건축 구조는 서1측실과 서로 동일하다. 길이 4.64m, 폭 2.45m, 높이 1.78m이다. 이곳에는 초왕의 궁정(宮廷)·군대와 지방군현(地方郡縣) 속관(屬官)의 인장 200여 점이 매장되어 있었고, 이 외에 금대구·금장식과 호풍옥과(虎風玉戈) 등의 유물이 출토되었다.

전당은 지궁의 주묘실(主墓室)로, 비교적 긴 문길에서 동서로 향한 횡당식(橫堂式)건축으로, 길이 10.78m, 폭 3.45m이고, 동·서 두 부분으로 나뉜다. 동실(東室 : E6)은 초왕의 관곽(棺槨)을 안치한 관실(棺室)이며, 서실(西室 : W5)은 큰 청당(廳堂)이다. 실내에는 초왕의 골격이 있었고, 이밖에 옥편(玉片)·옥벽(玉璧)·옥황(玉璜) 등 대량의 진귀한 옥기들이 출토되었다.

동4측실 내부 모습

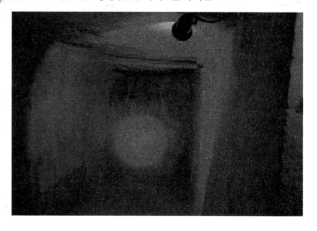

이곳에는 본래 양옥칠관(鑲玉漆棺)이 있었다고 하며, 길이 2.8m, 폭 1.1m, 높이 1.08m이다. 초왕릉에서 출토된 옥곽은 관저(棺底)를 제외하고, 표면에는 옥편을 2,095개를 써서 만들었으며, 일정한 규칙으로 각종 복잡한 도안을 꾸몄

다. 현재까지 전해지는 서한의 양옥칠관 중에서 가장 크고, 또한 가장 화려하다.

금루옥의(金縷玉衣)는 한나라의 황제나 고급 귀족들이 쓰던 염구(殮具)이며, 금실로 옥편을 연결하여 만들었다. 사자산 초왕릉의 옥의(玉衣)는 4,248점의 옥편을 사용하고, 1,576g의 금실을 써서 만들었다. 현재까지 중국에서 출토된 것 중에서 가장 오래되었고, 옥편의 수량도

전당의 양옥칠관 복원

가장 많으며, 옥질도 가장 좋다. 현재 이곳에는 복제품을 전시하였다.

후실은 전당의 북쪽에 있으며, 길이 7.98m, 폭 3.37m, 높이 1.87m이다. 전당보다 50cm 정도 더 높으며, 두 실의 사이는 비스듬하게 판 용도로 서로 연결되었고, 용도 앞에는 원래 목제 미닫이문이 있었다. 후실은 불규칙적인 장호형으로 되어 있으며, 거칠게 파졌다. 이곳에서는 편경(編磬) 및 금슬현뉴(琴瑟弦鈕) 등 악기가 출토되었기에, 예악적인 성격의 악무청(樂舞廳)으로 추측된다. 현재 후실 양쪽에는 편경과 편종이 전시되어 있으며, 가운데에는 초왕의 흉상이 있다. 이 흉상은 초왕릉에서 출토된 유골을 토대로 복원한 것으로, 초왕의 신장은 172cm라고 하며, 연령은 35~37세 사이 정도로 추정한다.

초왕릉 내의 금루옥의 복제품

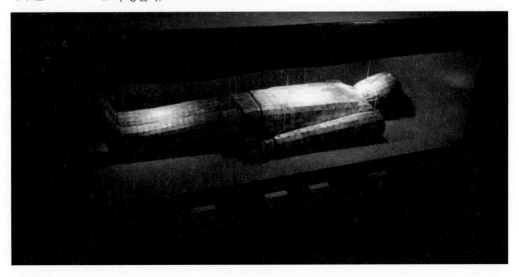

출토 유물

이 무덤은 고대에 도굴되었으며, 2천
점에 가까운 유물들이 출토되었다. 그
중에는 176,000여 매의 반량전이 눈에
띄는데, 대규모의 도굴이 되었음에도 그
대로 남아있다는 점이 기이하게 느껴진
다. 이 점과 더불어 옥제 유물들이 그대
로 남아 있다는 점에 대해, 무덤이 조성
되고 나서 100여년 뒤에 도굴되었기 때

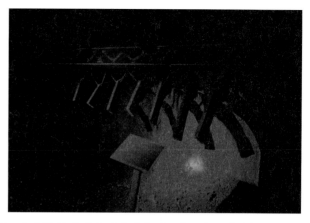

후실에 전시된 복원
된 편경

문으로 보는 견해가 있다. 즉 도굴 당시에는 이미 화폐 가치가 달라졌기 때문에 17만
점이 넘는 반량전이 가치가 매우 떨어져 있었고, 이 때문에 굳이 반량전을 가져가지
않았다고 보는 것이다.

이 외에도 150여 점의 초왕(楚王)에 속한 관인 및 현관원(縣官員)의 인장(印章), 수십
매의 봉니(封泥)와 200점의 옥기(玉器)가 있다. 옥기는 옥벽·옥황·옥환(玉環)·옥과(玉
戈)·옥패(玉佩)·옥선(玉蟬)·옥배(玉杯)·옥인(玉印)·옥충아(玉沖牙)·옥무인(玉舞人)과 각종
옥검식(玉劍飾) 등이 있다. 옥재료는 모두 신강(新疆)과
전청백옥(田青白玉)으로, 백옥(白玉)은 순수하고 아름다
우며, 청옥(青玉)은 빛깔과 광택이 온화하다.

출곽용형옥패(出廓
龍形玉佩)

그 중에서도 금루옥의와 옥관(玉棺)은 경탄을 자아낸
다. 옥의는 4,000여 점의 옥편으로 조성되었으며, 현재
중국에서 발견된 것 중에서 가장 오래되었고, 옥편의
수량도 가장 많고, 옥질도 가장 좋으며, 공예 수준도 뛰
어난 금루옥의이다. 옥관은 2,000여 점의 여러 기하학
적인 옥판으로 만들어졌으며, 화려하고 이상적이다.

이러한 옥들이 도굴되지 않은 이유에 대해 앞서 언급
하였듯이, 무덤 조성 후 오래 지나지 않아 도굴되었다
는 점을 들고 있다. 옥은 당시 사용할 수 있는 신분이 한
정적이었기에 일반인들은 쓸 수 없었다. 그렇기 때문에
옥을 가져간다고 하더라도 오히려 의심만 사게 될 뿐이

S형옥룡패(S形玉龍佩)

후실의 초왕 복원 흉상

니, 굳이 훔쳐가지 않은 것이다. 더군다나 몇몇 옥들은 용의 형상을 하고 있는 것도 있는데, 이는 오직 왕이나 황제만 쓸 수 있는 것이었다. 이러한 옥들을 반출한다면, 스스로 왕릉을 도굴한 것임을 밝히는 꼴이기 때문에 굳이 가져가지 않은 것이다.

초왕릉 피장자 논쟁

초왕릉의 피장자에 대해 2대 초왕인 유영으로 보는 설과 3대 초왕인 유무로 보는 설이 있다. 이들에 대해서는 『사기』에 관련 기록이 남아 있다.

본래 초왕은 한나라의 개국공신이었던 한신(韓信 : ?~B.C.196)[179]이었지만, 유방에게 죽임을 당하고 나서, 기원전 201년에 유방의 아우인 유교(劉交 : ?~B.C.179)[180]가 초왕이 되었다. 유교는 재위 23년 만에 죽었고, 이후 아들인 이왕(夷王) 유영이 왕위를 계승하게 된다. 유영은 재위 4년 만에 죽고, 이후 유영의 아들인 유무가 왕위에 올랐다.[181]

유영이 초왕릉의 주인으로 보는 견해가 있지만, 이에 대해서 반대되는 의견이 나오는 이유가 재위 4년 만에 죽었다는 점이다. 한나라 때의 법에 따르면, 왕은 자신이 재위하고 1년이 지난 후부터 왕릉을 조영할 수 있다. 이 경우, 유영은 자신의 무덤을 만들 수 있는 기한이 3년밖에 남지 않기 때문에, 현재와 같은 대규모의 무덤을 만들기에는 턱없이 부족한 시간이라 할 수 있다.

유무가 왕이 되고나서 20년 후, 유무는 박태후(薄太后)의 복상(服喪) 때에 죄를 범하여 동해군(東海郡)을 빼앗기게 되었다. 유무는 이에 불만을 품고, 이듬해에 오왕(吳王) 유비(劉濞 : B.C.215~B.C.154)와 연합해서 반란을 일으켰다. 이러한 반란에 장상(張尙)과 조이오(趙夷吾)

는 반대하였으나, 되려 죽임을 당하였다. 결국 한나라의 장수인 주아부(周亞夫 : ?~B.C.143)[182]와 접전을 하게 된다. 주아부는 오와 초의 군량보급로를 차단하여 기아에 허덕이게 하였고, 결국 오왕은 도망쳤으며, 초왕은 자결하게 된다.[183]

유영이 아닌 유무가 묘주라고 보기에 문제되는 부분은, 발견된 인골의 연령이었다. 유무는 20년이라는 긴 기간 동안 집권했음에 비해, 발견된 유골은 비교적 젊은 35~37세 사이였기 때문이다. 하지만 이 점은 유무가 어린 나이에 즉위하였다고 보면 자연스럽게 해석되는 부분이다. 또한 문제가 되는 부분은 오초칠국의 난[吳楚七國之亂]을 일으킨 유무를 정상적으로 묻어 주었을까라고 하는 부분이다.

그렇지만 반란이 진압하였다고 하더라도, 이게 중앙에 보고되는 시간이 꽤 걸린다는 점을 간과할 수 없다. 유무는 반란에 실패하여 자결을 선택하였고, 이후 급하게 그의 시신을 수습한 것으로 보인다. 그리고 기존에 만들었던 무덤에 재빨리 매장하였고, 서둘러 무덤을 봉인한 것으로 보인다. 이 때문에 외묘도에는 돌과 함께 모래로 긴급하게 묻은 흔적을 볼 수 있다. 또한 일부 무덤이 다 완성된 상태가 아니었다는 점도 이에 대한 근거로 들 수 있다.

게다가 당시 한나라 조정에서도 오나라에 대한 처분과는 달리, 초나라에 대한 처분에서는 후사를 인정해 주었다. 비록 유무의 아들이 아닌, 본래 초나라의 왕이었던 유교의 아들인 유찰(劉札)을 왕에 앉혔다. 그렇다고 하더라도, 기존 가문에 대해서 그대로 인정해 주는 모습을 보여주었다고 할 수 있다. 이러한 한나라 조정의 암묵적인 배려 등을 생각해 본다면, 유무가 초왕릉의 피장자라고 보는 게 더 설득력이 있다.

참고자료

『史記』

江苏省地方编纂委员会, 1998, 『江苏省志·文物志』, 江苏古籍出版社.

孙天胜, 2008, 『徐州文化旅游』, 黑龙江人民出版社.

黄曉芬 著, 김용성 역, 2006, 『한대의 무덤과 그 제사의 기원』, 학연문화사.

임종욱, 2010, 『중국역대인명사전』, 2010, 이회문화사.

179) 전한 초기 회음(淮陰) 사람이다. 본래는 항우(項羽 : B.C.232~B.C.202)의 아래에 있었다. 한왕(漢王) 유방(劉邦 : B.C.247~B.C.195)에게 망명하였고, 소하(蕭何 : ?~B.C.193)의 추천으로 대장군(大將軍)에 올랐다. 군대를 이끌고 위(魏)와 대(代)를 격파한 뒤 연(燕)을 함락시키고 제(齊)를 취했다. 기원전 203년에 상국(相國)에 임명되고, 이듬 해에 제왕(齊王)이 되었다. 이어 유방과 함께 해하(垓下)에서 항우를 포위해 죽였다. 천하통일 이후 모반을 꾀한 다는 의심을 받아 회음후(淮陰侯)로 강등되었다. 이후 여후(呂后 : ?~B.C.180)와 상국 소하의 계략에 걸려 장락궁 (長樂宮)으로 유인당한 뒤 살해되었다.

180) 전한 패(沛) 사람으로, 초원왕(楚元王)이다. 자는 유(游)고, 시호는 원(元)이며, 한고조(漢高祖)의 배다른 동생이 다. 책 읽기를 좋아했고, 재예(材藝)가 풍부했다. 유방을 따라 반란을 일으켰고, 입관(入關)한 뒤 문신군(文信君) 에 봉해졌으며, 각지에서 전투를 벌였다. 고조가 즉위하자 초왕(楚王)에 봉해졌다. 저서에『시경』을 해설한『원왕 시(元王詩)』가 있었지만, 지금은 전하지 않는다.

181)『史記』卷50「世家」楚元王劉交. "高祖六年, 已禽楚王韓信於陳, 乃以弟交為楚王, 都彭城. 即位二十三年卒, 子夷王 郢立. 夷王四年卒, 子王戊立."

182) 전한 패현(沛縣) 사람으로, 강후(絳侯) 주발(周勃 : ?~B.C.169)의 아들이다. 기원전 158년 하내태수(河內太守)로 있다가 아버지가 죽자 뒤를 이어 조후(條侯)로 봉해졌다. 흉노(匈奴)가 침범하자 장군(將軍)이 되어 세류(細柳) 를 방어했다. 기원전 154년 오초칠국의 난이 일어나자, 태위(太尉)로서 난을 평정했다. 오왕(吳王)을 죽인 뒤 승 상(丞相)이 되었다. 기원전 143년에 그의 아들이 관기(官器)를 훔쳐 팔았다는 고발을 당하고 연루되자 음식을 전 폐하고 굶어 죽었다.

183)『史記』卷50「世家」楚元王劉交. "王戊立二十年, 冬, 坐為薄太后服私姦, 削東海郡. 春, 戊與吳王合謀反, 其相張尚、 太傅趙夷吾諫, 不聽. 戊則殺尚、夷吾, 起兵與吳西攻梁, 破棘壁. 至昌邑南, 與漢將周亞夫戰. 漢絶吳楚糧道, 士卒 飢, 吳王走, 楚王戊自殺, 軍遂降漢."

서주한병마용박물관

徐州漢兵馬俑博物館

진나라와는 다른 한나라의 병마용

서주한병마용박물관(徐州漢兵馬俑博物館)은 강소성(江蘇省) 서주시(徐州市) 동교(東郊) 사자산(獅子山) 서쪽 기슭에 위치한다. 1985년 5월에 병마용갱(兵馬俑坑)을 발굴하고 기초 위에 박물관을 세웠다. 9월에 건설하였고, 10월 1일에 개방하였다. 한병마용박물관은 다시 2004년 10월에 증축 공사를 실시하였으며, 박물관 면적은 원래의 기초에서 5,000

서주한병마용박물관

㎡가 더 증가하였다. 증축 후 박물관은 군사(軍事)전시실과 임시전시실을 하나씩 늘렸다. 군사전시실은 500㎡로 주로 한대(漢代)의 병기(兵器)와 병마용(兵馬俑)의 군진(軍陣) 및 변화과정을 전시해 놓았다. 임시 전시실은 주로 다른 지역에서 가져 온 고대 유물들을 전시한다.

박물관 현황

서주한병마용박물관은 초왕릉(楚王陵)에서 서쪽으로 500m 정도 떨어진 곳에 위치한다. 걸어가도 크게 무리 없는 거리이긴 하나, 초왕릉 앞에 노란색 전기차가 대기해 있고, 이를 타고 갈 수도 있다. 언덕길을 따라 올라가서 다시 내리막길로 내려오면 서주한병마용박물관과 사자담(獅子潭)이 보인다.

서주한병마용박물관에는 병마용갱 3줄이 전시되어 있다. 발굴 상태 그대로 보존한 모습으로, 서로 다르게 전시되어 있다. 1호갱은 출토된 도용들을 최대한 복원하여 매

서주한병마용박물관
내 전시 모습

1호갱 세부 모습

장 당시의 상황을 재현하고자 했다. 도용들은 황토색으로 되어있으며, 손에 무기를 쥔 흔적이 보인다. 하지만 무기는 나무로 만들었기에 현재는 부식되어 남아 있지 않다.

2호갱은 출토 당시의 모습을 그대로 보존해 두었기에 1호갱과 차이를 보인다. 출토 당시에는 온전한 모습이 아닌, 상당수가 부서진 모습이었기에, 2호갱도 그러한 상황을 잘 볼 수 있게 해 놓았다.

3호갱은 흙만 덮여 있고 유물들은 보이지 않는데, 이는 아직 발굴을 하지 않았기 때문이다. 1호갱이나 2호갱처럼 마음만 먹으면 바로 발굴을 할 수 있지만, 부족한 기술로 발굴을 함으로써 본래 도용에 칠해진 채색이 날아갈 염려가 있기 때문에, 일부러 발굴을 서두르지 않는 것이다.

육조고도 남경, 비극의 역사 그러나 불멸의 땅

이곳의 입구로 나가서 북쪽으로 조금 올라가면 수하병마용박물관(水下兵馬俑博物館)이 보인다. 다시 서쪽으로 난 길을 따라 가면 북쪽으로 돌다리가 놓여 있다. 이 다리를 건너면 수하병마용박물관으로 들어 설 수 있게된다. 지금은 사자담에 박물관이 조성되어 있지만, 원래 이곳은 습지대였다고 한다. 이곳에서 기병용(騎兵俑)이 출토되고, 그 자리에 그대로 박물관을 조성하였다.

다시 수하병마용박물관을 나오면 돌다리가 있고, 이곳을 지나면 화상석을 전시해 놓은 회랑이 있다. 이곳에서 300m 정도 북쪽으로 가면 유씨종사(劉氏宗祠)가 있고, 그곳에서 서쪽으로 220m 정도 갔다가 계단을 따라 낙타산(駱駝山)에 오르면 죽림사(竹林寺)에 다다르게된다.

1호갱 전경

유적의 발견과 조사

1984년 12월, 우연한 계기로 서주시 동교 사자산 서쪽 기슭에서 한대 병마용이 발견되었다. 병마용의 총 수량은 4,000여 점으로, 중국 고대 군사사를 연구하는 데에 있어서 중요한 의미를 갖는다.

고고학자들은 이후 전면적인 발굴을 실시하였다. 사자산 병마용은 수량이 많을 뿐만 아니라, 종류도 다양하였고, 내용 또한 풍부하였다. 소매가 넓은 장포(張袍)를 입은 관원용(官員俑)·책(幘)을 쓰고 병기를 잡은 위사용(衛士俑)·장병기를 들고 있는 발변용(髮辮俑)·전투화를 신고 노(弩)를 쏘는 갑사용(甲士俑) 등 10여 종이 있다. 사자산 병마용은 한대 조각예술을 연구하는데 큰 도움을 줄 뿐만 아니라, 이를 통해 한대 사회생활·상장제도·군제전진(軍制戰陣)을 모두 연구 할 수 있는 귀한 자료이다.

1994년 12월부터 1995년 3월에 걸쳐, 고고학자들은 또 초왕릉을 발견하였는데, 이는 서한(西漢) 제3대 초왕(楚王)인 유무(劉戊)의 능묘(陵墓)로 추정된다. 무덤에서 출토된 각종 유물들은 2천 점에 가까우며, 그 중 적잖은 문물들이 중국 내 고고학에서 처음으로 발견된 것들이다.

서주한병마용박물관은 사자산 초왕릉에서 서쪽으로 300m 정도 떨어진 먼 곳에

2호갱 전시 모습

위치하며, 한병마용과 하나의 세트를 이룬다. 이는 초왕릉을 호위하는 부대를 상징하며, 두 유적 모두 지금으로부터 2100년 전에 해당한다.

이곳은 총 6개의 용갱(俑坑)이 있으며, 총 4천 점이 넘는 도용군(陶俑群)은 서한 초기에 분봉된 서주의 초나라 군대의 전체를 반영한다. 보병 중에는 관리가 있고, 지장계용(持長械俑)·궁노수용(弓弩手俑)·발변용 등과 같은 보통 전사도 있다. 거병(車兵)은 갑주용(甲冑俑)과 어수용(御手俑)으로 나눌 수 있다.

이번 유적은 함양(咸陽) 양가만(楊家灣) 서한 채회병마용(彩繪兵馬俑)·서안(西安) 임동(臨潼) 진대(秦代) 병마용을 이어 3번째로 발견된 중요한 사례이다. 당시 정부는 원래 땅에 전국에서 2번째로 병마용 박물관을 세웠다. 전시된 병마용은 병사용(兵士俑)·관원용(官員俑)·마용(馬俑)·회갑용(盔甲俑)과 궤좌용(跪坐俑)의 5종류가 있다.

한병마용갱(漢兵馬俑坑)

병마용갱 중에는 동서 방향으로 된 보병용갱(步兵俑坑) 3줄이 있으며, 서로간의 거리는 5m 정도이고 각 길이는 28m이다. 갱구(坑口)의 폭은 2.2m, 저부 폭은 1.1~1.4m, 깊이는 0.4~1.1m이다. 남북으로 된 경위용갱(警衛俑坑)은 1줄이 있으며, 3줄의 보병용갱에서 동쪽으로 약 5.5m 정도 떨어져 있다. 갱의 길이는 26m이고 폭은 1m, 깊이는 0.15~0.40m이다.

기병(騎兵)과 전차갱(戰車坑)은 2줄이 있는데, 3줄의 동서방향으로 된 용갱에서 서북쪽으로 125m 정도 되는 곳에 있다. 그 중 첫 번째는 1981년에 훼손되었으며, 두 번째는 동서 길이 12.5m, 폭 3.5m, 깊이 0.4~0.6m이다. 용갱은 현재

3호갱 전시 모습

의 지표와 24m 정도의 차이를 보인다.

현재 2줄의 보병용갱과 경위용갱이 발견되었으며, 2줄의 보병용갱은 모두 훼손된 정도가 서로 다르다. 현재 도용은 2,393점이 남아 있으며, 그 중에서 1호갱에 1,016점, 2호갱에 1,377점이 있다.

용(俑)은 모두 도토(陶土)를 구워 만들었으며 청회색(靑灰色)이고, 말이 4필, 관리용(官吏俑)이 1점이다. 그 외에 갑주용·궤좌용(跪坐俑)·회갑용(盔甲俑)·발변용·발계용(髮髻俑)·궁노수용 및 지장계용 등이 있다. 용신(俑身)에는 분(粉)을 발랐으며, 일부분에는 붉은 칠을 하였다. 형제(形制)·질(質)·복식(服飾) 등의 특징으로 분석해 보아, 기원전 1세기 정도의 작품으로, 서한(西漢) 경제(景帝 : B.C.188~B.C.141)·무제(武帝 : B.C.156~B.C.87) 때의 것으로 보인다.

수하병마용박물관

2006년 중국에선 최초로 수하병마용박물관이 서주시에서 건설되었다. 그 외관은 동서 2기의 복두형(覆斗型) 회색 건축물로 되어 있으며, 사자담 수면(水面)은 대략 100여 무(畝) 정도이다.

박물관은 총 2곳으로 조성되어 있으며, 서청(西廳)은 용갱 발굴 원래 모습을 전시 하고 있다. 동청(東廳)은 중국 고대 기병군단이 소개되어 있고, 또한 한대 기병용 군진(軍陣) 모습을 전시하고 있다. 이 모습은 청화대학(淸華大學) 건축설계연구원(建築設計研究院)에서 설계한 것으로, 상해시(上海市) 원림공정유한공사(園林工程有限公司)에서 책임지고 시공하였다. 수하병마용박물관 잔도(棧道)는 철근콘크리트 구조로 되어 있으며, 출구 양쪽 사자담의 물가에는 석재와 목재를 써서 설비하였다.

수하병마용박물관은 한문화경구(漢文化景區)의 사자담 내에 있으며, 일찍이 물에 침수된 기병용갱(騎兵俑坑)과 마용갱(馬俑坑)의 원래 터 위에 세운 것으로, 복원된 용갱과 정교하게 복원된 병마용을 전시하였다. 같은 경구의 핵심구역에 위치하는 사자산 초왕릉은 서주지역에

수하병마용박물관 전경

서 규모가 제일 크고, 문물이 제일 많으며, 역사적으로도 가장 가치가 높은 서한의 왕릉으로, 중국 20세기 100대(大) 고고발견 중 하나로 손꼽힌다.

2010년 서주수하병마용박물관과 리커란[李可染]예술관은 중국건축학회(中國建築學會)로부터 공동으로 건축창작대상을 수상하였다.

참고자료

江苏省地方编纂委员会, 1998, 『江苏省志·文物志』 江苏古籍出版社.

孙天胜, 2008, 『徐州文化旅游』 黑龙江人民出版社.

수하병마용박물관에 전시된 기병용

귀산 서한 초왕묘 龜山西漢楚王墓

돌산을 쪼아내 왕릉을 만들다.

서주시(徐州市) 동산현(銅山縣) 습둔향(拾屯鄕) 귀산(龜山) 서쪽의 한묘(漢墓)로, 1972년과 1982년에 남경박물원(南京博物院)에서 1·2호 무덤에 대해 나눠서 발굴을 진행하였다. 북쪽에 위치한 1호묘는 배장묘(陪葬墓)이고, 남쪽에 있는 2호묘가 서한(西漢) 제6대 초왕(楚王) 유주(劉注 : ?~B.C 15)의 무덤이다.

귀산한묘 전경

유적 현황

귀산한묘로 가면 진입로에 양 옆에 여러석각들이 배치되어 있는 것을 볼 수 있다. 1호묘와 2호묘 중에서, 현재 2호묘에 전시관을 두고 귀산한묘를 볼 수 있게 해놓았다. 전시관 밖에는 돌산이 확인되는데, 이 산이 바로 귀산이다. 본래 이곳은 한나라 때에는 지금보다 높은 산이었다고 하지만, 이후 퇴적이 진행되면서 자연스레 흙이 쌓이게 되었다. 결국 현재 귀산한묘는 지하에 위치해 있는데, 본래는 산 꼭대기 부근에 자리했었다. 또한 그만큼 과거와 현재의 자연 변화가 매우 크다는 것을 알 수 있다.

전시관은 1층과 2층으로 되어 있는데, 입구로 들어서면 2층으로 먼저 진입하게 된다. 2층에는 귀산한묘에서 출토된 여러 유물들과 관련 안내판들을 전시해 놓고 있다. 1층으로 내려오면 2호묘로 가는 2갈래 길을 볼 수 있으며, 책이나 기념품을 판매하는 공간도 있다. 왼쪽은 부인의 무덤으로 가는 묘도(墓道)이고, 오른쪽은 묘주(墓主)의 무덤으로 가는 묘도이다. 무덤은 모두 돌을 깎아서 만들었으며, 축조 당시의 정황을 보

돌을 다듬고 있는 장
인들

여주듯, 무덤 사이에는 돌을 다듬고 있
는 장인들의 모습을 표현해 놓았다.

전시관 밖으로 나오면 북쪽에 성지박
물관(聖旨博物館)이 있다. 성지(聖旨)는 우
리나라의 교지(敎旨)와 비슷한 것으로,
황제의 명령을 담고 있는 글을 의미한
다. 또한 귀산한묘와 성지박물관 사이의
동쪽에는 점석원(点石園)이 있으며, 여러
비석들이 쭉 진열되어 있다.

1호묘 병장옹주묘(丙長翁主墓)

귀산한묘 배장묘인 1호묘는 병장옹주묘로, 귀산한묘 북쪽에 위치하며, 유주의 누
이나 딸의 무덤으로 보고 있다. 1972년에 발굴되었으며 1줄의 수혈(竪穴)묘도와 2칸
의 묘실(墓室)로 구성된다. 묘도 깊이는 9m로, 동서 길이는 3.4m, 남북 폭은 2.2m이
다. 묘실 넓이는 20㎡로, 저부(底部)의 동·남 양쪽은 각각 폭 2~3m, 높이 1.6~1.8m 정
도이며, 천장은 평정(平頂)이다. 묘실과 묘도 사이에는 석판(石板)이 있으며, 동실(東室)
은 관목(棺木)을 둔 곳이며, 목관(木棺)은 부식되었다. 이곳에서는 총 130여점의 유물
이 출토되었다.

묘주인의 몸에는 옥벽(玉璧)·황(璜)·환(環)·심형패(心形佩)·무인(舞人)으로 구성된 아
름다운 옥패(玉佩) 등이 놓여 있었으며, 허리에는 옥대구(玉帶鉤)와 금대구(金帶鉤)가 있
었다. 몸 위에는 각종 옥벽 8개가 덮여 있었고, 몸 옆에는 2자루의 철검(鐵劍)이 있었
다. 또한 염합(奩盒) 안에는 방형·원형·타원형·말발굽형의 소칠합(小漆盒)이 있었고,
동경(銅鏡)·청동빗[銅刷]·나무빗[木刷]·옥봉(玉棒) 등의 미용용구가 있었다.

관 옆에 동목분(銅沐盆)·동세(銅洗) 등의 세면용구가 있었다. 또한 목욕 때 사용하던
약재의 무게를 달거나 빻는데 쓰는 동량(銅量) 및 절구와 공이가 있어, 초나라 왕족이
나 귀족들 사이에서 보건약욕(保健藥浴)이 유행했음을 알 수 있게 해준다. 연기로 벌레
를 잡거나 소독을 하는 유금동훈(鎏金銅熏)은 전체가 금으로 되어 있다. 동정(銅鼎)과
호(壺) 안에는 각종 진귀한 요리와 맛있는 술이 담겨졌던 것으로 보이며, 이를 증명해
주듯 청동국자[銅勺] 안에는 닭 뼈 부스러기가 발견되었다. 양방금병(兩方金餅)의 무게

육조고도 남경, 비극의 역사 그러나 불멸의 땅

는 500g에 가깝고, 도금병(陶金餠)은 600
여 매(枚)에 달한다.

　적잖은 동기들에 명문(銘文)이 새겨져 있
었는데, "어식관(御食官)"·"문후가관(文后家
官)"·"초사관(楚私官)"과 "병장옹주(丙長翁
主)" 등이 그것이며, 이러한 각명(刻銘) 중에
는 기물의 중량과 용량이 표시된 것도 있
었다.

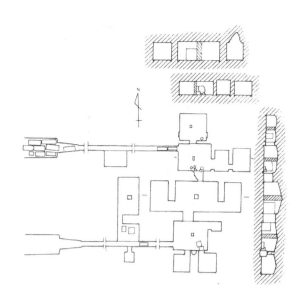

2호묘 귀산한묘

　2호묘의 규모는 비교적 크며, 부부가 같
은 무덤이면서 이혈(異穴)이나, 동실(洞室)
은 서로 통한다. 묘도(墓道)는 서쪽에 있으며, 방향은 270°이다. 2줄의 묘도와 용도(甬
道)가 나란히 배치되어 있으며, 총 14칸의 묘실이 있다. 동서 길이 83m, 남북 폭 35m,
총 면적은 600㎡에 가깝다.

귀산한묘 평·단면
도(黃曉芬, 2006,
『한대의 무덤과 그 제
사의 기원』)

　묘도는 나팔형으로, 각 길이가 10.5m이며, 산기슭 아래를 파서 조성하였다. 동단
은 용도와 바로 닿으며, 용도는 산체(山體) 내에 있고, 각 길이는 56m, 폭 1.06m, 높
이 1.72m이다. 용도 사이의 거리는 20m로 각 장방형의 돌을 쌓아 봉하였다. 매 줄마
다 두 덩이씩 썼고, 위아래로 눌러쌓았다. 돌은 길이 2.08~2.48m, 폭 0.8~1.04m, 높이
0.87~1.02m인 육각면체로 되었다. 14칸의 묘실은 3칸을 제외하고는 용도에 있으며,
그 나머지는 용도의 동단에 있다.

남쪽 무덤의 마구간

　남쪽의 무덤은 9칸으로, 1칸은 용도
중부의 남쪽에 있으며, 다른 1칸은 용
도에 가까운 단이 북쪽에 있다. 나머지
는 모두 용도의 동단에 있으며, 동서 방
향으로 3개로 배열되어 있다. 이 무덤을
현재 초왕 유주의 무덤으로 보고 있다.
당시 왕의 무덤은 9칸으로, 왕비의 무덤
은 7칸으로 만들었으며, 이러한 규칙에

맞게 무덤이 조성된 것이다.

남쪽 무덤으로 들어가기 위해 용도를 따라 들어서면 마구간[馬廏]이 제일 먼저 눈에 들어온다. 묘실은 방형에 가까운 모습이며, 사각찬첨정(四角攢尖頂)으로 되어 있다. 묘실 안에는 네모나게 판 방형의 수지(水池)가 있으며, 여기에서 도분과 도용(陶俑)이 각 1점씩 출토되었다. 이곳에는 말을 먹이는 사람과 말 등이 조성되어 있었다고 한다. 현재는 수지에 사람들이 던진 동전들이 가득한 상태이다. 그리고 옆방은 초왕거마실(楚王車馬室)로 왕비무덤에 있는 부인거마실(夫人車馬室)과 짝을 이루고 있다.

남쪽 무덤의 악무청

이어서 용도를 따라가면 악무청(樂舞廳)이라는 큰 방이 나온다. 이 방은 초왕이 음악을 듣거나 무용을 보던 장소로 보고 있다. 실정(室頂) 양쪽은 '人'자로 조성되어 있으며, 중간에는 천주(天柱)라는 큰 돌기둥이 받치고 있다. 이 천주는 네모난 돌들을 포개 올려놓은 듯한 모습을 하고 있는데, 큰 방마다 배치되고 중간에 위치하여 위의 무게를 지탱해 주는 역할을 하고 있다.

이 악무청 주변에는 여러 방들이 있다. 일단 남쪽 첫 번째 방은 주방으로, 이곳에서는 한나라 때의 여러 도기들이 출토되었으며, 현재도 도기들이 배치된 모습으로 복원되어 있다. 두 번째 방과의 사이에는 둥그렇게 되어 물이 고인 공간이 있는데, 지금도 무덤 천장에서 흐르는 물이 이곳에 고여 있는 모습을 하고 있어 자연적인 우물을 이루고 있다. 남쪽 두 번째 방은 무기고로, 현재는 한나라 때의 무기들을 전시해 놓았다. 그리고 동쪽에도 작은 방이 있는데, 이곳은 화장실로서, 당시 생활 모습을 그대로 보여주는 대표적 사례라고 할 수 있다. 악무청 북쪽으로 문이 있으며, 이 문은 초왕전전(楚王前殿)으로 통한다.

초왕전전은 귀산한묘에서도 가장 중심이 되는 공간으로서, 무덤에서 가장 큰 방에 해당한다. 이곳은 초왕이 생전에 정무를 처리하던 곳을 형상화 한 것이다. 중간에는 역시 천주가 배치되어 위의 무게를 지탱해주고 있다. 또한 동서로 방이 연결되어 있다.

동서에 있는 방 중에서 초왕의 관이 위치한 방은 바로 서쪽에 있는 방이다. 본래는 동쪽에 배치되어야 하나, 무덤 조성 공사 도중에 동쪽 방의 천장이 무너지면서 일부러 서쪽에 있는 방에 관을 배치한 것으로 보고 있다. 현재 서쪽의 방을 초왕관실(楚王棺室)이라고 부르며, 방에 들어서면 초왕의 관이 복원되어 있다.

악무청에서 초왕전전으로 통하는 문

흥미로운 사실은 방의 북벽 서쪽에 사람의 형상으로 되어 있는 물의 그림자가 있다는 점이다. 본래 발굴하던 당시에는 아무런 흔적이 없었는데, 발굴을 마친 이후에 이곳에 물이 새면서 지금과 같은 그림자 형상이 나타났고, 이는 지금도 똑똑하게 볼 수 있다. 이 때문에 현지에서는 귀산한묘에 얽힌 미스테리로 인식하며, 배우가 와서 당시의 복식을 하고 물 그림자와 똑같은 포즈를 하고 찍은 사진도 걸어놓았다.

악무청 남쪽의 무기고

동쪽에 있는 방은 초왕원관실(楚王原棺室)이라 부른다. 본래 한대(漢代)에는 전조후침(前朝後寢)의 제도에 따라 앞에 전전이 배치되고, 뒤에 와실(臥室)이 배치되었다. 하지만 앞서 언급했던 대로 이곳은 천장의 위험 때문에 어쩔 수 없이 시신을 놓을 수 없었다. 하지만 본래 시신을 놓는 자리였기 때문에 그에 맞게 목조건물을 세웠고, 그 위에 기와를

악무청 동쪽의 화장실

초왕관실 내 복원 모습

초왕원관실 내 복원 모습

왕후전전 내 복원 모습

올린 건축물이 있었다. 현재 목조건물은 복원해 놓은 상황이며, 그 아래와 앞에는 한대의 도기들이 배치되어 있다.

북쪽의 무덤은 총 5칸으로, 본래는 7칸으로 만들어야 한다. 하지만 무덤이 다 완성되기 전에 부인이 일찍 죽었기 때문에 모든 방이 다 제대로 만들어 지지 못하고 공사가 끝난 것으로 보고 있다. 대신 주방 동쪽과 서쪽에 문의 흔적을 둠으로서 상징적으로 7칸의 방임을 보여주었다.

남쪽과 북쪽의 무덤은 초왕전전과 예악기구실(禮樂器具室)사이에 곤문(壼門)을 두어 연결하였다. 예악기구실도 꽤 규모가 큰 방이기에 천주가 중간에서 받치고 있는 모습이다. 이곳의 천정에는 유정(乳頂)이라고 하여 볼록하면서도 둥그런 모습으로 조각된 장식들이 확인된다. 이에 대해서 별을 상징하는 것으로 보기도 한다. 이곳에서는 옥기(玉器) 잔편들이 출토되었기 때문에 금은보옥을 둔 예악기구실로 보고 있다.

예악기구실의 동쪽으로 문이 있으며, 이는 왕후전전(王后前殿)으로 연결된다. 왕후전전의 동쪽에는 또 문이 있으며, 이는 왕후관실(王后棺室)로 연결된다. 즉 왕후전전은 예악기구실과 왕후관실을 연결해 주는 역할을 하고 있는 셈이다. 이곳에서는 오수전(五銖錢)·옥환(玉環)·

금동수레장식[鎏金銅車飾]·도용 등이 출토되었다. 현재 이곳은 출토된 유물들을 바탕으로 당시의 생활상을 복원하여 전시해 놓았다.

왕후관실은 현재 초왕원관실과 남북으로 대응하는 모습으로 되어 있다. 이는 본래 관실의 위치가 동쪽 끝에 두는 것이 맞다는 것을 증명하는 것이기도 하다. 하지만 앞서 언급한대로 초왕의 관실을 다른 곳에 둠으로 인하여 혼자 동쪽에 남은 듯한 모습이다. 방은 장방형으로 되어 있으며, 왕후의 시신이 있던 관이 복원되어 있다.

왕후관실 내 복원 모습

다시 예악기구실로 가서 북쪽에 보면 큰 방이 하나 있다. 이곳은 주방으로 가운데에 천주가 있으며 한대 도기들이 아래에 전시되어 있다. 또한 우물 형상으로 파져 있는 곳이 있으며 이곳에는 중국의 화폐들이 던져져 있다. 앞서 언급한대로 이 주방의 동서 양벽에는 문의 흔적처럼 약간 파인 모습이 확인되는데, 이는 7개의 방을 구성하려던 상징적인 의미로 볼 수 있다.

북쪽 무덤 주방 내 복원 모습

용도를 따라 가면 밖으로 나가게 되며, 나가는 도중에 남쪽을 보면 작은 방이 하나 조성되어 있다. 이곳은 거마실(車馬室)로 두 마리의 말이 수레 한 대를 끌고 있는 모습이다. 밖으로 나가는 듯한 모습을 보이며, 이곳에서 출토된 유

북쪽 무덤의 거마실 복원 모습

물들을 토대로 복원해 놓았다.

귀산한묘에서는 위진남북조시대의 등잔이 출토되었다고 한다. 이를 토대로 한나라 때에 무덤을 조성하였지만, 머지 않아 도굴이 이뤄졌다는 점을 유추 할 수 있다.

초왕 유주

이 무덤에서 출토된 1매의 은제 귀뉴(龜鈕)에서 "유주(劉注)"라는 사장(私章)이 있었기에, 이 무덤이 서한 제6대 초왕의 무덤임을 알 수 있게 되었다. 『사기(史記)』의 기록에 따르면, 유주는 무제(武帝) 때인 기원전 15년[원정(元鼎) 2년]에 죽었다고 한다.

유주의 행적에 대해서 자세한 기록은 남아 있지 않다. 『사기』에 따르면 초안왕(楚安王) 유도(劉道) 이후에, 그 아들인 초양왕(楚襄王) 유주가 계승했다는 정도이다. 그리고 14년의 재위 이후에 그의 아들인 유순(劉純)이 왕위에 올랐다. 하지만 기원전 68년[지절(地節) 2년]에 유순은 모반을 꾀한다고 환관에 의해 고발당하였으며, 이 때문에 초나라는 없어지고, 그 봉지는 팽성군(彭城郡)으로 개편되었다.[184]

참고문헌

『史記』

江苏省地方编纂委员会, 1998, 『江苏省志·文物志』 江苏古籍出版社.

龚德建, 2012, 『龟山汉墓-最传记的王侯陵墓』 群言出版社.

孙天胜, 2008, 『徐州文化旅游』 黑龙江人民出版社.

黃曉芬 著, 김용성 역, 2006, 『한대의 무덤과 그 제사의 기원』 학연문화사.

---

184) 『史記』卷50「世家」楚元王劉交. "文王立三年卒, 子安王道立. 安王二十二年卒, 子襄王注立. 襄王立十四年卒, 子王純代立. 王純立, 地節二年, 中人上書告楚王謀反, 王自殺, 国除, 入漢為彭城郡."

서주한화상석예술관

徐州漢畵像石藝術館

한대 화상석, 이 곳에 집대성하다.

서주한화상석예술관(徐州漢畵像石藝術館)은 운룡산(雲龍山) 풍경구(風景區) 내에 위치하며, 동쪽으로는 운룡산에 의지하고, 서쪽으로는 운룡호(雲龍湖)에 접해있다.

이 박물관은 한화상석을 주로 진열·수장·연구하는 전문적인 박물관이다. 그 전신은 1956년에 성립된 "강소성서 서주 한화상석 보관조(江蘇苏序徐州漢畵像石保管組)"와 이후의 "서주박물관 한화상석 진열실(徐州博物館漢畵像石陳列室)"이다.

서주한화상석예술관

1986년 서주시 인민정부가 한화관(漢畵館)의 기획 건립을 시작하였고, 1987년 6월 8일에 정식으로 서주한화상석예술관을 성립하였다. 1989년 10월 1일에 건설을 완료하고 대외에 개방하였다.

박물관 현황

서주한화상석예술관의 대문은 사천(四川) 아안(雅安)의 자모석궐(子母石闕)에 쓰인 청석(靑石)으로 만든 것이며, 관명(館名)은 저명한 중국화의 대가인 리커란[李可染 : 1907~1989]선생의 친필이다.

전시구역은 대전(大殿)을 중축선으로 삼아, 서로 대칭되게 배치되었는데, 남·북·중 3조의 원락(院落)으로 조성되었다. 건축 낭방(廊房)은 서로 연결되어 있으며, 흰 담·검은 기와·적갈색 기둥과 산석초벽(山石峭壁)과 소나무 등이 어우러진다. 박물관 구역

동한 악무도(樂舞圖)

의 점유 면적은 25,000㎡, 건축 면적은 2,700㎡이다.

2007년 5월, 서주한화상석예술관 신관(新官)이 정식으로 개관하였다. 서주시위원회·서주시정부는 개관식을 거행하였다. 서주한화상석 신관과 구관은 서로 이웃하며, 점유 면적은 10,000㎡, 건축 면적은 5,400㎡이고, 중국공정원(中國工程院) 원사(院士)·청화대학(淸華大學) 건축 설계연구원의 관쟈오예[關肇業]교수가 설계를 주관하였다.

건설 후의 신관은 5,600㎡의 공간에, 화상석 400여 점을 전시하였다. 신관 내부의 설비는 완전하며, 중앙 냉난방 관리시스템·엘리베이터·학술 보고청(報告廳)·동영상 상영실·디지털 제어감시 등 현대 설비를 갖췄다. 전시품은 새롭게 배치하여, 입체적으로 전시하였으며, 묘실(墓室) 복원·등식(燈飾) 조명 등도 마련하였다.

현재 서주한화상석예술관의 점유 면적은 40무(畝)이며, 건축 면적은 8,000㎡이다. 소장품은 1,400점이고, 전시된 화상석은 600여점으로, 전국 최대의 한화상석 전문 박물관이다.

차부산화상석묘(車夫山畵像石墓)

동한 인물도(人物圖)

차부산(車夫山)은 서주시 동북쪽으로 60㎞ 떨어진 곳에 위치하며, 무덤은 비주시(邳州市) 차부산향(車夫山鄕) 부상촌(埠上村) 동쪽 200m에 있다. 1999년에 발견되었으며, 전돌과 돌을 혼합하여 축조하였다. 묘문(墓門)은 북쪽을 바라보며, 평면 형태는 "十"자형 구조로 되어 있다. 묘도(墓道)·묘문·전실(前室)·후실(後室)·좌우이실(左右耳室)로 구성되었다. 출토된 한화상석은 23방(方)이고, 무덤 안은 남북 길이 6.3m, 동서 폭 5m이다.

한대(漢代)의 고분은 지면의 건축물을 모방하여 쌓았는데, 전당후실제(前堂後室制)를 채용하였다. 전실은 손님을 맞는 곳으로 규모가 매우 크며, 후실은 "침(寢)"으로 일컬어지며 휴식을 하는 장소이다. 당(堂)의 입구는 "문(門)"으로 일컬어지며, 실(室) 사이로 들어가는 입구를 "호(戶)"라고 하며, 실·당의 사이에 있는 창(窓)을 "유(牖)"라고 한다. 고대의 예제

차부산화상석묘 전시 모습

(禮制)에 따르면 호는 동쪽에 있고 유는 서쪽에 있다고 한다. 전당 좌우에는 이실(耳室)이 있는데, 동쪽이 주방이고, 서쪽이 창고이다. 묘실 윗부분은 계형전권정(契型磚券頂)이 있으며, 권정의 기술이 발전함에 따라 묘실의 공간도 높아지게 된다. 고대의 장속(葬俗)은 한무제(漢武帝 : B.C.156~B.C.87) 이전은 이혈합장(異穴合葬)이고, 한무제 이후는 동혈합장(同穴合葬)으로 주로 나타나는데, 이 무덤은 합장묘이다. 묘실 후벽(後壁)에는 난봉(鸞鳳)이 같이 우는 모습으로, 백년화호(百年和好)의 의미를 담고 있다.

한화상석

한화상석(漢畵像石)과 한묘(漢墓)·한병마용(漢兵馬俑)은 "한대삼절(漢代三絶)"로 일컬어진다. 또한 그 독특한 예술적 풍격과 진귀한 역사적 가치로 남경(南京) 육조석각(六朝石刻)·소주(蘇州) 원림(園林)과 함께 "강소삼보(江蘇三寶)"로 일컬어진다.

한화상석 인물도

한화상석은 한대(漢代 : B.C.206~A.D.220)의 사람들이 묘실·사당(祠堂)에 장식한 석각화(石刻畵)이다. 그 생동감 넘치는 묘사는 한대 사회의 법령 제도·의식주행(衣食住行)·신화 이야기를 보여준다.

서주 한화상석의 제재(題材)는 광범위하고, 내용도 풍부하다. 현실 생활을 다룬 거마출행(車馬出行)·무술 대결·가무

잡기(雜技)·손님맞이·주방 연회·건축 인물·남경여직(男耕女織) 등을 표현한다. 또한 신화 이야기의 내용으로 복희(伏羲)·여와(女媧)·염제(炎帝)·황제(黃帝)·동왕공(東王公)·서왕모(西王母)·태양의 금오(金烏)·달토끼 등의 내용을 반영하였으며, 상서로운 길상의 도안인 청룡(靑龍)·백호(白虎)·주작(朱雀)·현무(玄武)·기린(麒麟)·구미호(九尾狐)·이룡천벽(二龍穿璧)·십자천환(十字穿環) 등이 있다.

서주 한화상석은 우경도(牛耕圖)·방직도(紡織圖)·구사도(九仕圖)·영빈도(迎賓圖)·백희도(百戱圖) 및 8m 길이의 권압수도(卷押囚圖) 등 다양한 예술적인 유물들이 남아있다.

참고자료

孙天胜, 2008,『徐州文化旅游』, 黑龙江人民出版社.

서주박물관 徐州博物館

중국의 무기와 옥기를 한눈에

서주박물관(徐州博物館)은 1959년에 세워졌으며, 운룡산(雲龍山) 북쪽 산기슭에 위치한다. 역대로 3차례에 걸쳐 확장되었으며, 현재는 진열주루(陳列主樓)·토산 동한 팽성왕묘(土山東漢彭城王墓)·한대 채석장유적[漢代采石場遺址]·청고종 건륭행궁(淸高宗乾隆行宮) 및 비원(碑園)이라는 4개의 전시 구역으로 조성되어 있다. 점유 면적은 33,000㎡이고 건축 면적은 12,000㎡이며, 전시실 면적은 약 3,000㎡이다. 또한 서점·카페·기념품 상점 등도 배치되어 있다.

서주박물관 전경

박물관 전시

서주박물관 진열주루는 주 전시실로, 상설 진열로는 "고팽지보(古彭之寶)"·"금과철마(金戈鐵馬)"·"천공한옥(天工漢玉)"·"용우화채(俑偶華彩)"·"명청가구(明淸家具)"·"등영청연증명청서화(鄧永淸捐贈明淸書畵)" 등의 전시실이 있다.

"고팽지보"전시실은 서주박물관의 대형 기본 진열로, 서회초희(徐淮初曦)·한실유진(漢室遺珍)·사하류운(史河流韻)이라는 3개의 단원(單元)으로 조성되었으며, 1,000점에 가까운 각종 유물들이 전시되어 있다. 신석기시대 비주(邳州) 대돈자(大墩子)유적에서 출토된 채도(彩陶)와 신기(新沂) 화청(花廳)유적에서 출토된 옥기(玉器), 비주 대장(戴莊) 전국시대(戰國時代) 고분군에서 출토된 동기(銅器)·사자산(獅子山) 북제묘(北齊墓)에서

금과철마 전시관 입구

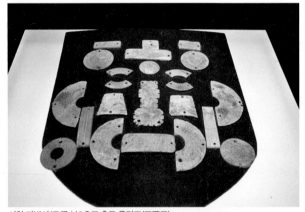
서한 자방산(子房山)3호묘 출토 옥면조(玉面罩)

태람산초왕묘(駄藍山楚王墓) 복원 모습

출토된 남북조시대(南北朝時代) 자기(瓷器)·설산사(雪山寺) 북송(北宋) 요장(窯藏)에서 출토된 기년동악기(紀年銅樂器)·고궁(故宮)에서 조사된 명청시대(明淸時代) 관요자기(官窯瓷器) 등이 전시되어 있다.

"천공한옥"전시실에는 옥관(玉棺)·은루옥의(銀縷玉衣)·옥면조(玉面罩)·옥침(玉枕)등의 장옥(葬玉), 옥치(玉巵)·옥고족배(玉高足杯)·옥이배(玉耳杯) 등의 옥주구(玉酒具), S형용(S形龍)·연체룡(連體龍)·반룡(蟠龍)·비룡(飛龍) 등 각종 조형의 용형옥패(龍形玉佩), 옥과(玉戈)·옥월(玉鉞) 등의 옥병기(玉兵器), 옥표(玉豹)·옥웅(玉熊) 등 옥으로 조각된 동물, 각 종류의 옥구검식(玉具劍飾), 각종 형태의 옥벽(玉璧)·황(璜)·원(瑗) 등의 옥예기(玉禮器)가 전시되어 있다. 이곳은 중국에서도 유일한 한옥(漢玉) 상설전시관이다.

"금과철마"전시실은 서주에서 출토된 고대 병기 문물을 전시하고 있는데, 이를테면 한대(漢代) 초왕(楚王) 철주(鐵冑)·찰갑(札甲)·크고 작은 어린갑(魚鱗甲)과 각종 동철(銅鐵) 병기, 당·송·원대(元代)의 갑주(甲冑)·철간(鐵鐗) 등이 출토되었다. 명대(明代) 서주 위진무사(衛鎭撫司)에서 출토된 각종 동철 포총(炮銃)·조총[鳥槍] 등이 있다. 전시된 유물 중에는 냉병기(冷兵器)도 있고, 열병기(熱兵器)도 있으며, 주로 성터 지하의 병기 퇴적 현장

에서 출토되었다. 이러한 문물들을 통해 고대 전쟁의
모습을 재현 할 수 있다.

"용우화채"전시실은 서주에서 출토된 서한(西漢)에서
송대(宋代)의 용소(俑塑) 예술품을 전시해 놓았다. 한대
의 악무용(樂舞俑)·채회위사용(彩繪儀衛俑)·"비기(飛騎)"
병마용(兵馬俑), 북조(北朝) 문리용(門吏俑)·채회여립용(彩
繪女立俑), 당대(唐代) 삼채용(三彩俑)과 송대의 와구용(臥
嫗俑)이 전시되어 있다. 이들은 시대적인 분위기와 지역
적 특징이 짙게 나타난다.

주변 관련 유적

건륭행궁은 1757년 양강총독(兩江總督)이 청고종(淸高
宗) 건륭제(乾隆帝 : 1711~1799)의 남순(南巡)을 위해 만든
것이다. 원래는 우왕묘(禹王廟)의 기초 위에 다시 세운
것으로, 현재는 행궁대전(行宮大殿)만 남아 있고 시급문물보호단위로 지정되었다. 행

요나라 중장기병 복원

궁 동쪽의 비원은 고전원림식(古典園林式) 건축으로, 원내(院內)에는 당대 석당(石幢)과
당송시대(唐宋時代) 서법가(書法家)들의 글이 100여점 가까이 새겨져 있다.

토산 동한 팽성왕릉은 서주박물관 북쪽에 있으며, 현재 성급문물보호단위이다. 북
위(北魏) 역도원[酈道元 : 466(472?)~527][185]이 저술한 『수경주(水經注)』등에는 서초패왕
(西楚覇王) 항우(項羽 : B.C.232~B.C.202)의 모사(謀士) 범증(范增 : B.C.277~B.C.204)의 무덤으
로 기록되어 있다. 현존하는 봉토(封土)

건륭행궁

둘레는 약 200m, 높이 18m로, 현재는
서주에서 발견된 동한(東漢)시대의 유일
한 팽성왕릉(彭城王陵)으로 보고 있다.

토산 팽성왕릉묘는 3기의 규모가 큰
전돌과 돌로 쌓은 고분으로, 큰 봉토를
씌웠다. 1969년 토산의 주민이 봉토 서
북부에서 흙을 채취하다가 1호묘를 발
견하였는데, 이곳에서 은루옥의·유금수

형연(鎏金獸形硯) 등의 진귀한 유물들이 출토되었다. 1978년에는 2호묘인 팽성왕묘가 발견되었으며, 2003년에는 국가문물국에서 발굴을 실시하였다. 현재는 묘정(墓頂)에서 황장석(黃腸石)이 발견되었으며, 봉니(封泥) 4,300여 점 및 기타 문물 수백점이 출토되었다. 2002년 서주중의원(徐州中醫院)에서 병실을 건설하는 도중에 3호묘가 발견되었다.

토산 팽성왕릉묘

토산에 있는 3기의 고분은 보존 상태가 서로 다르기에, 각기 다른 방식의 보호와 전시를 하여, 더 많은 역사적 정보를 관람객들에게 전달한다. 1호묘는 은루옥의 등 복제한 문물을 무덤에 복원하여 전시하였다. 2호묘는 발굴 후, 외관은 토산한묘 봉토를 새로 쌓아 올려, 봉토의 원래 모습을 회복하였다. 묘실 내에는 도굴갱 혹은 훼손된 부분이 있었으나 원래 모습을 되찾았다. 또한 묘실 상부에 보호용 덮개를 설치하여, 관람객들이 지면에서 묘실로 들어와 볼 수 있게 해놓았다. 아래층은 팽성왕릉의 묘도·묘실이 있으며, 중간층에는 황장석 및 북·동·서 3면의 봉토 단면을 전시하였다. 위층의 토산 정부에서는 근거리에 있는 도시를 볼 수 있도록 해놓았다. 3호묘는 묘실의 파괴 상태가 심하여, 원상태로 진열하고, 주위에 한전(漢磚)으로 장식하여, 관람객이 동한시대의 왕가(王家) 분위기를 충분히 느낄 수 있도록 조성하였다. 토산 동한왕릉은 복원 후 전국중점문물보호단위로 지정되었다.

토산한묘 2호묘

서한 채석장(採石場)유적은 화평로(和平路) 북쪽에 위치하며, 박물관의 서남쪽 모서리에 있고, 서주에서 지금까지 발견된 유일한 한당(漢唐) 이전의 채석장유적이다. 이곳은 당시의 채석 제조와 공예의 전과정을 반영하기에, 역사적인 가치와 과학적인 가치가 매우 높은 유적으로 2006년 5월에 전국중점문물보호단위로 지정되었다. 이 유적의 보호 시설은 보호 현상과 전시를 주요 목적으로 두었으며, 한 대 채석장 채석갱(採石坑)·석배갱(石坯坑)을 원래 자리에 전시하였으며, 설명패(說明牌)와 지시패(指示牌) 등을 두었다. 또한 멀티미디어를 이용하여 채석 공예 과정을 전시하여 흥미를 도모하였다.

이 외에도 서주박물관의 전시실에서는 비정기적으로 고고학적인 신 발견 전시회나 전문 유물과 예술품 전시회 등을 개최한다.

참고문헌

徐州博物馆 http://www.xzmuseum.com/

孙天胜, 2008, 『徐州文化旅游』, 黑龙江人民出版社.

2호묘 묘실 복원 모습

---

185) 북위(北魏) 범양(范陽) 탁현(涿縣) 사람으로, 자는 선장(善長)이다. 오랜 뒤에 하남윤(河南尹)·안남장군(安南將軍)·어사중위(御史中尉)등을 지냈다. 법을 집행하는 데 있어서 엄격하여 권문귀족들의 미움을 받았다. 북쪽 지역을 널리 여행하면서 물길이나 산세 등의 지리 형세를 자세히 관찰했는데, 그 산물로 『수경주(水經注)』 40권을 저술하였다.

한고조원묘 · 가풍대

漢高祖原廟 · 歌風臺

위풍을 해내에 떨치며 고향에 돌아왔네

한성공원 입구

패현(沛縣)은 한고조(漢高祖) 유방(劉邦 : B.C.247~B.C.195)의 고향으로, 이곳에는 그와 관련된 여러 유적지들이 남아 있다. 패현(沛縣)은 강소성[蘇]·산동성[魯]·하남성[豫]이 교차하는 곳으로, 미산호(微山湖) 부근에 위치한다. 남쪽으로 서주(徐州)와 60㎞ 정도 떨어져 있으며, 북쪽으로는 곡부(曲阜)와 120㎞ 정도 떨어져 있어, 지리적으로 교통의 중심지에 해당한다.

패현은 유적이 많이 남아있으며 성·시·현급중점문물보호단위인 대풍가비(大風歌碑)·유리정(琉璃井)·여모총(呂母塚)·서산한묘군(栖山漢墓群)·사수정(泗水亭)·사극대(射戟臺)·염이매묘(閻爾梅墓) 등이 있다.

시내 중심에는 한성공원(漢城公園)·한고조원묘(漢高祖原廟)·가풍대(歌風臺)가 한군데에 몰려 있다.

한성공원

한성공원은 인공호수 가운데에 한나라 양식으로 건물을 세워둔 공원이다. 가운데에는 한혼궁(漢魂宮)이라는 큰 건물이 있으며, 그 속에는 유방과 공신들을 밀랍인형으로 만들어서 전시해 놓았다. 그 정면에는 분수대가 있는데, 중앙에는 큰 원반을 들고 있는 유방의 석상이 있다.

한성공원의 한혼궁

　그 정면에는 패궁(沛宮)이라는 건물이 있는데, 이곳에는 화상석의 형상을 따서 만든 부조가 양쪽 벽에 있다. 그 가운데에는 한나라 때의 유물들, 즉 방패·검·투구·술잔을 형상화 한 황동 조각품이 있다. 양쪽 벽의 부조 중 입구 오른편에 있는 것은 해하전투 (垓下戰鬪)의 모습을 표현한 것으로, 유방은 군대를 지휘하고 있는 모습이며, 그 반대편에 항우(項羽 : B.C.232~B.C.202)는 자결하는 모습으로 되어 있다. 입구 왼편에 있는 것

한성공원의 패궁

은 유방이 가풍대에 올라 노래를 부르는 모습을 형상화 한 것으로, 이곳의 고사와도 깊은 연관이 있다.

　양쪽에도 건물이 있는데 미앙(未央)이라는 현판을 단 건물은 미앙궁(未央宮)을 형상화 하였다. 안에는 유방의 비빈(妃嬪) 조각을 두었는데, 관리가 제대로 이뤄지지 않아 먼지가 가득 쌓여 있어서 괴기스러운 느낌을 자아냈다. 그 옆쪽으

한고조원묘 · 가풍대 漢高祖原廟 · 歌風臺　　**429**

한고조원묘 낙패전
원경

로 회랑이 나있으며, 이곳을 통하여 한성공원 바깥으로 나갈 수 있는 구조로 되어 있다. 또한 회랑에는 여러 글씨들이 비석에 새겨져 전시되고 있다.

한고조원묘

기원전 195년, 한고조 유방이 자신의 고향인 패현으로 돌아와, 옛 친족과 친구들을 모아 잔치를 베풀고 아이들 120명에게 대풍가(大風歌)를 부르도록 하였다. 당시 그는 패성(沛城) 남쪽에 행궁(行宮)을 세웠으며, 후에 패궁(沛宮)으로 불렀다.

유방이 세상을 떠난 후, 그의 아들 유영(劉盈 : B.C.210~B.C.188)이 그 뒤를 이어 즉위하여 혜제(惠帝)가 되었다. 기원전 190년, 한혜제(漢惠帝)는 고조의 공덕을 추모하여, 천하에 조서(詔書)를 내려 고조서(高祖瑞)를 흥건(興建)하였다. 그리고 패궁을 고조원묘(高祖原廟)로 바꿨으며, 친히 이곳을 찾아 고조에게 제사하였다. 한고조원묘는 중국 국내와 해외 유씨(劉氏)들의 근간이 되는 곳으로, 묘내(廟內)에는 유방의 금신좌상(金身坐像)이 있다.

고조원묘는 양진식(兩進式) 궁전(宮殿)으로, 전전(前殿)에는 고조묘(高祖廟)가 있고, 뒤에는 침궁(寢宮)이 있으며, 봄과 가을에 제사를 올린다. 2천년이 넘는 시간 동안, 여러 번 무너지고 다시 수리하였으며, 청나라 말 함풍연간(咸豊年間 : 1851~1861)에 황하(黃河)의 수해를 입어 파괴되었다. 1996년에 중수(重修)하였다. 현재 묘문(廟門)의 편액은 서법가 쟈오포츄[趙朴初 : 1907~2000]가 쓴 것이며, 대전(大殿)인 "낙패전(樂沛殿)"은 서주서협(徐州書協) 주석(主席) 왕빙스[王冰石]가 쓴 것이다. 대전에는 한고조 유방의 유금거상(鎦金巨像)이 있으며, 양쪽에는 양한(兩漢) 24제(帝)의 동상이 있다. 원(院)에는 푸른

낙패전 내 유방의 금신좌상

소나무와 측백나무가 있으며, 당대(唐代) 문학가인 유종원(柳宗元 : 773~819)의 "한고조 패현박물관 외경
원묘명비(漢高祖原廟銘碑)"가 있다.

성(省)·시(市)·현(縣)의 정부가 고조원묘의 가치에 대해 연구 사업과 보수 복원 사업
을 실시하였고, 또한 전임요원과 기금을 마련하여 보호를 하고 있다. 오늘날까지도
매년 5월에는 세계에 있는 유씨의 후예들이 이곳에 모여 선조에게 제사를 드린다. 한대 도창(陶倉)

패현박물관

패현박물관(沛縣博物館) 즉 가풍대는 2
천점이 넘는 문물(文物)을 소장하고 있
다. 그 중에는 5,6천 년 전의 석기(石器),
춘추전국시대(春秋戰國時代)부터 전해져
온 도기(陶器)가 있으며, "강소삼보(江蘇
三寶)"라고 일컬어지는 한화상석(漢畵像
石) 및 서한(西漢)시대의 역사가 전해져

가풍대 위의 요연당
(邀宴堂)

내려오는 대풍가비가 있다.

패현박물관은 강소성(江蘇省) 패현 패성진(沛城鎭) 탕목서로(湯沐西路) 4호에 위치한다. 1985년 6월에 성립되었다. 중화인민공화국 건국 후, 패현문물고적소(沛縣文物古迹所)에는 사람이 몇 명 없었다. 문화관(文化館)에서 한 사람을 파견하였으나, 기본적으로 활동은 없었다. 1982년에 문화관 문화조(文化組)가 성립되었다. 이후 가풍대·대풍가비·사극대·사수정 등 유적을 세우고, 서산한묘(栖山漢墓)에 대해 여러 차례에 걸쳐 발굴을 실시하여, 패현박물관을 세울 기초를 마련하였다.

이 박물관은 가풍대·사극대·진황착정(秦皇鑿井)·홍곡헌(鴻鵠軒)·비랑(碑廊)과 전시실로 구성되어 있다. 주방(主房)은 모두 헐산식(歇山式)을 본뜬 고건축이다. 점유 면적은 1,750㎡이고, 건축 면적은 약 400㎡이다.

대풍가비 중 한비

이 박물관은 아직 협소하며, 확장을 기다리고 있다. 현재는 유방의 생애를 전시해 놓았으며, 유방 대풍가비를 위주로 석각예술품 약 100여 점을 전시해 놓았고, 가풍대·극사대·진황착정 등의 관광지가 있다. 현존하는 각종 소장품은 1,000여점이다. 서한 초기의 화상석·서한 채회도용(彩繪陶俑)과 기타 채회도기(彩繪陶器) 수백점이 전시되어 있다. 또한 유방이나 항우, 초한전쟁과 관련된 그림도 여럿 전시해 놓고 있다. 전시 방향을 따라 내용물들을 살펴보면, 당시의 역사를 세세하게 알 수 있도록 배려해 놓았다.

가풍대

가풍대는 한고조 유방의 금의환향(錦衣還鄕)을 기념하는 곳으로, 《대풍가》가 지어진 곳이기도 하다. 서주시 패현 현성(縣城) 중심의 한성공원(漢城公園)에 위치한다. "패현 옛 8경[沛縣古八景]" 중 하나로, 관람객들이 많이 찾는 관광지 중 하나이다. 82년에 강소성인민정부에서 중점문물보호단위로 지정하였다. 기원전 196년, 한고조 유방은 회남왕(淮南王) 영포(英布 : ?~B.C.195)의 반란을 평정하고 고향으로 돌아왔으며, 이곳에서 고향의 어르신들과 친구들을 불러 연회를 베풀었다. 술을 마시며 옛 일을 이야기하면서, 술에 취해 고향에 개국황제로 돌아왔다는 점에서 감개가 무량하였다. 그리하여 이곳에서 축(築)을 두드리며 즉흥적으로 크게 노래를 불렀다.

큰바람이 일고 구름은 높이 날아가네.	大風起兮雲飛揚
위풍을 해내에 떨치며 고향에 돌아왔네.	威加海內兮歸故鄉
내 어찌 용맹한 인재를 얻어 사방을 지키지 않을 소냐.	安得猛士兮守四方

그리고 120명의 젊은이들에게 합창을 시키고, 유방 자신은 춤을 추었다고 한다. 구(句) 중간에 '혜(兮)'라는 리듬을 맞추는 글자를 넣었다. 3구 23자의 짧은 시로 왕자(王者)로서의 웅대한 기상이 잘 나타난다. 이 이야기와 글은『사기(史記)』「고조본기(高祖本紀)」와『문선(文選)』에도 수록되었다.

가풍대 위의 한고조
유방 석상

대풍가비

대풍가비는 3개가 공존하는데, 하나는 한비(漢碑)로 높이가 1장(丈) 1척(尺)이며, 폭이 4척(尺) 4촌(寸)이다. 서체는 둥글면서도 힘 있게 굽었으며, 균형이 잡힌 구조이다.『패현지(沛縣志)』와『서주부지(徐州府志)』의 기록에 따르면, 동한(東漢) 채옹(蔡邕 : 132~192) 혹은 조희(曹喜)의 글이라고 한다. 오늘날 펑이우[馮亦吾 : 1903~2000]선생의 고증에 따르면 서한(西漢) 패인(沛人) 문학가인 애례(愛禮)의 글이라고 한다. 여러 설들이 난무하나, 중국 서법의 명작 중 하나라는 점은 부정 할 수 없다.

한비는 현재 원래 크기의 4분의 3정도가 남아 있다. 비록 2천년간 바람과 비에 시달렸으나, 문자는 명확하게 식별할 수 있는 정도이다.

한고조 유방 초상

원비(元碑)는 원대(元代) 대덕연간(大德年間 : 1297~1307)에 모각(摹刻)한 것으로, 글씨가 한비와 거의 똑같아서 구분하기가 힘들다. 원비임을 설명한 문자가 있어, 연구자들에게 자료 가치가 높다.

세 번째 비석은 갑자비(甲子碑)라 부르는데, 이는 패현인민정부가 1984년, 즉 갑자년(甲子年)에 세운 것이다. 청나라의 서법에 원래 비석의 크기를 본떠 모각한 것이다. 1982년 1월, 강소성인민정부는 가풍대·대풍가비를 성급중점보호문물로 지정하였다.

비석들이 실내에 있기에 향후 풍화작용으로 훼손될 가능성은 매우 적어졌다. 하지만 유리로 덮어 놓은 것은 좀 지나친 게 아닌가란 생각도 들었다. 정작 사진을 찍거나 살펴보려고 하더라도 유리에 빛이 반사되어, 제대로 보기가 힘들었다.

가풍대는 원래 옛 현성의 동남쪽에 있었는데, 수몰을 겪기도 하고, 옮겨지거나 세워지기도 하였다. 오늘날의 가풍대는 건축 면적이 12,600㎡이며, 건축 총 높이는 26.8m로, 한성 건축군의 제고점(制高点)에 해당한다.

유방의 생애

전한(前漢)의 초대 황제로, 재위 기간은 기원전 202년부터 기원전 195년까지이다. 자는 계(季)이고, 묘호는 고조(高祖)이며, 패(沛) 사람이다. 농부의 아들로 태어났으며 유협(遊俠)의 무리와 어울렸다. 진(秦)나라 말에 시험을 보고 사수정(泗水亭)의 정장(亭長)이 되었다. 유방은 여산(驪山)의 황제릉(皇帝陵) 조영 공사의 인부들을 인솔하는 역할을 하였다. 그러나 도중에 인부들이 도주해버리는 일이 잦아 임무 수행이 어려워지면서 나머지 인부를 풀어주고 유방 자신도 도망가 산중에 은거하였다.

기원전 209년[이세황제(二世皇帝) 원년]에 진승(陳勝 : ?~B.C.208)이 반란을 일으킨 것을 계기로, 각지에서 반란이 일어났다. 이때 패 지역의 젊은이와 원로들은 패의 현령을 죽이고 유방을 패공(沛公)으로 추대하였다. 처음에는 항량(項梁 : ?~B.C.208)에 속했다가 항량이 진나라에 의해 진압당한 뒤 항우와 함께 반진(反秦) 세력의 주력이 되었다. 기원전 206년에 함양(咸陽)을 공격해 항우보다 먼저 점령하였다. 유방은 진왕(秦王) 자영

(子嬰 : ?~B.C.206)이 항복을 받은 뒤 약법삼장(約法三章)을 시행하면서 진나라의 가혹한 법령을 없애 민심을 얻었다.

항우가 입관(入關)한 뒤 홍문(鴻門)에서 죽을 고비를 넘겼으며 이후 항우로부터 한왕(漢王)에 봉해졌다. 얼마 뒤 항우와 피나는 결전 끝에 5년 승리를 거두고 황제로 즉위해서 한 왕조(漢王朝)를 건설했다.

한왕조는 진나라의 제도를 받아들여 중앙집권제를 채택했다. 왕조 건설에 공이 큰 장수와 부하를 제후왕(諸侯王)과 열후(列侯)로 봉했지만, 한신(韓信 : ?~B.C.196)·팽월(彭越 : ?~B.C.196)[186]·경포 등 공신들을 숙청하고 왕실 일족(一族) 출신으로 대체했다. 이후 제후왕은 한실(漢室) 일족 출신자에 한정된다는 불문율이 성립했다. 진나라 법률에 의거 한율구장(漢律九章)을 제정했다.

한편 기원전 200년에 직접 흉노(匈奴) 원정에 나섰으나 백등산(白登山)에서 7일간 고립되는 사건이 발생하였다. 이후 흉노를 형, 한나라가 아우가 되어 매년 공납을 바치도록 하는 굴욕적인 조약이 맺어지기도 하였다.

참고자료

사마천 저·김영수 역, 2010, 『완역 사기 본기』1, 알마.

孫天勝, 2008, 『徐州文化旅游』, 黑龙江人民出版社.

임종욱, 2010, 『중국역대인명사전』 2010, 이회문화사.

---

186) 전한 초기 산양(山陽) 창읍(昌邑) 사람이다. 진(秦)나라 말에 진승과 항우가 병사를 일으키자 산동지역 거야에서 거병했다. 초한전쟁 때 병사 3만여 명을 이끌고 한나라에 귀순하여 유방을 도왔다. 위상국(魏相國)이 되어 양(梁) 땅을 공략 평정했다. 한나라를 도와 초나라를 공격하여 여러 차례 초나라의 식량 보급로를 끊었다. 병사를 인솔해 해하(垓下)에서 항우를 이기고 양왕(梁王)에 봉해졌다. 이후 한신과 마찬가지로 토사구팽(兎死狗烹)되어 3족이 멸하게 되었다.

연운항

연운항시 連雲港市

서유기의 고향, 아름다운 항구도시

화과산 입구

연운항(連雲港)은 옛날에 "해주(海州)"로 일컬어졌다. 연도(連島)를 향해 바라보고, 운대산(雲臺山)을 등지고 있기 때문에 연운항이라는 이름을 얻게 되었다. 중화인민공화국 화동지구(華東地區)의 특대도시이자 중국 10대 환경의 아름다운 여행 도시로, 전국 14곳의 연해(沿海) 개방도시 중 하나이다. 중국 수정(水晶)의 수도이며, 강소성(江蘇省) 연해 대개방의 중심 도시이자, 국제적인 항구 도시로서 『서유기(西遊記)』 문화의 발원지이기도 하다. 또한 신유라시아 대륙교의 동방 교두보이다. 2012년 연운항시의 경제 총 생산량은 강소성 내에서 제 12위이며, GDP는 1603억 위안[元]에 달한다.

연운항시는 중국 동부 해안 및 장강삼각주(長江三角洲) 지역에 위치하며, 강소성 동북부에 해당하고, 노중남구릉(魯中南丘陵)과 회북평원(淮北平原)이 결합하는 곳이기도 하다. 동부는 황해(黃海)에 임해 있기 때문에, 남한·북한·일본과 바다를 두고 서로 바라보고 있다. 서쪽으로는 서주(徐州)·숙천(宿遷)과 가까이 있으며, 남쪽으로는 회안(淮安)·염성(鹽城)과 접하며, 북쪽으로는 임기(臨沂)·일조(日照)와 접경한다.

연운항의 고적은 비교적 풍부하며 역사가 오래되었다. 연운항시는 전국 49곳의 중점여행도시와 강소성 3대 여행구 중 하나로, "동해제일승경(東海第一勝境)"으로 일컬어진다. 연운항시는 서유기문화의 뼈대가 되는 곳으로 "신기한 낭만의 도시[神奇浪漫之都]"로 일컬어진다. 이곳의 독특한 관광자원을 결합시켜, "서유기 문화절[西游記 文化

節]"·"연운항의 여름[連雲港之夏]"·"서복 해양문화절[徐福海洋文化節]"·"동해 수정절[東海水晶節]" 등 풍부하고 다채로운 기념 행사가 펼쳐진다.

도시 현황

연운항시는 중국 연해 중부에 위치하며, 강소성의 동북부이고, 북위(北緯) 33°59′~35°07′, 동경(東經) 118°24′~119°48′사이이다. 동서 최대 거리는 약 129㎞이며, 남북 최대 길이는 약 132㎞이다. 토지 면적은 7,499.9㎢이며, 수역 면적은 1759.4㎢이고, 시구(市區) 건설 구역 면적은 120㎢이다. 연운항시는 중국 해륙이 남북으로 지나 결합하는 곳이다.

연운항은 중국이 1984년에 연해 개방을 비준한 14개의 도시 중 하나이며, 중국 10대 해항(海港) 중 하나이다. 연운항시는 신포(新浦)·해주·연운(連雲) 3구역, 국가급 경제개발구역 및 공유(贛榆)·관운(灌雲)·동해(東海)·관남(灌南) 4현(縣)을 관할한다.

연운항시는 일찍이 5만년 전부터 원시시대 사람들이 이곳의 토지에서 생활을 영위하였다. 시 구역에 명확한 행정단위가 등장하게 된 것은 진대(秦代)로, 구현(朐縣)이 있었으며, 동해군(東海郡)에 속했다. 경내에는 경내에는 산과 바다를 두루 갖추고 있으며, 평원·대해(大海)·높은 산은 물론 하천과 호수·구릉·간척지·습지·섬도 있다. 지세는 서북쪽에서 동남쪽으로 비스듬하게 경사지는데, 마치 바다로 날아가는 한 마리의 나비와 같다고 일컬어진다. 운대산맥(雲臺山脈)은 기몽산(沂蒙山)의 여맥(餘脈)으로, 크고 작은 봉우리가 214곳이 있다.

기후는 온난대와 아열대가 겹치는 곳으로, 사계절이 분명하며, 매년 평균 기온은 14.1℃이다. 평균 강수량은 883.6㎜로, 매년 무상기(無霜期)는 220일이다. 주로 부는 바람은 동남풍이다. 태양열과 풍력 자원은 강소성에서 가장 많으며, 최적의 조건을 갖추고 있다. 수계(水系)는 기본적으로 회하(淮河) 유역 기·술·사(沂沭泗) 수계에 속하며, 기술(沂沭)지역은 주로 물이 부는 강줄기로 신기하(新沂河)·신술하(新沭河) 등은 모두 시내에서 바다

화과산 대촌수고(大村水庫)

백룡담(白龍潭)에서 바라본 조양진(朝陽鎭)

로 들어가기에, "홍수주랑(洪水走廊)"으로 일컬어진다.

남북을 지나는 기후 조건과 지표면의 유형은 다양하여, 연운항시에서 자생하는 식물들은 남북의 특징을 갖추고 있는게 많다. 연운항시는 국가의 중요한 양면유(粮棉油)·임과(林果)·채소 등 농업 생산지이자, 벼·밀·목화솜·콩과 땅콩의 생산지이기도 하다. 산호채(珊瑚菜)·금양옥죽(金鑲玉竹)은 강소성에서도 유명한 특산품이다. 화과산 운무차(雲霧茶)는 강소성 3대 명차(名茶) 중 하나이다.

육상동물은 12과(科) 18속(屬) 90개가 넘는 품종이 있으며, 각종 조류는 225종이 있고, 그 중에서 국가 진희보호(珍稀保護) 조류는 31종이다. 전국 8대 어장 중 하나인 해주만어장(海州灣漁場)을 보유하고 있으며, 전국 4대 해염(海鹽)산지 중 하나인 회북염장(淮北鹽場)이 있다. 전국 최대의 김 양식 가공지이기도 하고, 민물게와 대하 양식장도 보유하고 있다. 전삼도해구(前三島海區)는 강소성 유일의 해진품(海珍品)기지이며 공유현(贛榆縣)은 중국 연해 해수 양식으로 유명한 현이며, 성 전체에서 제일인 해양 산업 위주의 성급 해양경제 개발구가 있다.

자연 환경

연운항시는 육해철로(陸海鐵路)의 동단(東端) 기점으로, 중국 동남연해의 중부에 위치한다. 남쪽으로는 장강삼각주와 이어지고, 북쪽으로는 발해만(渤海灣)에 접하며, 동쪽으로는 동북아시아에, 서쪽으로는 중서부 일대로 이어진다. 남북을 관통하는 곳에 있어, 동서를 잇는 전략적 요충지이다. 유라시아 대륙교의 동쪽 교두보이며, 신실크로드 동방 기점이다. 동서 최대 가로 폭은 약 129km이며, 남북 최대 세로 폭은 약 132km이다. 총 면적은 7,444km²이며, 시구면적은 1,126km²이다.

연운항시는 노중남구릉과 회북평원이 결합하는 곳에 위치하며, 지세는 서북쪽에서 동남쪽으로 경사지는 모습이다. 경내는 평원 위주이며 구릉·산지·호수·간척지 등이 있다. 크고 작은 산봉우리가 214기가 있으며, 운대산의 주봉(主峯)인 옥녀봉(玉女峰)

은 해발 624.4m로, 강소성에서 가장 높은 봉우리이다. 경내에는 수로망이 조밀하여, 크고 작은 물줄기가 53곳이고, 그 중에서 17군데가 바로 바다로 유입된다. 시 전체에는 저수지가 168곳이 있으며, 그 중에서 석량하저수지[石梁河水庫]는 강소성 최대의 저수지이다. 연운항시의 해안선은 162㎞이고, 21개의 섬이 있으며, 그 중 동서연도(東西連島)는 강소성에서 제일 큰 섬이며, 면적은 7.57㎢이고, 암석으로 된 해안은 강소성에서도 독특한 것으로 손꼽는다.

연운항시는 온난대의 남부에 위치하며, 매년 평균 기온은 14℃이다. 1월 평균 기온은 -0.4℃이며 가장 낮았던 온도는 -19.5℃이다. 7월 평균 온도는 26.5℃로, 가장 높았던 온도는 39.9℃이다. 매년 평균 강수량은 920㎜를 넘으며, 매년 무상기는 220일이다. 주로 부는 바람은 동남풍이다. 기후 유형은 습윤한 계절풍기후로 나타나며, 약간 해양적인 기후 특징을 보인다. 기후 특징으로는 사계절이 분명하고, 겨울이 춥고 건조하며, 여름은 덥고 비가 많이 내린다. 일조량과 풍력 자원은 강소성에서 제일 많다. 남북을 통과하는 기후 조건과 지형의 다양화는 연운항시에서 남북 특징을 가진 식물들이 자생하기 유리한 조건을 형성한다.

역사 연혁

연운항시는 일찍이 5만 년 전부터 원시시대 사람들이 생활을 영위하였다. 시 구역에서 명확한 행정 구역을 둔 것은 진대이며, 지금의 해주에 구현을 두었고 동해군에 속하게 하였다. 549년[동위(東魏) 무정(武定) 7년]에 처음으로 해주라고 불렀다.

하상(夏商)시대에는 "인방동이(人方東夷)"·"인방국(人方國)"·"우이(隅夷)"로 일컬어졌다. 서주(西周)시대에는 청주(靑州)에 속했으며, "인방국동이(人方國東夷)"로 일컬어졌다. 춘추전국(春秋戰國)시대에는 처음에는 노(魯)나라에 속했다가 나중에는 초(楚)나라에 속하게 되었으며, "담자국(郯子國)"으로 불리웠다.

진대에는 동해군으로 칭해졌으며, 구현·담성(郯城)·난릉(蘭陵)·양분(襄賁)·증(繒)·하비(下邳)·회음(淮陰)·우이(盱眙)·동양(東陽)·당읍(堂邑)·광릉(廣陵)·능(淩) 12개 현을 관할하였다.

서한(西漢)시대에도 동해군으로 칭해졌으며, 서주자사부(徐州刺史部)에 속했다. 구현·담성·난릉·양분·증·양성(良城)·하비·평곡(平曲)·척(戚)·개양(開陽)·임기·이성(利城)·해서(海西)·난기(蘭祺)·남성(南城)·산향(山鄕)·즉구(卽邱)·축기(祝祺)·비(費)·후구(厚丘)·용구(容邱)·동안(東安)·합향(合鄕)·승(丞)·건양(建陽)·곡양(曲陽)·사오(司吾)·우향(于鄕)·도양(都陽)·음평(陰平)·오향(吾鄕)·무양(武陽)·신양(新陽)·건릉(建淩)·창려(昌慮)·도평(都平)·건향(建鄕)·평곡 36개 현을 관할하였다. 동한(東漢)시대에도 동해군으로 일컬어졌으며, 서주자사부에 속했다. 구현·담성·난릉·양분·척·이성·축기·승(丞)·후구·합향·창려·공유·음평 13개현을 관할하였다.

삼국시대에는 동해국(東海國)으로 일컬어졌으며 조위(曹魏)에 속했다. 구현·담성·난릉·양분·척·이성·축기·승·후구·창려·합성(合城) 11개 현을 관할하였다. 서진(西晋)시대에는 동해군으로 일컬어졌으며 서주에 속했다. 구현·담성·난릉·양분·척·이성·축기·승·후구·창려·합향·공유 12개현을 관할하였다.

동진(東晋)시대에는 동해군으로 일컬어졌으며, 후에는 후조(後趙)·전연(前燕)·남연(南燕)·동진에 속했다. 구현·담성·이성·양분·축기·후구·공유 7개 현을 관할하였다.

남조(南朝) 전기에는 동해군으로 칭해졌으며, 제군(齊郡)·동완(東莞)·낭아(琅玡)·서해(西海)·동해·북해군(北海郡)이 관할하였다. 남조 후기에는 청주·기주[冀州 : 교치(僑置)]가 관할하였으며, 관할 구역은 위와 같다.

남조 제(齊)·양(梁)은 4곳으로 나누었다. 동완군(東莞郡)·낭아군(琅玡郡)은 즉구·남동완(南東莞)·북동완(北東莞) 3개 현을 관할하였다. 북동해군(北東海郡)은 양분·동(僮)·하비(下邳)·후구·곡성(曲城) 5개 현을 관할하였다. 북해군(北海郡)은 도창(都昌)·광요(廣饒)·공유·교동(膠東)·극(劇)·하밀(下密)·평수(平壽) 7개 현을 관할하였다. 제군(齊郡)은 임치(臨淄)·제안(齊安)·숙예(宿豫)·울씨(尉氏)·평려(平慮)·창국(昌國)·익도(益都)·태안(西安)·태(泰) 9개 현을 관할하였다.

북조(北朝) 동위에선 낭아군으로 칭했으며, 또는 해주 구현으로 칭했다. 동팽성군(東彭城郡)은 용저(龍沮)·안동(安東)·발해(勃海) 3개 현을 관할하였다. 동해군은 공유·안류(安流)·광요·하밀 4개 현을 관할하였다. 해서군(海西郡)은 양분·해서(海西)·임해(臨海) 3개 현을 관할하였다. 술양군(述陽郡)은 하비·임사(臨渣)·회문(懷文)·복무(服武) 4개 현을 관할하였다. 낭아군은 구(朐)·해안(海安)·산녕(山寧) 3개현을 관할하였다. 무릉군(武陵郡)은 상선(上鮮)·욕안(浴安) 2개 현을 관할하였다.

북제(北齊)·북주(北周)에서는 해주로 칭하였다. 동해군은 광요·동해 2개 현을 관할하였고, 구산군(朐山郡)은 구산현(朐山縣)을 관할하였으며, 무릉군은 상선·낙안(洛安) 2개 현을 관할하였다.

수(隋)나라는 해주로 칭했으며 후에는 동해군이라 불렀다. 구산·동해·연수(漣水)·술양(沭陽)·회인(懷仁) 5개 현을 관할하였다. 당(唐)나라 때에는 하남도(河南道)에 속했다. 처음에는 해주총관부(海州總管府)로 불렀으나, 후에는 해주로 칭하였고, 또한 동해군으로도 불렀다. 구산·동해·술양·회인 4개 현을 관할하였다. 오대(五代)시대에는 오(吳)·남당(南唐)·후주(後周)에 속했으며, 해주라 칭했고 구산·동해·술양·회인 4개 현을 관할하였다.

959년[남당 원종(元宗) 보대(保大) 13년]에는 후주가 이곳을 점령하였다. 998년[송태종(宋太宗) 지도(至道) 3년]에는 천하를 15로(路)로 나누었으며, 해주를 회남로(淮南路)에 속하게 하였다. 1073년[송신종(宋神宗) 희녕(熙寧) 5년]에는 회남로를 회남동로(淮南東路)와 서로(西路)로 나누었으며, 해주를 회남동로에 두었다. 건염연간(建炎年間 : 1127~1128)에는 해주가 금(金)나라에게 점령당했다. 1162년[송고종 소흥(紹興) 31년]에는 남송(南宋)이 다시 해주를 회복하였다. 융흥연간(隆興年間 : 1163~1165)에는 해주가 다시 금나라의 손에 넘어갔다. 1220년 [가정(嘉定) 12년]에는 남송이 다시 해주를 회복하였다. 1262년[경정(景定) 2년]에는 해주를 서해주(西海州)로 고쳤다. 1275년[덕우(德祐) 원년]에는 서해주를 원나라가 점령하여, 해주라는 이름을 회복시켰다.

1279년[지원(至元) 15년]에는 해주로총관부(海州路總管府)로 승격시켰다. 그리고 구산·술양·공유(회인현으로 고침)·동해현 및 녹사사(錄事司)를 관할하였다. 후에 해령부(海寧府)로 개칭하였다. 1284년(지원 20년)에는 해령부를 해령주(海寧州)로 고치고, 녹사사와 동해현을 모두 구산현에 넣었다. 해령주를 회안부로(淮安府路)에 속하게 했다. 1292년(지원 28년)에는 하남강북(河南江北) 등의 곳에 행중서성(行中書省)을 설치하였다. 해령주는 하남강북행중서성(河南江北行中書省) 회동도(淮東道) 선위사(宣慰司) 강북회동도(江北淮東道) 숙정렴방사(肅政廉訪司) 회안로(淮安路)였다. 1367년[지정(至正) 27년]에는 해령주를 오에 귀속시키고, 강남행중서성(江南行中書省)에 속하게 하였다.

1368년[홍무(洪武) 원년]에 해령주는 해주라는 이름을 다시 찾게 되었으며, 회안부(淮安府)에 속하게 되었고, 구산현을 폐지하였으며, 술양현은 회안부 직속이 되었다. 해주는 이때부터 주치(州治)와 고유현을 지니게 되었는데, 627년(당 정관(貞觀) 원년) 이래의 국면이 이때부터 변화되었으며, 오늘날 연운항 시구·공유현·동해현·관운현(灌雲縣)·관남현(灌南縣)에 상당하게 되었다. 같은 해에 강남행중서성을 폐지하고, 해주는 중서성(中書省) 회안부에 속하게 되었다. 1381년(홍무 13년)에는 행중서성을 폐지하고, 회안부를 육부(六部) 직할로 귀속시켰다.

　1644년[숭정(崇禎) 17년]에 해주는 만주족에 의해 점령되었다. 1645년[청(淸) 순치(順治) 2년]에는 강남성(江南省)을 설치하여, 강남성 회안부에 속하게 하였다. 1667년[강희(康熙) 6년]에는 강남성을 강소성으로 개명하고, 해주를 강소성 회안부에 넣었다. 1724년 [청 옹정(雍正) 2년]에는 해주를 직예주(直隸州)로 승격시키고, 공유·술양 2현을 관할하게 하고, 회안부 관할에서 벗어나게 되어, 당나라 초 이래의 국면에서 회복하게 되었다. 오늘날 연운항 시구·공유현·동해현·술양현·관운현·관남현·향수현(響水縣)에 상당하게 되었다.

참고문헌

中国连云港 http://www.lyg.gov.cn/

中国大百科全书出版社, 1999, 『中国大百科全书中国地理』.

연운항시박물관 連雲港市博物館

능혜평, 한나라의 여성 미라

연운항시박물관(連雲港市博物館)은 1973년 5월 8일에 정식으로 현관을 내걸었다. 현대적인 지방 종합성 박물관으로, 이 전신은 1958년에 성립된 "해주지지문물진열실(海州地志文物陳列室)"이다.

2003년 연운항시박물관 신관(新館) 공사가 시작되었고, 2006년 7월에 준공하여 대외에 개방하였다. 신관은 화과산

연운항시박물관 외관

(花果山) 아래에 위치하며, 시행정중심과 마주보고 있다. 점유 면적은 45무(畝)이고, 건축 면적은 13,600㎡이며, 총 투자액은 6,000만 위안[元]이 넘는다.

연운항시박물관은 2008년 2월 6일부터 정식으로 사회에 무료로 개방되었다. 신관을 개방한 이후로, 국내외 각계 50만명의 관람객이 이곳을 찾았다.

박물관 구성 및 전시

연운항시박물관에서 소장하고 있는 유물은 풍부하며, 종류도 다양하다. 구석기시대부터 근대에 이르기까지 20가지의 종류가 넘는 유물이 1만점 가까이 있다. 이 박물관은 현재 재직 직원이 43명으로, 그 중에서 고급 직원이 8명, 중급 직원이 14명이다. 박물관 관리 기구는 5가지로, 사무실[辦公室]·보관부[保管部 : 고고부(考古部)]·진열부(陳列部)·선교부(宣敎部)·보위과(保衛科)로 구성된다.

이 박물관의 상설 전시로는《문명의 빛이 연운에 비추다 - 역사 문물 정품 진열[文

엔한 미술작품전

明之光照连云──历史文物精品陈列]》·《옌한 미술작품전[彦涵美术作品展]》·《천고의 비밀 - 능혜평[千古之謎──凌惠平]》·《정계뇌봉차 - 강소성 신포 기차총참 선진사적 진열[情系雷鋒車──江蘇省新浦汽車總站先進事迹陳列]》·《서유기문화전(西游記文化展)》·《수정공예품전(水晶工艺品展)》이 있다. 박물관 소장 유물은 풍부하며, 과학적인 가치도 매우 높다. 이를테면 중국 문헌에 있어서 높은 평가를 받는 동해윤만(東海尹灣) 간독(簡牘), 내용이 기묘하고 면적도 매우 큰 한대(漢代) 장수수품(長壽綉品), 쉽게 보기 힘든 한황옥저(漢黃玉猪) 및 2천년이 넘는 시간동안 완벽하게 보존 된 전국에서 3구만 남아 있는 한대 미라[濕尸 능혜평(凌惠平)] 및 미얀마에서 생산된 명대(明代) 옥불(玉佛) 등이 있다. 이 외에도 지방 문화의 특징을 보여주는 《시공예미술정품전전(市工藝美術精品展展)》·《석각전(石刻

정계뇌봉차

展》》등의 전문 전시도 이뤄졌다.

또한 이곳에서는 임시 전시전도 이뤄진다. 지금까지 행해진 임시 전시를 살펴보면, "고궁명청문물정품전(故宮明清文物精品展)"·"타이베이 고궁박물원 진장 서화전[台北故宮博物院珍藏書畫展]"·"중일서법가 작품교류전(中日書法家作品交流展)"·"중미암화전(中美巖畫展)"·"귀주 소수민족 복식전(貴州少數民族服飾展)"·"오나라 청동기 정품전[吳國青銅器精品展]"·"감오대사 - 황빈홍·린산즈·후샤오밍·왕잉 전승 작품전[感悟大師──黃賓虹·林散之·胡小明、汪迎師承作品展]"·"개혁개방 30주년 기념 대형 도편전[紀念改革開放30周年大型圖片展]"·"소주박물관 관장 승덕로전[蘇州博物館館藏宣德爐展]"·"서주 한화상석 예술전(徐州漢畫像石藝術展)" 등이 있으며, 이들은 사회 각계의 주목을 끌었다.

전시 외에 고고발굴과 연구 성과도 많다. 그 중 등화락(藤花落) 신석기시대(新石器時代)유적은 2000년 전국10대 고고신발견에 꼽힌 바 있다. 이는 중국에서 처음으로 발견된 내외 양성(兩城) 구조의 선사시대 성터이다. 강소성(江蘇省)에서 발견된 용산문화(龍山文化)시대의 성터로서, 문명의 기원에 대해 중대한 가치를 지니고 있다. 공망산(孔望山)유적은 중국에서 가장 오래된 도교 장소로, 중국 도교의 기원지라 할 수 있으며, 종교사 연구에 있어서 중요한 의의가 있다. 2002년 7월, 해주(海州) "쌍룡한묘(雙龍漢墓)"에서 발견된 서한(西漢)의 여성 시신은 세상을 놀라게 하였다. 이 외에도 공망산 마애조상(磨崖造像)·장군애암화(將軍崖巖畫)도 널리 알려져 있다.

이곳에서는 여러 고고학적 성과를 냈으며, 학술 연구에도 이바지하였다. 건관(建館) 이래로, 연운항시박물관은 『고고(考古)』·『문물(文物)』·『중국문물보(中國文物報)』·『동남문화(東南文化)』등 국가·성급 학술지에 200여 편의 논문을 제출하였다. 또한 여러 학술 문집을 출판하였는데, 이를테면 『연운항시박물관 건관 20주년 기념문집(連雲港市博物館建館二十周年紀念文集)』·『공망산 조상 연구(孔望山造像研究)』·『윤만한묘 간독(尹灣漢墓簡牘)』·『옌한 연구[彦涵研究]』·『신오부(神烏賦)』·『연도 경계 각석 2종(連島境界刻石二種)』·『연운항시 고대 서법예술 집췌(連雲港市古代書法藝術集萃)』 등이 있다.

문명의 빛이 연운에 비추다

연운항 일대에서 출토
된 신석기시대 토기

문명의 빛이 연운에 비추다 - 역사 문물 정품 진열

연운항 지역은 예로부터 "동해명군(東海名郡)"·"강좌요구(江左要區)"로 불릴 정도로 유구한 역사와 찬란한 문화가 있었다. 이는 고고발견으로도 증명되는데, 옛 사람들이 이곳의 황무지를 토지로 개척한 이후 오늘날에 이르기까지, 2만년에 가까운 역사가 있었으며, 독특한 세석기문화(細石器文化)를 창조해 내었다. 동이(東夷) 선민(先民)이 이곳에서 도작농업을 창조하여 특색 있는 북신문화(北辛文化)·용산문화·악석문화(岳石文化)를 탄생시키고 개발하여, 중원의 초기 문명에 견주는 동이문명(東夷文明)을 창안하였다.

진한(秦漢)시대에 이곳은 제(齊)와 초(楚)문화의 영향 아래에 있었으며, 도교의 발원지이자 불교가 가장 먼저 퍼진 지역이기도 하였다. 수당(隋唐)시대에 이곳은 중국과 한반도·일본열도 경제 문화교류의 중요 구간이었다. 명청(明清)시대에 이곳은 제염(製鹽)산업 발달한 곳이기도 하여, 연운항지역은 국가 경제의 기둥이 되는 곳이기도 하였다. 문단에서도 이곳에는 뛰어난 문학작품 2편이 나왔으니, 바로 『서유기(西遊記)』와 『경화록(鏡花綠)』이다.

"문명의 빛이 연운에 비추다"는 서로 다른 측면에서 연운항 지역의 고대 문화를 재현하고 있다. 진열은 홍황욱주(洪荒郁洲)·동이문명(東夷文明)·진한웅풍(秦漢雄風)·당송풍채(唐宋風采)·명청신운(明清神韵)이라는 5개의 부분으로 나뉜다. 이곳에는 구석기시대부터 명청시대까지의 청동기·도자기·옥석기(玉石器)·금은기·칠기(漆器)·간독(簡牘) 등의 유물이 전시되었다.

능혜평 미라

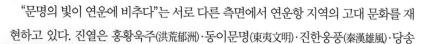

천고의 비밀 - 능혜평

2002년 7월 7일, 연운항 시구(市區) 서남 성교(城郊)에서 약 7km 정도 떨어진

해주구(海州區) 쌍룡촌(雙龍村) 화원로(花園路) 기반공사 도중, 옛 무덤을 하나 발견하게 되었다. 이 고분의 시대는 서한 만기로, 출토 유물은 80여 점이었다. 세상을 놀라게 한 것은, 이 무덤에서 1구의 보존 상태가 양호한 한대 여성 미라가 출토되었다. 이는 중국 호남(湖南) 마왕퇴(馬王堆) 여성 미라, 호북(湖北) 형주(荊州)의 남성 미라가 발견된 이후 제 3번째

능혜평 복원도 및 출토 현황

로 완전한 상태로 발견된 한대 미라로, 장강(長江) 이북 지역에서는 처음으로 발견된 것이다. 여성 미라의 몸 길이는 160m로, 신체 피부는 기본적으로 완벽하며, 근육을 잡아 당겼을 때 탄성이 있고, 신경과 내장 기관의 보존 상태도 완전하였다.

미라와 함께 귀뉴동인(龜紐銅印)이 출토되었는데, 인문(印文)은 묘주(墓主)가 "능씨혜평(凌氏惠平)"이라는 것을 또렷하게 밝혀주었다. 2002년 12월, 일찍이 마왕퇴 여성 미라의 두상(頭像)을 복원했던 중국형경학원(中國刑警學院) 쟈오청원[趙成文]교수가 능혜평 미라 두상 복원을 실시하였다. 추측에 따르면 능혜평은 일생을 부유한 귀족 가문에서 보냈으며, 평생을 편안하게 지냈던 것으로 보인다. 때문에 풍만한 두골 형상이 나타나는 것으로 보였으며, 이는 복원 작업을 하는데 편리함을 제공하였다. 쟈오교수의 말에 따르면 능혜평은 둥근 뺨에, 버드나무잎 같은 눈썹을 가졌고, 쌍커풀이 있었으며 앵두같이 작은 입이었기에, 이른바 절세가인이라 할 만 하다고 한다.

민속구 외경

장차 보호와 종합적인 이용을 위해, 연운항시박물관에서는 2008년도에 "천고의 비밀 - 능혜평"이라는 주제의 전시관을 조성하였다. 이곳에는 천년이 지나도 썩지 않은 능혜평의 시신과, 고분에서 출토된 진귀한 역사적, 과학적 가치가 있는 유물들과 당시 시대를 파악할 수 있는 유물들을 전시해 놓았다.

석당으로 잘못 소개
된 석등

민속구(民俗區)

연운항시박물관 밖에 나오면 석조물들로 외부전시실을 조성해놓았다. 이를 민속구라고 부르며, 오래된 민속 석제 구조물을 이용하여 예스러운 원락의 장면을 복원해 놓았다. 민속유물 중에서도 주로 석제 유물들을 전시해 놓았으며, 대문(大門)·맷돌[磨盤]·공탁(供槕)·돌기둥[石柱]·연자(碾子) 등이 있다.

이 중에서도 맷돌이나 연자방아 같은 우리에게도 친숙한 유물들이 눈에 바로 들어온다. 이들은 국내에서 볼 수 있는 것과도 많이 흡사하기 때문에, 연운항과 한국이 예로부터 밀접한 연관성이 있었음을 쉬이 짐작해 볼 수 있다. 특히나 석등(石燈)의 존재도 주목되는데, 현지에서는 석당(石幢)으로 소개하고 있다. 하지만 석당은 돌기둥에 경전을 새겨놓은 것이고, 석등은 불을 밝히는 데 사용되는 것이기에 엄연히 그 의미가 다르다. 이는 연운항 쪽에서 석등에 대해 잘 모르기에 석당으로 본 것이다. 우리로서는 자주 볼 수 있는 유물이기에 쉬이 구별이 되는 것이다. 또한 이러한 사실과 유물을 통해 연운항과 한국과의 교류가 예로부터 밀접했음을 알 수 있다.

참고자료

连云港博物馆 http://www.lygmuseum.com/

연운항시 석실묘군
連雲港市石室墓群
중국에서 찾은 백제의 흔적

연운항시의 석실묘군은 회화(淮河) 하류의 지류인 신목하(新沐河)의 남쪽 운대산(雲臺山)·금병산(金屛山)·이노산(伊蘆山) 등에 분포하고 있다. 이러한 여러 산은 남서-동북방향으로 펼쳐졌는데, 송나라 이전에는 섬 혹은 반도였으며, 주로 1888년 산동성 대지진으로 인해 육지가 되었다. 무덤은 대체로 산기슭이나 산 중턱, 산 정상 등에 분포하며 남쪽 경사면 혹은 북쪽 경사면에 조영된다.

연운항 백룡담 석실
묘군 입구

현재까지 300여개의 봉토석실분이 조사되었다. 현재 상당수 파괴되거나 사라진 것들도 많으며 발견되지 않은 것들도 존재하여 정확한 숫자는 알 수 없다. 최근의 조사에 따르면 790여기에 달한다고 한다. 하지만 현지의 학자로부터 들은 정보에 따르면 당초 분묘는 약 2,000기에 달했다고 한다.

조사연혁

현지인들은 유구들을 당왕동(唐王洞)·장군동(藏軍洞)·토옹자(土瓮子)·고묘장(古墓葬) 등 다양한 이름으로 부른다. 이 유구들이 인공적으로 만들어졌다 보는 것은 20세기 초 이래에도 있었으나 그 성격에 대해서는 진시황의 불로장생을 기원하는 풍수돈(風水墩), 혹은 관방용 봉화돈(烽火墩) 등의 추정에 그쳤다.

1954년 3기의 석실을 발굴조사 한 결과 석실 내부에서 육조시대의 청자완이 출토

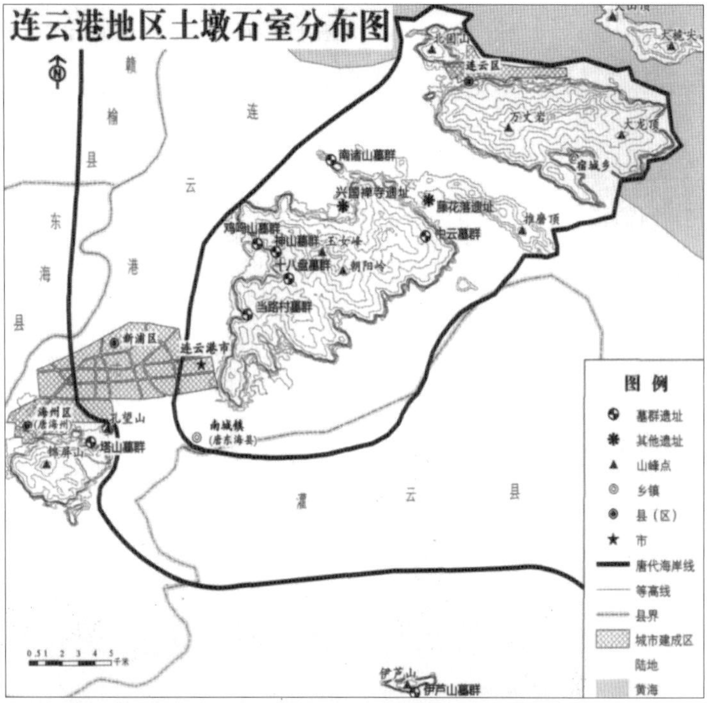
连云港地区土墩石室分布图
北固山
连云区
万丈岩
大龙顶
宿城乡
大桅尖
南诸山墓群
兴国禅寺遗址
藤花落遗址
推磨顶
鸡鸣山墓群
神山墓群
玉女峰
中云墓群
十八盘墓群
朝阳岭
当路村墓群
新浦区
连云港市
海州区
(唐海州)
孔望山
塔山墓群
锦屏山
南城镇
(唐东海县)
赣榆县
东海县
连云港
灌云县
伊芦山
伊芦山墓群
0 0.5 1 2 3 4 5 千米
图例
墓群遗址
其他遗址
山峰点
乡镇
县（区）
市
唐代海岸线
等高线
县界
城市建成区
陆地
黄海

연운항지역 토돈석실묘 분포도(张学锋, 2011, 「江苏连云港"土墩石室"遗存性质刍议」)

되었으며, 발굴자는 육조 이후의 군사 시설로 판단하였다. 1980년대에 들어 이 유구들이 무덤이라는 인식이 점차 확산되었으며 1989년부터 1990년까지 남경박물원과 연운항시박물관이 공동으로 분포 조사와 더불어 21기의 석실묘에 대한 발굴조사를 실시하였다. 분포 조사 결과를 바탕으로 번호를 매긴 석실묘는 200여기였다.

1990년 2월에는 1기가 더 구제 조사가 되었으며 현재까지 22기가 발굴 조사가 완료되어 대략적인 연대나 성격이 드러났다. 조사자에 의하면 석실묘의 조영 시기는 당나라 초기부터 말기까지 통틀어 나타나고 있으며 일부 유구는 수나라 대까지 소급되는 것으로 보고 있다. 따라서 연운항시 석실묘군은 주로 당대의 묘제로 이해된다. 그러나 같은 시기에 이와 비교되는 묘제가 주변에 전혀 나타나지 않고 있어 그 기원을 알기 어렵다. 춘추시대 토돈묘가 태호(太湖) 주변에 광범위하게 분포하고 있는 점을 의식하여 그와 맥이 닿는 것으로 보는 입장이 있으나 시간적인 연속성이 없는 점으로 보아 동일한 계보로 파악할 수는 없다.

2011년에는 3월 8일부터 1년 6개월에 걸쳐 공식적으로 조사가 이루어졌다. 조사 지역은 금병산·이노산·중(中)운대산 전체와 남(南)운대산 대부분의 지역, 북(北)운대산 전체가 해당된다. 최근의 조사에 따르면 790여기에 달하며 지금도 분포 조사가 진행 중이므로 그 수는 훨씬 많을 것으로 추정된다.

유적 현황

연운항시 일대의 석실묘군 답사를 위해 현지인의 안내를 받았다. 처음에는 화과산

지금은 무덤들로 변해버린 백룡사터

에 있는 석실묘를 보려고 하였으나, 이곳을 관광지로 개발하면서 다 없애 버렸다는 쓸쓸한 이야기를 듣고 다른 곳으로 가게 되었다.[187]

현지인이 안내한 유적은 2012년에 보고된 조양진(朝陽鎭)의 석실묘군이었다. 현지인도 이번이 3번째로 방문하는 곳으로, 최근에 알려졌다는 점에서 기대를 더했다.[188] 유적은 백룡담(白龍潭)생태공원에 위치하며, 조양진 서쪽에 있는 서산(西山)에도 석실묘군이 존재한다고 한다. 현지인의 말에 따르면, 연운항에는 본래 2천기가 넘는 석실묘가 존재했다고 하며, 지금은 상당수가 훼손되었다고 한다.

백룡담은 길이 잘 닦여 있어서 올라가기 편하였다. 백룡담의 계곡 건너편에는 근래에 지은 무덤들이 다수 보였는데, 본래 그곳에는 백룡사(白龍寺)라는 사찰이 있었고, 지금은 돌담만 남아 있다고 한다. 이곳 사람들은 자신들 조상의 무덤을 쓰면서, 옛 무덤의 돌을 빼가는 경우가 많은데, 이번 답사에서도 현지인이 지난번에 확인했던 고분들이 여럿 사라졌다고 증언하였다. 특히 그 중에는 사람이 선 채로 들어갈 정도로 큰 고분도 있었다고 말한다. 이 때문에 현지에서는 이를 고분으로 생각하기보다 실제 사람이 살던 주거지 정도로 생각하는 경향이 있다.

백룡담을 올라가는
길에 있는 암각화

백룡담으로 올라가는 길에 현지인이 이전에 발견한 암각화를 우리에게 보여주기도 하였다. 그리고 그 암각화는 본래 석실의 덮개돌 정도로 추측하였다. 하지만 단지 암각화만 가지고 시대를 추론하기는 쉽지 않다고 하였다.

이후 올라가는 길목에 석실묘는 어렵잖게 눈에 띄었다. 이날 우리가 확인한 석실묘는 총 10기로 유적의 흔적이나 증언을 들었을 때, 본래 이보다 훨씬 더 많은 석실묘가 있었다는 점을 미루어 짐작해 볼 수 있다. 석실묘는 그 형태가 백제의 석실묘와 유사한 부분이 많은데, 상부로 갈수록 말각으로 좁혀 올라가며 마무리되는 형태가 비슷하였다. 이러한 형태는 백제 말기 횡혈식설실분(橫穴式石室墳)에서 확인되는 형태이다. 연도가 한쪽으로 편재되어 있고, 묘실 벽면이 제형(梯形)으로 올라가는 모습은 공주(公州) 금학동(金鶴洞)고분군과 유사하다.

이곳의 고분들은 연도가 확인되는 경우가 많고, 주로 한쪽으로 치우쳐진 형태로 나타난다. 이는 중국학자의 연구에서도 보이는 부분으로, 평면 형태가 주로 도형(刀形)을 띠며, 갑(甲)자형도 보인다고 한다.[189] 이러한 형태는 백제 고분 중에서 아치식과 유사한 모습을 보이며, 이에 대해 백제 웅진기 520년대에서 사비 천도 540년대까지 보는 의견도 있다.[190] 고분은 낮은 형태인 것 처럼 보이지만, 이는 내부에 충전토가

연운항 백룡담 석실
묘 정면

쌓여서 바닥면이 드러나지 않았기 때문이다. 개개별로 차이는 있지만, 현지인의 증언에 따르면 큰 것은 사람이 선 상태로 들어갈 수 있을 정도라고 한다.

이러한 석실분이 연운항 지역에서 대규모로 조성된다는 점은, 일찍이 이곳에 백제인들이 진출한 흔적으로 볼 수 있다. 또한 현재 남아 있는 유적과 유물을 통해 그 시기를 당나라 때로 본다고 하

더라도, 과거에는 더 많은 유적들이 있었던 것으로 보인다. 상당수가 도굴되어 유물들을 통한 편년이 어렵다는 점을 미뤄 볼 때, 시대가 올라갈 가능성은 충분히 있다. 특히나 이곳은 당시에 섬이었고, 위진남북조시대의 동란기 때에는 외부에서 온 세력들이 이곳에 자체적인 세력을 형성하였을 가능성도 있다는 점에서 주목할 필요가 있다.

연운항 백룡담 석실묘 정면

구조 및 축조 방법

매장 방식은 지하식·반지하식·지상식의 3가지 형식이 나타난다. 봉토의 형태는 타원형과 원형 2가지가 있는데 직경은 대략 5m~16m로 대부분은 7m 전후이며, 높이는 1.9m~2.3m이다. 다만 대부분 산지 주변에 조영되어 정확한 봉토의 높이는 알 수 없다.

석실의 구조는 동실(同室) · 용도(甬道) · 묘도(墓道)로 구성되는데 묘도는 대부분 존재하지 않는다. 평면 형태는 정방형·장방형·말각정방형, 한쪽은 방형이고 한쪽은 반원형인 형태 등으로 나타난다. 용도(甬道)는 대부분 도형으로 동실의 왼쪽 혹은 오른쪽에 위치한다. 한편 용도가 동실 가운데 조영된 산형(鏟形)·갑자 형 등도 드물게 보인다.

동실의 벽은 비교적 잘 다듬어진 장방형·제형·능형의 판석을 사용하여 만들어졌으며 여기에 아치형으로 벽을 축조하였다. 축조 방법은 거대한 판석을 찬장까지 쌓아 올린 후 그 위를 대석으로 덮는 방법, 대석을 바닥에 깔고 그 위에 잡석을 천장까지 쌓는 방법, 작은 할석을 사용하여 석실 바닥부터 천장까지 축조하는 방법 등이 보인다. 천장의 경우 벽을 세우고 난 후 상단에 거대한 판석을 올려 천장을 만드는 방식과 일정한 높이까지 벽을 쌓고 이후부터는 점차 안으로 경사지게 쌓은 뒤 거대한 판석을 얹어 천장을 만드는 방식이 나타난다. 한편 내부 구조 상에서 네 벽에 각각 작은 감실을 설치하고 묘실 바닥에는 판석을 깐 것이 나타나기도 한다.

규모의 경우 동실 길이 3.2~5.6m, 천장 너비가 0.5~1.7m, 바닥 너비 0.7~1.9m 정도

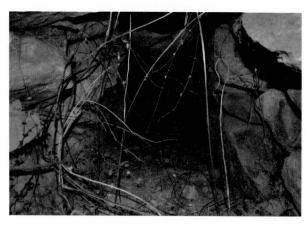

연운항 백룡담 석실
묘 내부 모습

로 세장한 장방형의 형태를 띠고 있다. 대부분의 석실은 길이가 약 4m, 너비는 약 1.5m정도이다.

운대구(雲臺區) 남운대향(南雲臺鄕) 관리촌(關里村) 화과행(花果行) 2호분에서는 이실의 가구법에 말각조정을 채용되어 주목되며, 이는 고구려와의 관련성을 상정해 볼 수 있다. 운대산의 가장 북동쪽에 위치한 북운대산의 주봉 '개소문봉(蓋蘇文峯)'이라 불리는 것도 고구려와의 관련성으로 볼 수 있다. 하지만 고대 한국인의 진출과 위협을 상징하는 것으로도 볼 수 있다.

그리고 발굴조사에 따르면 대부분의 유구에서 철제 관못이 출토된 것으로 나타난다. 백제를 비롯한 한반도 삼국시대 석실묘에서 목관의 사용은 잘 알려져 있어 이 역시 석실묘의 형태와 더불어 피장자의 계통을 추정하는 단서가 될 수 있다.

이밖에 현재 조사 중인 석실 내부에서 문자가 확인된 바 있다. 또한 봉토석실분에 인접한 산 정상부에 석성이 확인되었고, 성 내부에서도 석재로 축조한 주거지가 발견되었다. 한편 성벽 내부 주거지 근처에서 도편이 발견되었는데, 당나라 초기 것으로 추정된다.

연운항 백룡담 석실
묘 정면

연운항 석실묘와 백제 사비기 석실묘의 유사성

한반도의 석실묘 중 연운항시의 석실묘와 가장 높은 유사성을 보이는 것은 백제 사비기 석실묘로 판단되고 있다.

먼저, 석실 전체의 평면형에서 백제 사비기 석실은 장폭비가 2:1에 가까운 장방형이 주류를 이루는 반면, 동시기 고구려는 방형이 주류이고, 신라 역시 그러하다. 연운항 석실묘는 백제와 가장 가까운 장방형 평면형이므로 두 지역간의 유사성이 가장 높다.

석실벽의 구축방법과 형태에서도 백제와 연운항 사이의 유사성이 가장 높다. 장벽 중하단을 수직으로 쌓아 올리고 천정부와 연결되는 상단부만을 안쪽으로 경사지게 쌓은 점이 그러하다. 단벽은 입면 형태가 6각형에 가까운 1매 판석으로 구축한 것이 사비기 백제 석실의 특징인데, 연운항 역시 그와 유사하다.

연운항 백룡담 석실묘 측면

천장석의 형태나 가구 방식에서도 매우 유사하다. 비교적 대형의 편평석을 양 장벽에 걸쳐 놓는 방식은 신라에서는 찾아보기 어렵다. 고구려와 신라는 석실의 평면형이 방형에 가까우므로 4벽을 동시에 안쪽으로 경사지게 쌓아 좁아진 천장부를 비교적 소형의 편평석을 덮어 마감하는 방식이다. 특히 고구려는 4벽 모서리 부분의 각을 죽여 들여쌓아 좁히는, 이른바 말각조정으로 가구하는 것이 특징임은 잘 알려진 바와 같다.

그리고 석실 내부의 시설면에서도 연운항의 것은 백제 사비기와 가장 유사하다. 신라의 경우는 현실 바닥보다 높인 시상을 마련하는 것이 일반적이지만 백제는 바닥 전면을 부석하거나 굴착면을 그대로 사용하는데, 연운항 역시 그러하다.

한편 연운항 석실과 백제 사비기 석실 사이에 약간의 차이점도 발견된다. 연운항 석실묘의 봉분 가장자리는 호석으로 마감하였는데 비해 백제 사비기 석실에서는 그러한 점이 보이지 않는다. 이 점은 오히려 7세기 후반~8세기 전엽의 신라 석실묘 봉토와 유사하다. 앞서 언급한 것처럼 석실의 구조 및 형태 상으로는 차이가 커서 계통적 연관성을 설정하기는 어렵다.

이 문제와 관련하여 흥미로운 점은

연운항 백룡담 석실묘 정면

최근 부여에서 발견된 통일신라 시기의 석실묘에서도 호석이 확인되는데, 석실의 평면형이나 구축 방식은 백제 사비기 이래의 전통을 따르고 있다는 사실이다. 석실이 발견된 장소는 사비도성의 외곽 내부에 해당하는 청산성인데, 출토유물 가운데 녹유 절복완(折腹碗)이 포함되어 있어 그 시기를 짐작할 수 있다. 절복완은 당나라 대에 서역의 금속기 혹

연운항 백룡담 석실
묘 정면

은 도자기에서 유래한 유물이다. 현재까지 알려진 가장 이른 예는 영태공주묘 출토품으로 대체로 7세기 말~8세기 초에 유행한다. 청산성 석실묘에는 종장연속마제형 인화문이 있는 완도 있다. 신라 인화문 토기 편년안에 의하면 7세기 2/4분기~3/4분기 사이로 비정되지만, 함께 나온 녹유 절복완으로 보면 8세기 1/4분기 무렵 이전으로 소급되기는 어렵다.

따라서 청산성 석실묘는 8세기 전반으로 비정할 수 있는데 이 무렵까지 석실의 평면형은 사비기의 묘제 전통이 존속하고 있음을 알 수 있다. 그러나 봉분 주변의 호석을 설치한 점은 당시의 유행을 따른 것으로 이해된다. 이러한 점에 비추어 보면 연운항 석실묘의 호석은 동일한 시기에 유행하던 신라 무덤과 연관을 가졌을 가능성도 있다.

연운항 석실분과 백제 사비기 석실묘 사이의 또 다른 차이점 가운데 하나는 일부 석실묘에서 이실이 확인된다는 것이다. 앞서 언급한 바와 같이 이실은 고구려 석실묘의 특징 가운데 하나이지만, 그 유행 시기는 5세기~6세기 후반 사이이며, 그 가운데 가장 늦은 것으로 비정되는 것이 평양 고산리 9호분이다. 기존의 연운항 석실묘 발굴조사 결과로만 수대까지 소급될 여지가 있어 이른 시기의 석실묘에 고구려 묘제의 영향이 있었을 가능성을 배제하기는 어렵다. 말각조정 천장가구법이 함께 채용된 점으로 보아 고구려 묘제의 영향을 상정하지 않을 수 없다.

연운항 석실묘의 조성 배경

백제가 중국대륙과 긴밀히 연계된 기록이 보이는데, 가령 최치원(崔致遠)의 「상태사

시중상(上太師侍中狀)」에서 "고구려와 백
제의 전성시절에는 강병(强兵)이 백만이
나 되어 남쪽으로는 오월(吳越)을 침범
하였고, 북으로는 유(幽)·연(燕)·제(齊)·
노(魯)지역을 흔들어서 중국의 큰 좀이
되었다"라고 했다. 여기서 오월은 구당
서에서 백제의 서계(西界)를 "서쪽으로
는 바다를 건너 월주(越州)에 이르렀다"
고 하여, 지금의 절강성(浙江省) 소흥시

중앙연도가 확인되는
백룡담 석실묘 정면

(紹興市) 부근이라고 한 기록과 연결되어진다. 물론 구당서에서 바다를 건너 백제가
고구려·왜와 각각 경계를 이루고 있는 문구를 거론하며 지배 영역과는 무관한 구절
로 해석 할 수도 있다. 그러나 이 구절은 백제 국계(國界)를 고구려·왜라는 국호(國號)
가 아니라 중국 내의 월주라는 특정 지명을 거론하였다. 따라서 월주는 백제의 영향
력이 미친 공간이라는 추정이 가능해진다.

　최근 강소성 연운항 주변에서 확인된 무려 789기(基)에 달하는 연운항지구(連雲港
地區)의 석실분은 고대 한국인의 분묘일 가능성이 한·중 양국에서 유력하게 제기되
었다. 즉 신라인의 분묘 내지는 백제 멸망 직후 당(唐)으로 압송된 백제인들의 분묘라
는 견해이다. 그런데 이곳에 백제유민들이 거주했다는 기록은 없다. 연운항을 백제유
민들이 이주당한 공간이라고 하자. 그러면 고국(故國)인 백제로의 해외 탈출이 용이한
해변(海邊) 지역에 사민(徙民) 시킬 이유가 없다. 더구나 연고지와 격절시킨다는 사민

연운항 백룡담 석실
묘 내부 모습

의 통상 원칙과도 맞지 않다. 실제 연운
항지구는 '백제유민들의 흔적이 확인된
지역'과도 관련이 없다. 오히려 백제인
들이 진출하기에 용이한 항구도시 연운
항에 백제 석실분이 소재하였다. 더구나
연운항의 석실분은 사비성 도읍기 백제
묘제와 부합하는 면이 많다고 한다.

　그렇다면 연운항의 석실분은 백제
멸망 이후가 아니라 백제 당시, 백제인

연도가 함께 확인되는
백룡담 석실묘 측면

의 분묘일 가능성은 없는 것일까? 이에 대해 신라인의 활동은 주로 강소성 양주부터 산동성 위해(威海)에서 이루어진 것이 훨씬 많은데, 신라인의 분묘라면 연운항의 운대산에서만 봉토석실분이 발견되고 산동성에서는 발견되지 않는데 대한 의문이 제기되었다. 이는 대단히 예리하면서도 적절한 지적인 것이다. 그 행간에는 이들 석실분들이 백제 분묘일 가능성을 간파했음을 암시해준다. 이와 관련해 후당(後唐)에서 고려 태조(太祖)를 책봉한 조(詔)에서 "경(卿)은 장·회(長淮)의 무족(茂族)이며 창해(漲海)의 웅번(雄蕃)이다"라는 구절이 주목된다. 여기서 태조를 가리켜 '장회의 무족'이라고 했다. 이와 더불어 『고려사』 성종 4년(984) 5월 조에 보면 송(宋)황제가 고려 성종을 책봉하고 내린 조서에 "항상 백제의 백성을 편안하게 하고, 영원히 장·회의 족속을 무성하게 하라(常安百濟之民永茂長淮之族)"는 구절이 상기된다. 여기서 '장회'는 양자강과 회수를 가리킨다. 이곳과 '백제지민(百濟之民)'은 관련이 있다고 본 것이다. 곧 이들은 중국대륙의 백제 백성들을 가리키는 게 분명하다. 또 이들의 정치적 귀속성은 고려(高麗)와 연결됨을 암시하고 있다. 그렇지 않았다면 조서(詔書)에서 언급할 하등의 이유가 없기 때문이다. 더욱이 중국학자들도 소개했듯이 연운항 주변의 중운대산(中雲臺山) 화과행(花果行) 석실분은 논산 표정리 백제석실분과 구조적으로 연결된다. 그뿐 아니라 연운항

훼손된 석실묘 모습

의 소재지인 회하(淮河)는 백제인들이 거주했던 '장회(長淮)' 가운데 회수(淮水)와 연결되고 있다. 따라서 연운항 석실분을 백제와 연관 짓는 게 가능해진다. 그리고 고분군의 규모가 크다는 점에서 오랜 기간에 걸쳐 조성되었음을 알 수 있다. 동시에 이곳이 백제인들의 대단위 상주(常住) 거점이었음을 암시해준다. 나아가 사서(史書)에 적힌 백제의 중국 진

출 기록이 결코 허사(虛辭)가 아니었음을 입증해 주는 부동(不動)의 물증이 된다.[191]

석실묘군이 존재한다고 전하는 서산 원경

참고문헌

高偉, 2011, 「연운항시 봉토석실의 조사보고」『百濟의 中國 使行路-한중 수교 20주년 기념 학술회의-』, 충남대학교 백제연구소.

박순발, 2011, 「롄윈강(連雲港) 봉토석실묘의 역사 성격」『百濟의 中國 使行路-한중 수교 20주년 기념 학술회의-』, 충남대학교 백제연구소.

连云港市重点文物保护研究所, 2012, 『连云港市重点文物保护研究所2011年工作报告』.

이도학, 2013, 「윤명철, 『해양연구사 방법론』(학연문화사, 2012)에 대한 서평」『고조선 단군학』28, 고조선 단군학회.

张学锋, 2011, 「江苏连云港"土墩石室"遗存性质刍议」『东南文化』2011年 第4期.

187) 현지인은 연운항 일대의 암각화(巖刻畫)를 연구하면서 석실묘를 발견하였다고 한다. 지금도 암각화와 석실묘를 연구하고 발견하기 위해 연운항시 각지에 있는 산을 다닌다고 한다. 본문에 나온 여러 정보는 현지인의 증언을 바탕으로 작성되었다.

188) 连云港市重点文物保护研究所, 2012, 『连云港市重点文物保护研究所2011年工作报告』, 19~20쪽.

189) 高偉, 2011, 앞의 논문, 91쪽.

190) 李南奭, 1995, 『百濟 石室墳 研究』, 學研文化社, p.207-210;257. 반면에 이러한 형식을 능산리식 석실로 구분하여, 6세기 후반의 묘제로 보는 견해도 있다. 홍보식, 2013, 「공주지역 백제 횡혈식석실의 구조와 변천」『百濟文化』48, 공주대학교 백제문화연구소, 47~48쪽.

191) 이도학, 2013, 「윤명철, 『해양사연구 방법론』(학연문화사, 2012)에 대한 서평」『고조선단군학』28, 고조선단군학회. 420~423쪽

상해

상해시 上海市
중국 제일의 국제 대도시

상해시와 황포강 야경

상해는 중화인민공화국의 직할시로, 중국 제일의 대도시이며, 번영하는 국제 대도시이기도 하다.

상해는 장강(長江)이 바다로 향하는 입구에 위치하며, 동쪽으로는 동중국해(東中國海)를 마주하며, 바다 건너 일본 규슈[九州]와 서로 바라본다. 남쪽으로는 항주만(杭州灣)에 이르며, 서쪽으로는 강소(江蘇)·절강(浙江) 두 성(省)과 서로 인접하고, 이들과 함께 중국 최대의 경제구역인 "장삼각경제권(長三角經濟圈)"을 형성한다. 상해는 근대 도시로서 여러 유적들이 있으며, 강남(江南)의 오월(吳越) 전통 문화와 각지 이주민의 다양한 문화가 융합을 이뤘다. 또한 2010년에 세계 박람회를 성공적으로 개최하였다.

상해는 중국에서 가장 유명한 공상업 도시이자 국제도시로, 전국에서 가장 큰 종합적인 공업도시이며 중국 경제·교통·과학기술·공업·금융·무역의 중심이다. GDP 총량도 중국 도시 중에서 제일이다. 상해항(上海港)은 하역량과 컨테이너 출입량이 세계에서 제일 많기로도 유명하다.

와이탄[外灘] 야경

도시 현황

상해는 중국 최대의 공상업도시이자 유명한 국제도시로 중국 해안선의 중심에 해당한다. 또한 장강이 바다로 들어가면서 형성한 장강삼각주(長江三角洲) 일대의 도시 중에서 핵심도시에 해당한다. 상해 총 면적은 6,340.5㎢이며, 그 중에서 육지면적은 6,218.65㎢이고, 장강구(長江口) 수역 면적은 1,107㎢이며, 간척지 면적은 376㎢이다.

2013년 10월 말을 기점으로, 상해의 인구는 2,500만을 넘어섰다. 상해의 인구 밀도는 매 ㎢ 당 4704.11명으로, 중국 인구 밀도 중에서 4번째에 해당하며, 이는 마카오[澳門]·홍콩[香港]·심천(深圳) 다음이다. 2012년 국제 환율에서 상해지역의 총 생산량은 3,239억 달러에 이른다.

상해는 아열대 습윤 계절풍 기후로, 사계절이 뚜렷하다. 1월이 가장 추워 평균 기온이 4.9℃이고, 7월이 가장 더우며, 평균 기온은 30.9℃이다.

상해 신천지(新天地)

상해는 중국 경제 상업의 중심으로, 2012년 지역 생산 총 수치는 중국 도시 중에서 가장 많으며, 가장 중요한 생업은 교통·금융·정보·제조 등이다. 상해는 중국 철도와 항공의 핵심이다. 2013년 8월 22일 국무원에서 정식으로 중국 자유무역 시험구역으로 비준하였으며, 그 자유무역원 구역 총 면적은 28.785㎢이다.

자연 환경

상해시는 동경 120°52′~122°12′, 북위 30°40′~31°53′ 사이로, 태평양 서안에 위치하며, 아시아 대륙의 동쪽에 위치한다. 중국 남북해안의 중심점으로, 장강과 황포강(黃浦江)이 바다로 들어가는 합수처이다. 북쪽으로 장강과 경계하고, 동쪽으로는 동중국해에 임하며, 남쪽으로는 항주만에 임하고, 서쪽으로는 강소성과 절강성과 접한다. 장강 삼각주 충적평원의 일부분으로, 평균 고도는 해발 4m 정도이다.

서부에는 천마산(天馬山)·설산(薛山)·봉황산(鳳凰山) 등의 낮은 구릉이 있으며, 천마산은 상해에서 가장 높은 곳으로, 해발 고도는 99.8m이다. 바다에는 대금산(大金山)·소금산(小金山)·부산[浮山 : 어귀산(魚龜山)]·사산도(佘山島)·소양산도(小洋山島) 등의 섬이 있다. 상해 북면의 장강이 바다로 들어가는 곳에는 숭명도(崇明島)·장흥도(長興島)·횡사도(橫沙島)라는 3개의 섬이 있다. 숭명도는 중국에서 3번째로 큰 섬으로, 장강 아래로 흘러 내려오는 진흙과 모래로 충적되어 만들어졌다. 면적은 1041.21㎢이며, 해발은 3.5m~4.5m이다. 장흥도의 면적은 88.54㎢이며, 횡사도의 면적은 55.74㎢이다. 상해는 북아열대 계절풍 기후에 속하며, 일조량은 충분하고, 비도 많이 온다. 상해의 기온은 온화하고 습윤하며, 가장 기온이 높았던 때는 40.8℃(2013년 8월 7일)까지 올랐으며, 가장 낮았던 때는 -12.1℃(1893년 1월 19일)까지 내려갔었다. 봄과 가을이 비교적 짧으며, 겨울과 여름이 비교적 길다.

1949년 상해의 토지 면적은 636㎢이었다. 1958년, 강소성의 가정(嘉定)·보산(寶山)·상해·송강(松江)·금산(金山)·천사(川沙)·남회(南滙)·봉현(奉賢)·청포(靑浦)·숭명(崇明) 10개 현(縣)이 상해에 부속되어, 상해시의 관할 구역 범위가 5,910㎢로 확대되었고, 1949년의 약 10배에 이르게 되었다. 2006년 말, 상해의 총 면적은 6340.5㎢였으며, 그 중에서 육지 면적이 6218.65㎢였고, 장강구 수역 면적이 1107㎢, 간척지 면적이 376㎢이었다.

상해지역에는 강과 호수가 매우 많고, 수망(水網)이 밀집하여 분포한다. 경내 수역 면적은 697㎢로, 시 전체 총 면적의 11%에 달한다. 상해 하망(河網)은 대다수가 황포강 수계에 속하며, 주로 황포강 및 그 지류인 소주하(蘇州河)·천양하(川楊河)·정포하(淀浦河) 등이 있다. 황포강은 그 원류가 안길(安吉)로, 전체 길이는 113㎞이며, 시구(市區)를 지나고, 강 폭은 300~770m로, 평균 360m이다. 황포강물은 잘 얼지 않으며, 상해 수상교통의 요도(要道)이다. 소주하는 상해 경내에 54㎞ 정도 지나가며, 강폭은 평균 45m이다. 상해의 최대 호수는 정산호(淀山湖)로 면적은 대략 62㎢이다.

역사 연혁

상해는 역사가 짧은 도시 중 하나로, 1843년 11월 17일부터 2013년까지 170년의 역사를 지니고 있다. 하지만 상해지역은 2천 년 전의 춘추전국시대까지 거슬러 올라 갈 수 있다. 상고 신화 전설에서는 제곡(帝嚳) 및 요·순·우(堯舜禹)의 시대에는 상해지역이 옛 양주(揚州)의 구역에 속했다고 한다. 희성(姬姓) 제후국(諸侯國) 오(吳)나라의 땅이었으며, 전국시대에는 초(楚)나라 춘신군(春申君 : ?~B.C.238)의 봉읍(封邑)으로, 이 때문에 상해의 별칭인 "신(申)"이 유래하게 되었다. 화정(華亭)이라는 명칭의 유래는 『삼국지(三國志)』「오지(吳志)」의 기록 중에서 219년[건안(建安) 24년]에 오나라의 손권(孫權 : 182~252)이 우도독(右都督) 육손(陸遜 : 183~245)을 화정후(華亭侯)로 봉하는 것에서 처음 보인다. 화정은 당시 유권현(由拳縣) 동쪽에 있었던 한 정자로, 그 옛터는 지금의 송강 경내에 있다.

751년[당(唐) 천보(天寶) 10년]에 오군태수(吳郡太守) 조거정(趙居貞)은 곤산(昆山)을 남쪽 경계로, 가흥(嘉興)을 동쪽 경계로, 해염(海鹽)을 북쪽 경계로, 그리고 치소를 화정에 둘 것을 상주하였다. 1271년[원(元) 지원(至元) 8년] 7월에 조정에서는 상해진(上海鎭)이라는 독립현(獨立縣)을 세웠다. 명대(明代)의 화정·상해 지역에는 송강부(松江府)가 설립되었다.

청대(淸代)에는 소송태도(蘇松太道) 송강부가 설립되었으며, 소송태도 중후기에는 그 주둔지를 상해도(上海道)로 개칭하였으며, 청나라 강소성 아래의 도급(道級) 행정구역 중 하나에 속하여, 소주부(蘇州府)·송강부와 태창직예주(太倉直隸州)를 관할하였다. 순치연간(順治年間 : 1644~1661)에 주둔지를 태창(太倉)으로 하였고, 강희연간(康熙年間 : 1662~1722)시기에는 소주(蘇州)에 머물도록 하였으며, 옹정연간(雍正年間 : 1723~1735) 이후에는 주둔지를 송강부 아래에서 관할하는 상해현(上海縣)으로 삼았다. 청나라 초 순치연간(順治年間 : 1644~1661)에 분순소송병비도(分巡蘇松兵備道)를 설립하여 소주부와 송강부를 관할하였고 강남성(江南省)에 예속시켰으며, 도서(道署)를 태창주(太倉州)에 머물게 하였다. 1663년[강희(康熙) 21년]에 상주부(常州府)를 강진도(江鎭道)로 예속시키도록 바꿨으며, 소송상도(蘇松常道)를 소송도(蘇松道)로 이름을 바꾸었다. 1724년[옹정(雍正) 2년]에는 원래 속했던 소주부의 태창주를 직예주(直隸州)로 승격시키고, 소송도를 소송태도라는 이름으로 바꾸었다. 이후 명칭에 대해서는 다양한 변화가 있었다. 1842년 영국 제국주의의 강요에 의해 청나라 정부는 난징조약[南京條約]을 맺게 되었고, 상해는 5개의 통상 도시 중 하나가 되었다. 이후 미국·프랑스 제국주의도 상해로 들어와 침탈을 일삼으면서, 수많은 수탈을 당하게 되었다.

이후 자유개방의 환경에서는 전국 및 전 세계의 상인들과 문인들, 혁명가 등 각양각색의 사람들이 대거 몰려들게 되었으며, 20세기 초에 이르러, 상해는 당시 중국 경제 중심 및 아시아 금융 무역의 중심이 되었다. 1927년에 특별시가 설치되어, 현재 중국에 있는 4개의 직할시 중 하나가 되었다.

참고자료

中国上海 http://www.shanghai.gov.cn/

中国大百科全书出版社, 1999, 『中国大百科全书中国地理』.

상해박물관 上海博物館

중국의 모든 보물을 모으다.

상해박물관(上海博物館)은 대형의 중국고대예술박물관이다. 박물관에서 소장하고 있는 유물은 12만 점으로, 그 중에서도 청동기·도자기·서법(書法)·회화가 특색 있다. 박물관의 소장품은 풍부할 뿐만 아니라, 그 질도 뛰어난 것으로 이야기된다. 상해박물관은 1952년에 창건되었으며, 원래 터는 남경서로(南京西路) 325호 옛 포마총회(跑馬總會)로서, 이

상해박물관

곳에서부터 발전하였다. 1959년 10월에는 하남남로(河南南路) 16호 옛 중회대루(中滙大樓)로 옮겼는데, 이 기간에는 상해시정부가 나서서 시 중심의 인민광장의 중심지대를 확보하여, 새로운 상해박물관 관사를 지었다.

연혁 및 구성

상해박물관 신관(新館)은 1993년 8월에 공사를 시작하여, 1996년 10월 12일에 전면적으로 개방하였다. 상해박물관의 건축 총 면적은 39,200㎡로, 건물 높이는 29.5m이며, "천원지방(天圓地方)"의 원정방체(圓頂方體)의 터를 구성하여 뛰어난 시각 효과를 보여준다. 이 건축은 전통문화와 시대정신을 교묘하게 하나로 융합한 것으로, 세계 박물관 중에서도 손꼽힌다. 새로운 상해박물관은 11개의 전시관을 설치하고, 3개의 전람청(展覽廳)을 두었다.

1층에는 중국고대청동관(中國古代靑銅館)과 중국고대조소관(中國古代雕塑館)이 있으

상해박물관 뮤지엄샵

며, 2층에는 중국고대도자관(中國古代陶瓷館)·잠득루도자관(暫得樓陶瓷館)과 특별전시실이 있다. 3층에는 중국역대서법관(中國歷代書法館)·중국역대새인관(中國歷代璽印館)과 중국역대회화관(中國歷代繪畵館)이 있다. 4층에는 중국소수민족공예관(中國少數民族工藝館)·중국역대화폐관[中國歷代錢幣館]·중국명청가구관(中國明淸家具館)과 중국고대옥기관(中國古代玉器館)이 있다.

상해박물관은 북경(北京)·남경(南京)·서안(西安)과 함께 중국 4대 박물관 중 하나로 손꼽힌다. 이곳의 유물들을 가지고 홍콩·일본·미국 등 해외로도 전시가 이뤄진 바가 있다. 2007년에는 한국의 부산시립박물관에서도 상해박물관에서 온 청동기와 옥기를 전시한 바 있다.

상해박물관은 수많은 관광객들이 찾는 곳이기에, 가급적 일찍 가는게 좋다. 유물의 질도 우수하고, 무료입장이기에 관광객들이 많이 몰리며, 늦게 갔다간 길게 줄을 서서 입장해야 되는 경우도 많다. 또한 방문시 항상 검문검색을 하니, 미리 준비하는게 좋다.

상대(商代) 후기의 유정(劉鼎)

전시관
중국고대청동관

중국 상주(商周)시대에 청동기는 고대 사회 문명의 중요한 지표였다. 상해박물관의 중국고대청동관 내부는 고색 찬연한 흑갈색의 색조로 되어 있다. 나무로 전시공간을 조성하고 윗부분에는 사등(射燈)을 밝혀 조명을 하는 등 청동기시대의 분위기를 자아내고자 노력하였다.

1,200㎡의 전시실 내에는, 400여 점의 정교한 청동기가 있으며, 이들은 중국 고대 청동예술 발전의 역사를 반영한다.

중국고대조소관

중국고대조소관은 금색·붉은색·검은
색의 3색을 기본적인 색조로 쓰고, 불교
예술 중에서 연꽃무늬로 벽을 장식하였
다. 석굴사(石窟寺)의 불감(佛龕)을 벽감
으로 쓰는 식으로 전시를 하여, 석굴사
의 특수한 느낌을 받도록 조성하였다.
640㎡의 전시실에는 120점의 유물이
전시되어 있으며, 시대는 전국시대(戰國
時代)부터 명대(明代)에 이른다.

북위의 불상석탑절
(佛像石塔節)

전시실에서 가장 많은 주목을 끄는 것은 중국 불상(佛像)조각 예술로, 북위(北魏) 불
상의 준수한 품위부터, 북제(北齊)와 수대(隋代)의 우아한 미적 감각을 생생하게 보여
준다. 그리고 풍만한 형태에 우미(優美)한 자태를 보이는 당대(唐代)의 불상, 부유한 세
속의 모습을 보여주는 송대(宋代)의 보살상(菩薩像)이 전시되어 있다. 이러한 유물들을
통해, 관람객들에게 불교가 일종의 외래문화에서 최종적으로는 중국 민족문화로 융
합되어 가는 발전 과정을 보여준다.

중국고대도자관

중국 고대 도자(陶瓷)는 상해박물관에서 소장하고 있는 가장 특징적인 것 중 하나
이다. 전시관은 녹색을 기조로 삼고 각 시대의 도자 정품을 배치해 놓

동진(東晉)의 청유계
수호(靑釉鷄首壺)

았다. 1,300㎡의 중국고대도자관에는 500여 점 정도의 도자가
전시되었다. 그 중에는 신석기시대(新石器時代)의 채도(彩陶)
와 회도(灰陶), 상주(商周) 및 춘추전국시대(春秋戰國時代)의 원
시 청자(靑瓷), 동한(東漢)시대의 성숙한 청자와 대중에게 널
리 알려져 있는 당삼채(唐三彩)가 전시되었다.

송(宋)·금(金)·요(遼)시대는, 각지에 가마터가 세워져서,
청유(靑釉)·백유(白釉)·흑유(黑釉)와 채회도(彩繪陶)가 경쟁
적으로 생산되었으며, 백화제방(百花齊放)의 국면을 맞게 되
었다. 원(元)·명(明)·청(淸)시대는 경덕진(景德鎭)이 중국 도자산업

의 중심지가 되었으며, 소제(燒制)의 유하채(釉下彩)·유상채(釉上彩)와 안색유(顔色釉) 도기 등 정교한 기술들이 생겨났으며, 국내외에 널리 알려지게 되었다.

중국역대서법관

중국 서법(書法)은 붓으로 한자의 예술을 표현하는 것이다. 중국 서법 예술은 그 근원이 오래되어, 상대(商代)부터 이뤄졌다고 볼 수 있다. 동주(東周)시대에는 이미 성숙하였고, 양진(兩晉)과 수당(隋唐)시대에는 서가(書家)를 배출하여, 서법을 탐구하고 날로 정교해졌다.

송·원·명의 서법은 진·당(晉唐)의 법도를 계기로, 부단히 노력하여 새로운 기법과 새로운 예술적 경지에 오르게 되었으며, 풍부하고 다양하며 개성 있는 서예유파를 양산하게 되었다. 청대(淸代) 서법은 전대(前代)의 서법 양분을 흡수하고, 북비지학(北碑之學)을 숭상하여 새로운 분위기를 나타내었다. 중국역대서법관은 각 시대의 전형적인 명작을 모으고, 중국 서법예술의 역사 궤적을 전시하였다.

중국역대새인관

중국역대새인관은 현재 중국에서 제일가는 새인전각(璽印篆刻)을 전문적으로 전시한 예술관이다. 전시관 내에는 다양한 기술 수단을 이용하여 전시해놓아, 마치 새인(璽印)의 보고(寶庫)를 방불케한다. 380㎡의 전시관 내에는 새인전각 500여 점이 전시되어 있다.

이곳은 새인 예술의 발전 역사를 볼 수 있으며, 위로는 서주(西周), 아래로는 청나라 말에 이르고, 상해박물관에서 소장하고 있는 1만여 점의 인장(印章) 문물 중에서도 대표적이고 예술적인 정품을 선별하여 전시하였다. 이곳은 분류가 다양한 풍부한 수량의 실물을 전시해 놓아, 관람객들이 중국 도장의 역사의 유구한 과정과 각 시대 인장의 서로 다른 풍모 및 그 심오한 예술을 볼 수 있도록 해놓았다.

중국역대회화관

중국회화는 두터운 전통과 독특한 민족적 분위기를 지니고 있다. 이는 붓·먹·비단·종이를 주요 공구로 써서 표현하는 조형 예술이다. 중국역대회화관 전시실은 긴 회랑과 비첨(飛檐), 그리고 창과 낮은 난간으로 장식하고 전통적인 고건축의 풍격과 우아

육조고도 남경, 비극의 역사 그러나 불멸의 땅

한 분위기를 나타낸다. 관람객의 편의를 도모하여, 자동 조명 조절 장치를 두었다.

1,200㎡의 전시실 내에는 역대 회화 정품이 모두 120점 정도 전시되어 있으며, 이는 당대부터 근대에 이른다. 본 전시실에서 각종 회화들을 보여줌으로서 중국 회화의 유구한 전통을 반영한다.

중국소수민족공예관

중화문화(中華文化)는 각 민족들이 서로 융합하여 공동으로 창조해 낸 것이다. 각 소수민족은 장기간의 역사적 발전 속에서, 서로 다른 문화를 형성하였다. 중국소수민족공예관은 따뜻한 색을 기조에 두고, 새롭고 신선한 전시 설계를 하였다. 다채로운 소수민족 공예품을 전시하여, 중화민족 문화예술의 백화원(百花園)을 방불케하며, 또한 다민족 공동체의 화기애애한 분위기를 느낄수 있게 한다.

700㎡의 전시관 내에는 소수민족의 복식 공예·염직수(染織繡)·금속공예·조각품·도기·칠기(漆器)·등죽편(藤竹編)과 면구예술(面具藝術) 등 600여 점에 가까운 유물들을 전시하였다.

중국역대화폐관

중국은 세계에서 가장 오래전부터 화폐를 쓰던 국가 중 하나이다. 상해박물관 화폐 수집의 양과 질은 중국 화폐계에서도 명성이 자자하다. 중국역대화폐관은 이를 기초로, 730㎡의 전시관에 7,000점에 가까운 유물들을 전시하였으며, 중국 화폐 발생·발전과 외국과의 경제문화교류의 역사적인 면모를 볼 수 있게 해놓았다. 전회색(錢灰色)의 기본 색조에, 고대의 화폐들을 전시해 놓았다. 또한 실크로드 중앙아시아 고화폐도 전시하였다.

중국명청가구관

중국 고대 가구 발전의 기원은 매우 길다. 명청시대는 중국 고대 가구 제조의 전성기라 할 수 있다. 명청가구는 분위기가 서로 완전히 다르나, 예술적인 성취는 사람들에게 인정받았다. 중국명청가구관으로 들어서면, 마치 중국 명청시대의 원림(園林) 저택으로 들어서는 것 같으며, 그 사이에는 청전(青磚) 분장(粉墻)이 있으며, 대나무가 약간씩 흔들려서 고아한 정취를 자아낸다.

중국명청가구관은 700㎡의 전시실 내에 명청시대 중국 가구가 100여 점 정도 전시되어 있다. 그 중에서는 명대 가구는 조형이 세련되고, 선이 거침없으며, 비례가 균형잡히고, 자개가 빈틈이 없다. 반면에 청대 가구는 넓고 자태가 장중하며, 복잡하고 세세하게 장식되어 있으며, 두텁고 화려하다. 이곳에서는 고대 가구의 사용 장면을 재현하며, 명청시대의 가구 문화를 이해할 수 있게 해준다.

중국고대옥기관

중국은 "옥돌의 나라"라는 미칭에 걸맞게, 옥기 제작에 관하여 7천년이 넘는 역사가 있다. 고대사회에서 옥은 장식일 뿐만 아니라 부와 권력의 상징이기도 하였으며, 또한 통치자가 하늘과 땅에 제사를 지내고, 신령과 통하는 법물(法物)이기도 하였다. 옥의 자연적인 속성을 인격화·도덕화 한 셈이기도 하다.

중국고대옥기관 내에는 현대화된 광섬유 조명과 독특한 밑받침 설계로, 고대 옥기의 색깔과 도안 무늬를 더욱더 잘 볼 수 있게 하였다. 이를 통해 중국 고대 옥기 문화의 고아함과 정교한 예술적 특징을 잘 알 수 있게 해준다.

참고문헌

上海博物館 http://www.shanghaimuseum.net/

대한민국 임시정부 청사
大韓民國臨時政府廳舍
대한민국 독립운동의 중심지

대한민국 임시정부 청사(大韓民國臨時政府廳舍)는 상해시(上海市) 노만구(盧灣區) 마당로(馬當路) 302-304호에 위치한 건물이다. 주변에는 신천지(新天地)라고 하는 상해의 번화가가 있다.

이곳은 한국인들이 자주 찾는 관광명소이다. 임시정부는 이곳에서는 1926년 3월부터 1932년 4월 말까지 활동하였다. 1990년 상해시 노만구 문물보호단위 제174호로 지정되었으며, 2001년부터 독립기념관에서 전시지원을 하고 있다.

이곳으로 이전하던 당시 김구(金九 : 1876~1949)가 국무령(國務領)을 맡았다. 1932년에는 한국임시정부의 윤봉길(尹奉吉 : 1908~1932)이 홍구공원의거(虹口公園義擧)를 일으키고, 일본 군경(軍警)에게 체포되고 난 뒤, 일제의 핍박을 피해 상해에서 항주(杭州)로 철수하게 되었다.

상해 대한민국임시정부 청사 입구

역사 연혁 및 관리

1919년 3·1운동 이후, 한국의 독립 운동가들은 임시정부의 수립 필요성을 느끼게 되었다. 이들은 상해에서 모여 임시정부를 수립하게 되었다. 본래는 현재의 건물에 임시정부가 자리 잡은 게 아닌, 2층의 양옥집을 빌려 청사로 사용하였다. 이곳은 1920년 상해에서 발행된 『한국독립운동지혈사』와 『대한민국임시정부의정원문서』에 실려 있는 '대한민국임시정부 상해 청사 보창로 309호'라는 건물이다. 이곳에는 태극기

상해 보창로 청사 옛 사진(국가보훈처 · 독립기념관, 2009, 『중국 내 대한민국임시정부 기념관 도록』)

를 게양하였고 정문에는 인도인 수위를 두었는데, 현재는 사진으로만 남아 있다. 하지만 1919년 10월 일제의 압력에 의해 프랑스조계 당국으로부터 폐쇄조치를 당했다.

이후 임시정부는 개인의 집이나 기관에 사무소를 두었지만, 한 곳에 오래 정착하지 못하고, 12차례 이상 옮겨 다녔다. 현 유적의 위치로 온 것은 1926년 3월로, 이후 6년 동안 이곳에서 활동하였다. 1932년 4월 이후, 일제의 압제에 벗어나기 위해 임시정부는 이곳을 떠나 항주로 가게 되었다.

이곳은 1989년 조사 당시 원형 그대로를 유지하고 있었으며, 당시 중국인이 이곳에 거주하고 있었다. 한국에서는 중국 측에 이에 대한 보존을 요청하였고, 1990년에 문물보호단위로 지정되어, 현재 모습 그대로 유지될 수 있었다.

독립기념관에서는 이곳을 비롯한 상해 임시정부 유적들을 수차례에 걸쳐 철저히 조사하였다. 1993년 4월에는 민간기업의 후원으로 청사를 복원했고 전시관을 조성하였으며, 운영과 관리는 노만구 측에서 맡았다. 같은 해에 정식으로 개방되어 10년이 넘게 백 만 명이 넘는 한국 관람객들이 다녀갔다. 이후 관람객이 증가함에 따라 2001년에 주변을 매입하여 전시관을 확장했다.

대한민국임시정부 국무원(1919.10.12) (국가보훈처 · 독립기념관, 2009, 『중국 내 대한민국임시정부 기념관 도록』)

이곳의 내부는 사진 촬영이 되지 않으며, 동선에 따라 움직여야 한다. 또한 입장 전에 동영상을 상영하며, 이를 관람한 후 내부를 둘러보게 되어있다. 곳곳에 당시에 쓰였던 가구나 유물이 배치되어 있으며, 임시정부 관련 인사들의 집무 모습을 밀랍인형으로 제작하여 전시해 놓았다. 또한 벽면에는 당시에 찍은 사진들이나 주요 인사들의 사진들을 걸어놓고 있다.

임시정부 청사 유적을 위층까지 다

둘러보면, 옆에 있는 건물로 나오게 되는데, 그곳에는 임시정부와 관련된 중국어 안내판들이 주로 붙어 있다. 중국에서도 김구 등 임시정부 인물이 교과서에 실려 있기 때문에, 중국인들이 많이 찾는다고 하였다. 기부함과 기념품샵도 있는데, 기부함에서는 성금을 걷어 임시정부 청사 보수 및 유지에 활용한다고 한다. 그리고 금액에 맞춰 기념품을 주기도 한다.

대한민국 임시정부

임시정부는 1919년 중국 상해에서 한국독립운동자들이 조직하였으며, 이는 정식 정부를 수립하기 위한 준비 정부라고 할 수 있다. 그 뒤 1945년 8·15광복 이전까지 상해를 비롯한 중국 각지에서 활동하였다.

3·1운동을 전후로 국내외에 7개의 임시정부가 만들어졌는데, 1919년 9월에 상해를 거점으로 통합하여 대한민국 임시정부가 되었다. 상해에 있던 시기에는 국내외동포사회와 통합조직을 확대하면서 외교활동이나 독립전쟁을 지도하였다. 특히 초기에는 만주와 연해주에서 독립군단체에 독립전쟁을 일임하였고, 이곳에서는 비밀조직의 운영과 외교활동에 전념하였다.

하지만 열강의 냉대와 일제에 의한 국내 조직의 파괴, 해외 각지의 동포들과의 교통·통신의 장벽과, 중국·소련·미국 등의 방해 또는 비협조로 독립운동을 지속하기에 어려움이 많았다. 때문에 국민대표회를 소집하고 헌법 개정을 단행하였으며, 민족유일당촉성운동 등을 추진하였으나 침체를 벗어나기 힘들었다.

하지만 1932년 4월 4월 윤봉길의 의거로 활로를 찾게 되었다. 하지만 일제의 반격으로 상해를 떠나게 되었고, 이어 1937년에 중일전쟁이 발발하자 중국 각지를 옮겨 다녀야 되었다. 상해 이후로 옮겨간 곳으로는 1932년의 항주, 1935년의 진강(鎭江), 1937년의 장사(長沙), 1938년의 광동(廣東), 같은 해의 유주(柳州), 1939년의 기강(綦江), 1940년의 중경(重慶)이 있다. 기강으로 옮긴 뒤부터 전시체제로 정비하여 정상적인 운영을 하였

대한민국 임시정부
유적지

으며, 중경으로 옮긴 뒤부터는 상해 때처럼 활발하게 활동하였다.

이 시기에 광복군(光復軍)을 창설하여 태평양전쟁에 대일선전포고(對日宣戰布告)를 하고 중국·인도·버마 전선에 참여하였다. 또한 국제외교도 강화해 1943년 카이로선언 이후 우리나라의 독립에 대한 열강의 약속도 받았다. 1941년에 건국강령을 발표하고, 1940년과 1944년에 헌법을 개정하였다.

하지만 8·15광복 때에 한국 문제가 한국민족이나 대한민국 임시정부의 뜻과는 다르게 처리되었다. 이는 영국·미국·소련 등 열강의 제국주의적 독단에 의한 결과이나, 주체적인 역량이 미흡하였던 임시정부의 한계로도 볼 수 있다.

임시정부가 위치한
골목

참고문헌

국가보훈처·독립기념관, 2009, 『중국 내 대한민국임시정부 기념관 도록』.

한국정신문화연구원, 1991, 『한국민족문화대백과사전』.

육조고도 남경,
비극의 역사 그러나 불멸의 땅

지은이 | 이도학·송영대·이주연
펴낸이 | 최병식
펴낸날 | 2014년 11월 25일
펴낸곳 | 주류성출판사
주소 | 서울특별시 서초구 강남대로 435(서초동 1305-5) 주류성빌딩 15층
전화 | 02-3481-1024(대표전화) 팩스 | 02-3482-0656
홈페이지 | www.juluesung.co.kr

값 22,000원

잘못된 책은 교환해 드립니다.

ISBN 978-89-6246-225-8 03980